"十三五"江苏省高等 （编号：2019-2-100）
高等学校土木工程专业"十三五"系列教材
高等学校土木工程专业系列教材

现代竹木结构

李海涛　郑晓燕　郭　楠　盛　叶　等编著

中国建筑工业出版社

图书在版编目（CIP）数据

现代竹木结构/李海涛等编著 . —北京：中国建筑工业出版社，
2020.7
"十三五"江苏省高等学校重点教材. 高等学校土木工程专业
"十三五"系列教材. 高等学校土木工程专业系列教材
ISBN 978-7-112-25230-5

Ⅰ.①现…　Ⅱ.①李…　Ⅲ.①建筑结构-竹结构-木结构-高等
学校-教材　Ⅳ.①TU398

中国版本图书馆 CIP 数据核字（2020）第 096528 号

责任编辑：仕　帅　王　跃
责任校对：焦　乐

"十三五"江苏省高等学校重点教材（编号：2019-2-100）
高等学校土木工程专业"十三五"系列教材
高等学校土木工程专业系列教材

现代竹木结构

李海涛　郑晓燕　郭　楠　盛　叶　等编著

*

中国建筑工业出版社出版、发行（北京海淀三里河路 9 号）
各地新华书店、建筑书店经销
北京红光制版公司制版
北京富生印刷厂印刷

*

开本：787×1092 毫米　1/16　印张：21¾　字数：541 千字
2020 年 8 月第一版　2020 年 8 月第一次印刷
定价：**58. 00** 元（赠课件及配套在线课程）
ISBN 978-7-112-25230-5
（35997）

本书依据国家《木结构设计标准》GB 50005—2017《多高层木结构建筑技术标准》GB/T 51226—2017 等最新标准编著而成，2019 年被评为"十三五"江苏省高等学校重点教材。本书聚焦木结构、竹结构，共分为 16 章，系统讲解木结构发展概况、木结构材料及力学性能、木结构构件计算、木结构连接形式及设计计算方法、桁架形式及设计计算、木结构体系及设计要点、胶合木结构、木结构防火与防护、竹材在土木工程中的应用、原竹材料与应用、工程竹材料与应用、竹结构的连接、竹结构防火与防护、国内外竹结构的应用和发展等。

本书吸纳了国内外在竹木结构领域的最新研究成果及工程应用案例。基于该教材，依托南京林业大学生物质复合建筑材料与结构国际联合实验室及国际联合研究中心，由来自南京林业大学、国际竹藤组织、英国伦敦大学学院、澳大利亚迪肯大学等单位专家共同建设了在线课程，并在中国大学慕课（MOOC）定期开放（https://www.icourse163.org/course/NJFU-1207170802? from＝groupmessage 或扫描以下二维码）。本书配套多媒体课件，有需要的读者可以发送邮件至 jiangongkejian@163.com 索取。

本书可以作为土木工程、林业工程、园林工程等相关专业的教材，也可作为木结构、竹结构领域从事科研和生产的工程技术人员的学习参考书。

扫码观看在线课程

前　言

随着绿色发展理念的不断深入人心，竹木结构越来越引起人们的重视。2013年1月，国家发展改革委、住房和城乡建设部联合发布了《绿色建筑行动方案》，鼓励大力发展绿色建材，加强绿色建筑相关技术研发推广。2015年8月31日，工业和信息化部、住房和城乡建设部发布了《促进绿色建材生产和应用行动方案》，提出"鼓励在竹资源丰富地区，发展竹制建材和竹结构建筑"。2016年2月，中共中央国务院《关于进一步加强城市规划建设管理工作的若干意见》里指出"在具备条件的地方，倡导发展现代木结构建筑"。2016年9月，国务院办公厅印发的《关于大力发展装配式建筑的指导意见》里指出"在具备条件的地方，倡导发展现代木结构建筑"。在这些政策的支持下，近几年，木结构、竹结构在我国的发展非常迅速。

基于此背景，近年来，国内许多高校土木工程相关专业纷纷开设竹木结构相关课程。作为林业特色鲜明的高校，南京林业大学土木工程专业开设竹木结构相关课程有十多年历史，"现代竹木结构"既是该校的专业特色课，也是专业必修课，后期衔接有一周的课程设计。多年来，南京林业大学竹木结构教学团队苦于市场上没有既包含木结构又包含竹结构知识的教材，以自编讲义授课为主。另外，我国最新版《木结构设计标准》GB 50005—2017于2017年11月20日发布，2018年8月1日正式实施；《多高层木结构建筑技术标准》GB/T 51226—2017于2017年2月21日发布，2017年10月1日实施依据最新标准的现有教材较少。南京林业大学于2018年立项启动了"现代竹木结构"在线课程建设项目，但没有配套教材，便于同一时间依托生物质复合建筑材料与结构团队，成立了教材编写小组，启动了教材建设。团队结合多年的教学、科研成果，编著了《现代竹木结构》，并于2019年年初完成初稿。该教材于2019年被评选为"十三五"江苏省高等学校重点教材。基于该教材，依托南京林业大学生物质复合建筑材料与结构国际联合实验室及国际联合研究中心，由来自南京林业大学、国际竹藤组织、英国伦敦大学学院、澳大利亚迪肯大学等单位专家共同建设了在线课程。

本书依据国家《木结构设计标准》GB 50005—2017《多高层木结构建筑技术标准》GB/T 51226—2017等最新标准编写，吸纳了国内外在竹木结构领域的最新研究成果及工程应用案例。本书系统讲解了木结构发展概况、木结构材料及力学性能、木结构构件计算、木结构连接形式及设计计算方法、桁架形式及设计计算、木结构体系及设计要点、胶合木结构、木结构防火与防护、竹材在土木工程中的应用、原竹材料与应用、工程竹材料与应用、竹结构的连接、竹结构防火与防护、国内外竹结构的应用和发展等。本书可以作为土木工程、林业工程、园林工程等相关专业的教材，也可作为木结构、竹结构领域从事科研和生产的工程技术人员的学习参考书。

本书主要由南京林业大学、东北林业大学、福建农林大学等机构从事竹木结构相关教学和科研的教师联合编著而成。主要分工为：李海涛（第1章、第2章部分内容、第6章部分内容、第10~16章），刘艳军（第2章），郑晓燕（第3章），朱少云（第4章），盛叶（第5章），孙敦本（第6章），刘利清（第7章），曹静（第8章），郭楠（第9章）。

本书编写过程中得到了南京林业大学各部门的大力支持，也得到了赣州森泰竹木有限公司、江西飞宇竹材有限公司、杭州润竹科技有限公司、杭州大索科技有限公司等企业的大力支持，课题组的研究生参与了一些章节部分插图的绘制及一些辅助性工作等，本书参考并引用了一些公开出版的文献，在此表示衷心感谢！限于作者水平有限，书中谬误之处在所难免，敬请读者指正。

李海涛
2020年5月26日于南京林业大学

目　录

第一部分 木 结 构

第1章 木结构概述

本章要点及学习目标

本章要点：

(1) 木结构的特点；(2) 木结构的发展概况；(3) 木结构的发展前景。

学习目标：

(1) 了解木结构的优点、缺点；(2) 了解木结构在国内、国外的发展概况；(3) 了解木结构未来发展前景。

1.1　木结构的特点

木材自古以来就是一种优良的建筑材料，其具有密度小、强度高、弹性好、色调丰富、纹理美观和易于加工等优点，可广泛地应用到各类结构体系中。只要合理应用现代林业科学技术，科学经营，合理采伐，可以使木材成为取之不尽、用之不竭的材料，符合人类当今社会可持续发展的战略构想。

1.1.1　木结构的优点

在绿色发展理念不断深入人心的今天，木结构越来越引起人们的重视，这和其许多优点有关。

(1) 木材为可再生资源。树木可依靠太阳能周期性地自然生长，一般周期为 50～100 年，速生树种周期可缩短至 10～30 年。通过合理采伐和科学种植，可以达到木材采伐量与生长量平衡，甚至生长量大于采伐量，如加拿大、芬兰、新西兰等，每年还能大量出口木材。

(2) 木材是一种环境材料。木材作为建筑材料具有许多环境生态方面的优势。同其他建筑材料或结构相比，木材或木结构具有能量消耗低、温室效应低、空气污染指数低、水污染指数低、固体废料少等优点。木材吸收紫外线且对红外线有反射作用，还可以调温抗湿，有很好的环境学特性。木屋采用全实木材料，被称为"会呼吸的房子"，室内空气中含有大量的芬多精和被称为"空气维生素"的负离子。芬多精和负离子是现代"森林浴者"倍加推崇的物质，能有效杀死空气中的细菌，遏止疾病、增强免疫力，对保持大脑清醒、提高注意力、降低血压、安定神经等有一定功效。木屋中的有害气体氡的放射量极低，对人体无害。

(3) 木结构保温性能好。木材细胞内有空腔，形成了天然的中空材料，使得热传导速度慢，保温、隔热性能好。相关研究表明，作为出色的绝热体，在同样厚度的条件下，木材的隔热值约为混凝土的16倍，钢材的400倍，铝材的1600倍；150mm厚的木结构墙体，其保温功能约相当于610mm厚的砖墙。所以，木结构住房的取暖费用较低，冬暖夏凉。

（4）木结构亲和力强，造型美观。木材质感温润细腻，具有天然的美丽花纹、光泽和颜色，能起到特殊的装饰效果。相对于现代的金属和冰冷的混凝土建筑装饰材料，如果家中有了木头，会让人有一种独特的安定感，这也源自于亿万年来动物和植物界和谐共生的情节，看到木头自然会让人感到亲切。木结构不仅可以像其他材料结构一样用梁柱的形象来完成传统空间的塑形，还能完成其他结构形式不能做到的灵活多变的空间形态塑造，为建筑创作艺术增加了可实施的路径（图1-1）。中国古建筑在阐释传统木结构艺术性方面达到了很高水平，现代木结构由于胶合技术的创新和发展，给建筑形象带来了全新面貌。

图 1-1　法国巴黎梅斯蓬皮杜中心

（5）木结构抗震性能好，安全可靠。木材轻质高强，木结构体系一般具有较好的塑性和韧性，再结合合理的结构设计，能够具有良好的抗震能力。木结构自身质量轻，产生的地震作用小，地震致使房屋倒塌产生的次生灾害也比其他建筑材料结构小。国内外历次强震中木结构造成的人员伤亡、财产损失远低于其他结构，表现出良好的抗震性能。

（6）木结构建筑建造方便，装配化程度高。木材易于加工，所有构件均可以实现工厂化、标准化生产，且劳动强度低。木结构构件相对轻巧，运输和安装都较容易，尤其对于轻型木结构建筑，其安装无须大型设备，施工速度快，周期短。

（7）木结构设计布置灵活。木结构因其材料和结构的特点，使得平面布置更加灵活，为建筑师提供了更大的想象空间，没有任何其他建筑体系能够提供如此天衣无缝的室内碗柜、隔板和衣橱，从而大幅度节省购买家具的费用。

（8）木结构具有较高的耐久性。木结构抗沉降、抗干、抗老化，具有显著的稳定性。如果使用得当，木材则是一种稳定、寿命长、耐久性强的材料。

1.1.2　木结构的缺点

木结构也有一些不足之处，这些缺点有时会影响木结构的应用，因此需合理设计，避免这些缺点对使用的影响。其不足主要表现在以下方面：

（1）木材的各种天然缺陷、各向异性和材料的不可焊性，造成了木结构设计的复杂性。木材强度按作用力性质、作用力方向与木纹方向的关系一般可分为：顺纹抗压及承压、横纹抗压、斜纹抗压、顺纹抗拉、横纹抗拉、抗弯、顺纹抗剪、横纹抗剪、抗扭等，各种强度差别相当大，其中顺纹抗弯、抗压的强度较高，木材的节子等缺陷又极大地影响了木构件的承载力；木材的不可焊性使构件间的连接复杂化，并削弱了某些结构体系应有的功能。

（2）木材容易腐蚀，易受虫害侵蚀。木材腐蚀主要是由附着于木材上的木腐菌的生长和传播引起，木腐菌最适宜的生长温度为 20℃ 左右，这也是人类生活的舒适温度，因此无法通过控制温度来抑制木腐菌生长，控制湿度是有效办法；侵害木材的虫类很多，如白蚁、甲虫等，品种因地而异，虫蛀是使用木结构的一大隐患，必要时木材需作防腐、防虫处理。

（3）木材易于燃烧。对于房屋使用者而言，火灾是潜在的危险。研究和事实表明：房屋的防火安全性与建筑物使用的结构材料的可燃性之间并无太多关联，很大程度上取决于使用者对火灾的防范意识、室内装饰材料的可燃性以及防火措施的得当与否。但与其他结构相比，木材至少是增加了房屋可燃物的数量。因此，木结构需按防火规范做好防火设计，采取必要的防止火灾的措施，如防火间距、安全疏散通道、烟感报警装置的设置等。

1.2　木结构的发展概况

1.2.1　我国木结构的发展

我国是世界上最早使用木结构建造房屋的国家之一。考古发现，早在旧石器时代晚期，已经有中国古人类"掘土为穴"（穴居）和"构木为巢"（巢居）的原始营造遗迹。浙江余姚河姆渡遗址（图 1-2）和西安半坡村遗址（图 1-3）则表明，早在 7000 年前至 5000 年前，中国古代木结构建造技术已达到了相当高的水平。到了殷代（公元前 1400 年左右），我们的祖先就已创造了由横梁与直柱构成的木构架房屋（河南安阳发现的殷墟）。

图 1-2　浙江余姚河姆渡遗址建筑复原
（距今约 7500 年前）

图 1-3　西安半坡村遗址木结构复原图
（距今约 5000 年前）

传统木结构兴于秦汉，盛于唐宋，到明清已至巅峰。秦汉时期，传统木结构体系趋于稳定，并形成穿斗式、抬梁式和井干式木结构等几种形式。到了唐宋年间，传统木结构建造技术已经较为成熟，向标准化和模数化发展。唐代的《唐六典》、宋代李诫所著的《营造法式》以及清代《清工部工程做法则例》等，从建筑、结构、施工等方面全面系统地总结了我国劳动人民在木结构建筑方面的智慧与经验。

我国现存很多古代木结构杰作。建于公元782年南禅寺大殿（图1-4），位于山西省五台县，是中国现存最古老的一座唐代木结构建筑。同样位于山西省五台县的还有佛光寺大殿（图1-5），建于公元857年，是唐代木结构殿堂建筑的典范，佛光寺大殿并不高大，貌似平常，但却被我国著名的建筑学家梁思成称为"中国第一国宝"，因为它打破了日本学者的断言（在中国大地上没有唐朝及其以前的木结构建筑）。建于公元984年（辽代）的河北蓟县独乐寺观音阁（图1-6），是一座三层木结构的楼阁，阁高23米，历经千年来多次地震的考验。建于公元1056年（辽代）的山西省应县木塔（图1-7），是中国现存最高最古老的一座木结构塔式建筑；该塔为八角形楼阁式木塔，全部由木材以榫卯连接而成，外观五层，夹有暗层四层，实为九层，总高67.13m，底层直径30m。应县木塔地处大同盆地地震区，建成千年来，经历了多次强烈地震和战争等破坏，至今依然巍然屹立，充分展示了我国古代木结构高超的建筑技术水平。

图 1-4　山西南禅寺大殿
(https：//image. baidu. com)

图 1-5　山西省佛光寺大殿
(https：//image. baidu. com)

图 1-6　河北蓟县独乐寺观音阁
(https：//image. baidu. com)

图 1-7　山西省应县木塔
(https：//image. baidu. com)

我国古代在木结构桥梁方面也有很大成就。秦汉时（公元前200年左右），沿山坡架木栈道，上部用以行人，下面支柱林立如栅。浮桥为中国首创，用木船联系，上铺木板以利行人，唐宋以前已经发明，在军事方面极有价值。木里悬桥（图1-8）是藏族文化的代表，它集古代数学、力学、美学于一体，有着较高的历史、科学和民族艺术价值。四川剑阁栈道（公元前 200 年的秦汉时代）主要由木材建成。四川灌县竹索桥世界闻名，现存最有名的作品安澜桥（图 1-9），全长 320 米。建于 1912 年的程阳风雨桥（又叫永济桥、盘龙桥，见图 1-10），主要由木料和石料建成，没有用一根铁钉，是中国木结构中的艺术珍品。

(a)　　　　　　　　　　　　　　　　(b)

图 1-8　悬臂桥（https：//image.baidu.com）

（a）案例一；（b）案例二

(a)　　　　　　　　　　　　　　　　(b)

图 1-9　安澜桥（https：//image.baidu.com）

（a）侧面；（b）正桥面

(a)　　　　　　　　　　　　　　　　(b)

图 1-10　程阳风雨桥（https：//image.baidu.com）

（a）侧面；（b）人口

我国古代在水工结构方面也曾广泛应用木材，如木渡槽、木闸门与木涵管等。据历史记载，远在春秋战国时代，我国劳动人民就曾在郑州附近修建木闸门引黄河水注入鸿沟。在开封附近也有古代木渡槽的遗迹（建于宋代）。1935 年，在陕西洛惠渠开挖隧洞时，曾发掘到汉代龙首渠隧洞木支撑的遗迹。

我国古代木结构建筑以榫卯连接的梁柱体系为主,木梁、木柱是房屋的基本承重构件,砖墙仅起填充和侧向支承作用。这类体系的梁跨度有限且需用木材较多,随着西方科学技术的传入,出现了桁架形式,木结构房屋逐渐转变为由承重砖墙支承的木桁架结构体系,称砖木结构房屋。目前我国很多保留完好的明清小镇多以砖木结构为主。中华人民共和国成立初期,大多数民用建筑和部分工业建筑也采用了砖木结构形式。据统计,1958年我国的砖木结构建筑占比达到46%。随着我国国民经济建设发展的前三个五年计划的推进,基本建设的规模迅速扩大,木材需求量急剧增加,森林被大量砍伐,木材资源几乎被耗尽,国外经济封锁又导致木材无法进口,种种因素使得木结构建筑的发展面临着巨大的困难。到20世纪70年代,木结构在中国基本被停用,木结构工作者纷纷转行,高校木结构课程也逐渐停设。基于国内生产建设需要,国家提出"以钢代木""以塑代木"的方针,木结构房屋被排除在主流建筑之外。1990年建成的北京康乐宫嬉水乐园顶部采用了跨度60米、高24米的胶合木结构(现已拆除)。反思我国木结构被迫停滞的历史,其根本原因在于木材资源远不能满足大规模基础建设的迫切需求,这也从侧面告诫着人们,植树造林是可持续发展并造福后代的良策。

从1998年开始,我国政府采取系列措施鼓励木材进口,进口的各类木材及工程木产品在工程建设中得到了越来越多的应用。1999年,为适应市场发展的需要,我国成立新的木结构规范专家组,开始木结构相关标准的编制和修订,沉寂了二十多年的木结构迎来了新的发展时刻。中国加入WTO(世贸组织)后,与国外木结构领域的技术交流和商贸活动迅速增加,木材进口关税降低,木材进口量连年上升。同时,一些国家的木材贸易组织和建筑企业(如加拿大木业协会),开始向我国建筑市场推销其木材和木材制品,大力推荐新型木结构建筑,也取得了政府建设主管部门的认可,一些木结构工程不断涌现。2003年,国家队游泳训练馆木结构屋面落成,紧接着各地也陆续建起了一些木结构或木屋面结构的中小型场馆、桥梁等。2013年,苏州胥虹桥(木拱桥全长120米,主跨度75.7米)竣工(图1-11),主要采用胶合木。2017年,贵州省榕江县游泳馆(图1-12)竣工验收,采用了胶合木张弦拱结构(结构跨度50.4米)。

图1-11 苏州胥虹桥(https://image.baidu.com)

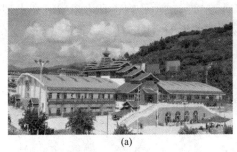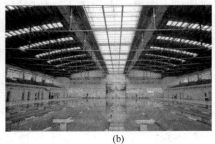

(a) (b)

图 1-12　贵州省榕江县游泳馆
(a) 外景；(b) 馆内

中华人民共和国成立以来，我国木结构设计规范的发展经历了多个阶段。1952 年，我国颁发了《建筑物设计暂行标准》，里面有木结构设计相关规定，这是第一本与木结构有关的国家标准，但不是专门为木结构制订的标准。1955 年，我国第一本木结构设计规范《木结构设计暂行规范》规结-3-55 颁布，该规范从设计理论到基本方法均沿用了苏联的标准体系。1973 年，国家颁布了修订后的《木结构设计规范》GBJ 5—73，并同时在西南建筑设计院成立了《木结构设计规范》国家标准管理组。1982 年 10 月开始旧标准的修订工作，并于 1988 年 10 月颁布了《木结构设计规范》GBJ 5—88。为了适应加入 WTO后市场经济发展的需要及加快我国木结构建筑和木材工业的发展，对规范进行了修订，并于 2003 年 10 月颁布了《木结构设计规范》GB 50005—2003。在新规范实施不久之后，根据原建设部建标〔2004〕67 号文的要求，规范编制组与欧洲木业协会对 2003 版规范进行了局部修订工作，2005 年 11 月，《木结构设计规范》GB 50005—2003（2005 版）获得颁布。新的规范颁布后，我国木结构不管是从研究角度还是产业角度均发展较快，2005版规范中的许多内容已不适用于实际工程的应用，难以满足建筑工程的设计和管理需要，新的修订工作开始启动，并于 2016 年底完成报批稿；2018 年 8 月新的《木结构设计标准》GB 50005—2017 开始实施。我国还于 2017 年 2 月 21 日发布了《多高层木结构建筑技术标准》GB/T 51226—2017，并于 2017 年 10 月 1 日开始实施。

在我国木结构研究处于停滞的期间，欧美国家借由木材科学技术的革新以及现代木结构的深入研究，以工程木为代表的重型木结构得到快速且广泛应用，国内外的差距愈发明显。尽管近 10 余年，我国现代木结构研究呈现快速增长的趋势，研究工作在材料、构件、连接、体系、防火及耐久性等方面均取得了重要的进展，标准规范体系趋于完整，全产业链日趋完善，工程应用逐年增多，但是现阶段中国木结构仍需认真学习国际先进的木结构科学技术，相信在相关科技人员的努力下我国现代木结构未来一定会像中国古代木结构那样取得光辉灿烂的成果。

1.2.2　国外木结构的发展

国外木结构的应用也有着悠久的历史。希腊早期的庙宇和其他建筑物已经开始采用木结构。古希腊用陶片来保护木构架，避免腐朽或失火。据圣经记载，所罗门国王庙宇的构架，采用了黎巴嫩的雪松。公元前 3 世纪，罗马在建筑上继承了古希腊成就，并创造发展了独特的拱券技术。奥古斯都的军事工程师维特鲁威描述了最早的木屋架形式：由两根相对的木料构成人字形，中间用水平的联系杆件连接。拱顶、穹顶和木桁架已在大型公共建筑上使用。建于公元 2 世纪的万神殿，柱廊采用木桁架（图 1-13），其跨度已经达 25 米。

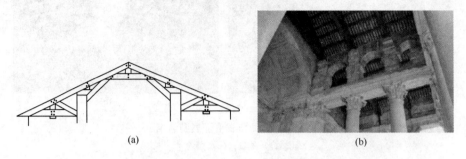

(a)   (b)

图 1-13 公元 2 世纪万神殿柱木机构桁架
(a) 结构体系；(b) 照片

中世纪之初，西欧在大部分地区丢失了古罗马的拱券技术后，大量采用了木屋架。10 世纪起，拱券技术从意大利北部传到西欧各地。因为木屋架易失火，教堂重新使用拱券技术。15 世纪，英国对原有木桁架进行了改革，采用"托臂梁桁架"（Hammerbeam truss）与拱肋相结合，产生较大的跨度，保留很好的英国伦敦威斯敏特大厅（Westminter Hall）为代表性建筑（图 1-14）。

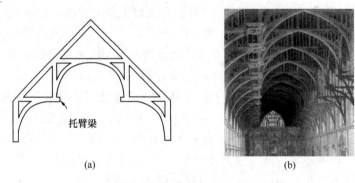

托臂梁

(a)   (b)

图 1-14 英国伦敦威斯敏特大厅
(a) 托臂梁桁架；(b) 照片

木制狭板教堂是斯堪的纳维亚国家的特色。挪威现存 30 座该类木质教堂，1180 年建成的奥尔内斯木质教堂（图 1-15）是典型代表，被联合国教科文组织列为世界文化遗产之一。教堂为四方形的三层建筑，全用木材建成，每层都有陡峭的披檐，上为尖顶，外形颇似东方的神庙。教堂的特点是屋角上有巨大的木支柱，上面由梁和承梁所固定，内部的其他支撑件相对减少。

俄罗斯一直流行木结构建筑，其构造方法是用圆木水平叠成承重墙，在墙角，圆木相互咬榫，代表性建筑为木结构"帐篷顶"教堂（图 1-16）。

欧美各国在大跨度屋盖结构和桥梁结构方面取得了较大的成就。公元 106 年，古罗马大马士革的 Apollodorus 在多瑙河上建造了木拱结构桥梁，木拱有 21 跨，每跨 30 多米。建于 1817 年的莫斯科练兵房，屋架跨度达 49.6 米，苏联儒拉夫斯基设计的姆斯克斯基桥，全桥共九孔，每孔跨度达 61 米。

图 1-15 奥尔内斯木质教堂　　　图 1-16 木结构"帐篷顶"教堂

　　19 世纪，随着锯木厂和蒸汽动力圆锯的产生，人们加工出大量的规格材，轻质框架结构得到发展。这种房屋结构可靠、构件合理、施工简便、使用舒适且经久耐用。国际木结构的迅速发展，得益于木材科学的发展。各种工程木产品（图 1-17）不断涌现，如层

图 1-17 工程木产品

（a）层板胶合木；（b）旋切板胶合木；（c）正交胶合木；（d）平行木片胶合木；
（e）重组木；（f）定向木片板；（g）结构胶合板；（h）刨花板；（i）密度板

板胶合木（Glued Laminated Timber，简称 Glulam，见图 1-17a）、旋切板胶合木（又称单板层积材，Laminated Veneer Lumber，简称 LVL，见图 1-17b）、正交胶合木（Cross Laminated Timber，简称 CLT，见图 1-17c）、平行木片胶合木（又称单板条层积材，简称 PSL，见图 1-17d）、重组木（图 1-17e）、定向木片板（OSB，见图 1-17f）、结构胶合板（Plywood，见图 1-17g）、刨花板（图 1-17h）及各类密度板（图 1-17i）等，这些产品不仅克服了天然木材的不足，还大幅提高了木材的强度和利用率，受到了工程师们的欢迎。木结构民用住宅，在美国、加拿大、芬兰和日本非常普及，应用十分广泛，除了木结构本身所具有的自重轻、抗震、保温隔热等优点外，主要原因是其森林蓄积量大，可利用的木材资源丰富。此外，独立住宅占比大、木结构建造速度快、造价较低、技术成熟、标准和市场较为完善等也是重要因素。

随着工程木技术的深入开发和利用，木结构往大跨、高层或超高层方向发展。不列颠哥伦比亚省水上活动中心（Grandview Height，图 1-18）的屋顶结构采用胶合木，大跨度（65 米）分为三个部分，短跨度（45 米）分为两个部分。挪威 Treet 大厦（共 14 层，高 52.8 米，见图 1-19）主体结构为胶合木"框架＋支撑"体系，内、外墙板和电梯井均采用 CLT；第 5、第 10 层为结构加强层，立面增加环带桁架，楼板采用钢筋混凝土楼板。2017 年完工的加拿大 UBC（英属哥伦比亚大学）学生公寓（共 18 层，高 53 米，见图 1-20）采用了木混合结构，体系中含钢筋混凝土核心筒、胶合木框架、CLT 楼板等。2019 年 3 月竣工的挪威米尔萨湖大楼（共 18 层，高 85.4 米，见图 1-21）的梁、柱及斜拉支撑采用胶合木，电梯井和楼梯间采用 CLT，1-10 层楼板使用 LVL，上层公寓部分采用混凝土楼板，外墙围护为预制化木墙构件。奥地利 HoHo 大楼（共 24 层，高 84 米，见图 1-22）为木混合结构，采用了 75% 的木结构加 25% 的混凝土。

(a)　　　　　　　　　　　　　(b)

图 1-18　Grand Heights 游泳馆

(a) 施工中；(b) 建成后

据报道，加拿大温哥华计划建造一座 35～40 层的木结构大楼，英国则宣称将打造一座 80 层、304.8 米高的摩天大楼。瑞典 HSB 木结构大楼（图 1-23），高度 100m，34 层，预计 2023 年完工。美国也提出建造大型木构建筑，如芝加哥 80 层滨河木塔（图 1-24a）、费城木塔（图 1-24b）、旧金山大型木构住宅（图 1-24c）、纽约布鲁克林长廊木桥（图 1-24d）等。

图 1-19 Treet 大厦

图 1-20 UBC 学生公寓

(a)

(b)

图 1-21 挪威米尔萨湖木结构大楼
（a）施工中；（b）建成后

图 1-22 奥地利 HoHo 大楼

图 1-23 瑞典 HSB 木结构大楼

图 1-24　美国拟建的大型木构（图片来源：https：//bbs. zhulong. com）
（a）芝加哥 80 层滨河木塔；（b）费城木塔；（c）旧金山大型木构住宅；（d）纽约布鲁克林长廊木桥

1.3　木结构的发展前景

　　木结构在国外的应用较广泛，发展前景会更好。西方发达国家的人们对木结构的认可程度较高，并且这些地区的现代木结构技术先进，相关标准体系较完善，木结构的建造已经开始由多高层向超高层发展。工程木产品源自西方发达国家，该类产品扩展了木结构建筑的使用功能、艺术特征，其推广和使用将会是世界木结构发展的重要方向之一。相信随着科技的发展，未来工程木产品的加工技术和设备会更先进，产品会更丰富，同时也会有更多大跨及高层木结构作品展现在世人的面前。

　　近 20 年来，我国木结构的发展也较迅速，但距离大面积推广还有较长的路要走。作为绿色建筑的典型代表，木结构已经引起了我国政府的重视，相关部门出台了系列文件支持木结构的发展。2013 年 1 月，国家发展改革委、住房和城乡建设部联合发布了《绿色建筑行动方案》，鼓励大力发展绿色建材，加强绿色建筑相关技术研发推广。2016 年 2

月，中共中央国务院《关于进一步加强城市规划建设管理工作的若干意见》里指出"在具备条件的地方，倡导发展现代木结构建筑"。2016年9月，国务院办公厅印发的《关于大力发展装配式建筑的指导意见》里指出"在具备条件的地方倡导发展现代木结构建筑"。对于木结构未来在我国的发展，将会体现在以下5个方面：

（1）合理利用森林资源，加快工程木产品研究与开发。《中共中央关于制定国民经济和社会发展第十三个五年规划的建议》提出"完善天然林保护制度，全面停止天然林商业性采伐，增加森林面积和蓄积量"，2020年是收官之年。目前我国木材主要以进口材为主，需要加强国内人工林区建设，制定长远林业发展规划，以木结构发展为契机带动林业发展；可参考加拿大、瑞典等国家，建立砍伐一棵树种植四棵树甚至更多树的森林管理制度，形成越伐越有的良性循环体系，达到木材利用与林业发展相互促进的局面。工程木结构突破了原木结构尺寸和长度的限制，可以建造大型公共设施、商业建筑、体育馆、桥梁等。随着现代林业科技的发展，会有更多的工程木产品出现，使得木结构的设计更加丰富多彩。我国除了引进国外的生产技术和产品外，更要加强相关技术开发，形成自主知识产权，逐步发展并打造自己的产业链，推动木结构的本土化发展。

（2）加强政策支持，完善标准体系。尽管国家相关部门已出台了文件支持木结构、竹结构的发展，并且也越来越引起全社会的共识，但需要进一步加强配套政策支持，推进产品质量认证体系建设，进一步完善木结构相关标准体系。进一步完善和细化木结构土地、税收、资质、消防等相关政策，推进我国木结构的商品化和市场化。推进木结构用材的认证和评价工作，并对进口木材建立检验检测制度，建立结构材产品认证制度，保障产品质量，规范市场运行；建立有利于提高木结构相关企业生产水平、施工工艺、基础技术能力的引导机制；对木结构项目全产业链的设计、生产、施工等多环节企业研究建立监管制度，规范木结构行业发展。参照国际相关标准，建立起包含基础通用类标准、管理类标准、产品类标准、方法类标准、工程应用类标准等标准规范，并加强制定、修订工作，进一步完善我国木结构标准体系，促进我国木结构标准化、规范化发展。

（3）因地制宜发展木结构，打造示范工程。鉴于木结构良好的抗震性能，在地震多发地区，应该优先发展木结构。村镇地区住房一般较低，木结构有很大的发展潜力。我国正在推动特色小镇建设，也可以充分挖掘木结构的优势。鉴于其环保和生态特性，可以在一些风景旅游区和特色宜居城市发展木结构住宅。在城市周边地区可发展木结构高档别墅、私人会馆、主题公园等。积极发展钢-木、木-混凝土等混合结构体系、多高层结构体系及大跨结构体系，在一些大中型城市打造一些标志性示范工程。在政府投资的学校、体育场馆、幼儿园、图书馆、车站、敬老院、园林景观等公共建筑中采用木结构。重点在公共建筑、公共服务设施、村镇建设等领域进行木结构试点示范，形成系列示范工程。

（4）加强国际交流与合作。由于历史的原因，目前我国现代木结构技术整体上相对比较落后，加强国际合作有利于推动我国木结构的快速发展。我们应该找准差距，积极开展国际交流与合作，充分挖掘和利用国外优势资源，实现优势互补，不断提高我国木结构领域的自主创新能力。融会贯通东西方木建筑文化，吸收先进理念，努力建造地域性、文化性、时代性和谐统一的有中国特色的现代木结构。要善于整合国内外资源和信息，积极借鉴国外木结构行业发展先进经验、完善的管理体系、领先的技术标准和专业实施能力，发挥后起优势，有力推动我国木结构的发展进程。

（5）加强专业人才培养。人才是木结构企业发展的重要保障。由于历史的原因，我国木结构教育有过较长时间的停滞，直到现在，国内很多高校的土木工程专业还没有将竹木结构相关课程纳入人才培养方案中；这就造成了我国木结构企业缺乏木结构设计和材料方面的专业人才以及相关的生产、施工技术，严重制约了木结构企业的发展。多数企业往往照搬国外的结构体系，或者是施工人员按图凭经验来建造。伴随着木结构的复苏，国内部分高校在进行木结构研发的同时，重新启动了木结构专业人才的培养工作。国外的一些木业协会也为我国建筑师和设计师提供木结构设计和施工的培训项目。整体上讲，木结构方面的人才仍比较缺乏，需进一步加强木结构设计、构件生产、施工、监理等一线技术人员综合技能培训；高等院校和高等技术培训学校合作，开设木结构有关专业课程、选修课程或讲座；鼓励企业建立技术中心，培养有生产实践经验的技术领军人才及工程技术骨干；建立校企联合培养人才的新机制，优化专业知识结构，培养创新型、技能型、应用型和复合型人才。

随着我国经济的高速发展、住房理念的变化，一个以混凝土结构、砖混结构、钢结构、木结构、竹结构等的多元格局将逐步形成。我国大部分地区与日本、北美和北欧地理纬度相近，适合于发展木结构建筑。新型木结构建筑在我国发展已有良好的开端，且发展迅速，相信顺应绿色、环保、节能、低碳时代潮流和理念的木结构建筑一定有更加美好灿烂的明天。

本章小结

木结构有很多优点，如可再生资源、环境友好、保温性能好、亲和力强、造型美观、抗震性能好、装配化程度高、设计布置灵活、较高的耐久性等；但也存在一些不足之处，如木材存在各种天然缺陷、各向异性和材料的不可焊性，造成结构设计的复杂性，木材容易腐蚀，易受虫害侵蚀，木材易于燃烧等。我国是世界上最早使用木结构建造房屋的国家之一，留下了很多古代木结构杰出作品；但由于种种原因，我国现代木结构技术和国外还有一定差距。国外现代木结构整体发展较快，特别是工程木的出现，推动了木结构在大跨及多高层中的应用。相信顺应绿色、环保、节能、低碳时代潮流和理念的木结构建筑一定有更加美好灿烂的明天。

思考与练习题

1-1 简述木结构的优点。

1-2 简述木结构的缺点。

1-3 简述木结构在我国的发展概况。

1-4 简述木结构的未来发展前景。

第 2 章　木 结 构 材 料

本章要点及学习目标

　　本章要点：
　　(1) 木结构用木材的种类及材料性质；(2) 测定木材强度的方法；(3) 结构用木材定级与强度等级。
　　学习目标：
　　(1) 了解木结构用木材的种类、构造与缺陷，熟悉木材的物理特性，掌握木材的基本力学性能及影响木材强度的因素；(2) 了解测定木材强度的方法；(3) 掌握结构用木材定级与强度等级。

　　木结构工程所用的木材主要取自树木的树干部分，是一种天然材料，因木材的获取和加工容易，自古以来就是一种主要的建筑材料，在人类建筑史上有着悠久的使用历史。木材是目前人类使用的主要工业材料中唯一可再生的材料，符合世界环境及发展委员会倡导的资源短缺下人类社会可持续发展的理念。

2.1　木材的种类

2.1.1　木结构常用树种

　　1. 木结构常用树种
　　木结构常用树种主要可分为两类：针叶树和阔叶树。木结构中的承重构件多采用针叶树，而板销、键块和受拉接头中的夹板等重要配件则主要采用阔叶树。
　　针叶树是树叶细长如针的树，多为常绿树，材质一般较软，故称为软木。国产针叶树材主要有：冷杉、红杉、落叶松、云杉、硬木松、软木松、铁杉等，分别生长分布在国内各个地区。
　　阔叶树一般具有扁平、较宽阔叶片，叶脉成网状，叶形随树种不同而有多种形状，叶常绿或落叶。阔叶树种类繁多，统称硬杂木。国产阔叶树材主要有：桦木、黄锥、白锥、红锥、苦槠、红青冈、白青冈、红椆、椆木、白椆、麻栎、槲栎、高山栎等，在国内广泛分布。
　　由于我国森林资源有限，每年还需要进口大量木材，主要是北美、欧洲等地区的针叶树和东南亚及其他国家的阔叶树，具体如下：
　　(1) 北美：花旗松、北美黄杉、粗皮落叶松、加州红冷杉、巨冷杉、大冷杉、太平洋银冷杉、西部铁杉、白冷杉、太平洋冷杉、东部铁杉、火炬松、长叶松、短叶松、湿地松、落基山冷杉、香脂冷杉、黑云杉、北美山地云杉、北美短叶松、扭叶松、红果云杉、白云杉。

(2) 欧洲：欧洲赤松、落叶松、欧洲云杉。

(3) 新西兰：新西兰辐射松。

(4) 俄罗斯：西伯利亚落叶松、兴安落叶松、俄罗斯红松、水曲柳、栎木、大叶椴、小叶椴。

(5) 东南亚：门格里斯木、卡普木、沉水稍、克隆木、黄梅兰蒂、梅灌瓦木、深红梅兰蒂、浅红梅兰蒂、白梅兰蒂。

(6) 其他国家：辐射松、绿心木、紫心木、李叶豆、塔特布木、达荷玛木、萨佩莱木、苦油树、毛罗藤黄、红劳罗木、巴西红厚壳木。

2. 木结构常用树种特性

木结构所用木材一般要求树干长直、纹理平顺、材质均匀、木节少、扭纹少、能耐腐朽和虫蛀、易干燥、少开裂和变形、具有较好的力学性能，并便于加工。因此，在选用树种时应尽量满足这些要求，按就地取材的原则，结合不同树种的特性，在确保工程质量的前提下，合理选材。木结构常用树种的主要特性见表 2-1。

木结构常用树种主要特性

表 2-1

	常用树种类		主要特性
国内	针叶树	落叶松	干燥较慢、易开裂，早晚材的硬度及收缩均有大的差异，在干燥过程中容易轮裂，耐腐性强
		铁杉	干燥较易，干缩在小至中等之间，耐腐性中等
		云杉	干燥易、干后不易变形，干缩较大，不耐腐
		马尾松、云南松、赤松、樟子松、油松等	干燥时可能翘裂，不耐腐，最易受白蚁危害，边材蓝变色最常见
		红松、华山松、广东松、海南五针松、新疆红松等	干燥易，不易开裂或变形，干缩小，耐腐性中等，边材蓝变色最常见
	阔叶树	栎木及椆木	干燥困难易开裂，干缩甚大，强度高，甚重甚硬，耐腐性强
		青冈	干燥难，较易开裂，可能劈裂，干缩甚大，耐腐性强
		水曲柳	干燥难，易翘裂，耐腐性较强
		桦木	干燥较易，不翘裂，但不耐腐
进口	针叶树	花旗松	强度较高，但变化幅度较大，使用时除应注意区分其产地外，尚应限制其生长轮平均宽度不应过大。耐腐性中，干燥性较好，干后不易开裂翘曲。易加工，握钉力良好，胶粘性能好

	常用树种类		主要特性
进口	针叶树	北美落叶松	强度中，耐腐中，易加工
		西部铁杉	强度中，不耐腐，且防腐处理难，干缩略大，干燥较慢。易加工、钉钉，胶粘性能良好
		太平洋银冷杉	强度中，不耐腐，干缩略大，易干燥、加工、钉钉，胶粘性能良好
		东部云杉	强度低，不耐腐，且防腐处理难。干缩较小，干燥快且少裂，易加工、钉钉，胶粘性能良好
		东部铁杉	强度低于西部铁杉，不耐腐。干燥稍难，加工性能同西部铁杉
		白冷杉	强度低于太平洋银冷杉，不耐腐，干缩小，易加工
		西加云杉	强度低，不耐腐，干缩较小，易干燥、加工、钉钉，胶粘性能良好
		北美黄松	强度较低，不耐腐，防腐处理略难，干缩略小，易干燥、加工、钉钉，胶粘性能良好
		巨冷杉	强度较白冷杉略低，其余性质略同
		南方松、海湾油松及长叶松	强度较高，耐腐性中等，但防腐处理不易。干燥慢，干缩略大，加工较难，握钉力及胶粘性能好
		南亚松	强度中，干缩中，干燥较难，且易裂，边材易蓝变。加工较难，胶粘性能差
		西部落叶松	强度高，耐腐性中，但干缩较大，易劈裂和轮裂
		新西兰辐射松	密度中等，容易窑干，窑干后弹性模量和强度提高，易紧固，握钉力好。易加工、指接和胶合。易防腐处理，耐久性良好
		欧洲赤松、海岸松	强度高，中等耐腐性，边材易防处理，易干燥，胶粘性能良好
		俄罗斯落叶松	强度高，耐腐性强，但防腐处理难。干缩较大，干燥较慢，在干燥过程中易轮裂。加工难，钉钉易劈
		欧洲云杉	强度中，吸水慢，耐腐性较差，防腐处理难。易干燥、加工、钉钉，胶粘性能好
		俄罗斯红松、西伯利亚松	强度较欧洲赤松低，不耐腐。干缩小，干燥快，且干后性质好。易加工，切面光滑，易钉钉，胶粘性能好
		小干松	强度低不耐腐，防腐处理难，常受小蠹虫和天牛的危害。干缩略大，干燥快且性质良好，易加工、钉钉，胶粘性能良好
	阔叶树	门格里斯木	强度高耐腐，干缩小，干燥性质良好，加工难，钉钉易劈裂
		卡普木	强度高，耐腐，但防腐处理难，干缩大，干燥缓慢，易劈裂。加工难，但钉钉不难，胶粘性能好
		沉水稍	强度高，耐腐，但防腐处理难，干缩较大，干燥较慢，易裂，加工较难，但加工后可得光滑的表面
		克隆木	强度高但次于沉水稍，心材略耐腐，而边材不耐腐，防腐处理较易。干缩大且不匀，干燥较慢，易翘裂。加工难。易钉钉，胶粘性能良好

常用树种类			主要特性
进口	阔叶树	绿心木	强度高，耐腐。干燥难，端面易劈裂，但翘曲小，加工难，钉钉易劈，胶粘性能好
		紫心木	强度高耐腐，心材极难浸注。干燥快，加工难，钉钉易劈裂
		李叶豆	强度高，耐腐。干燥快，易加工
		塔特布木	强度高，耐腐，加工难
		达荷玛木	强度中，耐腐。干燥缓慢，变形大，易加工、钉钉，胶粘性能良好
		萨佩莱木	强度中，耐腐中，易干燥、加工、钉钉，胶粘性能良好
		苦油树	强度中耐腐中，干缩中，易加工，钉钉易裂，胶粘性能良好
		毛罗藤黄	强度中，耐腐，易气干、加工
		黄梅兰蒂	强度中，耐腐中，易干燥、加工、钉钉，胶粘性能良好
		梅萨瓦木	强度中，心材略耐腐，防腐处理难。干燥慢，加工难，胶粘性能良好
		红劳罗木	强度中，耐腐，防腐处理难。易干燥，加工，胶粘性能良好
		深红梅兰蒂	强度中，耐腐，但心材防腐处理难。干燥快，易加工、钉钉，胶粘性能良好
		浅红梅兰蒂	强度略低于深红梅兰蒂，其余性质同黄梅兰蒂
		白梅兰蒂	强度中至高、不耐腐，防腐处理难。干缩中至略大，干燥快，加工易至难
		巴西红厚壳木	强度低，耐腐。干缩较大，干燥慢，易翘曲，易加工，但加工时易起毛或撕裂，钉钉难，胶粘性能良好
		小叶椴、大叶椴	强度低，不耐腐，但易防腐处理。易干燥，且干后性质好，易加工，加工后切面光滑

2.1.2　木结构用工程木材种类

目前，木结构用工程木材根据加工制作工艺不同主要分为三大类：原木、锯材和胶合木材。

1. 原木

原木是指伐倒的树干经打枝和造材加工而成的木段，加工时对树干原条长向按尺寸、形状、质量的标准规定或特殊规定截成一定长度的木段。

原木按长度一般可分为长原木（6m以上）、中长原木（3～5.8m）和短原木（2～2.8m）；按直径一般可分为粗径木（60cm以上）、大径木（40～58cm）、中径木（30～38cm）、小径木（20～28cm）和细径木（18cm以下）；按材质分为特级原木、一等原木、二等原木、三等原木和等外原木。原木等级根据原木自身缺陷（节子、腐朽、弯曲、大虫眼、裂纹等）评定。

原木为对树干原条加工后直接用作结构的构件，主要用于房屋建筑的檩条、梁、柱等，国外也有部分地区采用原木直接建造木结构建筑。

2. 锯材

锯材就是以原木为原料，利用锯木机械或手工工具将原木纵向锯成具有一定断面尺寸（宽、厚度）的木材。锯材是原木经制材加工而成的成品材或半成品材，分为方木、板材与规格材。

1）方木

方木是指对原木进行直角锯切且宽厚比小于 3 的锯材，又称方材。木材加工后的方材根据截面积的大小可分为小方材、中方材、大方材和特大方材。方材的截面积小于 54cm² 时为小方材，55~100cm² 时为中方材，101~225cm² 时为大方材，大于 225cm² 时为特大方材。

方木在木结构中一般用作建筑物的梁和柱。方木作为木结构构件的最小截面尺寸为 140mm×140mm，最大截面尺寸可达到 400mm×400mm。在加工时方木的截面尺寸越大，所需要的原木直径就越大，材料越难得到，因此常用的方木截面尺寸一般在 240mm×240mm 以下，长度约 9m。

方木原木结构的构件设计时，应根据构件的主要用途选用相应的材质等级。当采用目测分级木材时，不应低于表 2-2 的要求；当采用工厂加工的方木用于梁柱构件时，不应低于表 2-3 的要求。

方木原木构件的材质等级要求   表 2-2

项次	主要用途	最低材质等级
1	受拉或拉弯构件	Ⅰa
2	受弯或压弯构件	Ⅱa
3	受压构件及次要受弯构件	Ⅲa

工厂加工方木构件的材质等级要求   表 2-3

项次	主要用途	最低材质等级
1	用于梁	Ⅲe
2	用于柱	Ⅲf

2）板材

板材为对原木进行直角锯切且宽厚比大于或等于 3 的锯材。板材根据截面厚度又分为薄板、中板、厚板和特厚板。板材厚度小于 18mm 时为薄板，19~35mm 时为中板，36~65mm 时为厚板，大于 65mm 时为特厚板。板材常用作木结构建筑物的楼面板、屋面板和墙壁。

3）规格材

规格材是指木材截面的宽度和高度按规定尺寸加工的规格化木材。规格材生产时先将原木去皮，再按照规定尺寸锯成相应的截面规格，然后进行目测分类、干燥、表面磨光，最后按外观及强度分等级、打包。规格材主要用于制作轻型木结构建筑的主体结构构件，如墙骨柱、楼面搁栅、椽条、檩条以及轻型木屋架的弦杆和腹杆等。

规格材常用厚度为 40mm、65mm、90mm，截面高度为 40mm、65mm、90mm、115mm、140mm、185mm、235mm、285mm 等。规格材的截面尺寸应符合表 2-4 和表 2-5 的规定，截

面尺寸误差不应超过±1.5mm。

规格材标准截面尺寸（mm）　　　　表2-4

截面尺寸（宽×高）	40×40	40×65	40×90	40×115	40×140	40×185	40×235	40×285
截面尺寸（宽×高）	—	65×65	65×90	65×115	65×140	65×185	65×235	65×285
截面尺寸（宽×高）	—	—	90×90	90×115	90×140	90×185	90×235	90×285

注：1. 表中截面尺寸均为含水率不大于20%、由工厂加工的干燥木材尺寸；
　　2. 进口规格材截面尺寸与表列规格材尺寸相差不超过2mm时，可视为相同规格的规格材，但在设计时，应按进口规格材的实际截面尺寸进行计算；
　　3. 不得将不同规格系列的规格材在同一建筑中混合使用。

机械分等速生树种规格材截面尺寸（mm）　　　　表2-5

截面尺寸（宽×高）	45×75	45×90	45×140	45×190	45×240	45×290

注：1. 表中截面尺寸均为含水率不大于20%、由工厂加工的干燥木材尺寸；
　　2. 不得将不同规格系列的规格材在同一建筑中混合使用。

3. 胶合木材

胶合木材也称为集成材，是将较小规格的实木锯材，利用胶粘剂黏结而成的一种工程木。胶合木材所用到的实木锯材宜采用针叶材树种制作，材质的等级标准应符合木结构标准的相应要求。结构中常用的胶合木材有层板胶合木、正交层板胶合木、结构复合木材和木基结构板等。

1）层板胶合木

层板胶合木是以厚度不大于45mm的胶合木层板沿顺纹方向叠层胶合而成的木制品，也称胶合木或结构用集成材。层板胶合木制作时由于是将多层规格板材叠层用胶水、压力集成，因此所用规格材都须经干燥处理，这样成品收缩就较小。

层板胶合木通常用于木结构的梁或柱构件，还可以加工成各种特殊的曲线形状构件，如楔形、拱形等。层板胶合木构件各层木板的纤维方向应与构件长度方向一致，层板胶合木构件截面的层板层数不应低于4层。当层板胶合木构件用于承受轴向荷载时，各层规格材强度应相同；当层板胶合木构件用于承受弯矩时，其受拉缘外侧的规格材可采用强度较高的材料。

2）正交层板胶合木

正交层板胶合木是以厚度为15～45mm的层板相互叠层正交组坯后胶合而成的木制品，也称正交胶合木。

目前，制作正交胶合木的顺向层板主要采用针叶材，而横向层板除采用针叶材外也可以采用由针叶材制作的结构复合材。正交胶合木的每层板可采用不同的强度等级进行组合，但同一层层板应采用相同的强度等级和相同的树种木材，如图2-1所示。

正交胶合木作为现代工程木材产品，被大量应用于木结构工程中。采用正交胶合木制作墙体、楼面板和屋面板等承重构件的建筑结构称为正交胶合木结构，其结构形式主要为箱形结构或板式结构。正交胶合木构件主要为板式构件，各层木板之间纤维的方向应相互叠层正交，正交胶合木构件截面的层板层数不应低于3层，并且不宜大于9层，其总厚度不应大于500mm。

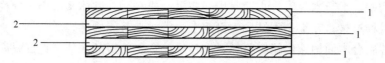

图 2-1 正交层板胶合木截面的层板组合示意图
1—层板长度方向与构件长度方向相同的顺向层板；
2—层板长度方向与构件宽度方向相同的横向层板

3）结构复合木材

结构复合木材是一类重组木材，是采用木质的单板、单板条或木片等，沿构件长度方向排列组坯，并采用耐水的结构用胶粘剂叠层胶合、热压成型，专门用于承重结构的复合材料。结构复合木材包括旋切板胶合木、平行木片胶合木、层叠木片胶合木和定向木片胶合木，以及其他具有类似特征的复合木产品。结构复合木材由于采用旋切单板和削片取代了锯切原木，其出材率提高了 30％以上。在热压机上胶合的复合木材，截面尺寸可达 280mm×482mm，长度可达 24 m，能建造各种跨度的结构。

（1）旋切板胶合木

将数层旋切的厚度为 2.5～6.4mm 的单板顺纹层叠施胶后连续辊轴热压而成的结构复合木材，称为旋切板胶合木（LVL，也称单板层集材）。旋切板胶合木因其具有高强度、截面尺寸的稳定性和匀质性，主要应用于梁、大门横梁、工字形预制搁栅的翼缘以及施工脚手架的跳板。

绝大部分旋切板胶合木产品的每层单板木纹方向都与构件长度方向平行，这种特征赋予构件沿其长度方向具有定向的高强度性能。某些特制的旋切板胶合木，其中少数几层单板木纹方向与构件的长度方向垂直搁置，以提高与构件长度正交方向的强度。旋切板胶合木对木材进行重组后消除或分散了木材的缺陷，从而可以获得具有较高可靠度和较小变异性的结构用材。

（2）平行木片胶合木和层叠木片胶合木

将木材旋切成厚度为 2.5～6.4mm、长度不小于 150 倍厚度的木片，再经施胶加压而成的结构复合木材称为平行木片胶合木（PSL）和层叠木片胶合木（LSL），均呈厚板状。使用时可沿木材纤维方向锯割成所需截面宽度的木构件，但在板厚方向不宜再加工。平行木片胶合木和层叠木片胶合木两者均是由加拿大的麦克米伦·波洛德尔有限公司发明的专利产品。

发明平行木片胶合木最早的意图是利用森林废弃物（枝丫）生产结构复合木材，取代大截面的锯材，但产品强度不高，经反复研制后确定采用旋切的木片，用酚醛树脂胶热压成平行木片胶合木，形成的一种高强度结构复合木材。平行木片胶合木可以利用旋切原木时产生的一些不完整的单板以及单板加工劈制的过程中不可避免地产生的一些短木片，这些通常不能用来制作胶合板或旋切板胶合木，但皆可用来制作平行木片胶合木。平行木片胶合木利用不符合要求的单板来制作的优越性，提高了原木制作结构构件的利用率。

平行木片胶合木制作时截面尺寸可做到 280mm×482mm，因为是连续压制的工艺流程，所以产品的长度是根据运输的限制而定，可以达 20m。现有的平行木片胶合木产品尺寸是与既定的木结构构件尺寸相应的，工程需要其他尺寸的产品，可以向制造厂商定制。

在住宅木结构中，平行木片胶合木适宜用于横梁，或在梁、柱体系中用于立柱；在轻型木结构中用于各种过梁；在重型木结构中可用于中等或大截面构件。

层叠木片胶合木使用速生杨等材料，旋切出较宽、较短的木片，在高温高压和黏合剂的联合作用下，制成长度和宽度较大的大幅板材。层叠木片胶合木的构件尺寸宜与实际用途相适应，生产时应尽量满足定做尺寸的要求，常规产品尺寸为厚度 140mm，宽度 1.2m，长度 14.6m。层叠木片胶合木与旋切板胶合木和平行木片胶合木一样，具有可预测的强度和尺寸稳定性，但是强度稍逊，可制作木结构构件如立柱、墙骨、主梁和过梁等，在轻型木结构房屋中有时用作封边搁栅和门窗过梁。

在生产中，为保证平行木片胶合木和层叠木片胶合木产品具有既坚实又稳定的性能，减少有可能导致收缩、翘曲、横弯、纵向弯曲或劈裂及气干过程中形成的内应力，应控制产品的含水率。通常规定平行木片胶合木产品的含水率为 8%～12%，层叠木片胶合木的含水率为 6%～8%。

（3）定向木片胶合木

定向木片胶合木（OSL）是由 3 层相互垂直的木片层叠施胶加压而成的胶合木，表层的木片平行于板材的长轴，芯层的木片可与长轴垂直，或完全随机铺设。木片所用的树种为白杨、黄杨或南方松等，某些工厂根据原木供应的状况，也有采用白杨与冷杉和松的小径木混合。定向木片胶合木厚度为 32mm、幅面为 3.6m×7.4m。定向木片胶合木可以将垂直荷载传递至墙体，并能传递因地震或强风所引起的侧向荷载，因此多应用于轻型木结构房屋的楼盖、作为固定预制工字形搁栅的边框板或用于较短的大门横梁。这些部位的构件往往要求具有足够的抗剪强度，而定向木片胶合木的抗剪与抗弯的强度比高于实木，故更适用于这些构件。

4）木基结构板

木基结构板是以木质单板或木片或木纤维或木颗粒等为原料，采用结构胶粘剂热压制成的承重板材，主要用作轻型木结构中的墙面板、楼面板及屋面板，包括结构胶合板、定向木片板（OSB）和密度板。

结构胶合板制作时所用的单板厚度为 1.5～5.5mm，使用的层数较少，制成后总厚度为 5～28mm，其尺寸规格为宽度 915mm、1220mm，长度 1830mm、2400mm。结构胶合板制作时相邻两层单板的木纹应相互垂直，中心层两侧的单板应为同一厚度、同一树种或物理性能相似、同一生产方法。安装时在板边缘和中间用间距较密的钉子与骨架固定，既增加骨架的刚度，与骨架共同作用来抵抗板平面内的荷载；又用作外表装修层的固定体。结构胶合板边缘有直边形和启口形两种形式。

定向木片板是采用小杆径的速生树种如白杨、黄杨或南方松等材料，将这些树干去皮后切成厚度为 0.8mm、宽度为 13mm、长度为 100mm 的木片，经烘干、用胶、施压合成一定厚度的板。定向木片板是由 3 层相互垂直的木片组成，表层的大部分木片平行于板材的长轴；芯层的木片可与长轴垂直，或完全随机铺设。定向木片板生产过程中能够去除有木材缺陷的薄片，所以产品质量较稳定；此外能够充分利用森林资源，利于环境保护、降低成本、提高结构经济性能。定向木片板是于 20 世纪 70 年代初期在北美开始作为商业产品的使用，其目的是利用低于商品木材质量的树种制成取代结构胶合板的木基结构板材。

密度板是以木碎屑、颗粒或纤维为原料，经烘干、施胶并压制而成的板材，按其密度可分为高密度板、中密度板和低密度板。密度板结构均匀，材质细密，性能稳定，耐冲击，易加工，在家具、装修、乐器和包装等方面应用比较广泛。

木基结构板主要使用在木结构中的墙体、楼盖、屋盖等部位，制作时需用耐水胶压制而成，且需经受不同环境条件下的荷载检验，即干、湿态荷载检验。干态是指木基结构板材未被水浸入过，并在 20℃±3℃ 和 65%±5% 的相对湿度条件下至少养护 2 周，达到平衡含水率；湿态是指在板表面连续 3 天用水喷淋的状态（但又不是浸泡）；湿态重新干燥是指连续 3 天水喷淋后又被重新干燥至干燥状态。

2.2 木材的构造与缺陷

木材为各向异性材料，因为组成木材的各种分子的形态、大小和排列各不相同。木材的构造分为宏观构造和微观构造。木材的宏观构造是通过肉眼及放大镜来观察木材的各种构造及其特征，是用来识别木材种类的主要方法。木材的微观构造是在显微镜下观察木材各组成分子的细微特征及其相互联系，是研究及鉴定木材的重要方法。

树木可分为针叶树和阔叶树两大类，由树木生产的木材也分为针叶树材和阔叶树材，两者分子构成不同。针叶材的主要细胞和组织是管胞、木射线等，其中管胞占木材体积90%以上。阔叶材的主要细胞和组织是木纤维、导管、木射线及轴向薄壁组织等，其中木纤维常占木材体积 50% 以上。

木材的横切面、径切面和弦切面相互正交（图 2-2）。横切面是与树干或木纹方向垂直锯割的切面，在这个切面上，木材的各种分子的形象和排列情况都清楚地反映出来，是观察和识别木材的主要切面。径切面是指平行于树干或纹理，沿木射线并与年轮成垂直方向切取的切面。弦切面是指平行于树干或纹理而与年轮相切的切面。径切面与弦切面统称为纵切面。

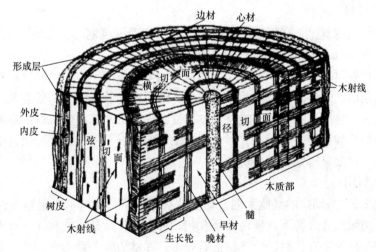

图 2-2 木材的正交三向切面图

2.2.1 木材的宏观构造

树干（图 2-3）主要组成部分为树皮、木质部和髓心，树皮和木质部中间为肉眼看不

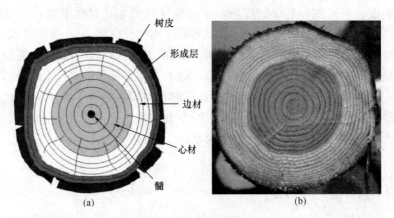

图 2-3　木材的宏观构造（图片来源 https：//image. baidu. com）

(a) 木材断面示意图；(b) 木材断面实例

见的形成层，是木材生长的母细胞。

树皮（图 2-3）是树干的外层组织，是树干外围的保护结构。木质部由导管、管胞、木纤维和木薄壁组织细胞以及木射线组成，是树干的主体部分。木质部中的生长层在每一个生长季会形成一个生长轮，称为年轮。在一个生长季中，因环境条件的变化，有时候会产生一个以上的生长轮，叫假年轮。髓心（图 2-3）位于树干的中心，是由一年生幼茎的初生木质部构成。

1. 边材和心材

边材是指树木中包含有活细胞和贮存物质并具输导水分和无机盐功能的木材部分，靠近树皮处，一般材色较浅（图 2-3），含水率较大。心材是指树木中不包含活细胞且已经停止贮藏和输导作用的木材部分，是靠近髓心的内部木材，其材色通常较边材为深（图 2-3）。

2. 年轮、早材和晚材

年轮指一年内木材生长层形成的生长轮，在横切面围绕髓心呈环状（图 2-4a），在径切面呈条状（图 2-4b），在弦切面呈 "V" 字形（图 2-4c）。

早材（亦称春材）是在生长季早期所形成的次生木质部，由于这时气候温和，雨量充足均匀，形成层活动旺盛，所形成的细胞较大，形成的导管细胞多，管腔大，木纤维成分少，细胞壁较薄，材质显得疏松。晚材（亦称夏材、秋材）是在生长季后期所形成的次生木质部，这时期气候逐渐变得干冷，形成层活动减弱，以至停止，所形成的细胞较小，细胞壁厚而扁平，材质显得紧密、坚实。

3. 导管和树脂道

导管（图 2-5）是轴向的细胞系列，形成节状的管子，在树木中起输导作用。导管的细胞腔大，在肉眼或放大镜下，横切面呈孔状，称为管孔，是阔叶材（除水青树外）独有的特征；故阔叶材又称有孔材。针叶材没有导管，在横切面上看不出管孔，称无孔材。树脂道（图 2-6）是针叶材中的松属、云杉属、落叶松属、黄杉属、银杉属和油杉属所特有的含有松脂的细胞间隙，分为纵生树脂道和横生树脂道。纵生树脂道（图 2-6a）沿树干方向纵生，在木材横切面上呈白色或褐色点状、孔状或油点状，在径、弦切面呈深色的线状或点状。横生树脂道（图 2-6b）存在于木射线中，在弦切面上有时可见为褐色点状。另外，不具有树脂道的树种因受伤而形成的间隙称为创伤树脂道（图2-6c）。

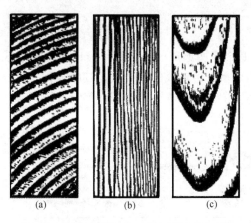

图 2-4 松树的横切面、径切面、弦切面

（a）横切面；（b）径切面；（c）弦切面

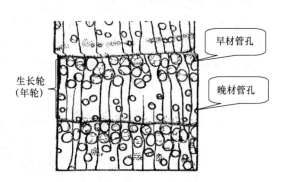

图 2-5 导管

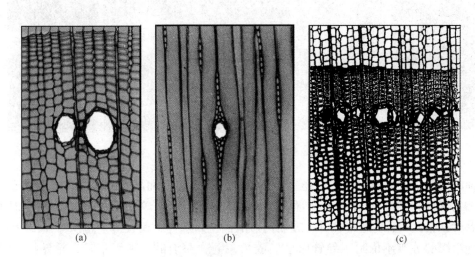

图 2-6 树脂道（佐伯浩，1985）

（a）纵生树脂道；（b）横生树脂道；（c）创伤树脂道

4. 木射线

在木材横切面上可看见木质部中有许多由髓心向树皮呈辐射状排列的条纹，这些条纹称为木射线（图2-7a）。木射线主要由薄壁细胞组成，或断或续地横穿年轮，是木材中唯

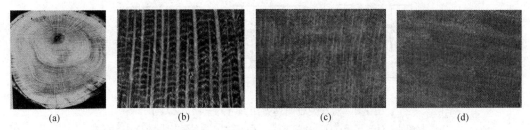

图 2-7 木射线（图片来源：https：//image. baidu. com）

（a）栎木的木射线；（b）宽射线（银桦）；（c）中射线（紫椴）；（d）细射线（响叶杨）

一横向排列的组织,在树木生长过程中起横向输导和贮存养料的作用。不同树种木射线(图 2-7b、c、d)的宽度、高度、数量不同。

　　5. 轴向薄壁组织

　　轴向薄壁组织(图 2-8)是形成层纺锤形原始细胞所形成的、沿树干方向长轴相连成串的、一般具单纹孔的薄壁细胞群,在木材横切面呈颜色较浅的短线状,其明显程度及分布类型在木材鉴别上很重要。轴向薄壁组织在树木中起贮藏养分的作用,但大量轴向薄壁组织的存在,使木材容易开裂,并降低其力学强度。

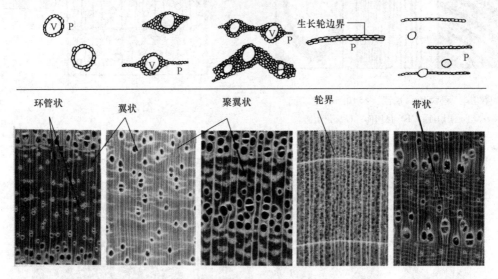

图 2-8　轴向薄壁组织 (R. Bruce Hoadley, 2000)

　　轴向薄壁组织根据其与导管连生的关系可分为傍管型和离管型两类。傍管薄壁组织(图 2-9):轴向薄壁组织环绕于导管周围,呈稀疏环管状、单侧傍管状(帽状)、环管束状、翼状、聚翼状、傍管带状等,如榆树、泡桐、刺槐等。离管薄壁组织(图 2-10):轴向薄壁组织的分布不依附于导管而呈星散状、星散-聚合状、离管带状、轮界状、网状、梯状等,如桦木、桤木、麻栎等。

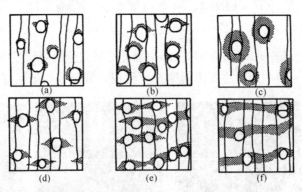

图 2-9　傍管型轴向薄壁组织 (刘一星, 2004)

(a) 稀疏状;(b) 帽状;(c) 环管束状;(d) 翼状;(e) 聚翼状;(f) 傍管带状

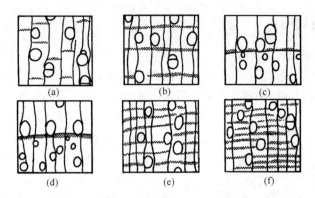

图 2-10 离管型轴向薄壁组织 (刘一星, 2004)

(a) 星散/聚合状；(b) 离管带状；(c) 轮始状；

(d) 轮界状；(e) 网状；(f) 切线状 (梯状)

6. 侵填体和树胶

侵填体 (图 2-11a) 是阔叶材导管中的一种内含物，由薄壁细胞挤入导管腔中而形成，其化学成分主要为木纤维。侵填体多存在于一些树种的心材中，在横切面上呈白色点状，如刺槐、檫木、麻栎等很显著。侵填体多的树种，天然耐腐性较强，但透水性则大为降低，不利于防腐剂的渗透。树胶 (图 2-11b) 为导管内的不规则暗褐色点状或块状物。

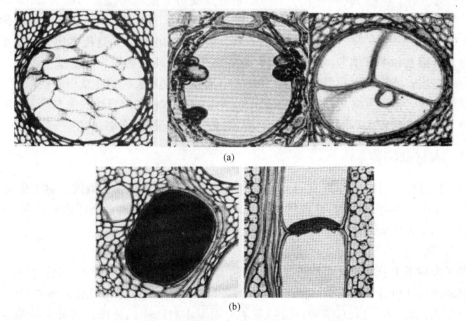

图 2-11 侵填体与树胶 (S. Williams, 1984)

(a) 侵填体；(b) 树胶

7. 髓心

髓心一般位于树干中心，但树木生长受环境影响，有时会形成偏心构造，使木材组织不均匀，出现偏宽年轮与偏窄年轮的情况，从而使木材物理力学性质差异较大。髓心的组织松软，强度低、易开裂。有些树种如泡桐、臭椿等髓心很大，有时达数十毫米，形成空心。

2.2.2　木材的微观构造

1. 木材的细胞组成

针叶树材的细胞组成简单、排列规则，因此材质均匀，主要分子为纵向管胞、木射线、薄壁组织及树脂道等。阔叶树材的组成分子为木纤维、导管、管胞、木射线和薄壁细胞等。

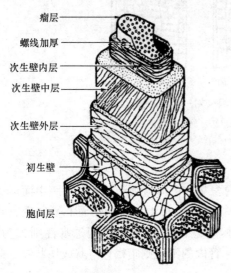

图 2-12　电子显微镜下管胞壁分层结构模式
（图片来源 https：//image.baidu.com）

2. 木材细胞的组成成分

木材细胞的化学基本元素都是碳、氢、氧、氮，这些元素的平均含量几乎与树种无关，其中碳约 49.5%，氢约 6.3%，氧约 44.1%，氮约 0.1%。组成木材细胞的主要成分为纤维素、木素和半纤维素，其中以纤维素为主。纤维素的化学性质很稳定，不溶于水和有机溶剂，弱碱对纤维素几乎不起作用，所以木材本身的化学性质非常稳定。

3. 木材细胞壁的构造

纤维素分子能聚集成束，形成细胞壁的骨架，而木素和半纤维素包围在纤维素外边。细胞壁分成初生壁和次生壁（图 2-12）。由初生壁最初支撑新生细胞，其组成成分主要为纤维素、果胶，细胞成熟后这层木质化。次生壁主要成分为纤维素和半纤维素，同时还有大量的木质素和其他物质。次生壁（图 2-12）进一步分成三层：外层、中间层和内层。细胞壁主体为厚度最大的次生壁中间层，该层微细纤维紧密靠拢，排列方向与轴线间呈 10°～30°角，这是木材各向异性的根本原因。其他各层尽管与轴向夹角较大，但因厚度较小，对木材强度不起控制作用。

2.2.3　木材缺陷

国家标准将木材缺陷分为 10 大类：节子、变色、腐朽、虫害、裂纹、树干形状缺陷、木材构造缺陷、伤疤（损伤）、木材加工缺陷和变形。这些缺陷会降低木材的利用价值，影响材料的受力性能。这里主要介绍一些天然缺陷。

1. 节子

节子为树干上分枝生长而形成，节子周边会形成涡纹，与周围纤维的联系较弱。节子根据其断面形状可分为圆形节（图 2-13a、图 2-14a）、掌状节（图 2-13b、图 2-14b）和条状节（图 2-13c、图 2-14c）三种，按照节子与周围木材连生的程度，可分为活节（图 2-13d、图 2-14d）和死节（图 2-13e、图 2-14e），按节子材质可分为健全节（图 2-14f）、腐朽节（图 2-14g）和漏节（图 2-14h）。

2. 裂纹

在树木生长期内或伐倒后，由于受外力或温度和湿度变化的影响，使木纤维之间发生分离，称为裂纹。裂纹按类型和特点可分为径裂（图 2-15a、b、c，图 2-16a、b）、轮裂（图 2-15d、图 2-16c）、冻裂（图 2-16d）和干裂（图 2-16e）。按裂纹在木材上的位置可分

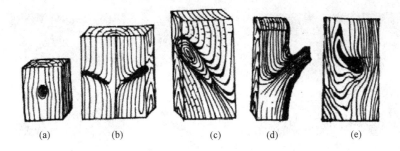

图 2-13　节子示意图

(a) 圆形节；(b) 掌状节；(c) 条状节；(d) 活节；(e) 死节

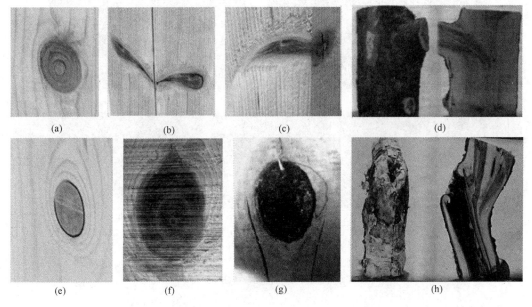

图 2-14　节子实例（图片来源 https：//image. baidu. com）

(a) 圆形节；(b) 掌状节；(c) 条状节；(d) 活节；

(e) 死节；(f) 健全节；(g) 腐朽节；(h) 漏节

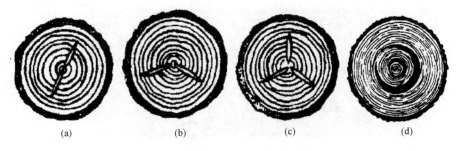

图 2-15　木材的径裂和轮裂示意图

(a) 径裂Ⅰ；(b) 径裂Ⅱ；(c) 径裂Ⅲ；(d) 轮裂

为贯通裂（图 2-16f）、端面裂（图 2-16g）和侧面裂（图 2-16h）。

图 2-16　裂纹实例（图片来源 https：//image. baidu. com）

（a）单径裂；（b）多径裂；（c）轮裂；（d）冻裂；（e）干裂；

（f）贯通裂；（g）端面裂；（h）侧面裂

3. 斜纹

当木材的纤维排列与其纵轴的方向明显不一致时，木材上出现斜纹（或斜纹理）。斜纹有天然和人为之分。天然斜纹（图 2-17）在木材生长过程中产生，人为斜纹是锯面与木纹方向不平行而引起。

图 2-17　天然斜纹（图片来源 https：//image. baidu. com）

4. 双心及夹皮

在树干同一横断面有两个或两个以上髓心的现象称为双心（图 2-18）。在木质部中埋藏着小块树皮疤称为夹皮（图 2-18）。

5. 变色及腐朽

变色（图 2-19）是由木材的变色菌侵入木材后引起的，由于菌丝的颜色及所分泌的色素不同，有青变（青皮、蓝变色）及红斑等；如云南松、马尾松很容易引起青变，而杨树、桦木、铁杉则常有红斑。变色菌主要在边材的薄壁细胞中，依靠内含物生活，而不破坏木材的细胞壁，因此被侵染的木材，其物理力学性能几乎没有什么改变。一般除有特殊要求者外，均不对变色加以限制。

图 2-18 双心木材断面
（图片来源 https://image.baidu.com）

图 2-19 变色
（图片来源 https://image.baidu.com）

腐朽菌在木材中由菌丝分泌酵素，破坏细胞壁，引起木材腐朽（图 2-20）。初期腐朽对木材材质的影响较小，但随着腐朽程度的加深，对木材材质的影响也逐渐加大，到腐朽后期，不但对木材的材色和外形有所改变，而且会大大降低木材的强度、硬度等。

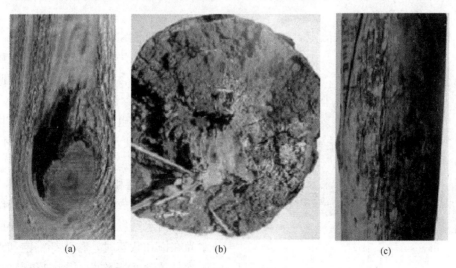

(a)   (b)   (c)

图 2-20 腐朽（图片来源 https://image.baidu.com）
（a）白腐；（b）褐腐；（c）干腐

2.3　木材的物理特性

2.3.1　木材的含水率

1. 含水率的概念

木材含水率是指木材中所含水分的质量占其烘干（图 2-21）质量的百分率。木材含水率可按式（2-1）计算：

$$w = \frac{m_1 - m_0}{m_0} \times 100 \tag{2-1}$$

式中　w ——木材含水率（%）；

　　　m_1 ——木材烘干前的质量（g）；

　　　m_0 ——木材烘干后的质量（g）。

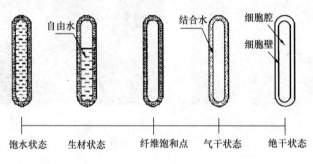

图 2-21　木材干燥

2. 含水率的测定方法

木材含水率常用烘干法测定，按国家标准《木材含水率测定方法》GB/T 1931—2009 进行。采用此法测得的含水率较准确，但费时间。木材含水率还可采用水分测定仪（图 2-22）进行快速测定。水分测定仪根据含水率与导电性的关系制成，其优点是简便迅速，便于携带，测定时不破坏木材。

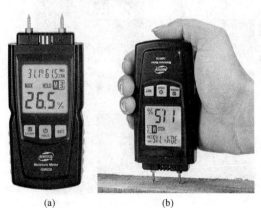

图 2-22　水分测定仪测含水率
(a) 水分测定仪；(b) 测定中

3. 纤维饱和点含水率

潮湿木材放在空气中干燥，当细胞腔中的自由水蒸发完毕，而细胞壁中的吸着水尚在饱和状态时，称为纤维饱和点，此时木材的含水率称为纤维饱和点含水率。纤维饱和点含水率因树种、气温和湿度而异，一般在空气温度为 20℃ 与空气湿度为100%时，其值在23%～31%之间，平均约为30%。

4. 平衡含水率

木材长期置于一定的温度和相对湿度的空气中，达到相对恒定的含水率，此时的含水率称为平衡含水率。当木材的实际含水率小于平衡含水率时，木材产生吸湿；当木材实际含水率大于平衡含水率时，则木材蒸发水分，称为解湿。木材因吸湿和解湿而产生膨胀和收缩。木材的平衡含水率主要随空气的温度和湿度的改变而变化（其中以相对湿度的影响较大）。在生产中一般要求木材达到平衡含水率再使用，这样木材较少发生开裂和变形。

2.3.2 木材的密度

木材的密度是指木材单位体积的质量，通常分为气干密度、全干密度和基本密度三种。密度随木材种类的不同而有差异，是衡量木材力学强度的重要指标之一。一般来说，力学强度随密度的增大而增大。气干密度为生产上计算木材气干时质量的依据。

1. 气干密度

木材在一定的大气状态下达到平衡含水率时的质量与体积的比为气干密度。气干密度大，说明木材分量重、硬度大、强度高。气干密度 ρ_w 按式（2-2）计算：

$$\rho_w = \frac{m_w}{V_w} \tag{2-2}$$

式中　ρ_w——木材的气干密度（g/mm³）；

　　　m_w——木材气干时的质量（g）；

　　　V_w——木材气干时的体积（mm³）。

2. 全干密度

全干密度是将木材放到实验室烘箱内，保持100℃烘干约20小时后，快速测得的质量与体积的比值。全干密度 ρ_0 按式（2-3）计算：

$$\rho_0 = \frac{m_0}{V_0} \tag{2-3}$$

式中　ρ_0——木材的全干密度（g/mm³）；

　　　m_0——木材全干时的质量（g）；

　　　V_0——木材全干时的体积（mm³）。

3. 基本密度

基本密度是木材全干时的质量与木材饱和水分时的体积的比值，为实验室中判断材性的依据。基本密度 ρ_Y 按式（2-4）计算：

$$\rho_Y = \frac{m_0}{V_{max}} \tag{2-4}$$

式中　ρ_Y——木材的基本密度（g/mm³）；

　　　V_{max}——木材饱和水分时的体积（mm³）。

2.3.3 木材的干缩性

木材的干缩性是指木材从湿材变化到气干或全干状态时，其尺寸或体积随含水率的降低而不断缩小的性能。木材干缩的程度通常用干缩率表示，干缩率是指湿材（其含水率高于纤维饱和点）变化到干材（气干或全干）状态时，木材干燥前、后尺寸差值与湿材尺寸的百分比。根据木材干燥的状态，干缩率又分为气干干缩率和全干干缩率两种。

在同一树种中，木材的干缩率沿着木材的三个切面方向差异较大。木材的纵向干缩率很小，一般为0.1%左右，弦向干缩率为6%～12%，径向干缩率为3%～6%。木材径向与弦向的干缩率差异是造成木材开裂和变形的重要原因之一。一般说来，在含水率相同的情况下，不同树种的木材，其干缩率与密度相关，密度大者，横纹（径向、弦向）收缩大，纵向收缩则相反。

2.4　木材的基本力学性能

按木材承受荷载的性质以及所承受荷载的施加方式不同，木材的强度可分为：抗拉强度、抗压强度、承压强度、抗弯强度和抗剪强度等几类。

2.4.1　抗拉强度

木材抵抗所承受的拉应力而不致破坏的能力为抗拉强度，根据其在纵向和横向承受拉应力分为顺纹抗拉强度和横纹抗拉强度，均采用式（2-5）计算：

$$\sigma_{w} = \frac{P_{max}}{tb} \tag{2-5}$$

式中　σ_{w}——拉应力（MPa）；

　　　P_{max}——最大载荷（N）；

　　　t、b——试件厚度、宽度（mm）。

1. 顺纹抗拉强度

木材顺纹拉伸破坏主要是纵向撕裂和微纤丝之间的剪切，其抗拉强度取决于木材纤维或管胞的强度、长度及方向。木材的纤维越长，纤丝角越小，则强度越大，木材密度越大，顺纹抗拉强度也越大。

2. 横纹抗拉强度

木材抵抗垂直于纤维拉伸的最大应力称为横纹抗拉强度。木材横纹抗拉强度的值通常很低，且在干燥过程中常常会发生开裂，导致木材横纹抗拉强度完全丧失。

2.4.2　抗压强度

木材的抗压强度是木材抵抗所承受的压应力而不致破坏的能力，根据其在纵向和横向承受压应力分为顺纹抗压强度和横纹抗压强度。

1. 顺纹抗压强度

木材顺纹抗压强度是指平行于木材纤维方向，给试件全部加压面施加荷载时的强度。木材顺纹受压和受拉相比，受压时木材具有较好的塑性。正由于这种性质，能使局部的应力集中逐渐趋于缓和，所以在受压构件中通常可不考虑应力集中、木节、斜纹和裂缝等不利影响，木构件的受压工作要比受拉工作可靠得多。

2. 横纹抗压强度

横纹抗压强度指垂直于纤维方向，给试件全部加压面施加荷载时的强度。木材横纹受压时，宏观上可以观察到木纤维受压变紧密，微观变化主要是细胞的横截面变形。若施加的荷载足够大，变形将持续扩大，直至荷载超过木材的弹性极限后，木材外部纤维及其邻接纤维破坏并被压密，产生永久变形。

2.4.3 抗弯强度

木材的抗弯强度是木材受到横向静力荷载作用时所能承受的最大弯曲应力，即木材承受横向荷载的能力，常用来推测木材的容许应力。由于木材构件在受弯时既有受压区又有受拉区，因此木节和斜纹等缺陷对木材的抗弯强度的影响介于木材顺纹受压和顺纹受拉之间。

2.4.4 承压强度

木材承压是指两构件相抵时，在其接触面上传递荷载的性能。在构件接触面上产生的应力称为承压应力，木材抵抗这种承压应力的能力称为承压强度。木材承压根据承压应力的作用方向与木纹方向的关系，可分为顺纹承压、横纹承压和斜纹承压（图 2-23）。木材的顺纹承压强度因为受构件接触面不平整的影响比木材的顺纹抗压强度略小一些，但两者差别不大，故木结构设计中对顺纹抗压强度和顺纹承压强度统一取值。

木材横纹承压后期变形较大，在实际工程中不允许在构件的连接处产生过大的局部变形，因此在设计中取比例极限来确定木材横纹承压强度。按承压面积占构件全面积的比例，木材的横纹受压又可分为全表面承压和局部表面承压，后者又分为局部长度承压和局部宽度承压（图 2-24）。

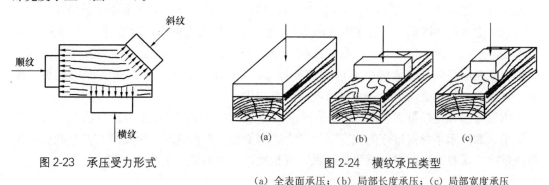

图 2-23　承压受力形式　　　　　　　图 2-24　横纹承压类型
(a) 全表面承压；(b) 局部长度承压；(c) 局部宽度承压

2.4.5 抗剪强度

使木材相邻两部分产生相对位移的外力称为剪力。当剪力的作用使木材一个表面相对另一表面产生滑移造成的破坏，称为剪切破坏，木材抵抗剪切破坏的能力称为抗剪强度。根据剪力作用方向的不同，可分为顺纹剪切（图 2-25a）、横纹剪切（图 2-25b）和截纹剪切（图 2-25c）三种。

木材顺纹和横纹剪切破坏的面仅仅是在细胞之间，因而强度很低，而截纹切断是剪断纤维，强度则很高。在使用过程中最常见的是顺纹剪切破坏，应尽量避免。木材加载弯曲过程中，有层次的水平滑移所表现出的顺纹剪应力，与抗弯强度相比，对设计并非决定因素，但跨度小、高度大的梁加载弯曲时所产生的顺纹剪应力，则应予以重视。在压力作用下的短柱，由于纤维之间及胞壁结构中产生了滑移面，常出现与纤维成一定角度的斜纹剪

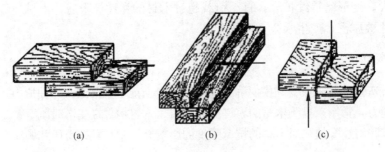

(a)   (b)   (c)

图 2-25   木材的受剪

(a) 顺纹；(b) 横纹；(c) 截纹

切破坏。此外，还有滚动剪切，它较顺纹抗剪强度低 $10\%\sim20\%$。

多种木材的试验结果表明，针叶树材径面与弦面的顺纹抗剪强度近似；阔叶树材一般弦面较径面的顺纹抗剪强度高百分之几乃至百分之三十。木材含水率在纤维饱和点以下时，木材顺纹抗剪强度随水分的减少而增高。裂纹极大地影响木材顺纹抗剪强度，甚至全部丧失。交错纹理或在剪切面上的木节，往往有助于顺纹抗剪强度。

2.4.6   弹性模量

木材的顺纹受压弹性模量和顺纹受拉弹性模量基本相等，可统一用 E 表示。横纹弹性模量分为径向 E_R 和切向 E_T，它们与顺纹弹性模量的比值随木材树种的不同而变化。

木材受剪弹性模量 G（也称剪变模量），随产生剪切变形的方向而变化。G_{LT} 表示变形发生在沿木材纵向和横断面切向所组成的平面内的剪变模量；G_{LR} 表示变形发生在沿木材纵向和横断面径向所组成的平面内的剪变模量；G_{RT} 表示变形发生在横断面内的剪变模量。木材剪变模量也随树种、木材密度等因素变化。

木材弯曲弹性模量 E_W 代表木材的刚度或弹性，表示在比例极限以内应力与应变之间的关系，即表示木材抵抗弯曲或变形的能力。木梁在承受荷载时，其变形与其抗弯弹性模量成反比，木材的弯曲弹性模量值越大，则越刚硬，越不易发生弯曲变形。

2.5   影响木材强度的因素

木材在生长过程中会形成天然缺陷，如木节、斜纹、裂纹、变色及腐朽等，会降低木材强度，前面已经做了介绍。此外木材的强度还与取材部位有关，例如树干的根部与梢部、心材与边材、向阳面与背阳面等都有显著的差异。本节主要针对无疵病的清材，讨论影响木材强度的因素。

2.5.1   含水率

木材含水量的变化会影响木材的强度和变形性能，木材的含水量主要包括细胞腔中的自由水和细胞壁中的吸着水。木材的纤维饱和点是木材物理力学性质变异的转折点。当木材含水率在纤维饱和点以上变化时，木材强度基本上不随含水率的变化而发生改变；但当木材含水率在纤维饱和点以下时，木材含水率越低，木纤维越干，木材强度就越高，即木材强度随含水率的降低而增加。

为避免含水率变化对材料带来不利影响，尽可能采用干燥的且与环境湿度相近的木材。干燥的木材一般指其成品含水率达到一定值或以下，此时材料在环境条件下含水率变化较小。我国《木结构设计标准》GB 50005—2017 规定：现场制作的方木或原木构件的木材含水率不应大于 25%；当木材用于制作构件时，板材、规格材和工厂加工的方木不应大于 19%；方木、原木受拉构件的连接板不应大于 18%；作为连接件，不应大于 15%；胶合木层板和正交胶合木层板应为 8%～15%，且同一构件各层木板间的含水率差别不应大于 5%；井干式木结构构件采用原木制作时不应大于 25%，采用方木制作时不应大于 20%，采用胶合原木木材制作时不应大于 18%。此外，在结构中使用木材时，需要先调查环境平均湿度，尽可能采用与环境湿度相近的原材料以减小含水率的变化。木材在运输和使用过程中注意防护，避免太阳直射。

2.5.2 温度

温度对强度的影响较复杂，它与受热时间的长短、木材密度、含水率、树种和强度性质等诸多因素有关。

1. 正温度

正温度的变化会导致木材含水率及其分布产生变化，从而造成内应力和干燥等缺陷。正温度还会对木材强度有直接影响：一是热度促使细胞壁物质分子运动加剧，内摩擦减少，微纤丝间松动增加，木材强度下降；二是当温度超过木材物质分解温度，或在一定温度长期受热的条件下，木材中的果胶、半纤维素等会部分或全部消失，进而对强度产生损失，特别是冲击韧性和拉伸强度削弱较大。前者为暂时影响，过程可逆；后者为永久影响，不可逆。温度对力学性质的影响程度由大至小的顺序为：抗压强度、抗弯强度、弹性模量，最小的为抗拉强度。长时间高温作用对木材强度的影响可以累加。

木材大多数力学强度随温度升高而降低，强度降低程度与木材的含水率、温度值及荷载持续作用的时间等多种因素有关。当温度自 25℃升至 50℃时，通常针叶树木材的抗拉强度下降 10%～15%，抗压强度下降 20%～24%。含水率较大的木材在高温作用下其强度的降低也较大，特别在高温作用的前 2～4 昼夜时间内，强度的降低格外显著。《木结构设计标准》GB 50005—2017 规定在长期生产性高温环境，即木材表面温度达 40℃～50℃时，木材强度设计值应乘以 0.8 的调整系数进行折减。温度超过 140℃，木纤维素开始裂解而变成黑色，强度和弹性模量将显著降低。因此，高温条件下不宜选用木材作承重构件的材料。

2. 负温度

冰冻的湿木材，除冲击韧性有所降低外，其他各种强度均较正温度有所增加，尤其是抗剪强度和抗劈裂力增加明显。冰冻木材强度增加的原因，对于全干材可能是纤维的硬化及组织物质的冻结；而湿材除上述因素外，水分在木材组织内变成固态的冰，对木材强度也有增大作用。

2.5.3 构件尺寸

木材是一种天然材料，存在微观的和宏观的损伤。微观的损伤是木材各部分组织间的裂隙，宏观的损伤有大小不等的木节、局部裂纹等。在构件中如果有一个严重的损伤，构件的破坏将从此处开始。因此，当木材构件的截面越大、构件越长，存在严重的致命损伤的概率就越大，木材的强度就越低，这就是尺寸效应对木材强度的影响。

《木结构设计标准》GB 50005—2017 对于目测分级规格材的强度设计值规定了尺寸调整系数，见表 2-6。

目测分级规格材尺寸调整系数　　　　　　　　　表 2-6

等级	截面高度（mm）	抗弯强度		顺纹抗压强度	顺纹抗拉强度	其他强度
		截面宽度（mm）				
		40 和 65	90			
I c、II c、III c、IV c、V c1	≤90	1.5	1.5	1.15	1.5	1.0
	115	1.4	1.4	1.1	1.4	1.0
	140	1.3	1.3	1.1	1.3	1.0
	185	1.2	1.2	1.05	1.2	1.0
	235	1.1	1.2	1.0	1.1	1.0
	285	1.0	1.1	1.0	1.0	1.0
II c1、III c1	≤90	1.0	1.0	1.0	1.0	1.0

2.5.4　长期荷载

木材在荷载长期作用下强度会降低，所施加的荷载愈大，木材能经受的时期愈短。木材的长期强度与瞬时强度的比值随木材的树种和受力性质而不同，一般情况下顺纹受压强度比值为 0.5～0.59；顺纹受拉强度比值为 0.5；静力弯曲强度比值为 0.5～0.64；顺纹受剪强度比值为 0.5～0.55。

如果较大的荷载在木构件上长期持续作用，则可能使木材的强度和刚度有很大降低，因此需要考虑木材长期荷载作用对强度的影响。一般情况下，如果荷载持续作用在木构件上长达 10 年，则木材强度将降低 40% 左右。为使结构荷载作用的时间无论多么长木材都不致破坏，《木结构设计标准》GB 50005—2017 以木材的长期强度为依据，根据木结构确定的使用年限，对其强度进行适当调整。

2.5.5　纹理方向

木材强度受纤维倾斜影响显著。抗拉、抗压强度均为顺纹最大，横纹最小。当荷载与纤维方向间夹角由小至大时，木材强度将有规律地降低。

2.5.6　缺陷

有节子的木材一旦受到外力作用，节子及节子周围产生应力集中，与同一密度的无节木材相比，弹性模量较小。

2.6　测定木材强度的方法

测定木材强度的方法目前主要有两种，一种是标准小试件方法，另外一种为足尺试验方法。《木结构设计标准》GB 50005—2017 规定原木和方木（含板材）采用标准小试件的试验结果作为确定结构木材设计强度取值的依据；而对于规格材，则采用足尺试件试验作为木材设计强度取值的原始依据，按可靠度分析结果确定规格材强度设计值。

2.6.1 标准小试件方法

标准小试件方法也称为清材小试件方法，1927年由美国实验方法与材料协会提出，以清材小试件来测定木材强度。清材小试件是指无任何缺陷的木材，将其制作成受拉、受压、受剪和横纹承压等小尺寸的标准试件。

目前，普通木结构所用木材强度的原始数据，是按《木材物理力学试验方法总则》GB 1928—2009规定的含水率为12%的清材小试件试验确定。《木结构设计标准》GB 50005—2017在原始数据的基础上，再结合实际使用经验，归类定出相应树种的强度设计值和弹性模量。标准小试件方法是一种成本较低且有效的方法，早期被许多国家所认可，但其主要的缺点是小试件的失效模式与实际材料有差别，考虑不到木材缺陷的影响。

国家相关标准规定了小试件几何形状及尺寸（图2-26），试件制作时需经气干或干燥室（低于60℃的温度条件下）处理。处理后的试样，应置于相当于木材平衡含水率为12%的环境条件中，调整试样含水率到平衡。为满足木材平衡含水率12%环境条件的要求，当室温为20±2℃时，相对湿度应保持在65%±3%；当室温低于或高于20±2℃时，需相应降低或升高相对湿度，以保证达到木材平衡含水率12%的环境条件。

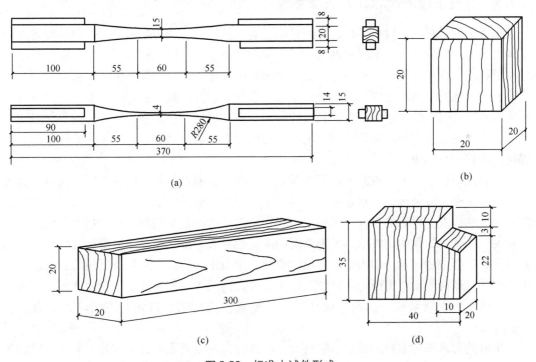

图2-26 标准小试件形式

（a）顺纹受拉试件；（b）顺纹受压试件；（c）弦向受弯构件；（d）切向受剪构件

大量标准小试件试验结果表明，其强度、弹性模量等基本符合正态分布，因此可用正态分布的统计参数来描述它们的特性。

2.6.2 足尺试验方法

20 世纪 70 年代，木材产品的生产逐渐工业化和标准化，各种规格材开始在工程中大量应用。考虑到标准小试件试验无法反映木材的缺陷影响，加拿大有学者提出在木材定级中采用足尺试件试验作为木材设计强度取值的原始依据。试件材料直接来自结构材料，截面尺寸与实际构件一致；对于规格材，则直接用其作试件，截面尺寸不作改动，以获得该规格的规格材的各种强度。这种足尺试验方法的试验结果能尽可能地反应木材制品的最终使用条件，很快被世界许多国家所接受，目前我国测定结构木材规格材强度设计值也采用这种方法。

大量足尺试验结果表明，结构木材的强度（拉、压、弯等）符合韦伯分布（极值Ⅲ型分布），接近对数正态分布，与标准小试件的强度符合正态分布相比，在相同的保证率（通常取 95%）下强度取值差别较大。随着木材产品标准化生产的发展，足尺试验方法在木材强度测定上的应用越来越广泛，弥补了标准小试件方法的不足。

2.7 结构用木材定级与强度等级

2.7.1 木材定级的概念、方法及要求

作为天然材料，木材有各种各样的缺陷，它依据树种、遗传基因、生长和环境条件会呈现出很大的质量变异。不同树种的木材会出现性质变异，同一树种的木材在横截面上和沿树干纵向也存在变异；另外将原木加工为锯材的过程也会影响天然生长木材的结构，例如因斜纹等致使木材纤维被切断，导致锯材力学性质的变异更大。因此，由同一树种加工出来的木材有时强度会相差很大，最强的一块木板比最弱的一块强度可能大到 10 倍之多。为了合理利用木材，使高品质的木材用在关键构件上，低品质的木材用在非关键部位，需对结构木材进行定级。

木材定级就是将木材按其不同的质量划分等级。目前，结构木材的定级方法可分为目测定级和机械定级两种。木材定级主要是为了保证木材的性质能满足使用要求，特别是强度和刚度达到安全可靠的程度。因此定级规则定义的特征值必须与木材的强度和刚度充分地相关。在传统的目测定级中，最为重要的决定性因素是以年轮宽度为指标的生长率，同时考虑降低强度的因素，如木节、斜纹、裂缝、应力木、腐朽、虫蛀及硬伤等。在机械定级中则是根据肉眼不可见而与强度性能相关性很高的因子（如弹性模量和硬度等）来对材料进行分级。一般来说，后者特别是以弹性模量为指标的机械定级方法，其定级精度较高。

木材的含水率对木材的性能影响较大，故木材目测定级限值必须相对于某一参照的含水率确定，一般以 20% 为基础；机械定级所依据的弯曲弹性模量亦与含水率有关，也应参照规定的含水率。

木材的定级规则通常是以最不利的截面尺寸为依据，定级应考虑以后可能切割成较短的长度而偏于安全。尺寸减小会影响平均密度或每块木板的含节率，如果在定级后截面尺寸减小，如改锯或刨光，则级别会变化。因此定级规则为了防止重新定级应规定尺寸变化

的允许范围，已定级的木材应作标志，标定的内容包括级别、木材树种或树种组合、生产厂家及定级所依据的标准。

2.7.2　目测定级及设计强度等级

目测定级是根据每根木材上实际存在的肉眼可见缺陷的严重程度将其分为若干材质等级，根据材质等级的不同规定各等级木材可用的范围。目测定级法是一种古老的按经验在现场进行定级的方法。美国标准（ASTM D 245）对其进行了体系化，日本 JAS 中的目测法标准也沿用了该思路。这些国家的标准基于"足尺材的强度为从其中取出的无缺陷材的强度乘以由缺陷的大小和存在位置等所决定的强度降低系数"这一假定，即目测定级与强度取值联系在一起，我国《木结构设计标准》GB 50005—2017 采用的目测定级与强度取值无关。

1. 原木、方木（含板材）材质等级

我国《木结构设计标准》GB 50005—2017 将原木、方木结构用木材材质等级由高到低划分三级。其中，现场目测分级原木、方木（含板材）材质等级由高到低划分为 I_a、II_a、III_a 三级；用于梁的工厂目测分级方木材质等级由高到低划分为 I_e、II_e、III_e 三级；用于柱的工厂目测分级方木材质等级由高到低划分为 I_f、II_f、III_f 三级；用于普通胶合木层板目测分级材质等级分为 I_b、II_b 和 III_b 三级。

2. 规格材材质等级

《木结构设计标准》GB 50005—2017 将规格材划分为七个等级（I_c、II_c、III_c、IV_c、IV_{c1}、II_{c1}、III_{c1}）；而木材的强度由木材的树种确定，定级后不同等级的木材不再作强度取值调整，但对各等级木材可用的范围作了严格规定，即根据不同的用途将规格材材质等级划分为三个类别。当采用目测分级规格材设计轻型木结构构件时，应根据构件的用途按相关规定（表 2-7）选用相应的材质等级。

目测分级规格材的材质等级　　　　表 2-7

类别	主要用途	材质等级	截面最大尺寸（mm）
A	结构用搁栅、结构用平放厚板和轻型木框架构件	I_c	285
		II_c	
		III_c	
		IV_c	
B	仅用于墙骨柱	IV_{c1}	
C	仅用于轻型木框架构件	II_{c1}	90
		III_{c1}	

3. 木材的强度等级

方木、原木、普通层板胶合木和胶合原木等木材的强度等级应根据选用的树种按针叶树、阔叶树进行等级划分。针叶树种木材强度等级分为四个等级（TC17、TC15、TC13、TC11），每个等级又分为 A、B 两个组别（表 2-8）；阔叶树种木材强度等级分为五个等级（TB20、TB17、TB15、TB13、TB11，见表 2-9）。制作胶合木层板采用的木材按树种级别、适用树种及树种组合分为四个级别（SZ1、SZ2、SZ3、SZ4，见表 2-10）。

针叶树种木材适用的强度等级　　　　　　　　　　　表 2-8

强度等级	组别	适用树种
TC17	A	柏木、长叶松、湿地松、粗皮落叶松
	B	东北落叶松、欧洲赤松、欧洲落叶松
TC15	A	铁杉、油杉、太平洋海岸黄柏、花旗松—落叶松、西部铁杉、南方松
	B	鱼鳞云杉、西南云杉、南亚松
TC13	A	油松、西伯利亚落叶松、云南松、马尾松、扭叶松、北美落叶松、海岸松、日本扁柏、日本落叶松
	B	红皮云杉、丽江云杉、樟子松、红松、西加云杉、欧洲云杉、北美山地云杉、北美短叶松
TC11	A	西北云杉、西伯利亚云杉、西黄松、云杉—松—冷杉、铁—冷杉、加拿大铁杉、杉木
	B	冷杉、速生杉木、速生马尾松、新西兰辐射松、日本柳杉

阔叶树种木材适用的强度等级　　　　　　　　　　　表 2-9

强度等级	适用树种
TB20	青冈、桐木、甘巴豆、冰片香、重黄娑罗双、重坡垒、龙脑香、绿心樟、紫心木、孪叶苏木、双龙瓣豆
TB17	栎木、腺瘤豆、筒状非洲楝、蟹木楝、深红默罗藤黄木
TB15	锥栗、桦木、黄娑罗双、异翅香、水曲柳、红尼克樟
TB13	深红娑罗双、浅红娑罗双、白娑罗双、海棠木
TB11	大叶椴、心形椴

胶合木适用树种分级表　　　　　　　　　　　表 2-10

树种级别	适用树种及树种组合名称
SZ1	南方松、花旗松—落叶松、欧洲落叶松以及其他符合本强度等级的树种
SZ2	欧洲云杉、东北落叶松以及其他符合本强度等级的树种
SZ3	阿拉斯加黄扁柏、铁—冷杉、西部铁杉、欧洲赤松、樟子松以及其他符合本强度等级的树种
SZ4	鱼鳞云杉、云杉—松—冷杉以及其他符合本强度等级的树种

注：表中花旗松—落叶松、铁—冷杉产地为北美地区；南方松产地为美国。

2.7.3　机械定级及设计强度等级

机械定级是指按某种非破损检测方法，测定结构木材的弯曲弹性模量，按弯曲弹性模量的大小来确定木材的等级，或按木材的抗弯强度特征值确定其等级。前者称机械评级木材，要求弹性模量的 5% 分位值不低于平均值的 75%；后者称机械应力等级木材，要求弹性模量的 5% 分位值不低于平均值的 82%。机械定级目前主要用于规格材和层板胶合木的层板定级。

作为足尺材的强度等级方法，目前最有效且容易实现检测自动化的方法，是以弹性模量为指标的定级方法，许多国家已经或正在标准化。以弹性模量为指标的定级法，从系统上可分为两种方法。

一种方法是对结构用针叶树锯材（包括方木和板材）所采用的机械管理方式，即先实测一批材料的弹性模量和强度值，建立起弹性模量与强度的关系式，再以通过机械测定的弹性模量为基准来进行定级。定级材能否满足所设定的强度值，通过抽样检查进行定期检验。该方法适用于对象材料的弹性模量与强度的关系比较稳定的情况；而当其关系显著变化时，如不同树种和产地的木材的弹性模量与强度的关系，就必须通过实测来预先建立。

另一方法为机械应力定级木材（Machine stress rated limber，MSRL）的输出管理方式，适用于轻型木结构用锯材（即规格材）。该方法预先确定所生产材料的弹性模量和强度的高低，通过控制弹性模量的极限值，使由机械定级的材料的弹性模量和强度都满足所确定的基准。此法适用于任何品质的对象材料，不需要通过实测来预知弹性模量与强度的关系，但定级材的检查方法比机械管理方式更严，需要抽取较多样本数。

弹性模量的测定方法有静态测定法和动态测定法。前者是通过对材料进行静力加载测得弹性模量（主要是静曲弹性模量）的方法；后者也称为振动法，是通过对材料施加冲击荷载（打击等）时发生的共振现象和微小的振动来计算弹性模量的方法。与静态测定方法相比，动态测定方法的荷载施加方法简单，也容易适用于大的材料。

轻型木结构用规格材的材质等级按机械分级分为八个等级（M10、M14、M18、M22、M26、M30、M35、M40，见表2-11）。

机械应力分级规格材强度等级表　　　　表 2-11

等级	M10	M14	M18	M22	M26	M30	M35	M40
弹性模量（N/mm²）	8000	8800	9600	10000	11000	12000	13000	14000

采用目测分级和机械弹性模量分级层板制作的胶合木分为异等组合与同等组合二类，异等组合又分为对称异等组合与非对称异等组合。当胶合木制品或胶合木构件截面上各层层板由同一材质等级的目测定级或机械定级的层板胶合而成，称为同等组合胶合木。当胶合木上、中、下层板采用不同材质等级的目测定级或机械定级的层板，材质等级配置可在中和轴上、下对称，也可不对称，前者称异等对称组坯，后者称异等非对称组坯。

采用目测分级和机械分级层板制作的胶合木根据抗弯强度特征值进行强度等级的划分。同等组合胶合木的强度等级划分为TCT40、TCT36、TCT32、TCT28、TCT24五个等级；对称异等组合胶合木的强度等级划分为TCYD40、TCYD36、TCYD32、TCYD28、TCYD24五个等级；非对称异等组合胶合木的强度等级划分为TCYF38、TCYF34、TCYF31、TCYF27、TCYF23五个等级。

2.7.4　进口木材定级及设计强度等级

目前我国结构用木材主要依靠进口，北美、欧洲等地的设计规范都给出了相应的木材材质等级和强度等级，我国规范也给出了进口木材材质等级与我国标准的对应关系。

进口北美地区工厂目测分级方木材质等级由高到低划分为三级，与我国木结构设计标准的目测分级方木材质等级的对应关系见表2-12。进口北美地区目测分级规格材材质等级也划分为七个等级，与我国木结构设计标准的目测分级规格材材质等级的对应关系见表2-13。

北美地区工厂目测分级方木材质等级与我国木结构设计标准对应关系表   表 2-12

我国木结构设计标准材质等级		北美地区材质等级
梁	I$_e$	Select Structural
	II$_e$	No. 1
	III$_e$	No. 2
柱	I$_f$	Select Structural
	II$_f$	No. 1
	III$_f$	No. 2

我国《木结构设计标准》GB 50005—2017 附表 E.4，将进口北美地区机械分级规格材强度等级划分为十四个等级，将进口欧洲地区结构材的强度等级分为十个等级，将进口新西兰结构材的强度等级分为共五个等级，详见附录 A。

北美地区目测分级规格材材质等级与我国木结构设计标准对应关系表   表 2-13

我国标准规格材等级		北美规格材等级			截面最大尺寸（mm）
分类	等级	STRUCTURAL LIGHT FRAMING & STRUCTURAL JOISTS AND PLANKS	STUDS	LIGHT FRAMING	
A	I$_c$	Select Structural	—	—	285
	II$_c$	No. 1	—	—	
	III$_c$	No. 2	—	—	
	IV$_c$	No. 3	—	—	
B	IV$_{c1}$	—	Stud	—	
C	II$_{c1}$	—	—	Construction	90
	III$_{c1}$	—	—	Standard	

本章小结

本章详细介绍了木结构所使用木材的种类、构造与缺陷，以便于在工程实践中确保工程质量、合理选材。本章对木材的物理性质和基本力学性能做了系统地介绍，分析了影响木材强度的因素，给出了测定木材强度的方法，深入地介绍了木结构用木材定级方法与强度等级，为木结构设计计算打下基础。

思考与练习题

2-1 木结构常用树种有哪些？各有什么特点？

2-2 简述木结构工程用木材种类及各自适用的范围。

2-3 简述木材的基本构造。

2-4　天然木材有哪些缺陷？对木材的材质有何影响？

2-5　什么是平衡含水率？平衡含水率有何工程意义？

2-6　影响木材强度的因素有哪些？

2-7　如何确定木材的强度？

2-8　简述木材的定级方法。

第3章　木结构基本构件计算

本章要点及学习目标

本章要点：

(1) 木结构计算方法；(2) 轴心受力构件；(3) 受弯构件；(4) 偏心受力构件。

学习目标：

(1) 掌握木结构承载能力极限状态和正常使用状态设计方法，了解材料参数的取值及调整规则；(2) 掌握轴心受力构件、受弯构件及偏心受力构件承载力公式及应用；(3) 掌握受弯构件挠度验算方法。

木结构是由各类构件通过连接形成的受力体系，我国木结构用材从来源上分国产和进口两大类，构件可以用原木、方木及胶合木等制作。木构件常用的截面形式有圆形、矩形和工字形等。构件端部连接可以为固接，也可为铰接，或介于两者之间的半刚性连接，但木构件以铰接为多。

根据《建筑结构可靠性设计统一标准》GB 50068—2018 要求，木结构采用近似概率极限状态设计法，保证其安全性和适用性。为此，要进行承载能力极限状态和正常使用极限状态验算。按承载能力极限状态计算时，要保证其具有足够强度和稳定性，这是保证木结构安全所必需的。木结构的正常使用极限状态计算比较简单，只进行变形验算，要求构件不产生过大变形，即挠度限值。一般只对弯矩作用为主的构件进行变形验算，这是保证木结构适用性所必需的。

木结构材料性能指标有设计值（强度设计值和弹性模量）和标准值（强度标准值和弹性模量标准值）。

构件按照受力形式可分为轴心受力构件、受弯构件和偏心受力构件（即拉弯和压弯构件），在不同受力情况下其计算内容也不相同。

3.1　木结构计算方法

木结构应满足安全性、适用性和耐久性要求。按照《木结构设计标准》GB 50005—2017 的要求，采用概率理论为基础的极限状态设计法。木结构的设计基准期为 50 年，木结构构件需要进行承载能力极限状态和正常使用极限状态验算，以满足安全性和适用性要求。

3.1.1　承载能力极限状态

1. 承载能力极限状态表达式

对于承载能力极限状态，结构构件应按荷载效应的基本组合，采用下列极限状态设计表达式：

$$\gamma_0 S_d \leqslant R_d \tag{3-1}$$

式中　　γ_0——结构重要性系数，应根据结构安全等级按表 3-1 取值；

　　　　S_d——荷载效应组合设计值，应按《建筑结构荷载规范》GB 50009—2012 进行计算；

　　　　R_d——结构或构件的抗力设计值。

2. 结构的重要性及安全等级

依据建筑结构破坏后果的严重性，结构安全等级划分为三级（表 3-1），相应的结构重要性系数 γ_0 分别为 1.1、1.0 和 0.9。

设计计算中，构件的安全等级宜与整个结构的安全等级相同，也可根据构件的重要程度在此基础上适当调整，但不应低于三级。

结构重要性系数　　　　　　　　　　　　　　　表 3-1

安全等级	破坏后果	建筑物类型	结构重要性系数 γ_0
一级	很严重	重要建筑物	1.1
二级	严重	一般的建筑物	1.0
三级	不严重	次要的建筑物	0.9

3. 木结构抗力

木结构是单一材料的结构，其抗力表达式形式简单，见式（3-2）。

$$R_d = R(f_d, a_k) = R(f_k/\gamma_R, a_k) \tag{3-2}$$

式中　　$R(.)$——抗力函数，其值取决于构件的材料强度及几何参数标准值；

　　　　a_k——几何参数标准值；

　　　　f_k、f_d——材料强度的标准值、材料强度的设计值，其取值在下面进行说明。

4. 材料性能标准值

用材料标准试件试验所得的材料性能，一般说来不等同于结构中的实际材料性能，有时两者之间可能有较大的差别。

与其他结构设计规范一样，木材性能标准值是基于大量的试验数据、用数理统计的方法按一定保证率取值。

这里主要介绍材料强度标准值 f_k 和弹性模量标准值 E_k。

1）材料强度标准值 f_k

试验结果表明材料强度统计参数的分布与试件尺寸有关。我国普通木结构中所用木材强度的原始数据大多按国家标准《木材物理力学试验方法总则》GB 1928 规定的含水率为 12% 的清材小试件试验确定。清材小试件的强度近似符合正态分布，其强度标准值按式（3-3）确定。

$$f_k = \mu_f - \alpha\sigma_f = \mu_f(1 - \alpha\delta_f) \tag{3-3}$$

式中　　μ_f、σ_f 及 δ_f——分别为木材强度统计平均值、标准差和变异系数；

　　　　α——保证率系数，当木材强度标准值对应的保证率为 95% 时，取值保证率系数为 $\alpha = 1.645$。

国际上倾向于用足尺寸试验结果。《木结构设计标准》GB 50005—2017 在确定国产杉木、兴安岭落叶松的强度指标时用了足尺寸试验的测试数据，大量的足尺寸试验结果显示，木材的强度符合韦伯分布（极值Ⅲ型分布），在相同的保证率下其强度取值与清材小试件有较大差别。

2）弹性模量标准值 E_k

木材弹性模量除了与树种、含水率等因素有关外，还与受力性能有关，即顺纹抗压、抗拉及抗弯的弹性模量是有差异的。由于变形验算的需要，规范给出的弹模是抗弯弹性模量。

抗弯弹性模量的数值与试验方法有关，若试件挠度包含剪切变形，称为表观抗弯弹性模量；若试件挠度不包含剪切变形，称为纯弯曲弹性模量，前者略小于后者。木结构标准给出的弹性模量通常为表观抗弯弹性模量，简称抗弯弹性模量或弹性模量。

弹性模量标准值 E_k 的取值方法与标准强度类似，即取具有95%保证率的弹性模量作为弹性模量标准值。

《木结构设计标准》GB 50005—2017 基于试验的测试数据给出了我国承重结构用材的强度标准值和弹性模量标准值，见附录 A。

附录 A-1 为国产树种规格材的强度标准值和弹性模量标准值。附表 A-1 给出了国产树种目测分级规格材强度标准值和弹性模量标准值。试验表明，规格材存在着明显的尺寸效应，小尺寸规格材其强度值高。为此，规范规定，对于目测分级的规格材，附表 A-1 中的数据尚应乘以表 3-2 的尺寸调整系数。

目测分级的规格材尺寸调整系数　　　　　　　表 3-2

等级	截面高度（mm）	抗弯强度		顺纹抗压强度	顺纹抗拉强度	其他强度
		截面宽度（mm）				
		40 或 65	90			
Ⅰc、Ⅱc、Ⅲc、Ⅳc、Ⅵc1	≤90	1.5	1.5	1.15	1.5	1.0
	115	1.4	1.4	1.1	1.4	1.0
	140	1.3	1.3	1.1	1.3	1.0
	185	1.2	1.2	1.05	1.2	1.0
	235	1.1	1.1	1.0	1.1	1.0
	285	1.0	1.1	1.0	1.0	1.0
Ⅱc1、Ⅲc1	≤90	1.0	1.0	1.0	1.0	1.0

附录 A.2 为胶合木的强度标准值和弹性模量标准值。

附录 A.3 为进口北美地区目测分级方木的强度标准值和弹性模量标准值。

附录 A.4 为进口北美地区规格材的强度标准值和弹性模量标准值。

附录 A.5 为进口欧洲和新西兰地区结构材的强度标准值和弹性模量标准值。

从理论上来说，材料性能标准值是材料性能设计值的确定依据。同时，在木构件稳定承载力验算时，稳定系数计算及相关参数取值依据的是材料性能标准值。

木材种类繁多，同一树种生长于不同地域其力学性能也不同。针对同一地区的同一树种，木材性能又受含水率、天然缺陷（节疤、斜纹及干裂等）等影响，其影响程度又与构件尺寸有关。所以，基于近似概率极限状态设计理念，木结构用材的材料性能特征值的确定还有大量的工作要做。

由于缺乏相关实测数据，现行《木结构设计标准》GB 50005—2017 对于国产树种只给出了杉木、兴安岭落叶松及胶合木的强度标准值及弹性模量标准值。对于其他树种仍然沿用原规范的资料，仅给出了 E_k/f_{ck}（弹性模量标准值与顺纹抗压强度标准值之比）、E_k/f_{mk}（弹性模量标准值与抗弯强度标准值之比）。

5. 材料强度设计值 f_d

按照《建筑结构可靠性设计统一标准》GB 50068—2018 规定，该值由材料强度的标准值除以材料分项系数得到，即 $f_d = f_k/\gamma_R$。

材料分项系数 γ_R 的确定采用了"校准法"，在材料总用量基本不变的前提下，使木构件的可靠指标大体一致并接近目标可靠指标。

在确定木材强度设计指标时，对于不同树种的木材，首先按照木结构设计标准所划的强度等级（见第 2 章），并根据长期工程实践经验，进行合理的归类和调整。

木材强度设计值详见表 3.4～表 3.10。

据不完全统计，现行《木结构设计标准》GB 50005—2017 材料强度设计值对应的材料分项系数为：顺纹受拉 $\gamma_R = 1.95$；顺纹受剪 $\gamma_R = 1.5$；顺纹受压 $\gamma_R = 1.45$；顺纹受弯 $\gamma_R = 1.6$。按校准法分析显示，对应的可靠指标在 3.37～4.72 之间，满足统一标准的要求。

3.1.2 正常使用极限状态

木结构正常使用极限状态验算的主要内容为受弯构件的挠度验算。

1. 正常使用极限状态实用设计表达式

正常使用极限状态验算涉及结构的适用性，其可靠指标比承载能力极限状态要低。按荷载效应标准组合进行验算，表达式为

$$S_d \leqslant C \tag{3-4}$$

式中　S_d——荷载效应的标准组合下的变形；

　　　C——结构构件正常使用规定的变形限值。

2. 受弯构件挠度限值

木楼（屋）盖结构中，受弯（包括以弯矩作用为主的弯拉、弯压）构件的变形过大会带来人体不适的感觉，同时对于腹面材料也不利。《木结构设计标准》GB 50005—2017 给出了荷载效应标准组合下的变形允许值（表 3-3）。

受弯构件挠度限值　　　　　　　　　　　　　　　　　　　　表 3-3

项次	构件类别		挠度限值 $[w]$
1	檩条	$l \leqslant 3.3\text{m}$	$l/200$
		$l > 3.3\text{m}$	$l/250$
2	椽条		$l/150$
3	吊顶中的受弯构件		$l/250$
4	楼盖梁和搁栅		$l/250$

项次	构件类别			挠度限值 [w]
5	墙骨柱	墙面为刚性贴面		$l/360$
		墙面为柔性贴面		$l/250$
6	屋盖大梁	工业建筑		$l/120$
		民用建筑	无粉刷吊顶	$l/180$
			有粉刷吊顶	$l/240$

3. 木材弹性模量

木材弹性模量是计算结构变形必需的材料性能指标。原《木结构设计规范》给出的弹性模量按清材小试件测定，取平均值作为设计指标（若按实测数据服从正态分布，仅有50%保证率），所以对于相同材料其值远大于弹性模量标准值。

基于近似概率的挠度验算，其可靠指标取决于多个随机变量的取值，按现行标准，可靠指标均符合统一标准的规定（根据"校准法"对各类构件挠度验算可靠指标的汇总，大约在 1.55～3.15）。

现行《木结构设计标准》GB 50005—2017 原则上保留了原规范的规定，但其取值基于受弯木构件在正常使用极限状态设计条件下可靠度的校准结果，对部分弹性模量设计值（简称弹性模量，以"E"表示）进行了调整，列入了表 3-4～表 3-8。

表 3-4 为方木、原木等木材的强度设计值和弹性模量；表 3-5 为国产树种目测分级规格材强度设计值和弹性模量；表 3-6 为对称异等组合胶合木的强度设计值和弹性模量；表 3-7 为非对称异等组合胶合木的强度设计值和弹性模量；表 3-8 为同等组合胶合木的强度设计值和弹性模量；表 3-9 为胶合木构件顺纹抗剪强度设计值；表 3-10 为胶合木构件横纹承压强度设计值。

近年来进口的木结构用材日益增多，基于设计需要，现行《木结构设计标准》GB 50005—2017 给出了进口北美地区、欧洲地区以及新西兰的结构用材强度设计值和弹性模量，列入教材附录 B。

方木、原木等木材的强度设计值和弹性模量（N/mm²）　　表 3-4

强度等级	组别	抗弯 f_m	顺纹抗压及承压 f_c	顺纹抗拉 f_t	顺纹抗剪 f_v	横纹承压 $f_{c,90}$			弹性模量 E
						全表面	局部表面和齿面	拉力螺栓垫板下	
TC17	A	17	16	10	1.7	2.3	3.5	4.6	10000
	B		15	9.5	1.6				
TC15	A	15	13	9.0	1.6	2.1	3.1	4.2	10000
	B		12	9.0	1.5				
TC13	A	13	12	8.5	1.5	1.9	2.9	3.8	10000
	B		10	8.0	1.4				9000
TC11	A	11	10	7.5	1.4	1.8	2.7	3.6	9000
	B		10	7.0	1.2				

续表

强度等级	组别	抗弯 f_m	顺纹抗压及承压 f_c	顺纹抗拉 f_t	顺纹抗剪 f_v	横纹承压 $f_{c,90}$			弹性模量 E
						全表面	局部表面和齿面	拉力螺栓垫板下	
TB20	—	20	18	12	2.8	4.2	6.3	8.4	12000
TB17	—	17	16	11	2.4	3.8	5.7	7.6	11000
TB15	—	15	14	10	2.0	3.1	4.7	6.2	10000
TB13	—	13	12	9.0	1.4	2.4	3.6	4.8	8000
TB11	—	11	10	8.0	1.3	2.1	3.2	4.1	7000

注：计算木构件端部的拉力螺栓垫板时，木材横纹承压强度设计值应按"局部表面和齿面"一栏的数值采用。

需要指出的是，表 3-4 中的设计指标，尚应按下列规定进行调整：

（1）未切削的原木。当结构件采用原木时，若验算部位未经切削，其顺纹抗压、抗弯强度设计值和弹性模量可提高 15%，这是原木的纤维基本保持完整的缘故。

（2）大尺寸矩形截面。当构件矩形截面的短边尺寸不小于 150mm 时，其强度设计值可提高 10%，这也是大截面材料纤维受损较少的缘故。

（3）湿材。当结构件采用湿材时，各种木材的横纹承压强度设计值和弹性模量以及落叶松木材的抗弯强度设计值宜降低 10%，这是由于湿材含水率高，试验测得变形较大。

国产树种目测分级规格材强度设计值和弹性模量　　表 3-5

树种名称	材质等级	截面最大尺寸 (mm)	强度设计值（N/mm²）					弹性模量 E (N/mm²)
			抗弯 f_m	顺纹抗压 f_c	顺纹抗拉 f_t	顺纹抗剪 f_v	横纹承压 $f_{c,90}$	
杉木	I$_c$	285	9.5	11.0	6.5	1.2	4.0	10000
	II$_c$		8.0	10.5	6.0	1.2	4.0	9500
	III$_c$		8.0	10.0	5.0	1.2	4.0	9500
兴安落叶松	I$_c$	285	11.0	15.5	5.1	1.6	5.3	13000
	II$_c$		6.0	13.3	3.9	1.6	5.3	12000
	III$_c$		6.0	11.4	2.1	1.6	5.3	12000
	IV$_c$		5.0	9.0	2.0	1.6	5.3	11000

对称异等组合胶合木的强度设计值和弹性模量（N/mm²）　　表 3-6

强度等级	抗弯 f_m	顺纹抗压 f_c	顺纹抗拉 f_t	弹性模量 E
TC$_{YD}$40	27.9	21.8	16.7	14000
TC$_{YD}$36	25.1	19.7	14.8	12500
TC$_{YD}$32	22.3	17.6	13.0	11000
TC$_{YD}$28	19.5	15.5	11.1	9500
TC$_{YD}$24	16.7	13.4	9.9	8000

注：当荷载的作用方向与层板窄边垂直时，抗弯强度设计值 f_m 应乘以 0.7 的系数，弹性模量 E 应乘以 0.9 的系数。

非对称异等组合胶合木的强度设计值和弹性模量（N/mm²）　　表 3-7

强度等级	抗弯 f_m		顺纹抗压 f_c	顺纹抗拉 f_t	弹性模量 E
	正弯曲	负弯曲			
$TC_{YF}38$	26.5	19.5	21.1	15.5	13000
$TC_{YF}34$	23.7	17.4	18.3	13.6	11500
$TC_{YF}31$	21.6	16.0	16.9	12.4	10500
$TC_{YF}27$	18.8	13.9	14.8	11.1	9000
$TC_{YF}23$	16.0	11.8	12.0	9.3	6500

注：当荷载的作用方向与层板窄边垂直时，抗弯强度设计值 f_m 应采用正向弯曲强度设计值，并乘以 0.7 的系数，
　　弹性模量 E 应乘以 0.9 的系数。

同等组合胶合木的强度设计值和弹性模量（N/mm²）　　表 3-8

强度等级	抗弯 f_m	顺纹抗压 f_c	顺纹抗拉 f_t	弹性模量 E
TC_T40	27.9	23.2	17.9	12500
TC_T36	25.1	21.1	16.1	11000
TC_T32	22.3	19.0	14.2	9500
TC_T28	19.5	16.9	12.4	8000
TC_T24	16.7	14.8	10.5	6500

胶合木构件顺纹抗剪强度设计值（N/mm²）　　表 3-9

树种级别	顺纹抗剪强度设计值 f_v
SZ1	2.2
SZ2、SZ3	2.0
SZ4	1.8

胶合木构件横纹承压强度设计值（N/mm²）　　表 3-10

树种级别	局部横纹承压强度设计值 $f_{c,90}$		全表面横纹承压强度设计值 $f_{c,90}$
	构件中间承压	构件端部承压	
SZ1	7.5	6.0	3.0
SZ2、SZ3	6.2	5.0	2.5
SZ4	5.0	4.0	2.0

承压位置示意图	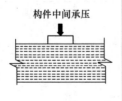 构件中间承压	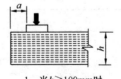 构件端部承压　1　当 $h \geqslant 100mm$ 时，$a \leqslant 100mm$　2　当 $h < 100mm$ 时，$a \leqslant h$	构件全表面承压

3.1.3 承重结构用材的强度设计值和弹性模量的调整

研究表明，木材的强度和弹性模量除了与尺寸有关外，还与使用条件、使用年限及荷载情况等有关。所以在设计中，应根据具体情况对表 3-4～表 3-10 中强度设计值和弹性模量按下面规定进行调整。

1. 不同使用条件的调整系数

木材强度设计值和弹性模量在露天环境、高温及荷载长期持续作用等条件下会有一定变化，其设计强度和弹性模量指标应做相应的调整。不同使用条件下调整系数见表 3-11。

不同使用条件下木材强度设计值和弹性模量调整系数 表 3-11

使用条件	调整系数	
	强度设计值	弹性模量
露天环境	0.90	0.85
长期生产性高温环境，木材表面温度达 40～50℃	0.80	0.80
按恒载验算	0.80	0.80
用于木构筑物时	0.90	1.00
施工和维修时的短暂状况	1.20	1.00

2. 不同使用年限的调整系数

基于同一可靠度的要求，不同使用年限的结构用材，设计强度和弹性模量要按表 3-12 进行调整。

不同使用年限木材强度设计值和弹性模量调整系数 表 3-12

设计使用年限	调整系数	
	强度设计值	弹性模量
5 年	1.10	1.10
25 年	1.05	1.05
50 年	1.00	1.00
100 年	0.90	0.90

3. 不同规格材尺寸调整系数

如前所述，规格材存在着明显的尺寸效应。为此规范规定，对于目测分级的规格材，其强度设计值按表 3-2 进行调整。

4. 木材斜纹承压强度修正

木材斜纹承压的强度设计值，可按式（3-5）和式（3-6）确定。

当 $\alpha \leqslant 10°$ 时：

$$f_{ca} = f_c \tag{3-5}$$

当 $10° < \alpha < 90°$ 时：

$$f_{cu} = \left[\frac{f_c}{1 + \left(\frac{f_c}{f_{c,90}} - 1 \right) \frac{\alpha - 10°}{80°} \sin\alpha} \right] \tag{3-6}$$

式中 f_{cu}——木材斜纹承压的强度设计值（N/mm²）；

      α——作用力方向与木纹方向的夹角（°）；

      f_c——木材的顺纹抗压强度设计值（N/mm²）；

    $f_{c,90}$——木材的横纹抗压强度设计值（N/mm²）。

5. 荷载作用情况调整系数

对于规格材、胶合木及进口结构材，除了以上调整外，尚应符合下列规定：

（1）按所受可变荷载与永久荷载比值，即 $\rho = Q_k/G_k$ 进行调整。若 $\rho = Q_k/G_k < 1$，强度设计值乘以调整系数 k_d。k_d 按式（3-7）计算，且 $k_d \leqslant 1$。

$$k_d = 0.83 + 0.17\rho \tag{3-7}$$

（2）若设计时考虑雪荷载作用时，设计强度调整系数 0.83，考虑风荷载作用，调整系数 0.91。

6. 平放调整系数

荷载作用方向与规格材宽度方向垂直时，规格材的抗弯强度设计值 f_m 应乘以表 3-13 规定的平放调整系数。

平放调整系数   表 3-13

截面高度	截面宽度 b（mm）					
h（mm）	40 和 65	90	115	140	185	≥235
$h \leqslant 65$	1.00	1.10	1.10	1.15	1.15	1.20
$65 < h \leqslant 90$	—	1.00	1.05	1.05	1.05	1.10

注：当截面宽度与表中尺寸不同时，可按插值法确定平放调整系数。

3.2   轴心受力构件

轴心受力构件是指轴向力作用线通过截面形心的构件，包括受拉和受压两种情况，分别简称拉杆与压杆。木屋盖系统中的平面木桁架，在节点荷载作用下，则上弦杆为压杆，下弦杆为拉杆，腹杆则有的受拉，有的受压。

3.2.1   轴心受拉构件

受拉构件设计时一定要避免斜纹或横纹受拉，否则会大大降低抗拉强度。受拉木构件表现出脆性破坏的特点，轴心受拉构件的承载能力验算按式（3-8）进行。

$$\frac{N}{A_n} \leqslant f_t \tag{3-8}$$

式中 f_t——木材顺纹抗拉强度设计值（N/mm²）；

     N——轴心受拉构件拉力设计值（N）；

    A_n——受拉构件的净截面面积（mm²），考虑到有缺孔木材受拉有"迂回"破坏的特征，计算 A_n 时应将分布在 150mm 长度上的缺口投影在同一面积扣除，如图 3-1 所示。

对于图 3-1 所示轴拉构件，净截面承载力计算时其面积 A_n 为 $b(h - d_1 - d_2 - d_3)$、

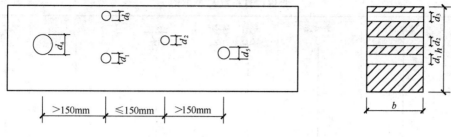

图 3-1　带缺孔受拉构件净截面计算示意图

$b(h-d_4)$、$b(h-d_5)$ 三者中的较小者。

3.2.2　轴心受压构件

轴心受压构件的可能破坏形式有强度破坏和整体失稳破坏。

1. 强度验算

按式（3-9）进行验算。

$$\frac{N}{A_n} \leqslant f_c \tag{3-9}$$

式中　N ——轴心受压构件压力设计值（N）；

A_n ——受压构件的净截面面积（mm²）；

f_c ——木材顺纹抗压强度设计值（N/mm²）。

2. 稳定性验算

按式（3-10）进行验算。

$$\frac{N}{\varphi A_0} \leqslant f_c \tag{3-10}$$

式中　φ ——轴心受压构件稳定系数，其值与树种及构件的长细比有关；

A_0 ——受压构件截面的计算面积（mm²）。

1）构件长细比 λ 的计算

轴心受压构件稳定计算时，不论构件截面上是否有缺口，长细比均按全截面面积和全截面惯性矩计算，即不考虑缺孔的影响。长细比具体计算公式按式（3-11）、式（3-12）进行。

$$\lambda = \frac{l_0}{i} \tag{3-11}$$

$$i = \sqrt{\frac{I}{A}} \tag{3-12}$$

式中　l_0 ——受压构件的计算长度（mm），其值与失稳模式有关，取 $l_0 = k_l l$，l 为构件实际长度，k_l 为计算长度系数，按表 3-14 规定取值；

i ——构件截面的回转半径（mm）；

I ——构件的全截面惯性矩（mm⁴）；

A ——构件的全截面面积（mm²）。

长度计算系数 k_l 的取值   表 3-14

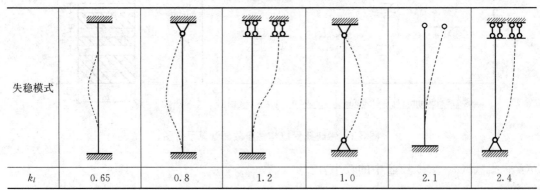

失稳模式						
k_l	0.65	0.8	1.2	1.0	2.1	2.4

需要指出的是，对于直径沿长度变化的原木构件，长细比按原木构件的中央截面的特性计算。原木构件沿着构件长度的直径变化按每米 9mm 考虑或按当地经验数值取。

2）受压构件的稳定系数 φ

计算轴心受压构件的稳定系数时，先根据各种构件材料的相关系数（表 3-14），按式（3-13）计算 λ_c。

$$\lambda_c = c_c \sqrt{\frac{\beta E_k}{f_{ck}}} \tag{3-13}$$

再根据 λ_c 的范围，按式（3-14）、式（3-15）进行计算。

当 $\lambda > \lambda_c$ 时，

$$\varphi = \frac{a_c \pi^2 \beta E_k}{\lambda^2 f_{ck}} \tag{3-14}$$

当 $\lambda \leqslant \lambda_c$ 时，

$$\varphi = \frac{1}{1 + \dfrac{\lambda^2 f_{ck}}{b_c \pi^2 \beta E_k}} \tag{3-15}$$

式中　λ_c——受压构件长细比特征值，其值与木材品种及性能有关；

　　　f_{ck}——受压构件材料的抗压强度标准值（N/mm²）；

　　　E_k——构件材料的弹性模量标准值（N/mm²）；

a_c、b_c、c_c——材料相关系数，应按表 3-15 的规定取值；

　　　β——材料剪切变形相关系数，按表 3-15 的规定取值。

相关系数的取值   表 3-15

构件材料		a_c	b_c	c_c	β	E_k / f_{ck}
方木原木	TC15、TC17、TB20	0.92	1.96	4.13	1.00	330
	TC11、TC13、TB11 TB13、TB15、TB17	0.95	1.43	5.28		300
规格材、进口方木和进口结构材		0.88	2.44	3.68	1.03	按《木结构设计标准》 GB 50005—2017
胶合木		0.91	3.69	3.45	1.05	附录 A 的规定采用

3) 受压构件截面的计算面积 A_0

按稳定验算时受压构件截面的计算面积，应按下列规定采用：

（1）无缺口时，取 $A_0 = A$，A 为受压构件的全截面面积；

（2）缺口不在边缘时（图3-2a），取 $A_0 = 0.9A$；

（3）缺口在边缘且为对称时（图3-2b），取 $A_0 = A_n$；

（4）缺口在边缘但不对称时（图3-2c），且应按偏心受压构件计算；

（5）验算稳定时，螺栓孔可不作为缺口考虑；

（6）对于原木应取平均直径计算面积。

3. 刚度验算

轴心受压构件的刚度用长细比 λ 控制，各类压杆的长细比限值见表3-16。

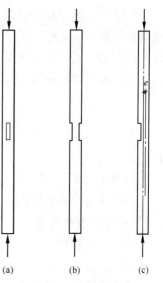

图3-2　受压构件缺口

受压构件长细比限值　　　　　　　　　　　　　　表 3-16

项次	构件类别	长细比限值 [λ]
1	结构的主要构件（包括桁架的弦杆、支座处的竖杆或斜杆以及承重柱等）	120
2	一般构件	150
3	支撑	200

【例3-1】木屋架外形尺寸及节点荷载设计值（已含自重）如图3-3所示，设计使用年限50年，安全等级二级。用杉木规格材（材质等级Ⅱ $_c$）制作，其中杆件 EF 和 DE 截面规格分别为 65mm×185mm 和 65mm×90mm，计算长度分别为4m和1m。构件 EF 上有如图3-6（b）所示开孔，孔径 $d=8$mm。试验算弦杆 EF 和腹杆 DE 的承载力（$Q_k/G_k = 0.5$；不考虑雪荷载及风荷载）。

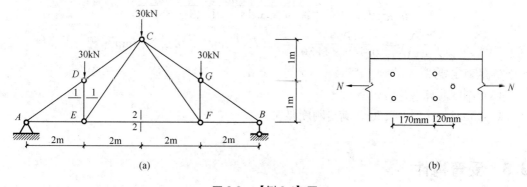

(a)　　　　　　　　　　　　　　　　　　(b)

图3-3　【例3-1】图

（a）屋架计算简图；（b）EF 杆上孔的分布

【解】1）内力分析

不难得出，弦杆 EF 受拉，$N=60$kN；腹杆 DE 受压 $N=30$kN。

2）弦杆 FE 受拉承载力验算

根据木材类型和等级查表 3-5 顺纹抗拉强度设计值 $f_t = 6.0 \text{N/mm}^2$；按露天环境，强度调整系数 0.9（表 3-11）；使用年限 50 年，调整系数为 1.0（表 3-12）；尺寸调整系数为 1.3（表 3-2）；$Q_k/G_k < 1$，调整系数 $k_d = 0.82 + 0.17\rho = 0.83 + 0.17 \times 0.5 = 0.915$。

选取最不利截面为 120mm 范围内（小于 150mm）开了 3 个螺栓孔处，则：

$$A_n = 65 \times 185 - 65 \times 8 \times 3 = 10465 \text{ mm}^2$$

$\dfrac{N}{A_n} = \dfrac{60000}{10465} = 5.73 \text{N/mm}^2 < 6.0 \times 0.9 \times 1.0 \times 1.3 \times 0.915 = 6.42 \text{N/mm}^2$，满足材料强度要求。

3）腹杆 DE 受压承载力验算

该构件为轴心受压构件，查表 3-5 其顺纹抗压强度设计值为 $f_c = 10.5 \text{N/mm}^2$；查表 3-2 知尺寸调整系数为 1.15，其他调整系数同弦杆 EF。

（1）强度验算

$$A_n = A = 65 \times 90 = 5850 \text{ mm}^2$$

$\dfrac{N}{A_n} = \dfrac{30000}{5850} = 5.13 \text{ N/mm}^2 < 10.5 \times 0.9 \times 1.0 \times 1.15 \times 0.915 = 9.94 \text{ N/mm}^2$

满足强度要求。

（2）稳定验算

计算长度 $l_0 = 1000$，$i = \sqrt{\dfrac{I}{A}} = \sqrt{\dfrac{b^2}{12}} = \sqrt{\dfrac{65^2}{12}} = 18.76 \text{mm}$

$\lambda = l_0/i = 1000/18.76 = 53.3$

规格材 $a_c = 0.88$，$b_c = 2.44$，$c_c = 3.68$，$\beta = 1.03$，$E_k/f_{ck} = 5700/14.9 = 382.55$

$$\lambda_c = c_c \sqrt{\dfrac{\beta E_k}{f_{ck}}} = 3.68\sqrt{1.03 \times 382.55} = 73.05$$

$\lambda < \lambda_c$，用下式计算稳定系数：

$$\varphi = \cfrac{1}{1 + \cfrac{\lambda^2 f_{ck}}{b_c \pi^2 \beta E_k}} = \cfrac{1}{1 + \cfrac{53.3^2}{2.44 \times 3.14^2 \times 1.03 \times 382.55}} = 0.769$$

$$\dfrac{N}{\varphi A_0} = \dfrac{30000}{0.769 \times 5850} = 6.67 \text{N/mm}^2 < 9.94 \text{N/mm}^2$$

满足稳定要求。

（3）刚度验算

$\lambda = 53.3 < [\lambda] = 120$，满足刚度要求。

3.3　受弯构件

承受弯矩或弯矩与剪力共同作用的构件称为受弯构件。根据不同的使用情况，弯矩可以作用在构件的一个主平面内，称为单向受弯；构件两个主平面内均有弯矩作用称为双向弯曲或斜弯曲。

受弯构件是木结构中最基本的受力构件，按使用场合不同，有梁、搁栅、檩条、挂瓦条、门帽和窗帽等。这里重点介绍单向受弯构件。受弯构件除应满足抗弯承载力、抗剪承载力外，尚应满足整体稳定要求，这些皆属于承载力极限状态问题。受弯构件尚有正常使用极限状态的要求，即其变形不能影响正常使用要求。

3.3.1 受弯承载力

1. 按强度验算

按强度验算承载力时，按式（3-16）验算。

$$\frac{M}{W_n} \leqslant f_m \tag{3-16}$$

式中　f_m——木材抗弯强度设计值（N/mm^2）；

　　　M——受弯构件弯矩设计值（$N \cdot mm$）；

　　　W_n——受弯构件的净截面抵抗矩（mm^3）。

受弯构件的抗弯承载能力一般可按弯矩最大截面进行验算，但在构件截面有较大削弱，且被削弱截面不在最大弯矩处，尚应按被削弱截面处的弯矩对该截面进行验算。

2. 按稳定验算

1）受弯构件的侧向稳定系数 φ_l

当受弯构件的截面高宽比较大（超过 4：1），且跨度较大时，有可能发生整体失稳。一般弯矩作用平面内刚度较大，不会在弯矩作用平面内失稳，因此，弯矩作用平面外成为受弯构件的唯一失稳可能。

受弯构件侧向失稳形式如图 3-4 所示，事实上属于弯扭失稳。受弯构件截面的中和轴以上为受压区，以下为受拉区，犹如受压构件和受拉构件的组合体。当压杆达到一定应力值时，在偶遇的横向扰力的作用下可沿着刚度较小的平面外失稳。但它又受到稳定的受拉杆沿长度方向的连续约束作用，发生侧移的同时会带动整个截面扭转。受弯构件抵抗平面外失稳的能力与侧向抗弯刚度和抗扭刚度有关。可采用弹性稳定理论求解构件临界状态的平衡微分方程，得其临界弯矩式（3-17）。

$$M_{cr} = \frac{\pi}{l} \sqrt{EI_y GI_t} \tag{3-17}$$

式中　l——受弯构件受压缘侧向支撑点间的距离；

　　　EI_y——侧向抗弯刚度；

　　　GI_t——抗扭刚度。

仿照压杆稳定承载力计算形式，定义受弯构件的侧向稳定系数 φ_l 为：

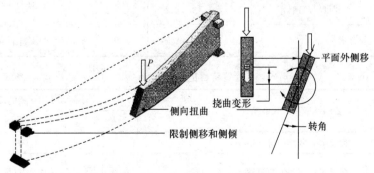

图 3-4　受弯构件侧向失稳形式

$$\varphi_l = \frac{M_{cr}}{M_u} \tag{3-18}$$

式中　M_u——平面内抗弯承载力。

根据弹性稳定理论并借用美国《木结构设计规范》的计算公式，经过适当变换，规范给出了侧向稳定系数计算公式。

$$\lambda_m = c_m \sqrt{\frac{\beta E_k}{f_{mk}}} \tag{3-19}$$

$$\lambda_B = \sqrt{\frac{l_e h}{b^2}} \tag{3-20}$$

当 $\lambda_B > \lambda_m$ 时，

$$\varphi_l = \frac{a_m \beta E_k}{\lambda_B^2 f_{mk}} \tag{3-21}$$

当 $\lambda_B \leqslant \lambda_m$ 时，

$$\varphi_l = \frac{1}{1 + \frac{\lambda_B^2 f_{mk}}{b_m \beta E_k}} \tag{3-22}$$

式中　λ_m——受弯构件长细比特征值，其值与木材品种及性能有关；

λ_B——受弯构件的长细比，不应大于 50；

E_k——构件材料的弹性模量标准值（N/mm²）；

f_{mk}——受弯构件材料的抗弯强度标准值（N/mm²）；

b——受弯构件的截面宽度（mm）；

h——受弯构件的截面高度（mm）；

a_m、b_m、c_m——材料相关系数，应按表 3-16 的规定取值；

β——材料剪切变形相关系数，应按表 3-17 的规定取值；

l_e——受弯构件计算长度，应按表 3-18 的规定采用。

相关系数的取值　　　　表 3-17

构件材料		a_m	b_m	c_m	β	E_k/f_{mk}
方木原木	TC15、TC17、TB20	0.7	4.9	0.9	1.00	220
	TC11、TC13、TB11 TB13、TB15、TB17					220
规格材、进口方木和进口结构材		0.7	4.9	0.9	1.03	按《木结构设计标准》 GB 50005—2017 附录 A 的规定采用
胶合木		0.7	4.9	0.9	1.05	

受弯构件的计算长度　　　　表 3-18

梁的类型和荷载情况	荷载作用在梁的部位		
	顶部	中部	底部
简支梁，两端相等弯矩	$l_e = 1.00 l_u$		
简支梁，均匀分布荷载	$l_e = 0.95 l_u$	$l_e = 0.90 l_u$	$l_e = 0.7085$

续表

梁的类型和荷载情况	荷载作用在梁的部位		
	顶部	中部	底部
简支梁，跨中一个集中荷载	$l_e = 0.80\, l_u$	$l_e = 0.75\, l_u$	$l_e = 0.70\, l_u$
悬臂梁，均匀分布荷载	$l_e = 1.20\, l_u$		
悬臂梁，在悬端一个集中荷载	$l_e = 1.70\, l_u$		
悬臂梁，在悬端作用弯矩	$l_e = 2.00\, l_u$		

注：表中 l_u 为受弯构件两个支撑点之间的实际距离。当支座处有侧向支撑而沿构件长度方向无附加支撑时，l_u 为支座之间的距离；当受弯构件在构件中间点以及支座处有侧向支撑时，l_u 为中间支撑与端支座之间的距离。

2）稳定验算

按规范木结构受弯构件侧向稳定按式（3-23）验算。

$$\frac{M}{\varphi_l W_n} \leqslant f_m \tag{3-23}$$

式中　f_m——构件材料的抗弯强度设计值（N/mm²）；

　　　M——受弯构件弯矩设计值（N·mm）；

　　　W_n——受弯构件的净截面抵抗矩（mm³）；

　　　φ_l——受弯构件的侧向稳定系数。

当受弯构件的两个支座处设有防止其侧向位移和侧倾的侧向支承，并且截面的最大高度对其截面宽度之比以及侧向支承满足下列规定时，侧向稳定系数 φ_l 应取为 1：

（1）$h/b \leqslant 4$ 时，中间未设侧向支承；

（2）$4 < h/b \leqslant 5$ 时，在受弯构件长度上有类似檩条等构件作为侧向支承；

（3）$5 < h/b \leqslant 6.5$ 时，受压边缘直接固定在密铺板上或直接固定在间距不大于 610mm 的搁栅上；

（4）$6.5 < h/b \leqslant 7.5$ 时，受压边缘直接固定在密铺板上或直接固定在间距不大于 610mm 的搁栅上，并且受弯构件之间安装有横隔板，其间隔不超过受弯构件截面高度的 8 倍；

（5）$7.5 < h/b \leqslant 9$ 时，受弯构件的上下边缘在长度方向上均有限制侧向位移的连续构件。

3.3.2　受剪承载力

1. 一般受弯构件

一般受弯构件的受剪承载力，应按式（3-24）验算：

$$\frac{VS}{Ib} \leqslant f_v \tag{3-24}$$

对于矩形截面，式（3-24）简化为式（3-25）。

$$\frac{3V}{2A} \leqslant f_v \tag{3-25}$$

式中　f_v——木材顺纹抗剪强度设计值（N/mm²）；

　　　V——受弯构件剪力设计值（N）；

I ——构件的全截面惯性矩（mm^4）；

b ——构件的截面宽度（mm）；

S ——剪切面以上的截面面积对中和轴的面积矩（mm^3）。

抗剪承载力一般按剪力最大截面进行验算。一些学者研究（Keenan，1978）发现，靠近支座处的荷载引起的剪应力小于按弹性理论计算的结果。为此《木结构设计标准》GB 50005—2017 规定，荷载作用在梁的顶面时，计算受弯构件的剪力 V 值时，可不考虑在距离支座等于梁截面高度范围内的所有荷载的作用。

2. 带切口矩形截面受弯构件

1）关于切口的规定

（1）应尽量减小切口引起的应力集中，宜采用逐渐变化的锥形切口，不宜采用直角形切口；

（2）简支梁支座处受拉边的切口深度，锯材不应超过梁截面高度的 1/4；层板胶合材不应超过梁截面高度的 1/10；

（3）可能出现负弯矩的支座处及其附近区域不应设置切口。

2）受剪承载能力

矩形截面受弯构件支座处受拉面有切口时，实际的受剪承载能力，应按式（3-26）验算：

$$\frac{3V}{2bh_n}\left(\frac{h}{h_n}\right)^2 \leqslant f_v \tag{3-26}$$

式中　f_v ——构件材料的顺纹抗剪强度设计值（N/mm^2）；

b ——构件的截面宽度（mm）；

h ——构件的截面高度（mm）；

h_n ——受弯构件在切口处净截面高度（mm）；

A_n ——切口处净截面面积（mm^2）；

V ——剪力设计值（N），可按工程力学原理确定，即计算该剪力 V 时应考虑全跨度内所有荷载的作用。

3.3.3　受弯构件局部承压的承载能力

受弯构件在支座反力作用下，横纹方向承受局部压力，需要验算局部受压承载力。

局部受压承载力应按式（3-27）进行验算：

$$\frac{N_c}{bl_b K_B K_{Zcp}} \leqslant f_{c,90} \tag{3-27}$$

式中　N_c ——局部压力设计值（N）；

b ——局部承压面宽度（mm）；

l_b ——局部承压面长度（mm）；

$f_{c,90}$ ——构件材料的横纹承压强度设计值（N/mm^2），当承压面长度 $l_b \leqslant 150mm$，且承压面外缘距构件端部不小于 75mm 时，$f_{c,90}$ 取局部表面横纹承压强度设计值，否则应取全表面横纹承压强度设计值；

K_B ——局部受压长度调整系数，应按表 3-19 的规定取值，当局部受压区域内有较高弯曲应力时，$K_B = 1$；

K_{Zcp} ——局部受压尺寸调整系数，应按表 3-20 的规定取值。

局部受压长度调整系数 K_B 表 3-19

顺纹测量承压长度（mm）	修正系数 K_B	顺纹测量承压长度（mm）	修正系数 K_B
≤ 12.5	1.75	75.0	1.13
25.0	1.38	100.0	1.10
38.0	1.25	≥ 150.0	1.00
50.0	1.19		

注：1. 当承压长度为中间值时，可采用插入法求出 K_B 值；

    2. 局部受压的区域离构件端部不应小于 75mm。

局部受压尺寸调整系数 K_{Zcp} 表 3-20

构件截面宽度与构件截面高度的比值	K_{Zcp}
≤ 1.0	1.00
≥ 2.0	1.15

注：比值在 1.0～2.0 之间时，可采用插入法求出 K_{Zcp} 值。

3.3.4 挠度验算

受弯构件的挠度，应按下式（3-28）验算：

$$w \leqslant [w] \tag{3-28}$$

式中 $[w]$ ——受弯构件的挠度限值（mm），见表 3-3；

    w ——构件按荷载效应的标准组合计算的挠度（mm），对于原木构件，挠度计算时按构件中央的截面特性取值。

受弯构件挠度由弯矩和剪力产生，可按照虚功原理进行计算。对于实腹的木构件，如矩形截面梁，在均布荷载作用下，剪切变形产生的跨中挠度约为弯曲变形挠度的 $13/m^2$，m 为梁的跨高比 $m = l_0/h$。对于 $m = 10$～15 的梁，剪切挠度与弯曲挠度之比大约在 6%～13%。因此，对跨高比较大的梁，与钢筋混凝土和钢结构受弯构件一样，通常可以不计剪力产生的跨中挠度。但对于那些用木基结构板材作腹板的梁则需计入剪力产生的跨中挠度。这主要是因为这类受弯构件的腹板薄，剪应力大且在整个腹板高度范围内分布较均匀，剪切变形不可忽略。

3.3.5 双向受弯构件

1. 承载力验算

双向弯矩作用的构件，则采用简单的线性叠加原理，按式（3-29）验算其截面承载力。

$$\frac{M_x}{W_{nx} f_{mx}} + \frac{M_y}{W_{ny} f_{my}} \leqslant 1 \tag{3-29}$$

2. 挠度验算

对于双向受弯构件的挠度计算，习惯上按几何叠加原理处理，即挠度按式（3-30）

计算。

$$w = \sqrt{w_x^2 + w_y^2} \tag{3-30}$$

式中 M_x、M_y——相对于构件截面 x 轴和 y 轴产生的弯矩设计值（N·mm）；

　　　　f_{mx}、f_{my}——构件正向弯曲或侧向弯曲的抗弯强度设计值（N/mm²）；

　　　　W_{nx}、W_{ny}——构件截面沿 x 轴、y 轴的净截面抵抗矩（mm³）；

　　　　w_x、w_y——荷载效应的标准组合计算的对构件截面 x 轴、y 轴方向的挠度（mm）。

【例 3-2】拟设计方木（锯材）楼盖梁，图 3-5 所示（室内环境，设计使用年限 50 年）。无侧向支撑，梁上承受均布荷载设计值 $p=3.5$kN/m（标准值为 $p_k=2.6$kN/m），梁支座之间的距离为 2.4m，截面为 100mm×150mm，且梁支座处有如图 3-5（c）所示缺口。若用针叶木，试选择强度等级。

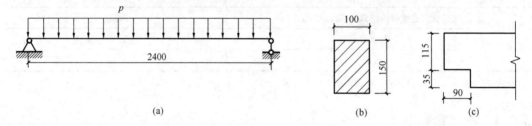

图 3-5   ［例 3-2］图
(a) 梁计算简图；(b) 跨内截面；(c) 支座处缺口

【解】跨中弯矩设计值为：$M = \dfrac{1}{8} \times 3.5 \times 2.4^2 = 2.52$kN·m

由于支座处有切口，所以受剪承载力计算时剪力设计值不折减。剪力设计值为：

$$V = \frac{1}{2}ql = \frac{1}{2} \times 3.5 \times 2.4 = 4.2\text{kN}$$

1）按抗弯承载力验算的弯曲应力

跨中弯矩最大处，$W_n = \dfrac{1}{6} \times 100 \times 150^2 = 375 \times 10^3$mm³

$$\frac{M}{W_n} = \frac{2.52 \times 10^6}{375 \times 10^3} = 6.72\text{N/mm}^2$$

2）按稳定性验算的弯曲应力

查表 3-17，该简支梁荷载作用在顶部时计算长度系数为 0.95，验算侧向稳定时的构件计算长度 $l_e = 0.95 \times 2400 = 2280$mm。

构件为方木（锯材），查表 3-16 得 $E_k/f_{mk} = 220 = 220$，$C_m=0.9$，$\beta=1.0$，$b_m=4.9$。

$$\lambda_m = c_m\sqrt{\frac{\beta E_k}{f_{mk}}} = 0.9\sqrt{1 \times 220} = 13.35$$

$$\lambda_B = \sqrt{\frac{l_e h}{b^2}} = \sqrt{\frac{2280 \times 150}{100^2}} = 5.85$$

$\lambda_B < \lambda_m$，则

$$\varphi_l = \frac{1}{1 + \dfrac{\lambda_B^2}{b_m \beta} \dfrac{f_{mk}}{E_k}} = \frac{1}{1 + \dfrac{5.85^2}{4.9 \times 1 \times 220}} = 0.969$$

$$\frac{M}{\varphi_l W} = \frac{2.52 \times 10^6}{0.969 \times 375 \times 10^3} = 6.93 \text{N/mm}^2$$

3）按受剪承载力验算的剪应力

因梁端部有缺口，抗剪承载能力按式（3-26）验算，有：

$$\frac{3V}{2bh_n}\left(\frac{h}{h_n}\right)^2 = \frac{3 \times 4200}{2 \times 100 \times 115} \times \left(\frac{150}{115}\right)^2 = 0.93 \text{N/mm}^2$$

查表 3-4，比较发现，该梁可选木材强度等级为 TC11B，抗弯强度设计值为 $f_m = 11 \text{N/mm}^2$，顺纹抗剪强度设计值为 $f_v = 1.2 \text{N/mm}^2$，含水率控制在 25% 以下，强度设计值不调整。

梁的材料选定后，对该梁进行局部受压承载力验算及挠度验算。

4）梁支座处局部受压承载力验算

按式（3-27）进行局部受压承载力验算：

$N_c = V = 4.2 \text{kN}$，$b = 100 \text{mm}$，$l_b = 90 \text{mm}$。

查表 3-18、表 3-19 得：$K_B = 1.12$，$K_{Zcp} = 1.0$。

该梁承压面长度 $l_b = 90 \text{mm} < 150 \text{mm}$，且局部承压面在梁的端部，$f_{c,90}$ 按全表面横纹承压强度设计值取，即 $f_{c,90} = 1.8 \text{N/mm}^2$。

$$\frac{N_c}{bl_b K_B K_{Zcp}} = \frac{4200}{100 \times 90 \times 1.12 \times 1.0} = 0.417 \text{N/mm}^2 < f_{c,90} = 1.8 \text{N/mm}^2$$

该梁局部受压承载力满足要求。

5）梁的挠度验算

本梁跨高比 $m = 2400/150 = 16$，可以忽略剪切变形。按荷载标准组合，$p_k = 2.6 \text{kN/m}$。$EI = 9000 \times \dfrac{1}{12} \times 100 \times 150^3 = 2.531 \times 10^{11} \text{N} \cdot \text{mm}^2$

$$w = \frac{5p_k l_0^4}{384EI} = \frac{5 \times 2.6 \times 2.4^4 \times 10^{12}}{384 \times 2.531 \times 10^{11}} = 4.4 \text{mm} < [w] = \frac{l}{250} = \frac{2400}{250} = 9.6 \text{mm}$$

3.4 偏心受力构件

偏心受力构件是指轴向力作用线平行于构件纵轴但不通过截面形心的构件，等同于轴心力和弯矩共同作用，包括偏心受拉杆件（又称为拉弯构件）和偏心受压杆件（压弯构件）。

在结构体系中有许多既有轴力又有弯矩作用的构件。例如，桁架的上弦杆在桁架静力分析时受压，同时由于屋面板的铺设又有弯矩作用，所以是压弯构件；轻型木结构中的墙骨柱既有轴向压力作用，又受水平风载在墙骨柱中产生弯矩，所以墙骨柱是压弯构件。

3.4.1 拉弯构件的承载能力

拉弯构件的承载能力，按式（3-31）验算：

$$\frac{N}{A_n f_t} + \frac{M}{W_n f_m} \leqslant 1 \tag{3-31}$$

式中　N、M——轴向拉力设计值（N）、弯矩设计值（N·mm）；

A_n、W_n——按轴心受拉构件相同方法计算的构件净截面面积（mm²）、净截面抵抗矩（mm³）；

f_t、f_m——木材顺纹抗拉强度设计值、抗弯强度设计值（N/mm²）。

需要指出，式（3-31）是以构件失效发生在受拉边缘而建立的。

在拉弯构件中若遇到拉力不大但弯矩较大的场合，构件失效并不一定会发生在受拉边，此时构件受压区存在较大的压应力，可能造成类似梁的整体稳定问题，需验算在弯矩作用下的侧向稳定承载力。

建议按式（3-32）进行稳定承载力验算：

$$\frac{M}{W_n} - \frac{N}{A_n} \leqslant \varphi_l f_m \tag{3-32}$$

公式中符号意义同式（3-31），其中，φ_l 为受弯构件的侧向稳定系数。

式（3-32）是在式（3-23）基础上考虑拉力对受压边缘的有利影响后得出的。

另外，木构件同时承受拉力和弯矩作用对木材的工作十分不利，设计上应尽量采取措施予以避免。

3.4.2　压弯构件的承载能力

压弯构件除轴力作用外尚有因偏心产生的弯矩或外部横向荷载产生的弯矩作用，因此这类构件，不仅有弯矩作用平面内的强度和稳定问题，且有弯矩作用平面外的整体稳定问题。因此，压弯构件需验算三个方面的承载力。

压弯构件的承载能力，分强度和稳定两部分，而稳定又分为平面内稳定和平面外稳定两方面。

1. 强度验算

$$\frac{N}{A_n f_c} + \frac{M}{W_n f_m} \leqslant 1 \tag{3-33}$$

$$M = N e_0 + M_0 \tag{3-34}$$

式中　N、M——分别为轴向压力设计值（N）和弯矩设计值（N·mm）；

M_0——横向荷载作用下跨中最大初始弯矩设计值（N·mm）；

e_0——构件的初始偏心距（mm），当不能确定时，取构件截面高度的 0.05 倍；

f_c、f_m——考虑调整系数后的木材顺纹抗压强度设计值、抗弯强度设计值（N/mm²）。

2. 弯矩作用平面内稳定验算

$$\frac{N}{\varphi \varphi_m A_0} \leqslant f_c \tag{3-35}$$

$$\varphi_m = (1-k)^2 (1-k_0) \tag{3-36}$$

$$k = \frac{N e_0 + M_0}{W f_m \left(1 + \sqrt{\frac{N}{A f_c}}\right)} \tag{3-37}$$

$$k_0 = \frac{N e_0}{W f_m \left(1 + \sqrt{\dfrac{N}{A f_c}}\right)} \tag{3-38}$$

式中　φ、A_0——轴心受压构件的稳定系数、计算面积，按轴心受压构件有关规定计算；

　　　A——构件全截面面积；

　　　φ_m——考虑轴力和初始弯矩共同作用的折减系数；

　　　W——构件全截面抵抗矩（mm^3）。

3. 弯矩作用平面外稳定验算

当需验算压弯构件弯矩作用平面外的侧向稳定性时，应按式（3-39）验算：

$$\frac{N}{\varphi_y A_0 f_c} + \left(\frac{M}{\varphi_l W f_m}\right)^2 \leqslant 1 \tag{3-39}$$

式中　φ_y——轴心压杆在垂直于弯矩作用平面 $y\text{-}y$ 方向按长细比 λ_y 确定的轴心压杆稳定系数，按 3.2.2 节确定；

　　　φ_l——受弯构件的侧向稳定系数，按 3.3.1 节确定；

　　　N、M——轴向压力设计值（N）、弯曲作用平面内的弯矩设计值（N·mm）。

【例 3-3】某顶棚搁栅，跨度为 4.8m，无支撑段长度为 1600mm，轴向拉力设计值为 12kN，均布荷载设计值 $p = 1.30\text{kN/m}$（荷载标准组合 $p_k = 1.0\text{kN/m}$）。用进口铁-冷杉（加拿大）目测分级规格材 I_c，截面为 40mm×235mm，正常使用条件，设计年限 50 年。试验算搁栅承载力及变形。

【解】此格栅为拉弯构件，跨中弯矩设计值：

$$M = \frac{1}{8} \times q l^2 = \frac{1}{8} \times 1.3 \times 4.8^2 = 3.744\text{kN·m}$$

查附表 B.2.1 材性设计值：$f_t = 6.3\text{N/mm}^2$，$f_m = 14.8\text{N/mm}^2$，$E = 12000\text{N/mm}^2$。

考虑目测分级规格材尺寸调整系数（详见表 3.2），则：$f_t = 1.1 \times 6.3 = 6.93\text{N/mm}^2$；$f_m = 14.8 \times 1.1 = 16.28\text{N/mm}^2$；$E = 12000 = 1 \times 12000 = 12000\text{N/mm}^2$

1）拉弯承载力验算

$$A_n = A = 40 \times 235 = 9400\text{mm}^2$$

$$W_n = W = \frac{1}{6} \times 40 \times 235^2 = 368167\text{mm}^3$$

$$\frac{N}{A_n f_t} + \frac{M}{W_n f_m} = \frac{12000}{9400 \times 6.93} + \frac{3.744 \times 10^6}{368167 \times 16.28} = 0.184 + 0.625 = 0.809 < 1$$

2）整体稳定验算

此格栅上弯矩较大，弯曲应力 $\sigma_m = \dfrac{M}{W_n} = \dfrac{3.744 \times 10^6}{368167} = 10.25\text{N/mm}^2$

拉力较小，$\sigma_t = \dfrac{N}{A} = \dfrac{12000}{9400} = 1.28\text{N/mm}^2$

故需要按式（3-32）验算该格栅的稳定性。

查表 3-17，格栅均布荷载作用在顶部，计算长度系数为 0.95，验算侧向稳定时的构件计算长度 $l_e = 0.95 \times 1600 = 1520\text{mm}$。

材料标准性能查附录 A。格栅为进口铁-冷杉（加拿大）目测分级规格材 I_c，查附录 A 表 A-4 并乘以尺寸调整系数（表 3-2）得：$f_{mk} = 1.1 \times 24.5\text{N/mm}^2$，$E_k = 1 \times 7000\text{N/mm}^2$，$E_k / f_{mk} = 259.7$。

查表 3-16 得：$a_m=0.7$，$C_m=0.9$，$\beta=1.03$，$b_m=4.9$

（1）计算侧向稳定系数 φl

首先按受弯构件计算此格栅的特征长细比 λ_m 及长细比 λ_B，以便选择 φl 的计算公式。

$$\lambda_m = c_m\sqrt{\frac{\beta E_k}{f_{mk}}} = 0.9\sqrt{1.03 \times 259.7} = 14.72$$

$$\lambda_B = \sqrt{\frac{l_e h}{b^2}} = \sqrt{\frac{1520 \times 235}{40^2}} = 14.94$$

$\lambda_B > \lambda_m$，则：

$$\varphi l = \frac{a_m \beta E_k}{\lambda_B^2 f_{mk}} = \frac{0.7 \times 1.03 \times 259.7}{14.94^2} = 0.839$$

（2）格栅的稳定性验算

$$\frac{M}{W_n} - \frac{N}{A_n} = 10.25 - 1.28 = 8.97\text{N/mm}^2 < \varphi l f_m = 0.839 \times 16.28 = 13.66\text{N/mm}^2$$

满足稳定要求。

3）挠度验算

拉弯构件，拉力可使挠度减小，按受弯构件进行挠度验算。

格栅的跨高比 $m = 4800/40 = 120$，可以忽略剪切变形。按荷载标准组合，$p_k = 1.0\text{kN/m}$，$EI = 12000 \times \frac{1}{12} \times 40 \times 235^3 = 5.191 \times 10^{11}\text{N} \cdot \text{mm}^2$。

$$w = \frac{5p_k l_0^4}{384EI} = \frac{5 \times 1.0 \times 4.8^4 \times 10^{12}}{384 \times 5.191 \times 10^{11}} = 13.3\text{mm} < [w]$$

$$= \frac{l}{250} = \frac{4800}{250} = 19.2\text{mm}$$

满足正常使用要求。

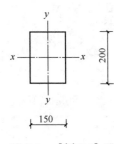

图 3-6   [例 3-4] 图

【例 3-4】一冷杉方木压弯构件（含水率控制在 25% 以下），截面尺寸如图 3-6 所示。正常使用条件，使用年限为 50 年。承受轴心压力设计值 $N = 60\text{kN}$。均布荷载产生的弯矩设计值为 $M_{0x} = 3 \times 10^6$ N·mm，且该均布荷载作用于构件顶面，构件截面为 150mm×200mm，构件长度为 2500mm，两端铰接，端部无侧向支撑，弯矩作用绕 x 轴方向，试验算此构件的承载力。

【解】该材料强度等级为 TC11B，由表 3-4 查得顺纹抗压强度和抗弯强度设计值，并考虑大尺寸截面修正系数，$f_c = 1.1 \times 10 = 11\text{N/mm}^2$，$f_m = 1.1 \times 11 = 12.1\text{N/mm}^2$。

1）按强度验算

$$A_n = 150 \times 200 = 30000\text{mm}^2$$

$$W_n = \frac{1}{6} \times 150 \times 200^2 = 1 \times 10^6\text{mm}^3$$

$$e_0 = 0.05 \times 200 = 10\text{mm}$$

$$M = Ne_0 + M_0 = 6 \times 10^5 + 3 \times 10^6 = 3.6 \times 10^6\text{N} \cdot \text{mm}$$

代入式（3-33），得：

$$\frac{N}{A_n f_c} + \frac{M}{W_n f_m} = \frac{6 \times 10^4}{3 \times 10^4 \times 10} + \frac{3.6 \times 10^6}{1 \times 10^6 \times 10}$$

$$= 0.20 + 0.36 = 0.56 < 1$$

所以强度满足要求

2）弯矩作用平面内稳定性验算

弯矩作用平面内稳定性验算按式（3-35）进行。

（1）考虑轴力及弯矩共同作用的折减系数 φ_m

$$k = \frac{Ne_0 + M_0}{W f_m \left(1 + \sqrt{\frac{N}{A f_c}}\right)} = \frac{3.6 \times 10^6}{1 \times 10^6 \times 12.1 \left(1 + \sqrt{\frac{6 \times 10^4}{3 \times 10^4 \times 11}}\right)}$$

$$= \frac{3.6 \times 10^6}{10^6 \times 12.1(1 + 0.426)} = 0.209$$

$$k_0 = \frac{Ne_0}{W f_m \left(1 + \sqrt{\frac{N}{A f_c}}\right)} = \frac{6 \times 10^5}{10^6 \times 12.1 \left(1 + \sqrt{\frac{6 \times 10^4}{3 \times 10^4 \times 11}}\right)}$$

$$= \frac{6 \times 10^5}{10^6 \times 12.1(1 + 0.426)} = 0.0348$$

$$\varphi_m = (1-k)^2 (1-k_0) = (1-0.209)^2 (1-0.0348) = 0.604$$

（2）计算稳定系数 φ

φ 按受压构件取值。这里先计算受压长细比特征值 λ_c，以便选择 φ 的计算公式。查表 3-14 得：$a_c = 0.95$，$b_c = 1.43$，$c_c = 5.28$，$\beta = 1$，$E_k / f_{ck} = 300$。

$$\lambda_c = c_c \sqrt{\frac{\beta E_k}{f_{ck}}} = 5.28 \sqrt{1 \times 300} = 91.45$$

$$i_x = \sqrt{\frac{1}{12}} \times 200 = 57.74 \text{mm}$$

弯矩作用平面的长细比为：

$$\lambda_x = \frac{l_{0x}}{i_x} = \frac{2500}{57.74} = 43.30$$

$\lambda_x < \lambda_c$，用式（3-15）计算 φ：

$$\varphi = \frac{1}{1 + \dfrac{\lambda^2 f_{ck}}{b_c \pi^2 \beta E_k}} = \frac{1}{1 + \dfrac{43.3^2}{1.43 \times \pi^2 \times 1 \times 300}} = \frac{1}{1 + 0.443} = 0.693$$

（3）弯矩作用平面内稳定性验算

$$\frac{N}{\varphi \varphi_m A_0} = \frac{60000}{0.693 \times 0.576 \times 30000} = 5.01 < f_c = 11 \text{N/mm}^2$$

3）弯矩作用平面外稳定性验算

垂直于弯矩作用平面的稳定验算按式（3-39）进行。

（1）按轴心受压构件确定稳定系数 φ_y，此时长细比为 λ_y。

$$i_y = \sqrt{\frac{1}{12}} \times 150 = 43.3$$

$$\lambda_y = \frac{l_0}{i_y} = \frac{2500}{43.3} = 57.74$$

构件长细比特征值 λ_c。

$$\lambda_c = c_c \sqrt{\frac{\beta E_k}{f_{ck}}} = 5.28\sqrt{1 \times 300} = 91.45$$

由于 $\lambda_y < \lambda_c$，则：

$$\varphi_y = \frac{1}{1 + \dfrac{\lambda^2 f_{ck}}{b_c \pi^2 \beta E_k}} = \frac{1}{1 + \dfrac{57.74^2}{1.43 \times \pi^2 \times 1 \times 300}} = \frac{1}{1 + 0.788} = 0.559$$

（2）按受弯构件计算 φ_l

首先计算其长细比 λ_m 及特征值 λ_B，以便选择 φ_l 计算公式。

查表 3-16 得：$a_m = 0.7$，$b_m = 4.9$，$c_m = 0.9$，$\beta = 1$，$E_k/f_{ck} = 220$。

$$\lambda_m = c_m \sqrt{\frac{\beta E_k}{f_{mk}}} = 0.9\sqrt{1 \times 220} = 13.35$$

$$\lambda_B = \sqrt{\frac{l_e h}{b^2}} = \sqrt{\frac{0.95 \times 2500 \times 200}{150^2}} = 4.59$$

$$\lambda_B < \lambda_m$$

$$\varphi_l = \frac{1}{1 + \dfrac{\lambda_B^2 f_{mk}}{b_m \beta E_k}} = \frac{1}{1 + \dfrac{4.59^2}{4.9 \times 1 \times 220}} = \frac{1}{1.02} = 0.981$$

（3）垂直于弯矩作用平面的稳定验算

$$\frac{N}{\varphi_y A_0 f_c} + \left(\frac{M}{\varphi_l W f_m}\right)^2 = \frac{60 \times 10^3}{0.559 \times 30000 \times 11} + \left(\frac{3 \times 10^6}{0.981 \times 1 \times 10^6 \times 12.1}\right)^2$$
$$= 0.325 + 0.064 = 0.389 < 1$$

弯矩作用平面外稳定性也满足要求。

本章小结

本章系统介绍了木结构承载能力极限状态和正常使用极限状态的计算方法，对现行规范有关材料参数标准值和设计值的确定及修正方法进行了梳理。深入介绍了木结构基本构件设计计算内容，结合实例详细讲解了轴心受力、受弯及偏心受力构件的设计计算方法。

思考与练习题

3-1 木材弹性模量如何取值的？如何理解弹性模量标准值小于弹性模量设计值？

3-2 承重结构用材的强度设计值和弹性模量要进行哪些调整？按现行标准国产用材和进口用材在强度设计值和弹性模量调整上有何不同？

3-3 挠度验算在什么情况下要考虑剪切变形？

3-4 偏心受力构件是否需要进行挠度验算？

3-5 某构件用材料为兴安落叶松Ⅱ_c级的规格材制作，正常使用条件，使用年限50年。承受轴向设计值 $T = 28\text{kN}$ 的拉力，截面规格 $40\text{mm} \times 140\text{mm}$，构件上有如图 3-7 所示开孔，孔径 $d = 12\text{mm}$，试验算该构件的强度。

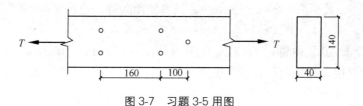

图 3-7　习题 3-5 用图

3-6　某长叶松方木构件（含水率低于 25%），截面尺寸如图 3-8 所示。正常使用条件，使用年限 50 年，承受轴向压力设计值 $N=280$kN。构件长度为 3m，一端固接，一端铰接，构件中部有一 50mm×80mm 缺口，试验算该构件的强度及稳定性。

3-7　一冷杉方木（锯材含水率低于 25%）两端简支梁，无侧向支撑，梁上承受均布荷载设计值为 4kN/m（标准值为 3kN/m），梁的跨度为 2.5m，截面为 150mm×120mm，且梁支座处有如图 3-9 所示缺口，试对此梁进行承载力验算和挠度验算。

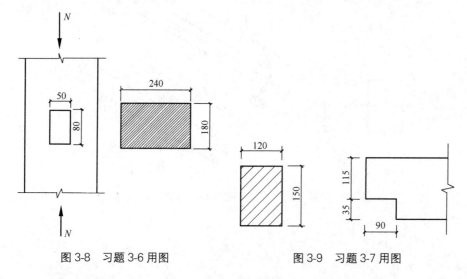

图 3-8　习题 3-6 用图　　　　　图 3-9　习题 3-7 用图

3-8　一冷杉方木梁，计算简图如图 3-10（a）所示，每个集中荷载设计值为 2.8kN（标准值为 2.0kN）。梁的计算跨度为 2.5m，无侧向有效支撑，梁截面为 100mm×150mm，梁支座处有切口，形状见图 3-10（b）。验算该梁是否满足安全性和适用性要求。

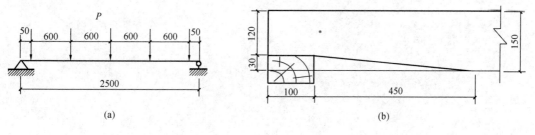

(a)　　　　　　　　　　　　　　　　　(b)

图 3-10　习题 3-8 用图

3-9　某搁栅跨度为 4.5m，无支撑段长度为 1500mm，轴向拉力设计值为 15kN，均布荷载设计值 $p=1.40$kN/m（荷载标准组合 $p_k=1.1$kN/m）。用进口铁-冷杉（美国）目测分级规格材Ⅱ$_c$，截面为 65mm×285mm，正常使用条件，设计年限 50 年。试验算搁栅承载力及变形。

3-10　一冷杉方木构件，构件截面为 $b×h$＝120mm×150mm，构件跨度 L＝2.35mm，两端铰接。其轴向压力设计值 N＝40kN，偏心距e_{0y}＝20mm；在跨中还承受一个横向集中荷载设计值 P＝45kN，产生的弯矩作用平面在 y 轴上（图 3-11），试验算该压弯构件的承载力。

3-11　某桁架架上弦杆如图 3-12 所示，承受均布荷载设值 p＝4.8kN/m，轴力设计值为 N＝58kN，上弦截面为 160mm×200mm，弦杆长度为 4.19m。为抵消弯矩，采用偏心抵承方案，e_0＝30mm（图 3-12），木材强度等级为 TC13（A）（含水率控制在 25％以下），正常使用环境，试验算该弦杆的承载力。

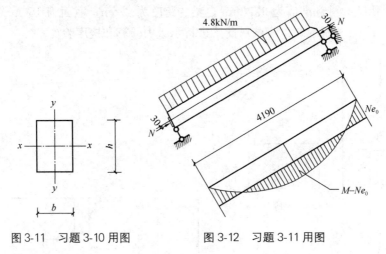

图 3-11　习题 3-10 用图　　　　图 3-12　习题 3-11 用图

第4章 木结构的连接

本章要点及学习目标

本章要点：

(1) 木结构连接的种类；(2) 齿连接、螺栓连接、齿板连接的特点、构造要求及设计方法。

学习目标：

(1) 了解木结构连接的种类及其适用范围；(2) 了解各类木结构连接的构造要求、作用机理和传力途径；(3) 掌握齿连接、螺栓连接、齿板连接的设计方法。

4.1 连接的类型和基本要求

连接设计是木结构设计的重要环节。木结构是由各种木构件通过节点连接而成的平面或空间体系；平面结构体系还需由若干构件通过连接构成稳定的空间体系，以满足使用功能要求；另一方面，木材是天然生长的材料，其长度与截面尺寸都受到一定限制，有时并不能满足构件长度和承载力的要求，需采取拼合、接长和节点连接等方法，将木料连接成构件和结构。连接是木结构的关键部位，设计与施工要求应严格，传力应明确性，紧密性应良好，构造应简单，制作和质量检查应方便。木结构的连接及其计算方法与其他结构有很大不同，连接的质量直接会影响结构的可靠性，习惯上人们希望结构的最终失效发生于构件本身而不是发生在连接处，因此，连接问题是木结构设计乃至研究的一个重要方面。

在我国木结构设计标准中列出了齿连接、销连接及齿板连接三大类节点类型，此外在实际木结构设计中常用到斜键连接、胶连接和植筋连接等。

4.1.1 连接种类

连接按功能不同可分为三种：

(1) 节点连接（图 4-1a）：木构件间或木构件与金属构件间的连接，以构成平面或空间结构。

(2) 接长（图 4-1b）：木材的长度不足时，可将两段木料对接起来以满足长度要求。如可用螺栓和木夹板将木料接长，在层板胶合木中，层板通过指接将其接长等。

(3) 拼接（图 4-1c）：单根木料的截面尺寸不足时，可用若干根木料在截面宽度或高度方向拼接，如规格材拼合梁、拼合柱以及胶合木层板在宽度、高度方向的胶接等。

连接按方式不同又可分为如下七种：

(a)

图 4-1　木材连接

(a) 节点连接实例；(b) 指接实例；(c) 拼接实例

（1）榫卯连接：是我国古代木结构的一种连接方法（图 4-2），其特点是利用木材之间挤压、嵌合，将相邻构件联系起来，当结构承受外力时，构件间通过连接传递荷载。有些榫卯连接的形式尚可传递一定的拉力作用，用其构成的节点，有时可视为半刚性连接，但因榫卯对构件的截面有较大的削弱，因而应用受到了限制。榫卯连接种类较多，主要用到

图 4-2　榫卯连接

燕尾榫和直榫。

（2）齿连接：是用于传统的普通木桁架节点的连接方式。将一根木构件的一端抵承在另一根木构件的齿槽中，以传递压力（图 4-3）。为了防止刻槽过深削弱杆件截面影响杆件承载能力，齿深 h 不能过大，受剪面过短容易撕裂，过长又起不了应有的作用，为此宜将受剪面长度控制在一定范围内。齿连接需设置保险螺栓，以防受剪面意外剪坏时，可能引起的结构倒塌。

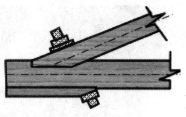

图 4-3 齿连接

（3）销连接：将钢质或木质的杆状物用作连接件，将木构件彼此连接在一起，通过连接件的抗弯、抗剪传递被连接件间的拉力或压力。常用的连接件有螺栓、钉、方头螺钉和木用铆钉等（图 4-4）。

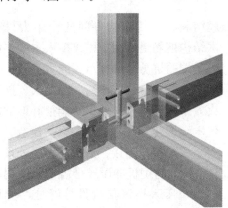

图 4-4 销连接

（4）键连接：用钢质或木质的块状或环状物用作连接件，将其嵌入两木构件的接触面间阻止它们的相对滑移，从而传递构件间的拉力或压力（图 4-5），这类连接件常视为刚体。近些年来，木键已逐渐被淘汰，而被受力性能较好的板销和钢键所代替。钢键的形式很多，国外常见的有裂环、剪盘和金属齿板等，均可用于木料接长、拼合和节点连接。

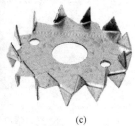

(a)   (b)   (c)

图 4-5 常见键连接件
(a) 裂环；(b) 剪盘；(c) 金属齿板

（5）胶连接：利用结构胶将木材黏结在一起而使其共同受力或传递拉、压力（图 4-6）。对于木材使用的胶主要有动物胶、合成树脂胶、酪素胶、植物胶、环氧乙烯等。

（6）植筋连接：在木构件的适当位置钻孔，插入带肋钢筋螺栓杆、FRP 筋等，注入

(a)　　　　　　　　　　(b)

图 4-6　胶连接

(a) 胶合构件；(b) 内卡尔滕茨林根曲梁桥

图 4-7　植筋连接

胶结料，以传递构件间的作用力(图 4-7)。木结构植筋最早用于横纹植入木梁端部来增强梁端的抗剪与局部承压能力。由于木结构植筋节点具有强重比高、刚度大、美观且防火效果好等优点，使得其能很好地适用于现代木结构建筑及木结构桥梁的建造。

(7) 齿板连接：齿板经表面处理、厚度 1~2mm 的钢板冲压成带齿板，使用时将其成对地压入被连接构件接缝处两侧面，如图 4-8 所示，齿板连接可归属销连接类。齿板连接的承载力不大，且不能传递压力作用，故主要用于轻型木结构中桁架节点的连接或受拉杆件的接长。

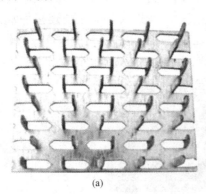

(a)　　　　　　　　　　(b)

图 4-8　齿板连接

(a) 齿板；(b) 齿链接实例

4.1.2　连接的基本要求

木结构的连接应满足下列基本要求：

(1) 传力明确、安全可靠。设计构件连接时，连接应有明确的传力途径，设计应保证连接件能有效地传递荷载，其计算模型应与实际工作状态相符。

（2）连接具有一定的韧性。要求连接具有一定韧性的原因，首先在于具有韧性的连接在破坏前，往往有可观察到的较大的异常变形，可提供一定的措置时间，以防止更大事故的发生；另一方面，一个连接中常常有数个连接件共同工作，韧性好可通过内力重分布使各个连接件受力更趋均匀，防止个别连接件内力集中，以至于提前破坏。

（3）连接具有一定的紧密性。木结构的连接与其他结构连接相比，紧密性较差，反映在结构第一次受载后的残余变形较大。想减少这种变形，就应使连接做得尽量紧密。如在螺栓连接中，由于螺杆与孔壁接触后才能传递荷载，因此螺栓孔的直径应与螺杆直径匹配，不应过大，否则连接的滑移变形会很大；另一方面，木材的横向收缩变形较大，连接不应阻碍这种收缩变形，否则木材又可能发生横向开裂，造成连接的破坏，故孔径又不能过小。

（4）构造简单、便于施工、节省材料。构造简单，必然便于施工，也易达到紧密性的要求，还便于连接施工质量的检查。连接还应尽量减少对构件截面的削弱，以节省材料。

4.1.3　影响连接承载力的因素

木结构的连接设计中，在确定连接承载力时，各种连接承载力的计算方法是通过大量试验和理论分析后获得的，是建立在一种标准状态基础之上的。但影响承载力的因素繁多，工程中的实际连接不可能与标准状态一致，故需要考虑状态不同对连接承载力的修正。要考虑的因素包括：树种（重要是考虑相对密度）、保证传力途径、木材的含水率；关键截面；连接件的类型及组合作用等。

木结构构件连接的承载力的设计值与构件的相对密度有关。在销连接中，木构件对于销槽承压强度与销的尺寸以及木材的局部承压强度有关。对于大直径的连接件，荷载与木纹的夹角也影响销槽的承压强度。木材在横纹和顺纹方向强度不一样，木材的横纹受拉强度，比横纹受压低得多。设计中应该考虑这些因素。

木材的含水率也危及长期的连接性能，尤其是钉子会因含水量下降、木材干燥而自动脱落出来。所以构件的连接设计除了保证强度和传递荷载外，还应该从设计和构造结点上允许构件收缩和膨胀。所以应避免在横纹方向在同一块连接板上布置一排较多的螺栓，因为木构件在实际使用条件下，会继续收缩。

关键截面是指木构件连接中，与构件纵轴垂直的截面。该截面面积等于构件截面面积减去连接件在该截面上的投影面积，如果有其他开孔，当开孔投影面积在连接件投影面积以外时，还应减去开孔的投影面积。不同连接件的投影面积的计算有所不同，在连接设计中尤其要注意，由于连接件的类型不同，所以传力途径不同，设计方法也要相应有所侧重。如荷载被一排连接件承受时，荷载并不是平均分配到每个连接件上，而是端部连接件比中间连接件承担较重的荷载。采用连接件连接时，连接件在木构件上的边距、端距和中距会影响到连接的失效形式。有些失效形式是不允许出现的，如螺栓连接时的边距过小会产生木材撕裂破坏，中距和端距不足会导致木材顺纹受剪破坏。这些都是脆性破坏，在连接设计中应予避免。因此连接中有边距、中距和端距的最小值要求；其次边距、中距和端距对连接的承载力又有一定的影响。

4.2 齿连接

4.2.1 概述

齿连接一般可采用单齿（图 4-9）或双齿形式（图 4-10）。单齿承载力较低，但制作简单，应优先采用。当内力较大，采用单齿连接需构件过大截面时，可采用双齿连接。齿连接将一构件的端头做成齿榫，在另一个构件上开凿出齿槽，使齿榫直接抵承在齿槽的承压面上，通过承压面传递作用力。齿连接构造简单，传力明确，制作简易，连接外露，易于检查，是普通木结构桁架节点最常用的连接形式。齿连接只能传递压力。齿连接的缺点是因在一个构件上开齿槽而削弱了该构件的截面，从而增加了木材用量；齿连接另一个缺点是齿槽承压使构件木材顺纹受剪，具有脆性破坏的特征，因此需要设置保险螺栓。

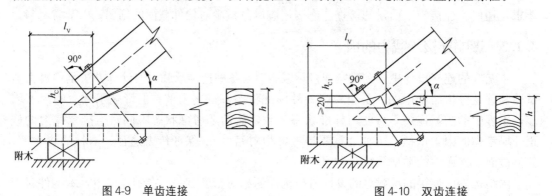

图 4-9 单齿连接   图 4-10 双齿连接

齿连接在构造上应符合下列规定：

(1) 齿连接的承压面应与所连接的压杆轴线垂直。

(2) 单齿连接应使压杆轴线通过承压面中心。

(3) 木桁架支座节点的上弦轴线和支座反力的作用线，当采用方木或板材时，宜与下弦净截面的中心线交汇于一点；当采用原木时，可与下弦毛截面的中心线交汇于一点，此时，刻齿处的截面可按轴心受拉验算。

(4) 齿连接的齿深，对于方木不应小于 20mm；对于原木不应小于 30mm。

(5) 木桁架支座节点齿深不应大于 $h/3$，中间节点的齿深不应大于 $h/4$，h 为沿齿深方向的构件截面高度。

(6) 双齿连接中，第二齿的齿深 h_c 应比第一齿的齿深 h_{c1} 至少大 20mm；第二齿的齿尖应位于上弦轴线与下弦上表面的交点。单齿和双齿第一齿的剪面长度不应小于该齿齿深的 4.5 倍。

(7) 当采用湿材制作时，应考虑木材端部发生开裂的可能性，因此木桁架支座节点齿连接的剪面长度应比计算值加长 50mm。

(8) 木桁架支座节点采用齿连接时应设置保险螺栓，但不考虑保险螺栓与齿的共同工作。木桁架下弦支座应设置附木，并与下弦用钉钉牢。附木截面宽度与下弦相同，其截面高度不应小于 $h/3$，h 为下弦截面高度。支座处附木下面还需设置经过防腐药剂处理的垫木，为防止木桁架与其他材料支座接触处的木材腐蚀。

4.2.2　承载力计算

齿连接构造简单，其承载力计算主要包括承压面承载力计算、剪切面承载力验算、下弦杆净截面承载力验算和保险螺栓的设计计算。单齿连接主要考虑齿面的木材承压强度和齿槽处沿木纹方向的抗剪强度。

1. 木材承压

不论单齿或双齿，齿榫端为顺纹承压，齿槽为斜纹承压，故其承载力取决于齿槽的斜纹承压强度，承载力 N 可用下式计算：

$$\frac{N}{A_c} \leqslant f_{c\alpha} \tag{4-1}$$

式中　$f_{c\alpha}$——木材斜纹承压强度设计值（N/mm²）；

N——作用于齿面上的轴向压力设计值（N）；

A_c——齿的承压面积（mm²）。

对原木桁架，该承压面为椭圆弓形，计算时可简化为圆弓形面积的几何关系；对于双齿连接，承压面为两槽齿的承压面积之和。

2. 木材受剪

按木材受剪时，应按下式验算：

$$\frac{V}{l_V b_V} \leqslant \psi_V f_V \tag{4-2}$$

式中　f_V——木材顺纹抗剪强度设计值（N/mm²）；

V——作用于剪面上的剪力设计值（N）；

l_V——剪面计算长度（mm），其取值不得大于齿深 h_c 的 8 倍；

b——剪面宽度（mm）；

ψ_V——沿剪面长度剪应力分布不匀的强度降低系数，按表 4-1 采用。

单齿连接抗剪强度降低系数　　　　表 4-1

l_V/h_c	4.5	5	6	7	8
ψ_V	0.95	0.89	0.77	0.70	0.64

双齿连接的受剪，仅考虑第二齿剪面的工作，按公式（4-2）计算，并应符合下列规定：计算受剪应力时，全部剪力 V 应由第二齿的剪面承受；第二齿剪面的计算长度 l_V 的取值不应大于齿深 h_c 的 10 倍；双齿连接沿剪面长度剪应力分布不匀的强度降低系数 ψ_V 值应按表 4-2 的规定采用。

双齿连接抗剪强度降低系数　　　　表 4-2

l_V/h_c	6	7	8	9
ψ_V	1.0	0.93	0.85	0.71

3. 构件净面积承载力验算

木桁架的下弦杆在齿槽处有较大的截面削弱，因此需进行受拉净截面强度验算。验算公式见式（4-3）。

$$\frac{N_t}{A_n} \leqslant f_t \qquad (4-3)$$

式中　f_t——木材抗拉强度设计值（N/mm²）；

　　　N_t——受拉的下弦杆件中的拉力设计值（N）；

　　　A_n——刻齿处的净截面面积（m²），计算中应扣除由于设置保险螺栓、附木等造成的截面削弱。

4. 桁架支座节点齿连接

桁架支座节点采用齿连接时，必须设置保险螺栓，但不考虑保险螺栓与齿的共同工作。保险螺栓应与上弦轴线垂直。木桁架下弦支座应设置附木，并与下弦用钉钉牢。钉子数量可按构造布置确定。附木截面宽度与下弦相同，其截面高度不小于 $h/3$（h 为下弦截面高度）。

保险螺栓应满足国家标准《钢结构设计标准》GB 50017—2017 的要求，进行净截面抗拉验算，所承受的轴向拉力应由式（4-4）确定：

$$N_b = N\tan(60° - \alpha) \qquad (4-4)$$

式中　N_b——保险螺栓所承受的轴向拉力（N）；

　　　N——上弦轴向压力的设计值（N）；

　　　α——上弦与下弦的夹角（°）。

保险螺栓的抗拉强度设计值应乘以 1.25 的调整系数。这是因为正常情况下节点由齿连接传递荷载，保险螺栓只在齿连接的受剪面万一破坏时起一个保险作用，为整个结构抢修提供必要的时间。考虑保险螺栓受力的短暂性，其强度设计值乘以大于 1.0 的调整系数。木材的剪切破坏是一个脆性破坏，具有突然性，对螺栓有一定的冲击作用，故螺栓宜选用延性较好的钢材制作。

双齿连接宜选用两个直径相同的保险螺栓（图 4-3），螺栓在木材剪切破坏时受力均匀，因而保险螺栓抗拉强度验算时不考虑采用两根圆钢（此处为两个螺栓）共同受拉时，所用的钢材抗拉强度设计值乘以 0.85 的调整系数。在木桁架设计中，当两根圆钢共同受拉时，为考虑两根圆钢有可能受力不均匀，《木结构设计标准》GB 50005—2017 规定对此处钢材抗拉强度验算时乘以 0.85 的强度折减系数。

4.3　销连接

销连接是各种木结构连接中应用最为广泛的连接方式，它具有连接紧密、韧性好、制作简单及安全可靠等优点，销连接包括螺栓连接、钉连接、方头螺钉连接、木螺丝连接及木用铆钉连接等。销连接可以直接连接木构件，也可以通过钢板将木构件连成整体，还可以将木构件连接到钢构件和混凝土结构上（图 4-11）。

图 4-11　螺栓连接实例

（a）梁与梁连接；（b）基础连接；（c）、（e）复杂节点；（d）、（f）梁柱连接；

（g）斜撑节点；（h）屋架下弦节点

4.3.1　概述

从受力角度分析，无论螺栓连接还是钉连接，均以抗剪连接为主。根据外力作用方式与销穿过被连接构件间拼合缝的数目不同，销连接通常分为双剪连接和单剪连接两大类，如图 4-12、图 4-13 所示。

螺栓和钉的抗剪连接承载能力受木材剪切、劈裂、承压以及螺栓和钉的弯曲等因素的影响，其中以充分利用螺栓和钉的抗弯能力最能保证连接的受力安全。采用连接件连接时，连接件在木构件上的边距、端距和中距首先会影响到连接的失效形式。有些失效形式是不允许出现的，如螺栓连接时的边距过小会产生木材撕裂破坏，中距和端距不足会导致木材顺纹受剪破坏。这些都是脆性破坏，在连接设计中应予避免。因此连接中有边距、中距和端距的最小值要求；其次边距、中距和端距对连接的承载力又有一定的影响。工程实践中也可以发现：在很薄构件的连接处，其破坏多从螺栓或钉孔处木材劈裂开始，拼合很薄的构件时，木材很容易被敲裂。

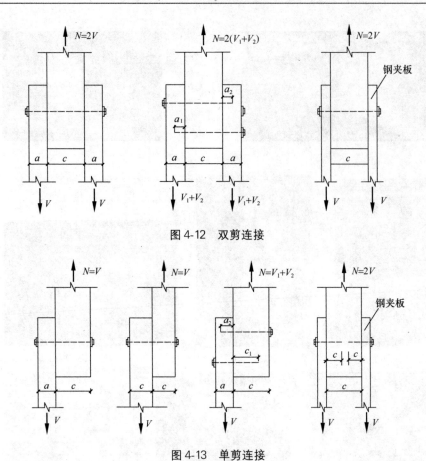

图 4-12　双剪连接

图 4-13　单剪连接

为保证销连接的承载能力不受紧固件之间木材剪切、板边缘木材剪切等的影响,《木结构设计标准》GB 50005—2017 规定,销轴类紧固件的端距、边距、间距和行距(图 4-14)的最小尺寸应符合表 4-3 规定。

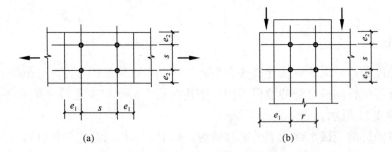

(a)　　　　　　　　　　　　　　　　(b)

图 4-14　销栓类紧固件的端距边距、间距和行距几何位置示意图
(a) 顺纹荷载作用时;(b) 横纹荷载作用时

销轴类紧固件的端距、边距、间距和行距的最小值尺寸　　　　　　　　表 4-3

距离名称	顺纹荷载作用时		横纹荷载作用时	
最小端距	受力端	$7d$	受力边	$4d$
e_1	非受力端	$4d$	非受力边	$1.5d$

续表

距离名称	顺纹荷载作用时		横纹荷载作用时	
最小边距 e_2	当 $l/d \leqslant 6$	$1.5d$	$4d$	
	当 $l/d > 6$	取 $1.5d$ 与 $r/2$ 两者较大者		
最小间距 s	$4d$		$4d$	
最小行距 r	$2d$		当 $l/d \leqslant 2$	$2.5d$
			当 $2 < l/d < 6$	$(5l+10d)/8$
			当 $l/d \geqslant 6$	$5d$

注：1. 受力端为销槽受力指向端部；非受力端为销槽受力背离端部；受力边为销槽受力指向边部；非受力边为销槽受力背离端部。

2. 表中为 l 紧固件长度，d 为紧固件的直径；并且 l/d 值应取下列两者中的较小者：①紧固件在主构件中的贯入深度 l_m 与直径 d 的比值 l_m/d；②紧固件在侧面构件中的总贯入深度 l_s 与直径 d 的比值 l_m/d。

3. 当钉连接不预钻孔时，其端距、边距、间距和行距应为表中数值的 2 倍。

交错布置的销轴类紧固件，其端距、边距、间距和行距（图 4-15）的布置应符合下列规定：

（1）顺纹荷载作用下交错布置的紧固件，当相邻行上的紧固件在顺纹方向的间距不大于 4 倍的紧固件直径时，则可将相邻行的紧固件确认位于同一截面上；

（2）横纹荷载作用下交错布置的紧固件，当相邻行上的紧固件在横纹方向的间距不大于 4 倍的紧固件直径时，则紧固件在顺纹方向的间距不受限制；当相邻行上的紧固件在横纹方向的间距小于 4 倍的紧固件直径时，则紧固件在顺纹方向上的间距应符合表 4-3 的规定。

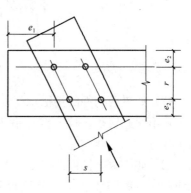

图 4-15 紧固件交错布置
几何位置示意

六角头木螺钉承受轴向上拔荷载时，应满足端距 $e_1 \geqslant 4d$、边距 $e_2 \geqslant 1.5d$、间距 $r \geqslant 4d$ 和行距 $s \geqslant 4d$ 的要求，d 为六角头木螺钉的直径。

4.3.2 承载力计算

1. 销连接承载力计算方法的确定

销连接的普遍屈服模式是确定承载能力计算方法的基础。螺栓和钉都是细而长的杆状连接件，因此也统称为销类连接件。销类连接件的受力特点是承受的荷载与连接件长度方向垂直，故是抗剪连接。由于销杆细长，它的抗剪是通过弯曲、孔壁木材承压来体现的，销连接的普遍屈服模式可分为销槽承压屈服和销屈服两类。以图 4-16 所示不同厚度和强度木构件典型的单剪连接和双剪连接为例，销槽承压屈服和销屈服各含三种不同形式。

销承压屈服破坏有三种屈服模式：

（1）对销槽承压屈服而言，如果单剪连接中较厚构件（厚度 c）的销槽承压强度较低，而较薄构件（厚度 a）的强度较高（双剪连接中厚度 c 为中部构件、厚度 a 为边部构件），且较薄构件对销有足够的钳制力，不使其转动，则较厚构件沿销槽全长 c 均达到销槽承压强度 f_{hc} 而失效，为屈服模式 I_m；

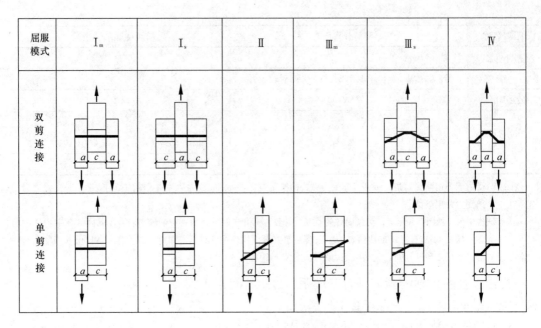

屈服模式	I_m	I_s	II	III_m	III_s	IV
双剪连接						
单剪连接						

图 4-16　销连接屈服模式

（2）如果两构件的销槽承压强度相同或较薄构件的强度低，较厚构件对销有足够的钳制力，不使其转动，较薄构件沿销槽全长 a 均达到销槽承压强度 f_{ha} 而失效，为屈服模式 I_s；

（3）如果较厚构件的厚度 c 不足或较薄构件的销槽承压强度较低，两者对销均无足够的钳制力，销刚体转动，导致较薄、较厚构件均有部分长度的销槽达到销槽承压强度 f_{ha}、f_{hc} 而失效，为屈服模式 II。

销承弯屈服并形成塑性铰导致的销连接失效，也含三种屈服模式：

（1）如果较薄构件的销槽承压强度远高于较厚构件并有足够地钳制销转动的能力，则销在较薄构件中出现塑性铰，为屈服模式 III_m。

（2）如果两构件销槽承压强度相同，则销在较厚构件中出现塑性铰，为屈服模式 III_s。

（3）如果两构件的销槽承压强度均较高，或销的直径 d 较小，则两构件中均出现塑性铰而失效，为屈服模式 IV。

综上所述，单剪连接共有六种屈服模式。对于双剪连接，由于对称受力，则仅有 I_m、I_s、III_s、IV 四种屈服模式。

目前，国际上广泛采用的是 Johansen 销连接承载力计算方法，即欧洲屈服模式。该方法以销槽承压和销承弯应力-应变关系为刚塑性模型为基础，并以连接产生 $0.05d$（d 销直径）的塑性变形为承载力极限状态的标志。与理想弹塑性材料本构模型相比，屈服模式 I_m、I_s 和 IV 对应的极限承载力是相同的。对屈服模式 II、III_m 和 III_s，基于刚塑性本构模型所计算的极限承载力略高于理想弹塑性材料本构模型，但差距基本在 10% 以内。为便于不同材质等级的木构件螺栓连接设计计算，《木结构设计标准》GB 50005—2017 采用了基于欧洲屈服模式的销连接承载力计算方法。

对于采用单剪或对称双剪的销轴类紧固件的连接，当剪面承载力设计值按《木结构设计标准》GB 50005—2017 规定进行计算时，应符合下列规定：①构件连接面应紧密接触；②荷载作用方向应与销轴类紧固件轴线方向垂直；③紧固件在构件上的边距、端距以及间距应符合本标准表 4-3 的规定；④六角头木螺钉在单剪连接中的主构件上或双剪连接中侧构件上的最小贯入深度不应包括端尖部分的长度，并且最小贯入深度不应小于六角头木螺钉直径的 4 倍。

    2. 销连接承载力计算方法

    对于采用单剪或对称双剪连接的销轴类紧固件，每个剪面的承载力设计值 Z_d 应按下式进行计算：

$$Z_d = C_m C_n C_t k_g Z \tag{4-5}$$

式中 C_m——含水率调整系数，使用中木构件含水率大于 15% 时，取 0.8；含水率小于 15% 时，取 1.0；

         C_n——设计使用年限调整系数，当处于长期生产性高温环境，木材表面温度达 40~50℃ 时取 0.8，其他温度环境时取 1.0；

         C_t——温度调整系数，应按《木结构设计标准》GB 50005—2017 表 6.2.5 中规定采用；

         k_g——群栓组合系数，应按《木结构设计标准》GB 50005—2017 附录 K 的规定确定；

         Z——承载力参考设计值；对于单剪连接或对称双剪连接，单个销的每个剪面的承载力参考设计值 Z 应按式（4-6）进行计算。

$$Z = k_{min} t_s d f_{es} \tag{4-6}$$

式中 k_{min}——单剪连接时较薄构件或双剪连接时边部构件的销槽承压最小有效长度系数；

         t_s——较薄构件或边部构件的厚度（mm）；

         d——销轴类紧固件的直径（mm）；

         f_{es}——构件销槽承压强度标准值（N/mm²）；应按下列规定取值：当 6mm≤d≤25mm 时，销轴类紧固件销槽顺纹承压强度 $f_{e,0} = 77G$，G 为主构件材料的全干相对密度；当 6mm≤d≤25mm 时，销轴类紧固件销槽横纹承压强度 $f_{e,90} = \dfrac{212G^{1.45}}{\sqrt{d}}$，$d$ 为销轴类紧固件直径（mm）；当作用在构件上的荷载与木纹呈夹角 α 时，销槽承压强度 $f_{e,\alpha} = \dfrac{f_{e,0} f_{e,90}}{f_{e,0} \sin^2\alpha + f_{e,90} \cos^2\alpha}$，$\alpha$ 为荷载和木纹之间的夹角；当 d<6mm 时，销槽承压强度 $f_{e,0} = 115G^{1.84}$；当销轴类紧固件插入主构件端部并且与主构件木纹方向平行时，主构件上的销槽承压强度取 $f_{e,90}$。

    销槽承压最小有效长度系数 k_{min} 应按下列 4 种破坏模式进行计算，并应按下式进行确定：

$$k_{min} = \min[k_I, k_{II}, k_{III}, k_{IV}] \tag{4-7}$$

    1) 屈服模式 I 时，应按下列规定计算销槽承压有效长度系数 k_I。

    （1）销槽承压有效长度系数 k_I 应按下式计算：

$$k_{\mathrm{I}} = \frac{R_{\mathrm{e}}R_{\mathrm{t}}}{\gamma_{\mathrm{I}}} \tag{4-8}$$

$$R_{\mathrm{e}} = f_{\mathrm{em}}/f_{\mathrm{es}}, R_{\mathrm{t}} = t_{\mathrm{m}}/t_{\mathrm{s}}$$

式中　t_{m}——较厚构件或中部构件的厚度（mm）；

　　　f_{em}——较厚构件或中部构件的销槽承压强度标准值（N/mm²），应按《木结构设计标准》GB 50005—2017 第 6.2.8 条的规定确定；

　　　γ_{I}——屈服模式 I 的抗力分项系数，应按表 4-4 的规定取值。

（2）对于单剪连接时，应满足 $R_{\mathrm{e}}R_{\mathrm{t}} \leqslant 1.0$。

（3）对于双剪连接时，应满足 $R_{\mathrm{e}}R_{\mathrm{t}} \leqslant 2.0$，且销槽承压有效长度系数 k_{I} 应按下式计算：

$$k_{\mathrm{I}} = \frac{R_{\mathrm{e}}R_{\mathrm{t}}}{2\gamma_{\mathrm{I}}} \tag{4-9}$$

2）屈服模式 II 时，应按下列公式计算单剪连接的销槽承压有效长度系数 k_{II}。

$$k_{\mathrm{II}} = \frac{k_{\mathrm{sII}}}{\gamma_{\mathrm{II}}} \tag{4-10}$$

$$k_{\mathrm{sII}} = \frac{\sqrt{R_{\mathrm{e}} + 2R_{\mathrm{e}}^2(1 + R_{\mathrm{t}} + R_{\mathrm{t}}^2) + R_{\mathrm{t}}^2 R_{\mathrm{e}}^3} - R_{\mathrm{e}}(1 + R_{\mathrm{t}})}{1 + R_{\mathrm{e}}} \tag{4-11}$$

式中　γ_{II}——屈服模式 II 的抗力分项系数，应按表 4-4 的规定取值。

构件连接时剪面承载力的抗力分项系数 γ 取值表　　　　表 4-4

连接件类型	各屈服模式的抗力分享系数			
	γ_{I}	γ_{II}	γ_{III}	γ_{IV}
螺栓、销或六角头木螺钉	4.38	3.63	2.22	1.88
圆钉	3.42	2.83	1.97	1.62

3）屈服模式 III 时，应按下列公式计算单剪连接的销槽承压有效长度系数 k_{III}。

（1）销槽承压有效长度 k_{III} 按下式计算：

$$k_{\mathrm{III}} = \frac{k_{\mathrm{sIII}}}{\gamma_{\mathrm{III}}} \tag{4-12}$$

式中　γ_{III}——屈服模式 III 的抗力分项系数，应按表 4-4 的规定取值。

（2）当单剪连接的屈服模式为 III$_{\mathrm{m}}$ 时：

$$k_{\mathrm{sIII}} = \frac{R_{\mathrm{e}}}{2 + R_{\mathrm{e}}} \left[\sqrt{\frac{2(1 + R_{\mathrm{e}})}{R_{\mathrm{e}}} + \frac{1.647(2 + R_{\mathrm{e}})k_{\mathrm{ep}}f_{\mathrm{yk}}d^2}{3R_{\mathrm{e}}f_{\mathrm{es}}t_{\mathrm{s}}^2}} - 1 \right] \tag{4-13}$$

式中　f_{yk}——销轴类紧固件屈服强度标准值（N/mm²）；

　　　k_{ep}——弹塑性强化系数。

（3）当单剪连接的屈服模式为 III$_{\mathrm{s}}$ 时：

$$k_{\mathrm{sIII}} = \frac{R_{\mathrm{e}}}{2 + R_{\mathrm{e}}} \left[\sqrt{\frac{2(1 + R_{\mathrm{e}})}{R_{\mathrm{e}}} + \frac{1.647(1 + 2R_{\mathrm{e}})k_{\mathrm{ep}}f_{\mathrm{yk}}d^2}{3R_{\mathrm{e}}f_{\mathrm{es}}t_{\mathrm{s}}^2}} - 1 \right] \tag{4-14}$$

当采用 Q235 钢等具有明显屈服性能的钢材时，取 $k_{\mathrm{ep}} = 1.0$；当采用其他钢材时，应按具体的弹塑性强化性能确定，其强化性能无法确定时，仍应取 $k_{\mathrm{ep}} = 1.0$。

（4）屈服模式 IV 时，应按下列公式计算销槽承压有效长度系数 k_{IV}：

$$k_{\mathrm{IV}} = \frac{k_{s\mathrm{IV}}}{\gamma_{\mathrm{IV}}} \tag{4-15}$$

$$k_{s\mathrm{IV}} = \frac{d}{t_s} \sqrt{\frac{1.647 R_e k_{ep} f_{yk}}{3(1+R_e) f_{es}}} \tag{4-16}$$

式中　γ_{IV}——屈服模式IV的抗力分项系数，应按表4-4的规定取值。

4.4　齿板连接

4.4.1　概述

齿板由镀锌钢板制成，先由高速冲模机冲切出板齿，然后再剪切成各种规格(图4-17、图4-18)。齿的形状因生产商而异，在国外齿板广泛应用于轻型木桁架中的节点连接或者木构件的接长与接厚（图4-19）。

图 4-17　齿板

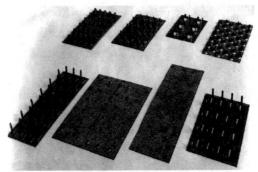

图 4-18　齿板常见类型

图 4-19　齿板节点

1. 齿板的用材及使用条件

在我国《木结构设计标准》GB 50005—2017 中规定，制作齿板的钢板可采用 Q235 碳素结构钢和 Q345 低合金高强度结构钢，齿板采用的钢材性能应满足《木结构设计标准》GB 50005—2017 中表 6.3.2 的要求。在有可靠的依据的时候，也可以采用其他型号的钢材。镀锌在齿板制造前进行，镀锌层重量不低于 275g/m²。由于齿板由钢板制作，所以处于腐蚀环境、潮湿或有冷凝水环境中的木桁架不应采用齿板连接，并且齿板不得用于传递压力。

2. 齿板连接构造要求

（1）齿板应成对对称设置于构件连接节点的两侧；

（2）采用齿板连接的构件厚度应不小于齿嵌入构件深度的两倍；

（3）板齿应与构件表面垂直；

（4）板齿嵌入构件的深度应不小于板齿承载力试验时板齿嵌入试件的深度；

（5）齿板连接处构件无缺棱、木节、木节孔等缺陷；

（6）拼接完成后齿板无变形；

（7）在与桁架弦杆平行及垂直方向，齿板与弦杆的最小连接尺寸，在腹杆轴线方向齿板与腹杆的最小连接尺寸，均应符合表4-5的规定；

（8）弦杆对接所用齿板宽度不应小于弦杆相应宽度的65%。

齿板与桁架弦杆、腹杆最小连接尺寸　　　　　　　　　表4-5

规格材截面尺寸 (mm×mm)	桁架跨度 L（mm）		
	$L \leqslant 12m$	$12m \leqslant L \leqslant 18m$	$18m \leqslant L \leqslant 24m$
40×65	40	45	—
40×90	40	45	50
40×115	40	45	50
40×140	40	50	60
40×185	50	60	65
40×235	65	70	75
40×285	75	75	85

4.4.2　承载力计算

齿板连接接头中，荷载首先从构件传递至板齿上，然后从这些齿向上传递到板并穿越接头的界面，从而向下传递到另一侧构件上的齿。齿板存在三种基本破坏模式（图4-20）。其一为板齿屈服并从木材中拔出；其二为齿板净截面受拉破坏；其三为齿板剪切破坏。故设计齿板时，应对板齿承载力、齿板受拉承载力与受剪承载力进行验算。另外，在木桁架

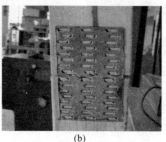
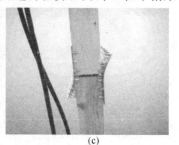

（a）　　　　　　　　　　（b）　　　　　　　　　　（c）

图4-20　齿板节点破坏形式

（a）、（b）齿板受拉破坏；（c）板齿屈服

节点中，齿板常处于剪拉复合受力状态，故尚应对剪拉复合承载力进行验算。另外，板齿滑移过大将导致木桁架产生影响其正常使用的变形，故应对板齿抗滑移承载力进行验算。

《木结构设计标准》GB 50005—2017 中规定，齿板连接需要按承载能力极限状态荷载效应的基本组合验算齿板连接的板齿承载力、齿板受拉承载力、齿板受剪承载力和剪-拉复合承载力；按正常使用极限状态标准组合验算板齿的抗滑移承载力。

1）板齿承载力设计值

按式（4-17）计算：

$$N_r = n_r k_h A \tag{4-17}$$

式中　N_r——板齿承载力设计值（N/mm²）；

　　　　n_r——板齿强度设计值（N/mm²）；

　　　　A——齿板表面净面积（mm²），指用齿板覆盖的构件面积减去相应端距 a 及边距内的面积（图 4-21）；端距 a 应平行于木纹量测，并取 12mm 或 1/2 齿长的较大者；边距 e 应垂直于木纹量测，并取 6mm 或 1/4 齿长的较大者；

　　　　k_h——桁架支座节点弯矩系数，可按式（4-18）计算。

$$k_h = 0.85 - 0.05(12\tan\alpha - 2.0), 0.65 \leqslant k_h \leqslant 0.85 \tag{4-18}$$

式中　α——桁架支座处上下弦间夹角。

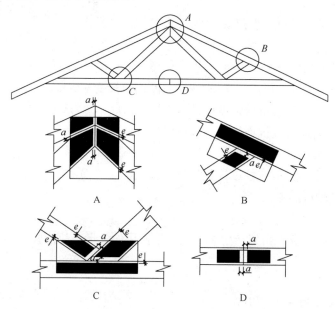

图 4-21　齿板的端距和边距示意

2）齿板受拉承载力设计值

按式（4-19）计算：

$$T_r = k t_r b_t \tag{4-19}$$

式中　T_r——齿板受拉承载力设计值（N）；

　　　　b_t——垂直于拉力方向的齿板截面计算宽度（mm）；

　　　　t_r——齿板抗拉强度设计值（N/mm）；

　　　　k——受拉弦杆对接时齿板抗拉强度调整系数。

3）齿板受剪承载力设计值

按式（4-20）计算：

$$V_r = \nu_r b_\nu \qquad (4-20)$$

式中 V_r——齿板受剪承载力设计值（N）；

b_ν——平行于剪力方向的齿板受剪截面宽度（mm）；

ν_r——齿板抗剪强度设计值（N/mm）。

4）齿板剪拉复合承载力设计值

当齿板承受剪拉复合力时（图4-22），应按式（4-21）计算：

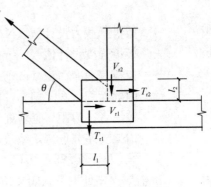

$$
\left.
\begin{aligned}
C_r &= C_{r1} l_1 + C_{r2} l_2 \\
C_{r1} &= V_{r1} + \frac{\theta}{90}(T_{r1} - V_{r1}) \\
C_{r2} &= V_{r2} + \frac{\theta}{90}(T_{r2} - V_{r2})
\end{aligned}
\right\} \qquad (4-21)
$$

图4-22 齿板剪拉复合受力

式中 C_r——齿板剪-拉复合承载力设计值（N）；

C_{r1}——沿 l_1 方向齿板剪-拉复合强度设计值（N/mm）；

C_{r2}——沿 l_2 方向齿板剪-拉复合强度设计值（N/mm）；

l_1——所考虑的杆件沿 l_1 方向的被齿板覆盖的长度（mm）；

l_2——所考虑的杆件沿 l_2 方向的被齿板覆盖的长度（mm）；

V_{r1}——沿 l_1 方向齿板抗剪强度设计值（N/mm）；

V_{r2}——沿 l_2 方向齿板抗剪强度设计值（N/mm）；

T_{r1}——沿 l_1 方向齿板抗拉设计设计值（N/mm）；

T_{r2}——沿 l_2 方向齿板抗拉设计设计值（N/mm）；

θ——杆件轴线间夹角（°）。

5）抗滑移承载力验算

板齿滑移过大将导致木桁架产生影响其正常使用的变形，故应按式（4-22）对板齿抗滑移承载力进行验算：

$$N_s = n_s A \qquad (4-22)$$

式中 N_s——板齿抗滑移承载力（N）；

n_s——板齿抗滑移强度设计值（N/mm^2）；

A——齿板表面净面积（mm^2）。

6）齿板受弯承载力设计值 M_r

弦杆对接处，当需考虑齿板的受弯承载力时，应按式（4-23）计算：

$$M_r = 0.27 t_r (0.5\omega_b + y)^2 + 0.18 b f_c (0.5h - y)^2 - T_f y \qquad (4-23)$$

$$y = \frac{0.25 bh f_f + 1.85 T_f - 0.5\omega_b t_r}{t_r + 0.5 b f_c} \qquad (4-24)$$

$$\omega_b = k b_t \qquad (4-25)$$

对接节点处的弯矩 M_f 和拉力 T_f 应满足式（4-26）和式（4-27）的规定：

$$M_r \geqslant M_f \tag{4-26}$$

$$t_r \cdot \omega_b \geqslant T_f \tag{4-27}$$

式中　M_r——齿板受弯承载力设计值（N·mm）；

　　　t_r——齿板抗拉强度设计值（N/mm）；

　　　ω_b——齿板截面计算的有效宽度（mm）；

　　　b_t——齿板计算宽度（mm）；

　　　k——齿板抗拉强度调整系数；

　　　y——弦杆中心线与木/钢组合中心轴线的距离（mm），可为正数或负数；当 y 在齿板之外时，弯矩公式失效，不能采用；

　b、h——分别为弦杆截面宽度、高度（mm）；

　　　T_f——对接节点处的拉力设计值（N），对接节点处受压时取 0；

　　　M_f——对接节点处的弯矩设计值（N·mm）；

　　　f_c——规格材顺纹抗压强度设计值（N/mm²）。

7）强度设计值 n_r、t_r、v_r、n_s 的确定

由试验确定板齿和齿板强度设计值时，应按现行国家标准《木结构试验方法标准》GB/T 50329—2012 规定的方法进行试验，并应符合如下规定：确定板齿的极限承载力和抗滑移承载力时，每一种试验方法应各取 10 个试件；确定齿板的受拉极限承载力和受剪极限承载力时，每一种试验方法应各取 3 个试件；由试验确定的板齿和齿板的极限承载力应按现行国家标准《木结构试验方法标准》GB/T 50329—2012 规定的修正系数进行校正。

（1）板齿强度设计值 n_r

① 若荷载平行于齿板主轴（$\beta=0°$）时，板齿强度设计值按式（4-28）计算：

$$n_r = \frac{n_{r,u1} n_{r,u2}}{n_{r,u1} \sin^2\alpha + n_{r,u2} \cos^2\alpha} \tag{4-28}$$

② 若荷载垂直于齿板主轴（$\beta=90°$）时，板齿强度设计值按式（4-29）计算：

$$n'_r = \frac{n'_{r,u1} n'_{r,u2}}{n'_{r,u1} \sin^2\alpha + n'_{r,u2} \cos^2\alpha} \tag{4-29}$$

式中，$n_{r,u1}$、$n_{r,u2}$、$n'_{r,u1}$ 和 $n'_{r,u2}$ 分别为按《木结构试验方法标准》GB/T 50329—2012 规定方法确定的 10 个与夹角 α、β 相关的板齿极限强度试验值中的 3 个最小值的平均值除以极限强度调整系数 k 选取。

确定 $n_{r,u1}$、$n_{r,u2}$、$n'_{r,u1}$ 和 $n'_{r,u2}$ 时所用的 α 和 β 取值如下：
$n_{r,u1}$：$\alpha=0°$，$\beta=0°$；$n_{r,u2}$：$\alpha=90°$，$\beta=0°$；$n'_{r,u1}$：$\alpha=0°$，$\beta=90°$；$n'_{r,u2}$：$\alpha=90°$，$\beta=90°$。

当齿板主轴与荷载方向夹角 β 不等于"0°"或"90°"时，板齿强度设计值应在 n_r 与 n'_r 间用线性插值法确定。

极限强度调整系数 k 应按如下取值：对阻燃处理后含水率小于或等于 15% 的规格材，$k=3.23$；对阻燃处理后含水率大于 15% 且小于或等于 19% 的规格材，$k=4.54$；对未经阻燃处理含水率小于或等于 15% 的规格材，$k=2.89$；对未经阻燃处理含水率大于 15% 且

小于或等于 19% 的规格材，$k=3.61$。

（2）板齿抗滑移强度设计值 n_s

① 若荷载平行于齿板主轴（$\beta=0°$）时，板齿抗滑移强度设计值按式（4-30）计算：

$$n_s = \frac{n_{s,u1} n_{s,u2}}{n_{s,u1} \sin^2\alpha + n_{s,u2} \cos^2\alpha} \tag{4-30}$$

② 若荷载垂直于齿板主轴（$\beta=90°$）时，板齿强度设计值按式（4-31）计算：

$$n'_s = \frac{n'_{s,u1} n'_{s,u2}}{n'_{s,u1} \sin^2\alpha + n'_{s,u2} \cos^2\alpha} \tag{4-31}$$

式中，$n_{s,u1}$、$n_{s,u2}$、$n'_{s,u1}$ 和 $n'_{s,u2}$ 分别为按《木结构试验方法标准》GB/T 50329—2012 规定方法确定的 10 个与夹角 α、β 相关的板齿极限强度试验值中的 3 个最小值的平均值除以极限强度调整系数 k_s 选取。

确定 $n_{s,u1}$、$n_{s,u2}$、$n'_{s,u1}$ 和 $n'_{s,u2}$ 时所用的 α 和 β 取值如下：

$n_{s,u1}$：$\alpha=0°$，$\beta=0°$；$n_{s,u2}$，$\alpha=90°$，$\beta=0°$；$n'_{s,u1}$：$\alpha=0°$，$\beta=90°$；$n'_{s,u2}$：$\alpha=90°$，$\beta=90°$；

当齿板主轴与荷载方向夹角 β 不等于 "0°" 或 "90°" 时，板齿强度设计值应在 n_s 与 n'_s 间用线性插值法确定。

对含水率小于或等于 15% 的规格材 k_s 应为 1.40，对含水率大于 15% 且小于 19% 的规格材，k_s 应为 1.75。

（3）齿板抗拉强度设计值 t_r

齿板抗拉强度设计值的确定应按《木结构试验方法标准》GB/T 50329—2012 规定方法确定的 3 个齿板抗拉极限强度校正试验值中 2 个最小值的平均值除以 1.75 选取。

（4）齿板抗剪强度设计值 v_r

齿板抗剪强度设计值的确定应按《木结构试验方法标准》GB/T 50329—2012 规定方法确定的 3 个齿板抗剪极限强度校正试验值中 2 个最小值的平均值除以 1.75 选取。若齿板主轴与荷载方向夹角 β 与试验方法的规定不同时，齿板抗剪强度设计值应按线性插值法确定。

8）齿板计算宽度 b_t、齿板抗拉强度调整系数 k 的确定

受拉弦杆对接时，齿板计算宽度 b_t 和抗拉强度调整系数 k 应按下列规定取值：

（1）当齿板宽度小于或等于弦杆截面高度 h 时，齿板的计算宽度 b_t 可取齿板宽度，齿板抗拉强度调整系数应取 $k=1.0$。

（2）当齿板宽度大于弦杆截面高度 h 时，齿板的计算宽度可取 $b_t=h+x$，x 取值应符合下列规定：对接处无填块时，x 应取齿板凸出弦杆部分的宽度，但不应大于 13mm；对接处有填块时，x 应取齿板凸弦杆部分的宽度，但不应大于 89mm。

（3）当齿板宽度大于弦杆截面高度 h 时，抗拉强度调整系数 k 应按下列规定取值：对接处齿板凸出弦杆部分无填块时，应取 $k=1.0$；对接处齿板凸出弦杆部分有填块且齿板凸出部分的宽度小于等于 25mm 时，应取 $k=1.0$；对接处齿板凸出弦杆部分有填块且齿板凸出部分的宽大于 25mm 时，$k=k_1+\beta k_2$；式中，$\beta=x/h$，k_1、k_2 为计算系数，按表 4-6 取值。

计算系数 k_1、k_2 表 4-6

弦杆截面高度 h（mm）	k_1	k_2
65	0.95	-0.228
90～185	0.962	-0.288
285	0.97	-0.079

4.5 胶结与植筋

　　木材的胶合连接由来已久，是指利用化学胶粘剂将木材黏结在一起，如层板胶合木利用各种树脂胶将板材黏结成各种截面尺寸和形状的木构件；采用木基结构板材作腹板的连接腹板工字梁与翼缘间的胶合指形接头连接等。然而由于胶结往往具有极明显的脆性破坏特征，而未被应用于木构件间的连接。植筋是将带肋钢筋用胶粘剂植入木材上预钻的孔中，通过钢筋传递构件间的拉力和剪力，其优越的抗拉性能，将使植筋可能发展成为木结构的一种有前途的新的连接形式。本节我们将对胶结与植筋作简要介绍。

4.5.1 胶结

　　木结构用胶粘剂、树脂胶等的化学成分应满足环保要求，应具有与木结构设计基准周期相适应的耐久性，不能在使用期间因老化而丧失黏结能力，胶粘剂或胶与木材应有足够的黏结强度，其黏结缝的抗剪强度不应低于木材的顺纹抗剪强度。这些是对木结构用胶、胶粘剂的基本要求。

　　我国《木结构试验方法标准》GB/T 50329—2012 规定了木结构用胶的胶缝抗剪强度不应低于表 4-7 的规定，并规定了相应的检验方法。层板胶合木通常用间苯二酚或酚醛间苯二酚树脂胶，以及氨基塑料缩聚胶和单成分聚氨酯胶粘剂等。使用环境较好的场所也可用三聚氰胺脲醛树脂。胶需经加温加压固化，生产过程中对胶缝需作完整性检验，包括干、湿态循环后的脱胶率和胶缝抗剪强度检验，要求胶缝脱胶率、抗剪强度平均值和木材剪切破坏率满足规定的标准，严格控制胶缝质量，保证其构件的最终破坏不发生在胶缝上。关于胶缝抗剪承载力的计算，是一个较复杂的问题。胶缝微单元的抗剪强度除与胶的种类有关外，尚与胶层的厚度、木纹方向和胶粘面的加工精度及胶的养护等因素有关，胶缝的抗剪承载力不能简单地看作与胶缝面积呈线性关系。详见第 7 章胶合木结构相关内容。

对承重结构用胶胶粘能力的最低要求   表 4-7

试件状态	胶缝顺纹抗剪强度值（N/mm²）	
	红松等软木松	栎木或水曲柳
干态	5.9	7.8
湿态	3.9	5.4

　　目前木结构构件间的胶连接尚未有相关的标准可循，如工程中必须使用，则应通过这种连接的足尺试验论证，并应考虑到可能脆性断裂造成的后果，配置适当的类似保险螺栓

之类的辅助连接，以确保使用安全。

4.5.2　植筋

植入钢筋起源于瑞典、丹麦等北欧国家，其做法是将螺纹钢筋插入层板胶合木结构端头与木纹平行的孔中，用合成树脂胶合。图 4-23 中采用了斜向植筋，增强了层板胶合木构件的抗剪承载能力；图 4-24 为柱与基础的连接示例。

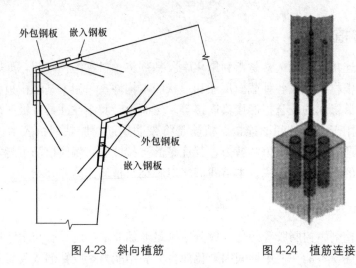

图 4-23　斜向植筋　　　　　　　　图 4-24　植筋连接

光圆钢筋很难与木材胶合，因此植入木材中的钢筋均为刻痕钢筋或螺纹钢筋，以增强钢筋与胶的机械咬合力。钢筋直径通常为 12～24mm。木材上的孔应比钢筋直径至少大2mm，以利于灌注胶粘剂。灌注胶粘剂的方法，一种是先注胶后插筋，另一种先插筋，后在旁边的小孔中向插筋孔中注胶。钢筋植入木材的孔径至少比螺纹钢筋直径大 1mm 以方便注胶。

试验研究数据表明，植入钢筋的受拉强度受温度和含水率的影响很小，植入钢筋的轴向强度主要受到以下三项因素的影响：钢材与木材之间刚度的差别；钢筋的胶入深度；钢筋和木材胶合的刚度。轴向钢筋强度还取决于木材密度，垂直木纹胶入的钢筋轴向强度稍高于平行木纹胶入的钢筋。

植筋试验证实，植筋的抗压、抗拉承载力基本相同；植筋与木纹间的夹角对承载力影响不大。钢筋的拔出破坏为脆性破坏，工程中应避免这种破坏模式。实验证明，植筋深度大于 15d（d 为钢筋直径）时，绝大多数试件为钢筋屈服破坏，仅有少数被拔出，但承载力也已接近钢筋屈服荷载，这表明植筋足够深后植筋破坏是延性的。1988 年 Riberholt 建议，植筋的轴向拉压承载力 $R_{ax,k}$ 可按式（4-32）计算：

$$R_{ax,k} = f_{ws}\rho_k d \sqrt{l_g} \qquad 当\ l_g \geqslant 200mm$$
$$R_{ax,k} = f_{wl}\rho_k d \sqrt{l_g} \qquad 当\ l_g < 200mm \qquad (4-32)$$

式中　l_g——植筋的有效深度（mm）；

　　　　f_{ws}——植筋较深时的强度参数，对于酚醛间苯二酚和环氧树脂胶结剂取 0.52，对于双组分的聚氨酯取 0.65；

　　f_{wl}——植筋较浅时的强度参数，对于上述两类胶分别取 0.37 和 0.46；

　　ρ_k——木材气干密度标准值（kg/m³）；

　　d——钢筋直径；

　　$R_{ax,k}$——钢筋的承载力标准值（N）。

　　平行木纹的植筋，在侧向荷载的作用下，每根钢筋的侧向承载力标准值 Riberholt 建议按式（4-33）取值：

$$R_k = \left(\sqrt{e^2 + \frac{2M_{yk}}{df_h} - e}\right)df_h \tag{4-33}$$

式中　M_{yk}——钢筋的标准屈服弯矩（N·mm）；

　　　　d——孔径和钢筋直径最大值；

　　　　f_h——埋入强度参数，可取 $f_h = (0.0023 + 0.75d^{1.5})\rho_k$；

　　　　ρ_k——木材气干密度标准值（kg/m³）。

　　钢筋在木材中传力需要一定范围，钢筋间距过小则会互相影响，因此钢筋间距应符合图 4-25、图 4-26 的要求。

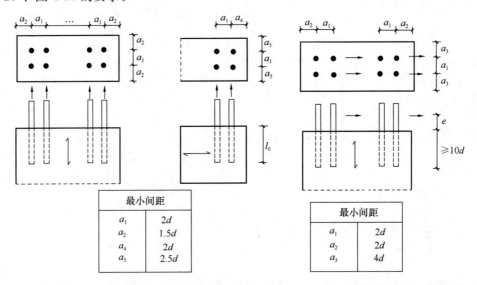

图 4-25　植筋轴向受力时的间距　　　　　图 4-26　植筋侧向受力时的间距

　　轴向受力钢筋锈蚀膨胀时会破坏钢材与木材之间的胶缝，因此轴向受力钢筋应进行防锈处理，某些胶粘剂也可以使钢筋具有很好的防锈性能。

　　植筋连接作为一种木结构新型连接方式，具有很好地承受轴向荷载的性能。目前木结构设计标准尚未对植筋连接设计做出相关规定，因此使用时需作必要的足尺试验，以确保其连接的安全性。

本章小结

　　本章系统地介绍了木结构连接的种类，阐述了常用木结构连接的传力途径、构造特点及设计方法，为木结构设计打下基础。

思考与练习题

4-1　试述木结构连接的种类及其特点。

4-2　木结构连接有哪些基本要求？影响木结构连接承载力的因素有哪些？

4-3　木结构齿连接有哪些优缺点？为什么设计时不能考虑齿和保险螺栓的共同作用？

4-4　木结构销连接的特点是什么？

4-5　销连接接头有哪些种类的连接件？为什么要对连接件在木构件上的边距、端距和中距的最小值做出规定？

4-6　销连接的屈服类型有哪几类？

4-7　齿板连接接头可能产生哪些破坏形式？

4-8　齿板滑移对木屋架会产生什么不利影响？设计时应如何控制？

4-9　试述齿板连接接头强度的影响因素。

4-10　植筋连接中植入钢筋的轴向强度受哪些因素的影响？

第 5 章 桁 架 设 计

本章要点及学习目标

本章要点：

(1) 桁架的设计原理；(2) 木桁架的分类与构造要求；(3) 钢木桁架的设计方法；
(4) 齿板桁架的设计方法。

学习目标：

(1) 掌握桁架设计原理；(2) 了解木桁架、钢木桁架、齿板桁架的定义与适用范围；(3) 掌握钢木桁架和齿板桁架杆件和节点的设计方法与构造要求。

5.1 桁架及其设计原理

桁架可以看成是"格构化"的梁，它是由尺寸不大的杆件通过节点连接，形成在用料相同的情况下强度与刚度比实腹梁大得多的格构化构件，较高的强重比使得桁架能够承受较大荷载和跨越较大的跨度。

简支桁架的上弦杆是压杆，下弦杆是拉杆。其腹杆则有拉、有压，主要取决于腹杆的布置和倾斜方向。对于平行弦桁架，与梁腹主拉应力方向一致的斜腹杆受拉，与梁腹主压应力相同方向的腹杆则受压，而竖腹杆一般为拉杆。

当桁架应用于建筑结构的屋盖中时常称为屋架，它承受作用于屋盖结构平面内的荷载，并把这些荷载传递至下部结构（如柱子或墙体），是屋盖体系中的主要承重构件。为满足建筑造型和排水要求，可通过改变上弦杆坡度，形成三角形或梯形桁架。在桥梁结构中，大多采用梯形或平行弦桁架。

5.1.1 桁架的形式

根据桁架外形的不同，可分为三角形、梯形、多边形及弧形桁架等（图 5-1）。从桁架受力合理性来看，多边形、弧形桁架的上弦节点一般均位于一条二次抛物线上，与简支梁在均布荷载作用下的弯矩图基本一致，其弦杆内力较均匀，腹杆内力较小，受力最为合理；其次是以梯形桁架受力较为合理；三角形桁架受力性能较差，其自重大且用料多，一般用于跨度小于 18m 的场合。

根据桁架所用材料不同，可分为木桁架和钢木桁架。当采用方木或原木制作木桁架时，选型可根据屋面材料、木材的材质和规格等具体条件确定，并宜采用静定的结构体系。对跨度较大的三角形原木桁架，采用不等节间的桁架形式较经济。木桁架上、下弦杆和除受拉竖腹杆外的全部斜腹杆均用方木或原木制作，竖腹杆则用圆钢。当桁架跨度较大

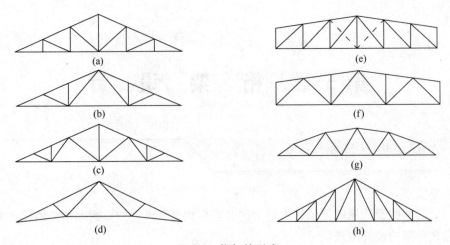

图 5-1　桁架的形式
(a) 三角形豪式桁架；(b) 芬克式桁架；(c) 三角形桁架；(d) 弓形芬克式桁架；
(e) 梯形豪式桁架；(f) 梯形桁架；(g) 多边形桁架；(h) 普拉特式桁架

或使用湿材时，应采用钢木桁架，这是因为钢木桁架构造合理，可避免斜纹、木节及裂缝等缺陷的不利影响，且易于保证工程质量。钢木桁架除上弦和斜腹杆用方木或层板胶合木制作外，竖腹杆采用圆钢，下弦可采用圆钢或型钢。对于桁架的圆钢下弦、三角形桁架跨中竖向钢拉杆、受振动荷载影响的钢拉杆以及直径等于或大于 20mm 的钢拉杆和拉力螺栓，应采用双螺帽。

5.1.2　桁架的刚度

影响桁架刚度的因素有很多，如桁架的高跨比 h/l（h 为矢高，即桁架中央高度；l 为跨度）、各杆件的材料、截面尺寸、节点类型、制作质量等。其中，高跨比的影响最为显著。若桁架的高跨比过小，将使桁架的相对挠度和上弦杆的应力增大。这不仅使得桁架的刚度大为削弱，且使木材的用量增加，甚至会引发质量事故。因此，桁架需要规定最小高跨比，当桁架的高跨比满足表 5-1 的要求时，桁架的变形不会影响正常使用功能。

桁架最小高跨比表　　　　　　　　　　　　　　　　　　表 5-1

序号	桁架类型	h/l
1	三角形木桁架	1/5
2	三角形钢木桁架；平行弦木桁架；弧形、多边形和梯形木桁架	1/6
3	弧形、多边形和梯形钢木桁架	1/7

注：h 为桁架中央高度；l 为桁架跨度。

桁架的变形包括弹性变形和不可恢复变形。前者主要来自构件和连接，后者主要是由连接制作不紧密、木材干缩、横纹承压等因素引起的。对于齿连接的方木、原木桁架，不可恢复变形占总变形的比例较大。从变形的时效性来看，桁架受荷后的变形可分为两个阶段。第一阶段为即时变形，约占总变形的 40%～50%。第二阶段为长期变形，起初两年发展较快，约占总变形的 40%，之后变形虽然有一定的发展，但每年增量较小，趋于收敛。这是由于制作偏差造成的不紧密性被压实，木材的蠕变减缓以及木材含水率达到了平衡状态。

为了保证屋架不产生影响人安全感的可见挠度，无论是木桁架或钢木桁架，在制作时

均应按其跨度的 $l/200$ 起拱。起拱时将下弦中央节点上提（图 5-2），其他下弦节点上提量按跨中上提量 $l/200$ 和上提节点所在位置的比例计算，保持屋架的高跨比不变。木桁架一般在下弦接头处提高（图 5-2b），钢木桁架在下弦节点处提高。

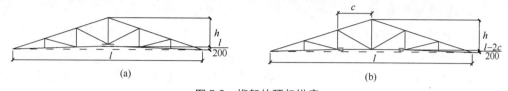

图 5-2 桁架的预起拱度
（a）木桁架的起拱；（b）钢木桁架的起拱

在大多数情况下，木桁架安装时可以不使用重型机械，它们重量轻，易于搬运。考虑到吊装时的桁架平面外刚度需要，桁架杆件截面宽度不宜过小。当采用原木、方木时，弦杆的梢径或方木的截面宽度宜控制在跨度的 $l/150 \sim l/120$ 范围内，且梢径或边长不宜小于 100mm。腹杆的截面宽度宜与弦杆相同，以利于制作时对中，且高度不宜小于 80mm。桁架中受拉腹杆钢拉杆的直径不宜小于 12mm，并应作防锈处理。

5.1.3 桁架的间距

桁架的间距应根据房屋的使用要求、桁架的承载能力、屋面和吊顶结构的经济合理性以及常用木材的规格等因素来确定。当木桁架采用木檩条时，桁架间距不宜大于 4m；当采用钢木檩条或胶合木檩条时，桁架间距不宜大于 6m；对于柱距为 6m 的工业厂房，则应在柱顶设置钢筋混凝土托架梁，将桁架按 3m 间距布置。对于轻型木桁架，桁架之间的间距宜为 600mm，当设计要求增加桁架间距时，最大间距不得超过 1200mm。

5.1.4 桁架的节间划分及压杆的计算长度

桁架节间可根据荷载、跨度及所用木材强度设计值的大小进行划分，并在常用木材规格范围内充分利用上弦承载力。在满足承载力要求的条件下，尽量加大节间，以减少节点数。节点过多，一方面增加了施工难度，另一方面因节点制作的不密实性也会增加桁架的变形。此外，当桁架矢高一定时，过大的节间将导致弦杆与斜腹杆的夹角偏小，不利于保证节点制作质量和斜腹杆工作的可靠性。

对于桁架压杆计算长度的取值，在结构平面内，桁架弦杆及腹杆应取节点中心间的距离。这是因为木结构节点一般不考虑承担弯矩，对构件转动不起约束作用。在结构平面外，桁架上弦应取锚固檩条间距离，桁架腹杆应取节点中心间距离。在杆系拱、框架及类似结构中的受压下弦，应取侧向支撑点间的距离。

当验算桁架受压构件的稳定时，在结构平面内，受压杆计算长度应取其节点中心间距的 0.8 倍；在结构平面外，屋架上弦应取上弦与相邻檩条连接点之间的距离，腹杆应取节点中心距离，当下弦受压时，其计算长度应取侧向支撑点之间的距离。此外，桁架弦杆、支座处的竖杆或斜杆等受压构件尚应满足长细比 λ 不大于 120 的要求。

5.1.5 桁架的荷载与荷载效应组合

作用于桁架上弦杆的面内荷载有恒载和可变荷载。恒载主要来自屋面系统及桁架的自重，桁架自重可按下式估算：

$$g_z = 0.07 + 0.007l \tag{5-1}$$

式中　　g_z——桁架自重的标准值，按屋面水平投影面积计算（kN/m²）；

　　　　l——桁架跨度（m）。

为了简化计算，当仅有上弦荷载时，可认为桁架自重完全作用在上弦节点处；当上、下弦均有荷载时，则认为自重按上、下弦各半分配。

可变荷载主要包括屋面活荷载与雪荷载，两种荷载不组合，取较大者计算。由于桁架上弦坡度一般不大于30°（齿板桁架除外），故除设有天窗架的桁架，可不计算风荷载的影响。上弦的面内荷载宜选择作用在节点处，可节省上弦木材用量。

作用在桁架下弦杆的面内恒载有吊顶系统的自重，当有吊顶时，桁架下弦与吊顶构件间应保持不小于100mm的净距。工业厂房还可能有悬挂吊车轨道等自重，当桁架上设有悬挂吊车时，吊点应设在桁架节点处；腹杆与弦杆应采用螺栓或其他连接件扣紧；支撑杆件与桁架弦杆应采用螺栓连接；当为钢木桁架时，应采用型钢下弦。通常只有屋顶内设阁楼时才有楼面活荷载，工业厂房可能有悬挂吊车的活荷载等可变荷载。桁架下弦的面内荷载均应作用在下弦节点上，避免下弦杆受拉弯组合作用。

对不同形式的桁架还应考虑如下几种荷载组合：对于三角形豪式桁架，尚应按全跨恒荷和半跨可变荷载确定中央两斜腹杆的内力差以验算下弦中央节点的连接（图5-3a）；在有悬挂吊车的情况下，也需考虑其不利影响。对于梯形豪式桁架，应按全跨恒载和半跨可变荷载组合确定中部腹杆内力的正负号和大小（图5-3b）；对于多边形或弧形桁架则应按全跨恒载和3/4及1/4跨可变荷载或2/3及1/3跨的可变荷载组合（图5-3c、d），确定腹杆内力的正负号及大小。这是因为此类桁架的腹杆虽然内力较小，但其正负号对荷载分布很敏感。

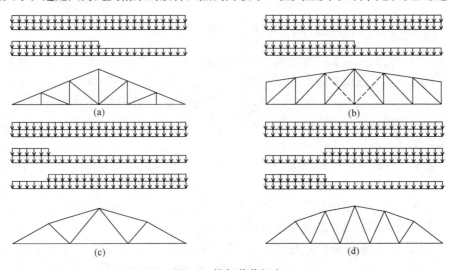

图5-3　桁架荷载组合

5.1.6　桁架的内力分析

桁架节点可假定为铰接，将荷载作用于各节点上，按节点荷载求解各杆件的轴向力。当上弦杆因节间荷载而承受弯矩时，应按压弯构件进行计算。跨间弯矩按简支梁计算，节点处支座弯矩可按下式计算：

$$M = -\frac{1}{10}(g+q)l^2 \tag{5-2}$$

式中　g、q——上弦的均布恒载、活载或雪载设计值；

　　　l——杆件的计算长度。

在分析内力时，假定各杆轴线汇交于节点中心，桁架设计和制作时也应遵守这一点。大量实践表明，桁架的接头设计应尽量减小偏心，当偏心无法避免时，需确保接头具有足够的水平抗剪能力。只有当腹杆受力较小的桁架（多边形桁架），才允许有不大的偏心存在。在这种情况下，因腹杆偏心连接而引起的偏心弯矩（Ne），由通过该节点的弦杆承担，若弦杆在该节点附近无接头，则偏心弯矩平均分配于两侧间的弦杆；若一侧弦杆有接头，则由另一侧的节间弦杆承担。腹杆偏心弯矩仅影响本节点的弦杆，不影响其他节点的弦杆。

5.2　木桁架

木桁架广泛应用于住宅、农业或商业建筑中，高强重比使得木桁架能跨越更长的距离，在平面布局方面也具有更大的灵活性。木桁架几乎可以设计成任何形状或大小，只受制造水平、运输和管理条件的限制。在坡屋顶或平屋顶中，木桁架通常比钢或混凝土更经济。例如，木桁架由工厂预制，现场施工速度快；桁架安装现场不会产生多余的废料，清理成本低；木材是可再生的建筑材料，加工耗能少。

木桁架通常为三角形或梯形的豪式桁架。豪式木屋架虽然是近代的结构形式，但较其他形式木屋架使用最早也最多。它的节间为 2～3m，以 6 节间及 8 节间的屋架最为常用，屋架跨度不大于 18m，高跨比 $h/l \geqslant 1/5$。这类桁架一般在工地现场制作，为使桁架紧密以提高初始刚度，受拉竖杆应采用圆钢，以便在拼装和使用过程中将圆钢通过螺帽拧紧，消除制作的不紧密、节点处的木材横纹干缩变形等。对于在干燥过程中容易翘裂的树种木材，用于制作桁架时，宜采用钢下弦。当采用木下弦时，对于原木其跨度不宜大于 15m，对于方木其跨度不应大于 12m，且应采取防止裂缝的有效措施。

木桁架的节点常用齿连接。齿连接的齿深，对于方木不应小于 20mm，对于原木不应小于 30mm。桁架支座节点齿深不应大于 $h/3$，应使下弦的受剪面避开髓心（图 5-4），并应在施工图中注明此要求。中间节点的齿深不应大于 $h/4$，h 为沿齿深方向的构件截面高度。由于齿连接只能传递压力，对于三角形桁架，斜腹杆应选用向内下倾斜的形式，而梯形桁架则应选用斜腹杆向外下倾斜的形式。在半跨可变荷载作用下，或当跨度大且在六节间以上时的全跨荷载作用下，梯形桁架跨中部位的一些向外下倾斜的腹杆仍可能出现受拉的情况。此时，该处的连接应有可靠措施，如加设夹板螺栓来传递拉力，或采用交叉斜腹杆，使它们仅参与压力的传递，同时需作辅助性的螺栓等连接，以避免一斜腹杆受压时，交叉的另一斜腹杆因不受载而脱落。

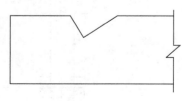

图 5-4　受剪面避开髓心示意图

1—受剪面；2—髓心

5.2.1　三角形豪式木桁架

1. 方木桁架

这类桁架的节间长度宜控制在 2~3m，其主要节点构造如图 5-5 所示。跨度不大时，

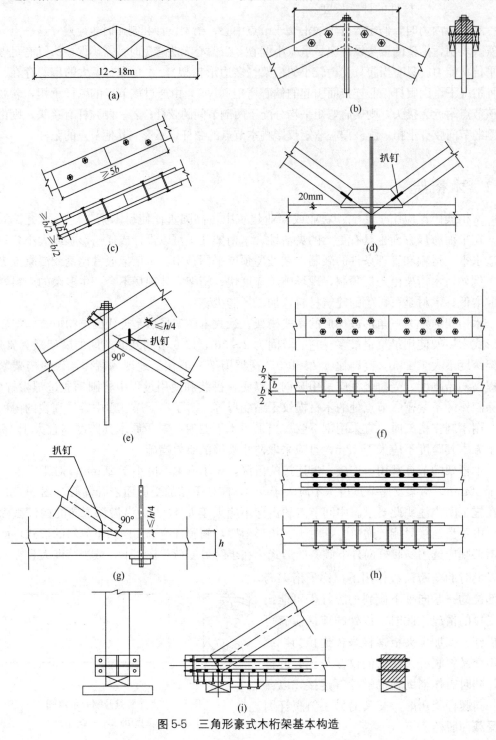

图 5-5　三角形豪式木桁架基本构造

上弦可用整根木材；跨度大需要做接头时，受拉下弦接头应保证轴心传递拉力；下弦接头不宜多于两个；接头应锯平对正，宜采用螺栓木夹板连接。接头每端的螺栓数由计算确定，但不宜少于 6 个。螺栓应排列成两行齐列（图 5-5f），即使下弦截面高度较小，也应排成两行错列，以免螺栓落在下弦杆木材的髓心部位。木夹板应选用优质的气干木材制作，其厚度不应小于下弦宽度的 1/2；若桁架跨度较大，木夹板的厚度不宜小于 100mm；在无优质木材可选的情况下，可选用钢夹板方案，但钢夹板应分成上下两条（图 5-5h），以防止整条钢夹板影响木材干缩变形而导致下弦杆开裂。当采用钢夹板时，其厚度不应小于 6mm。

桁架上弦的受压接头应设在节点附近，并不宜设在支座节间和脊节间内；受压接头应锯平，可用木夹板连接，但接缝每侧至少应有两个螺栓系紧；木夹板的厚度宜取上弦宽度的 1/2，长度宜取上弦宽度的 5 倍，以保证上弦在接头处有必要的平面外刚度（图 5-5c）。

圆钢拉杆和拉力螺栓的直径应按计算确定，且不宜小于 12mm。圆钢拉杆与上、下弦杆相连时，螺帽下应设钢垫板，其平面尺寸可由下列公式计算：

$$A = \frac{N}{f_{c\alpha}} \tag{5-3}$$

式中　A——垫板面积（mm^2）；

$\quad\quad N$——轴心拉力设计值（N）；

$\quad\quad f_{c\alpha}$——木材斜纹承压强度设计值（N/mm^2），应根据轴心拉力 N 与垫板下木构件木纹方向的夹角确定；

当 $\alpha < 10°$ 时，

$$f_{c\alpha} = f_c \tag{5-4}$$

当 $10° < \alpha < 90°$ 时，

$$f_{c\alpha} = \frac{f_c}{1 + \left(\dfrac{f_c}{f_{c,90}} - 1\right)\dfrac{\alpha - 10°}{80°}\sin\alpha} \tag{5-5}$$

$\quad\quad f_{c\alpha}$——木材斜纹承压的强度设计值（N/mm^2）；

$\quad\quad \alpha$——作用力方向与木纹方向的夹角（°）；

$\quad\quad f_c$——木材的顺纹抗压强度设计值（N/mm^2）；

$\quad\quad f_{c,90}$——木材的横纹承压强度设计值（N/mm^2）。

垫板应有足够的厚度，以使垫板下的压应力均匀分布。任何情况下，垫板厚度不应小于下式计算结果（mm）：

$$t \geqslant \sqrt{\frac{N}{2f}} \tag{5-6}$$

式中　f——钢材抗弯强度设计值（N/mm^2）。

系紧螺栓的钢垫板尺寸可按构造要求确定，其厚度不宜小于 0.3 倍螺栓直径，其边长不应小于 3.5 倍螺栓直径。当为圆形垫板时，其直径不应小于 4 倍螺栓直径。

上弦脊节点（图 5-5b）为抵承结合，两上弦杆端头斜锯平整，相互顶紧，并在两侧设木夹板用螺栓系紧。为放置中央拉杆螺帽垫板，脊节点顶部需水平切割，中央拉杆孔一般在系紧木夹板后施钻，以使孔在两弦杆端部对称。

下弦中央节点则是五杆相交，为使各杆轴线能相交于节点中心并有足够的抵承面传递杆力，一般需设元宝木（图 5-5d）。元宝木须卡入下弦杆的刻槽中，槽口深度约 20mm，以抵抗在半跨可变荷载作用下，两斜腹杆的内力在水平方向的差值。如两斜腹杆内力差很大时，尚需对槽口承压按下弦木材的顺纹承压强度和元宝木顺纹抗剪强度进行验算。若能获得优质的长夹板木料，则长夹板可通过中央节点，而元宝木可设在两夹板空隙中的垫木上（图 5-6）。

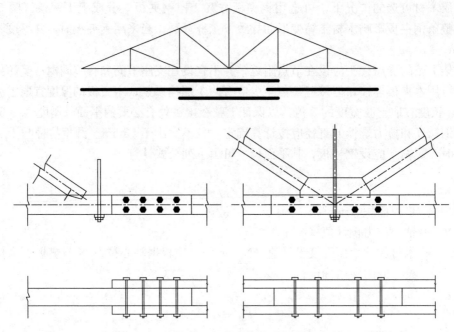

图 5-6　木桁架下弦长夹板接头和中央节点

支座端节点的连接质量好坏关系到桁架能否安全可靠工作。弦杆内力不大时，可采用单齿或双齿并应设置保险螺栓，但不考虑保险螺栓与齿共同工作。木桁架下弦支座应设置附木，并与下弦用钉子钉牢，钉子数量可按构造布置确定。附木截面宽度与下弦相同，其截面高度不应小于下弦截面高度的 1/3。当承载力不能满足要求时，可采用图 5-5（i）所示的蹬式端节点连接。其上弦杆抵承在一另设的木垫块上，其水平分力通过该垫块传给节点端部的钢靴，并通过短圆钢传至钢夹板，再由螺栓连接传至下弦杆并与其拉力平衡。钢夹板需上、下两对，钢靴上的短圆钢孔径需比圆钢直径大，以避免约束木材横纹干缩变形而导致弦杆开裂。由于钢靴承弯，为降低用钢量，可在较薄的底板上设置加劲肋以提高钢靴的抗弯能力。短圆钢螺栓是受拉杆，需用双螺帽拧紧互锁。

2. 原木桁架

原木的截面尺寸沿杆长是不同的，有"大头""小头"之分。下料时将大头放置在杆力大的一端，如三角形豪式桁架的上弦杆，大头应置于端支座处。小头朝上，在脊节点处，因斜纹承压可能会造成承载力不足，则可在该节点处另设三角形的硬木垫块（图 5-7），使原木

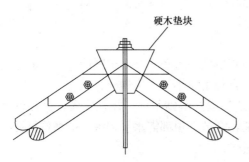

图 5-7　原木桁架脊节点

端部的斜纹承压变为顺纹受压,以提高承载力。

斜腹杆因与上弦杆的夹角大于与下弦杆的夹角,为均能获得较大的承压面,也应将大头与上弦杆相抵。原木桁架下弦杆接头也用木夹板螺栓连接,每块木夹板的截面积不应小于原木下弦净面积的 1/2,要使夹板与原木紧贴,需将原木两侧各削去约 20mm 厚(图 5-8),下弦净面积以弓形截面计。原木三角形桁架的其他构造同方木桁架,不再赘述。

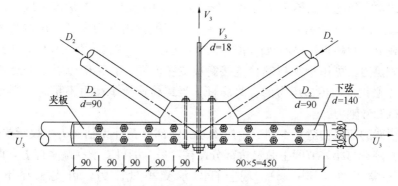

图 5-8 原木桁架下弦中央节点构造

3. 胶合木桁架

胶合木结构桁架一般由若干胶合木构件组成。由于胶合构件的截面尺寸和长度不受木材天然尺寸的限制,胶合桁架的承载力和应用范围比一般木桁架大得多。胶合桁架可采用较大的节间长度(一般可达 4~6m),从而减少节间数目,使桁架的形式和构造更为简单。此外,还可利用胶合枕块作为承压的抵承,既简化了连接构造,也节省木材。

图 5-9 所示的胶合木屋架上弦为连续的整根胶合木构件,为节约木材,上弦两端设计成偏心抵承;在支座节点处,上弦抵承在下弦端部的胶合枕块上,腹杆与上弦也采用同样的方法抵接。下弦只有两个节间,可在跨中断开,用木夹板和螺栓连接,其构造与一般豪式木桁架相同。中部的胶合木下弦加工时是带"垫块"的构件,无须刻槽,较之一般方木桁架,下弦可采用较小的截面。

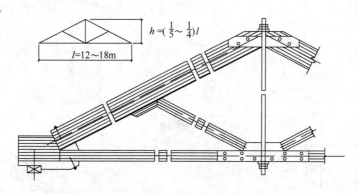

图 5-9 胶合木三角形屋架

5.2.2 梯形豪式木桁架

屋架的外形除受建筑造型影响外,还取决于屋面防水材料。当采用黏土平瓦、水泥瓦、小青瓦等要求屋面排水坡度较大的屋面防水材料时，均选用上述的三角形屋架。但这种屋架受力性能欠佳，用料不经济，加之屋面荷载较大，使其跨度一般限于18m。若采用波纹铁皮瓦或卷材等轻质防水材料，屋面排水坡度可适当减小，可选用受力性能优于三角形桁架的梯形豪式桁架，可以跨越较大跨度，最大可至24m，在跨度较大的场合，应优先采用。

梯形豪式木桁架的矢高不小于$l/6$，对于轻钢彩板屋面，上弦坡度可取$i=1/5$。桁架斜腹杆通常设为向外下倾斜（图5-10a），在全跨荷载作用下为压杆。在雪荷载不大的地区，半跨雪载下中间斜腹杆也不致产生受拉的情况，在雪荷载较大的地区，半跨雪载下可能产生一定的拉力。可用钢夹板螺栓连接解决受拉问题，且一般仅需一个螺栓即可（图5-10d、f），不必设反向传递压力的交叉腹杆。当螺栓连接承载力不足时，则需设置交叉腹杆，以抵抗变号轴力。

梯形木桁架的节点构造基本同三角形桁架。端部上弦杆无轴向力，仅承受小量弯矩，其一端可用斜接头与相邻节间上弦悬挑部分连接，另一端可支承在端竖杆上，两端均用木夹板、螺栓系紧（图5-10b、c）。端竖杆只承受小量压力，可支承在下弦杆端部（图5-10e）。端部斜杆受压较大，故增大架端高度，杆两端采用双齿与上、下弦杆连接（图5-10b、e）。

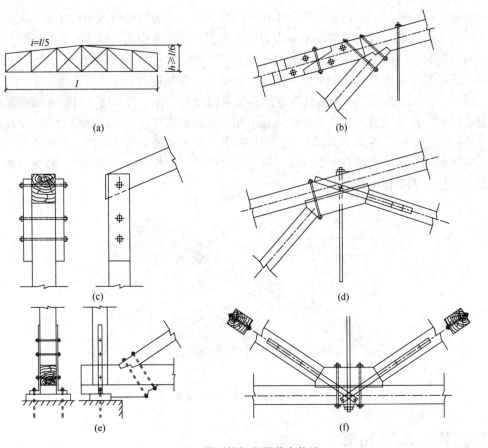

图5-10　梯形桁架主要节点构造

5.3　钢木桁架

桁架下弦杆所使用的木材质量直接影响了木桁架结构设计的可靠性。钢木桁架是采用圆钢或型钢做下弦的桁架，其能消除木材缺陷（木节、裂缝及斜纹）对桁架受拉下弦及其连接的不利影响，解决下弦选材困难等问题。木桁架下弦采用的螺栓连接属于变形较大的柔性连接，钢木桁架中的钢材的弹性模量远高于木材，故钢木桁架较木桁架而言提高了桁架的刚度，减小了非弹性变形。

在下列情况下宜选用钢木桁架：①所用木材不能满足下弦的材质标准；②设有悬挂吊车和有振动荷载的中小型工业厂房；③桁架跨度较大或使用湿材；④木构件表面温度达到40～50℃；⑤采用落叶松或云南松等在干燥过程中易于翘裂的木材，且其跨度超过15m（对于原木）或12m（对于方木）。

对于钢木桁架形式的选择应注意：当上、下弦均有荷载时，应选用上、下弦节间一致的豪式桁架（图5-1a、e），若仅上弦有荷载，应尽量扩大下弦的节间长度（图5-1b、c、f），减少下弦节点数，这样，不但可以减小挠度，而且方便施工，节约钢材。划分节间时，还应注意不使斜杆与弦杆的夹角过小，以利于构件的工作和制造。其次应选用腹杆内力较小的桁架形式，钢木桁架下弦杆相比于木桁架而言有着更高的抗拉承载力，因此选用受力合理（弦杆内力均匀，且腹杆内力小）的桁架形式，如多边形和弧形桁架，可以有效利用下弦杆良好的受拉性能。钢木桁架的下弦受拉接头、上弦受压接头和支座节点均是桁架结构的关键部位。

钢结构部分所使用的钢材，应符合现行国家《钢结构设计标准》GB 50017—2017 和《建筑抗震设计规范》GB 50011—2010 中对钢材的有关规定。也可参考木结构设计手册中的相关章节进行设计计算。考虑一般工地的焊接条件，应尽量采用较易焊接的 Q235 钢材制作。选用的普通螺栓应符合现行国家标准《六角头螺栓》GB/T 5782 和《六角头螺栓 C 级》GB/T 5780 的规定。高强度螺栓应符合现行国家标准《钢结构用高强度大六角头螺栓》GB/T 1228、《钢结构用高强度大六角螺母》GB/T 1229 等相关规范的有关规定。

5.3.1　下弦受拉钢杆

钢木桁架的下弦料可采用圆钢或型钢（一般用双角钢）。考虑到型钢受最小截面尺寸的限制，在设计荷载和跨度较小时不能充分发挥其承载力，此时宜选用圆钢。当设计荷载和跨度较大及有振动影响（如抗震设防烈度为 8 度和 9 度地区的屋架抗震设计）时，应采用型钢下弦，型钢下弦的长细比不应大于 350。钢木屋架宜采用型钢下弦，屋架的弦杆与腹杆宜用螺栓系紧，屋架中所有的圆钢拉杆和拉力螺栓，均应采用双螺帽，且屋架端部应采用不小于 $\phi 20$ 的锚栓与墙、柱锚固。为防止下弦受拉钢杆拉直伸长对墙体产生推力，不应采用下弦抬高的桁架形式。圆钢下弦有单圆钢和双圆钢两种形式，当荷载和跨度较小或不设吊顶时宜采用单圆钢，因为单圆钢采用拉结锚固，其节点构造处理较简单，且多根圆钢之间存在内力分配不均匀的现象，单圆钢杆件受力均匀，能充分发挥钢材的承载能力。

圆钢下弦直径应控制在 30mm 以内，杆端有螺纹的圆钢拉杆，当直径大于 22mm 时，为节约钢材，宜将杆端加粗，例如选择一段较粗的短圆钢，车床加工螺纹后用双帮条与圆

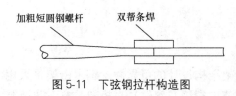

图 5-11　下弦钢拉杆构造图

钢下弦中段焊牢,其承载力按照净面积计算。短圆钢螺杆与下弦焊接的一端应有一段锥形的过渡段,以防止出现应力集中(图 5-11)。因下弦拉杆较长无法加工螺纹,所以无论拉杆端部的螺纹段是否需加粗处理,拉杆端部的双面绑条焊接头都是不可避免的。圆钢下弦应设有调整长度及松紧的装置,一般可在支座节点处用双螺帽固定并进行调整,必要时,也可用花篮螺栓(拧紧器)来调整。为防止圆钢下弦过度下垂,当下弦节点间距大于 $250d$(d 为圆钢直径)时,应对圆钢下弦适当加设吊杆,吊杆的间距按圆钢下弦的长细比不大于 1000 确定,当有吊顶时,桁架下弦与吊顶构件间应保持不小于 100mm 的净距。

圆钢应经调直,其在长度方向的接头应采用机械连接、对接焊(需作专项检验,保证其屈服强度与延伸率能满足圆钢拉杆的材质指标)或双帮条焊(图 5-12a)。在接头的每一侧,帮条的长度一般应不小于 $4d$(d 为圆钢下弦直径)。帮条的直径应不小于 $0.75d$。不应采用搭接焊或将圆钢单侧焊在节点板上(图 5-12b),以免在圆钢和焊缝中产生附加应力。对接接头的质量应符合现行国家标准《钢结构工程施工质量验收规范》GB 50205—2012 的规定。当采用闪光对焊时,焊接工艺和质量验收,应符合现行《钢筋焊接及验收规程》JGJ 18—2012 中的有关规定。双圆钢和双角钢下弦的两肢之间,每隔一定距离要加焊缀条。

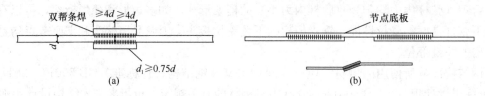

图 5-12　圆钢下弦接头

(a)正确做法;(b)错误做法

钢木桁架下弦钢材可采用 Q235 钢、Q345 钢、Q390 钢和 Q420 钢,并应分别符合现行国家标准《碳素结构钢》GB/T 700 和《低合金高强度结构钢》GB/T 1591 的有关规定。当承重构件或连接材料为直接承受动力荷载或振动荷载、工作温度小于等于-30℃的构件或连接件时,宜采用 D 级碳素结构钢或 D 级、E 级低合金高强度结构钢。对于钢木桁架圆钢下弦直径 $d>20$mm 的拉杆,以及焊接承重结构或是重要的非焊接承重结构采用的钢材,还应具有冷弯试验的合格保证。出于对结构安全性的考虑,当使用双圆钢作下弦拉杆时,因其受力不均匀,原钢材强度的设计值应折减 15%。双圆钢和双角钢下弦的两肢之间,每隔一定距离要加焊缀条。

5.3.2　下弦节点构造

钢木桁架设计节点时除应使各杆件的轴线汇交于一点外,尚应防止形成局部偏心而产生的附加应力。若桁架结构的腹杆内力较小,则可允许节点处小偏心存在。节点中的受力钢板尺寸应按照构造要求确定。在桁架制作过程中,为避免制作时识别不清而用错钢板,同一桁架中的节点钢板厚度差值应不小于 2mm。应尽量避免钢板的型号过多,当钢板因受弯需要过大的厚度时,可采用加肋的办法解决,或改用合适的型钢。为节约钢材,应尽量使构造钢板与受力钢板相结合。为避免钢构件锈蚀，所有的钢构件均应进行防腐蚀处理或采用不锈钢产品，并根据该地区的锈蚀严重程度择期检查维护。钢结构焊接用的焊条，应符合现行国家标准《非合金钢及细晶粒钢焊条》GB/T 5117 及《热强钢焊条》GB/T 5118 的规定。焊条的型号应与主体金属的力学性能相适应。节点焊缝应按照焊缝尺寸要求确定，太薄的钢板不易保证其焊接质量，一般选用 6~10mm 的钢板为宜。焊缝厚度应取钢板和型钢厚度，且不应大于 6mm。

1. 支座节点

钢木桁架支座节点由上弦杆和下弦杆相交而成，其上弦杆可直接抵承在支座顶面。当钢木桁架的下弦杆为单圆钢时，支座节点的构造按照内力大小不同，基本分为两种。当内力较小时，可将圆钢直接穿过上弦端部的孔眼，并用双螺帽固定（图 5-13a）。当内力较大

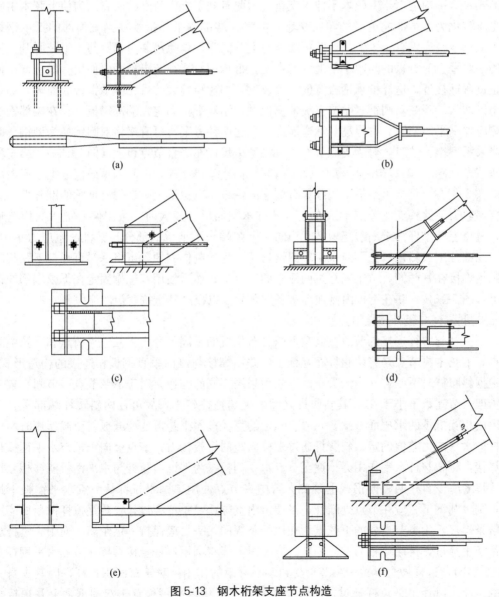

图 5-13　钢木桁架支座节点构造

时，为防止上弦端部钻孔导致其截面削弱，可采用套环连接（图5-13b）套环直径常与下弦圆钢相同。套环在向内弯折处，应焊一段横撑，以承受横向水平压力；在向外弯折处，应在其上、下焊两块小钢板，以承受横向水平拉力，以免套环被拉扁或者焊缝被撕裂，保证圆钢下弦与套环的连接焊缝仅为受剪工作，与设计假定相符。然后将套环与下弦圆钢采用双面焊接牢固。套环在上弦端部用双螺帽固定在槽钢或焊成的槽钢靴梁上。靴梁（抵承板）可按照简支梁的工作状态来验算其抗剪和抗弯承载力。靴梁按抗弯要求确定其截面，其截面的选用可查阅钢木桁架下弦节点抵承板选用表。

下弦为双圆钢或型钢时，通常有三种构造方案可供选择，第一种是将双圆钢在支座节点处由木构件外侧通过，并用双螺帽固定在支座节点外侧的槽钢上。如不能选择规格合适的槽钢，则可用钢板焊成的槽钢（图5-13c）。第二种是在支座节点处采用钢靴（图5-13d）的形式。这种构造由于上弦木不伸入支座，因此有利于支座节点的防腐。为使上弦木由斜纹受压转化为力学性能更好的顺纹受压，需将其端部锯平并抵承在钢靴顶部的抵承钢板上。抵承钢板应垂直于木上弦，并用螺栓与上弦固定，以免吊装时钢靴与木上弦脱开。钢靴的一对垂直节点板的间距小于上弦的宽度，抵承钢板能在节点板两侧伸出一段悬臂，使其正负弯矩接近，这样抵承钢板宽度不致过大，如弯矩较大，可在抵承钢板底面焊一加劲肋予以加强。下弦双圆钢紧贴节点板外侧通过，用双螺帽固定在端部钢板上。在端部钢板内侧应焊水平加劲肋，以提高其承弯能力。上述两种方案皆可直接将双圆钢换为型钢。此外当采用型钢下弦时，对于支座节点，可将型钢焊接在竖直节点板上（图5-13e）。第三种支座节点（图5-13f）构造与钢靴（图5-13d）构造基本相同，但其抵承面仅取上弦截面高度的2/3左右，且抵承钢板下边缘焊有侧立的钢板，以保证上弦杆偏心抵承的准确性，并能传递剪力。此种支座节点形式在上弦杆方木截面尺寸较大时，采用偏心抵承的构造形式，避免上弦木杆沿干缩裂缝剪坏。为防止上弦端头不抵承的部分与钢靴产生应力集中，应将此部分削成斜角。当下弦采用单圆钢材时，为使制作方便，可将一对直径与下弦相同的圆钢焊接在其两侧，从中间穿过两侧立的节点板，然后使用双螺帽固定在下弦端部的钢板上（图5-13f），并在钢板内侧加焊水平加劲肋，以提高其抵抗弯矩的能力。

2. 下弦杆与腹杆连接节点

下弦杆与腹杆连接的节点按其在下弦分布位置的不同可分为下弦中央节点和下弦中间节点。下弦中央节点是将两腹杆相互抵承，并用螺栓与侧面垂直钢板相连接的构造形式。其根据斜腹杆与下弦杆交角的大小的不同而采用不同的构造。对于下弦节点（节间）较多的桁架（节间数不小于6），其斜腹杆之间的夹角往往较小，故可在两斜腹杆端部垂直切割出两相互抵承的承压面（图5-14a）。螺栓的直径按照半跨可变荷载或雪荷载作用时两根斜杆的水平内力差值确定。斜腹杆通过螺栓向竖向钢板传力，节点竖向钢板与水平钢板相互焊接，将斜腹杆水平作用力传递至节点水平钢板。为保证斜腹杆与水平钢板能够相互顶紧，焊缝应设置在两竖向钢板的外侧。若中央节点使用单圆钢拉杆从节点水平钢板下通过，则单圆钢下弦应在节点处断开，以便留出空隙让竖拉杆穿过，单圆钢拉杆截断处应用双帮条焊接，中央节点处的下弦端头在用帮条焊的接头处应保持一定距离，使中央竖杆从双帮条中穿过，再用垫板与螺帽固定。应注意不能将圆钢拉杆直接焊接在节点水平钢板上（图5-14b），这样做会导致中央节点受到偏心弯矩的作用。对于双圆钢拉杆，因其本身具有的空隙足以让出竖拉杆通过，所以无须截断。可将水平钢板置于双圆钢之上并焊接牢

靠，中央竖杆穿过垫板用双螺帽固定。对于下弦节点较少的桁架，因与下弦的夹角较小两
斜腹杆无足够的承压面传递荷载，此时应使用元宝木（图5-14c）。元宝木用两螺栓与水平
钢板固定，通过螺栓传递不对称荷载下的斜腹杆水平内力差。元宝木与斜腹杆端部承压面
根据元宝木的斜纹承压能力与斜腹杆的顺纹承压能力确定。元宝木与受压斜腹杆之间采用
暗销加强连接（图5-14d）。可根据斜腹杆和元宝木的受力状态来决定是否将斜腹杆端部
削成梢，以减少元宝木的长度。上述构造均可将单圆钢或双圆钢替换为型钢拉杆。当中央
竖杆与斜腹杆所受内力不大时，所用材料可采用木材（图5-14e）。图5-14f为多边形钢木
桁架的下弦节点构造，通过钢夹板中心螺栓连接（用一个螺栓设在各杆相交的节点中心），
由于腹杆内力小，故可采用偏心连接。

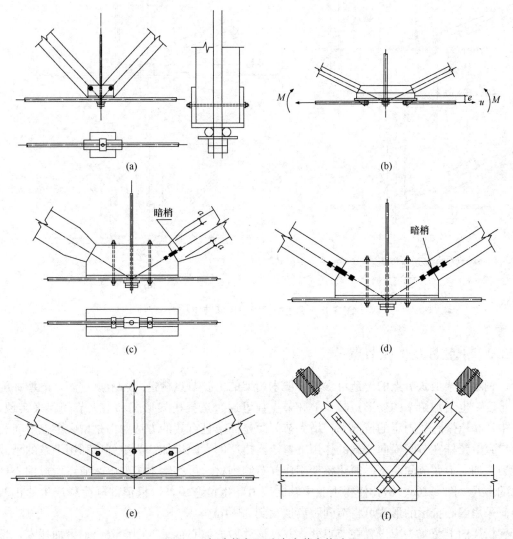

图5-14　钢木桁架下弦中央节点构造图

　　下弦中间节点根据桁架形式不同其构造也不同。如三角形豪式钢木桁架的下弦中间节
点（图5-15a）是将受压斜腹杆抵承在水平钢板和竖向横隔板上。为使杆端抵承反力与受
压斜腹杆方向一致，构造上竖向横隔板的位置应由计算确定，水平钢板与斜腹杆间的螺栓

仅为系紧螺栓，并不传递腹杆的内力。下弦拉杆与下弦中央节点的处理方法基本一致。应注意图 5-15（b）形式易使下弦中间节点产生偏心弯矩的作用，在设计时应予避免。芬克式钢木桁架的下弦中间节点（图 5-15c）将受压竖杆抵承在钢靴的水平钢板上，为避免斜腹杆的水平推力传递至竖腹杆，在其与竖向腹杆间应加焊横隔板。梯形钢木桁架的腹杆内力较小，若其中间节点连接满足承载力要求，则可将受压斜腹杆直接抵承在竖杆上，依靠竖腹杆与斜腹杆的螺栓连接传递水平分力，如图 5-15d 所示。若承载力不足时亦可加焊横隔板。多边形钢木桁架下弦中间节点的构造形式与中央节点相同。

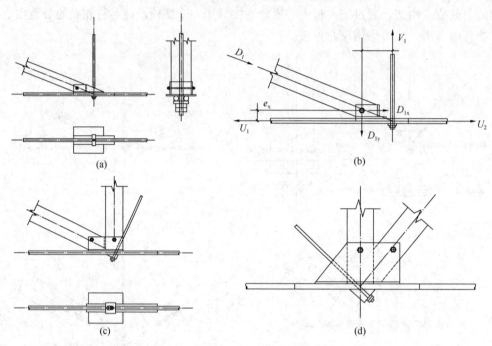

图 5-15　钢木桁架下弦中间节点构造

5.3.3　上弦杆及上弦节点

　　钢木桁架上弦节点的构造可参考一般木桁架的上弦节点构造。若节点过多，既增加施工难度，也增加桁架的变形。减少上弦节点数可通过选择桁架形式和增大节间距来实现，其中，在桁架跨径固定的情况下，增大节间距是简单且有效的方法。但是增大上弦节间距会导致上弦杆在节间横向荷载的作用下弯矩与挠度的大幅增加。为更好地利用上弦的承载能力、加大上弦节间距离、简化桁架制作并节约钢材，可将钢木桁架上弦节点做成偏心抵承的形式（图 5-16a、b），使得上弦中轴向压力产生负弯矩，以抵消部分荷载产生的正弯矩。采用偏心抵承的形式可将节间距离加大到 3～4m。

　　桁架的上弦接头应设置在节点处，并在该处做成偏心抵承（图 5-16c）。另加托木，将斜腹杆抵承在托木的齿槽内，斜腹杆轴线与偏心抵承面中线交会，托木应嵌入上弦底部深不小于 20mm 的刻槽内，并用螺栓与上弦系紧。一般情况下，托木的宽度应与弦杆截面宽度一致，其截面高度可取 2/3 上弦杆的截面高度。脊节点需用螺栓与木夹板系牢。其与一般豪式桁架脊节点的区别在于加长了上方的水平切割面，使局部抵承而构成偏心（抵承

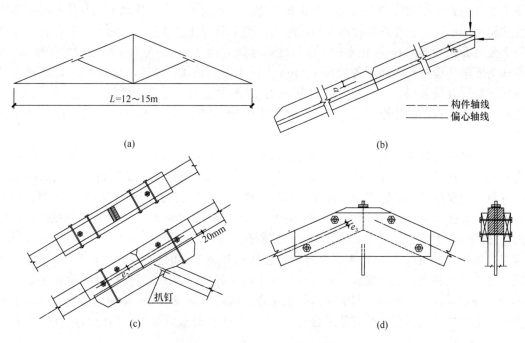

图 5-16   上弦偏心抵承钢木桁架

面形心与弦杆轴线偏心），见图 5-16（d）。应注意桁架的矢高应以抵承面形心为准。

上弦偏心抵承所用方木的截面较大，通常是髓心居中，故干缩裂缝一般在截面中部的两侧开展，使用偏心抵承可以将髓心包在抵承面内，避免干缩裂缝剪坏。若方木髓心不在截面中部，为将髓心包在抵承面内，可将髓心置于截面下方。当使用层板胶合木作为上弦时，可不受此限制。

当上弦节间承受的跨度和荷载较大时，构造偏心抵承不足以使上弦杆满足承载力要求时，如尚无必要改成六节间的桁架，可将托木加长，做成梁式托木，以适当减小上弦杆的计算跨度（图 5-17a）。加长托木后上弦的计算，实际可近似的由确定上弦的弹性曲线与托木的弹性曲线相切点出发进行分析（图 5-17b）。即将长托木视为悬臂梁，将上弦杆视为

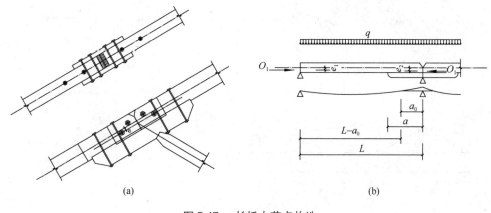

图 5-17   长托木节点构造

(a) 节点构造；(b) 计算简图

简支梁，两者变形曲线的切点视为上弦杆受弯工作的支座。所以托木上弦与托木的抗弯刚度比越小，缩短上弦计算跨度的作用就越大。当上弦与托木的刚度比为 1.0 时（托木截面与上弦截面尺寸相同），则托木的工作长度可近似取为 $0.2l$（l 为上弦杆每段的长度）。由于构造要求，应在托木两端各加长 100mm。托木在上弦接头两边用螺栓扣紧，螺栓直径宜根据跨度及荷载的大小，在 14～18mm 的范围中选用。另外，销轴类紧固件的端距、边距、间距和行距的最小尺寸应符合《木结构设计标准》GB 50005—2017 中表 6.2.1 的规定。

上弦杆偏心抵承构造（图 5-18a）同样适用于多边形与梯形钢木桁架。其上弦节点经常使用钢夹板"中心螺栓"连接（图 5-18b、c、d）。"中心螺栓"是穿过上弦接头的木夹板并位于上弦抵承面夹缝之中的螺栓。采用"中心螺栓"传力的节点在桁架腹板内力较小时适用，如图 5-18（e）所示的四节间桁架。方木压杆通过钢夹板和一个"中心螺栓"传力。注意应将上弦木夹板内侧局部削去，使斜腹杆的一对钢夹板插入，并与"中心螺栓"连接，如图 5-18（f）所示。木夹板与上弦连接的其他螺栓的直径最好与"中心螺栓"相同，且为防止转动，上弦接缝的每侧不应少于两个螺栓。"中心螺栓"所受荷载在结构计算时应分别考虑满跨恒荷载与满跨活荷载组合、满跨恒荷载与半跨活荷载的组合（对于多边形桁架尚应考虑活荷载的其他组合）。因为在此两种荷载组合下，两根斜腹杆合力大小

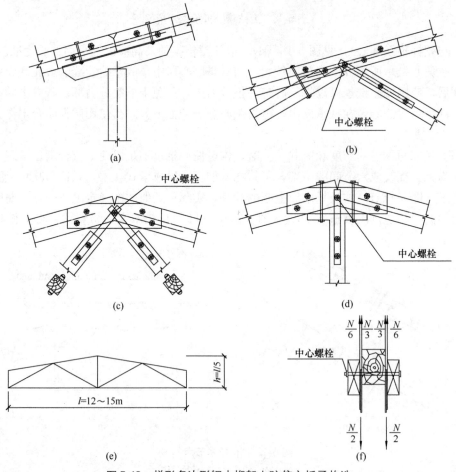

图 5-18　梯形多边形钢木桁架上弦偏心抵承构造

及其交角不同,需按照最不利情况进行验算。对于图 5-18(c)所示的节点,有内外侧各两个剪力面。内侧的两个剪面直接将剪力传递给上弦杆的剪面,外侧的两个剪力面先将剪力传递给木夹板,木夹板再通过上弦螺栓杆将剪力传递至上弦。此两种传力方式因其路径不同,传力所占的比例也不同。因为内侧两剪面刚度大于外侧,所以在计算时取内侧剪面传递节点 2/3 的总荷载,外侧仅传递 1/3 的总荷载。此种计算方式应考虑梢槽承压因木纹夹角不同的影响,否则应将四个剪力面折减为三个剪力面计算。六节间和八节间的桁架斜腹杆在正常情况下受拉力较大,以采用圆钢为宜。连接钢板应进行稳定性验算,其计算长度取"中心螺栓"至腹杆端第一个螺栓之间的距离。

梯形钢木桁架上弦杆若做成连续梁的形式,其偏心抵承构造只能设置在边跨。根据钢木桁架的破坏试验测定,连续上弦的跨间弯矩值接近于按简支计算的弯矩,而在节点处存在较小的负弯矩。考虑到上弦杆偏心弯矩在各跨中分布的不同,在计算中将荷载作用下连续梁中间支座产生的负弯矩与支座下沉产生的正弯矩相互抵消,即在荷载作用下不考虑连续梁支座产生的负弯矩。对上弦设有偏心抵承构造的边跨考虑其负弯矩作用,其他节间则取其荷载作用下的最大弯矩按简支梁进行承载能力验算。这样计算往往偏于安全。因为桁架上弦连续梁产生的支座负弯矩削弱了其节间跨中正弯矩值。

【例 5-1】某三角形豪式钢木桁架(图 5-19),跨度为 15m,桁架为 3.0m。已知屋面恒载标准值为 $0.5kN/m^2$,雪荷载基准值 $s_0 = 0.3N/mm^2$,屋面活荷载标准值 $Q_k = 0.5N/mm^2$(不考虑屋面上人)。使用木材为粗皮落叶松 TC17(A),且测得使用中木构件含水率小于 15%,钢材为 Q235 碳素结构钢,设计使用年限为 50 年。试对桁架进行杆件及节点设计。

【解】1)桁架简图及几何尺寸
屋面坡度 $\alpha = 21°48'$,桁架高跨比 $h/l = 1/5$。

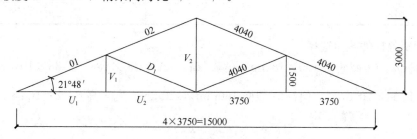

图 5-19 桁架简图及几何尺寸

2)材料设计强度
查阅《木结构设计标准》GB 50005—2017,木材 TC17(A)抗弯 $f_m = 17N/mm^2$,顺纹抗压及承压 $f_c = 16N/mm^2$,横纹承压全表面 $f_{c90} = 2.3N/mm^2$,拉力螺栓垫板下 $f_{c90} = 4.6N/mm^2$。由《钢结构设计标准》GB 50017—2017 得 Q235 钢材设计用抗拉、抗压、抗弯强度指标:$f = 215N/mm^2$($d \leqslant 16mm$)、$f = 205N/mm^2$($16mm < d \leqslant 40mm$)。焊缝强度设计值 $f_f^w = 160N/mm^2$。

3)桁架内力计算
荷载计算查阅《建筑结构可靠性设计统一标准》GB 50068—2018
屋面恒载标准值:$G_K = 0.5kN/m^2$;

屋面活荷载标准值：$Q_K = 0.5\text{kN/m}^2$；

雪荷载标准值：$s_k = \mu_r s_0 = 1.0 \times 0.3 = 0.30\text{kN/m}^2$；

屋面活荷载与雪荷载一般不会同时出现，故取两者之较大者与恒荷载进行组合。

在一般桁架坡度小于 30°的桁架设计中，对封闭房屋只有当设有天窗时，才考虑风荷载的不利组合。因此不考虑风荷载对桁架的影响。

桁架自重按照经验公式计算：$g_k = 0.07 + 0.007l = 0.07 + 0.007 \times 15 = 0.175\text{kN/m}^2$。

作用于屋面的均布荷载设计值：$g + s = 1.2 \times 0.5 + (1.5 \times 0.3 + 1.3 \times 0.175) \times \cos21°48' = 1.23\text{kN/m}^2$。

节点荷载设计值：$F = 1.23 \times 4.04 \times 3 = 14.91\text{kN}$。

支座反力：$R_A = R_B = \dfrac{14.91 \times 4}{2} = 29.82\text{kN}$（设计值）。

桁架是静定结构，将单位荷载作用在上弦的全部节点上，可用截面法或节点法求出各杆的内力（表 5-2）。为便于计算，本例题查阅四节间桁架的杆件长度及内力系数，桁架杆件内力＝内力系数×F。

桁架各杆内力表　　　　　　　　　　　　　　表 5-2

杆件	内力系数	内力设计值（kN）
上弦杆 O_1	-4.04	$-4.04 \times 14.91 = -60.24$
上弦杆 O_2	-2.69	$-2.69 \times 14.91 = -40.11$
下弦杆 U_1	3.75	$3.75 \times 14.91 = 55.91$
下弦杆 U_2	3.75	$3.75 \times 14.91 = 55.91$
斜杆 D_1	-1.35	$-1.35 \times 14.91 = -20.13$
竖杆 V_1	0.00	$0 \times 14.91 = 0.00$
竖杆 V_2	1.00	$1 \times 14.91 = 14.91$

4）桁架各杆件截面选择

上弦杆 O_1、O_2 截面为 $160 \times 180\text{mm}$（宽×高），$A = 160 \times 180 = 2.88 \times 10^4\text{mm}^2$，$W = \dfrac{160 \times 180^2}{6} = 8.64 \times 10^5\text{mm}^3$。斜杆 D_1 截面 $160\text{mm} \times 120\text{mm}$（宽×高），$A = 160 \times 120 = 1.92 \times 10^4\text{mm}^2$。

查阅《木结构设计标准》GB 50005—2017 中 4.3.2 节第二条，当构件矩形截面的短边尺寸不小于 150mm 时，其强度设计值可提高 10%，故强度设计值乘以扩大系数 1.1。

5）桁架杆件承载力验算

（1）为抵消一部分由横向荷载引起的正弯矩，上弦杆端部采用偏心抵承传力，侧偏心距 $e_0 = 30\text{mm}$，计算简图见图 5-20。

由屋面荷载引起的弯矩：

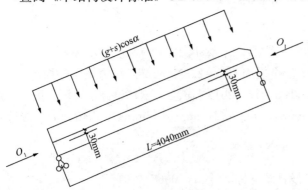

图 5-20　上弦计算简图

$$M_0 = \frac{1}{8}(g+s)Bl^2\cos\alpha = \frac{1}{8} \times 1.23 \times 3 \times 4.04^2 \times 0.93 = 7.00\text{kN} \cdot \text{m}$$

O_1杆轴力：$N = -60.24\text{kN}$

偏心弯矩：$Ne_0 = -60.24 \times 0.03 = -1.81\text{kN} \cdot \text{m}$

偏心受压构件的强度验算：

$$\frac{N}{A_n f_c} + \frac{M_0 + Ne_0}{W_n f_m} = \frac{6.02 \times 10^4}{2.88 \times 10^4 \times 16 \times 1.1} + \frac{(7.00 - 1.81) \times 10^6}{8.64 \times 10^5 \times 17 \times 1.1} = 0.44 \leqslant 1$$

强度验算满足要求。

稳定承载力验算：

$$k = \frac{Ne_0 + M_0}{Wf_m\left(1 + \sqrt{\dfrac{N}{Af_c}}\right)} = \frac{(7.00 - 1.81) \times 10^6}{8.64 \times 10^5 \times 17 \times 1.1 \times \left(1 + \sqrt{\dfrac{6.02 \times 10^4}{2.88 \times 10^4 \times 16 \times 1.1}}\right)}$$

$$= 0.24$$

$$k_0 = \frac{Ne_0}{Wf_m\left(1 + \sqrt{\dfrac{N}{Af_c}}\right)} = \frac{1.81 \times 10^6}{8.64 \times 10^5 \times 17 \times 1.1 \times \left(1 + \sqrt{\dfrac{6.02 \times 10^4}{2.88 \times 10^4 \times 16 \times 1.1}}\right)}$$

$$= 0.08$$

$$\varphi_m = (1-k)^2(1-k_0) = (1 - 0.24)^2 \times (1 - 0.08) = 0.53$$

$$i = \sqrt{\frac{I}{A}} = \frac{180}{2\sqrt{3}} = 51.96, \quad \lambda = \frac{l_0}{i} = \frac{4040}{51.96}$$

$$= 77.75$$

$$\lambda_c = C_c\sqrt{\frac{\beta E_k}{f_{ck}}} = 4.13 \times \sqrt{1.0 \times 330}$$

$$= 75.03 < \lambda$$

$$\varphi = \frac{a_c \pi^2 \beta E_k}{\lambda^2 f_{ck}} = \frac{0.92 \times \pi^2 \times 1.0 \times 330}{77.75^2}$$

$$= 0.50$$

压弯构件稳定承载力：

$$N = f_c \varphi \varphi_m A_0 = 16 \times 1.1 \times 0.50 \times 0.53 \times 2.88 \times 10^4$$
$$= 134323.20\text{N} = 134.32\text{kN} > 60.24\text{kN}，满足。$$

弯矩作用平面外稳定因有檩条作支撑可不作验算。

(2) 斜腹杆D_2。因截面无缺损，故仅需验算稳定承载力。

$$i = \sqrt{\frac{I}{A}} = \frac{120}{2\sqrt{3}} = 34.64, \lambda = \frac{l_0}{i} = \frac{4040.00}{34.64} = 116.63$$

$$\lambda_c = C_c\sqrt{\frac{\beta E_k}{f_{ck}}} = 4.13 \times \sqrt{1.0 \times 330} = 75.03 < \lambda,$$

$$\varphi = \frac{a_c \pi^2 \beta E_k}{\lambda^2 f_{ck}} = \frac{0.92 \times \pi^2 \times 1.0 \times 330}{116.63^2} = 0.22$$

轴心受压构件稳定承载力：

$$N = f_c \varphi A_0 = 16 \times 1.1 \times 0.22 \times 1.92 \times 10^4 = 74342.40\text{N} = 74.34\text{kN} > 20.13\text{kN},$$

满足。

（3）下弦杆 U 拉力 $N = 55.91\text{kN}$，需要净截面积：$A_S = \dfrac{U}{f_y} = \dfrac{5.59 \times 10^4}{205} =$ 272.70 mm^2。

选用 $\phi 24$ 圆钢，螺栓有效面积为 352.50mm^2。

（4）竖腹杆 V_1。按构造要求，选用 $\phi 12$ 圆钢，螺栓有效面积为 84.3mm^2。

6）节点设计

（1）支座节点

构造如图 5-21 所示。

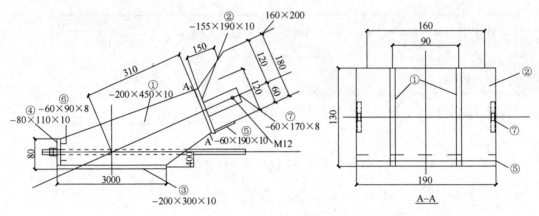

图 5-21　支座节点构造

钢板①：两板轴心受压，板厚 $\delta = 10\text{mm}$。

$$i = \frac{\delta}{2\sqrt{3}} = \frac{10}{2\sqrt{3}} = 2.886; \lambda = \frac{310}{2.886} = 107.40$$

$$\varphi = 0.51$$

$$N_r = A\varphi f_y = 2 \times 10 \times 130 \times 215 \times 0.510 = 285090.00\text{N} = 285.09\text{kN} > 60.02\text{kN}$$

钢板②：承压钢板，上弦轴力均匀地作用在承压钢板上。

则线荷载为：

$$\frac{6.02 \times 10^4}{160} = 376.25\text{N/mm}$$

按双悬臂梁计算（图 5-22）：

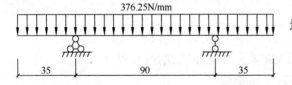

图 5-22　钢板的计算简图

支座弯矩：$M_1 = \dfrac{35^2 \times 376.25}{2} = 2.30 \times 10^5\,\text{N/mm}$

跨中弯矩：$M_2 = \dfrac{90^2 \times 376.25}{8} - 2.30 \times 10^5 = 1.51 \times 10^5\,\text{N/mm}$

板厚将由弯矩值较大的支座弯矩决定：

$$W = \frac{b\delta^2}{6} = \frac{130 \times \delta^2}{6}$$

$$\delta = \sqrt{\frac{6W}{b}} = \sqrt{\frac{6M_1}{b \times f}} = \sqrt{\frac{6 \times 2.30 \times 10^5}{130 \times 215}} = 7.03\text{mm} < 10\text{mm}，满足。$$

钢板③：系支座垫板，支反力为 29.82kN，线荷载为 $\frac{2.98\times10^4}{160}=186.25$N/mm，板厚与钢板②相同且受力较小，故无须验算。

钢板④：由于存在两肋板⑥，两肋板间距为 40mm，小于拉杆螺帽的直径，拉杆的拉力直径作用在两肋板上，钢板④可不必验算，取 10mm 厚即可。

钢板⑤：该板理论上需承受节间荷载作用下支反力 $R=7.46$kN 的剪力分量，实际上该分量可被轴力 O_1 在抵承钢板②上的摩擦力抵消，故不进行计算。

钢板⑥：两肋板与钢板①两端采用单面角焊缝（因另一端在 40mm 宽的夹缝中，不能施焊），取 $h_{ef}=6$mm。

$$l_f=\frac{55.91\times10^3}{0.7\times6\times160}=83.20\text{mm}$$

焊缝实长：$l_f^0=(60-24)\times4=144$mm $> l_f=83.20$mm，满足。

钢板⑦：构造用，不必验算承载力。

(2) 下弦中央节点

其构造见图 5-23，杆轴线应相交于节点中心。下弦采用长帮条并用焊接连接。节点水平钢板直接焊在帮条上，元宝木用 $2\phi12$ 的螺栓固定在水平钢板上。半跨荷载作用时，两下弦内力差由螺栓传至元宝木与钢垫板，从而和两斜杆平衡。在双面绑条焊接头的空隙间穿过中竖杆 V，其螺帽垫板放在两侧绑条钢筋下部。节点水平钢板和下弦拉杆之间的焊缝受力很小，构造施焊即可。

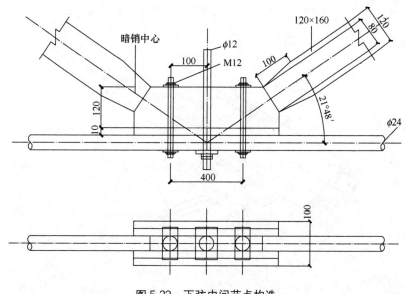

图 5-23　下弦中间节点构造

元宝木斜纹承压强度验算：

$$\alpha=21°48'$$

由《木结构设计标准》GB 50005—2017 得：

当 $10°<\alpha<90°$ 时，

$$f_{c\alpha} = \frac{f_c}{1 + \left(\frac{f_c}{f_{c90}} - 1\right)\frac{\alpha - 10°}{80°}\sin\alpha} = \frac{16}{1 + \left(\frac{16}{2.3} - 1\right)\frac{21°48' - 10°}{80°}\sin21°48'}$$

$$= 12.06\text{N/mm}^2$$

$$N_\alpha = A_c f_{c\alpha} = (120 - 20 \times 2) \times 160 \times 12.06$$

$$= 154368.00\text{N} = 154.37\text{kN} > 20.13\text{kN}, 满足。$$

元宝木与水平钢板的连接验算：全跨恒载与半跨活荷载作用下，下弦两端节间的内力差为2.44kN，此值也是两斜腹杆内力差在水平方向的投影。

螺栓连接的承载力参考设计值按照《木结构设计标准》GB 50005—2017 第6.2.5条计算确定：

$$Z_d = C_m C_n C_t k_g Z = C_m C_n C_t k_g k_{min} t_s d f_{es}$$

$$= 1.0 \times 1.0 \times 1.0 \times 0.98 \times 0.11 \times 10 \times 12 \times 305 = 3945.48\text{N}$$

$$= 3.95\text{kN} \geqslant 2.44\text{kN}, 满足。$$

下弦双面绑条焊焊缝长度和焊脚高度应满足《钢筋焊接及验收规程》JGJ 18—2012的要求。

（3）上弦中间节点

其构造见图5-24。托木长度仅需满足构造要求，截面高度取135mm>2/3×180=120mm；宽度取160mm。

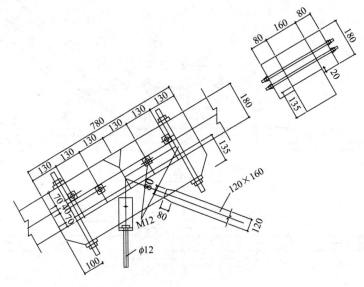

图5-24 上弦中间节点构造

为保证偏心30mm，O_1、O_2两杆的相互抵承处截面上部削去60mm。因上弦轴力有较大富余，故不验算其抵承强度。托木需卡入上弦槽口中，槽口深20mm，故两杆的实际抵承面为160mm×120mm，按构造要求，系紧螺栓为2φ12，不传递荷载。木夹板截面取80mm×180mm，与托木等长，用4φ12螺栓系紧，以保证桁架平面外刚度。

斜腹杆 D_1 与托木间斜纹承压强度验算：

$$\alpha = 43°36',\ f_{c\alpha} = \frac{f_c}{1 + \left(\frac{f_c}{f_{c90}} - 1\right)\frac{\alpha - 10°}{80°}\sin\alpha} = \frac{16}{1 + \left(\frac{16}{2.3} - 1\right)\frac{43°36' - 10°}{80°}\sin 43°36'}$$

$$= 5.87\text{N/mm}^2$$

刻槽深 36mm，承压长度为 80mm。

$$N_r = A f_{c\alpha} = 160 \times 80 \times 5.87 = 75136.00\text{N} = 75.14\text{N} > 19.31\text{kN，满足。}$$

顺纹承压强度验算：

$$N_r = A f_c = 160 \times 20 \times 16 = 51200\text{N} = 51.2\text{kN} > O_1 - O_2 = 20.13\text{kN，满足。}$$

（4）脊节点

为保证上弦杆 O_2 的偏心距和放置竖向拉杆的螺帽垫圈，两上弦杆相交处需向下削平（图 5-25），向下削去的高度为：

$$\frac{180}{\cos 21°48'} - \frac{2 \times 60}{\cos 21°48'} = 64.62\text{mm}$$

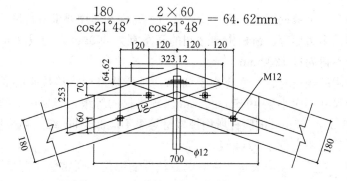

图 5-25　脊节点构造

削平后的水平长度为：$2 \times \dfrac{64.62}{\tan 21°48'} = 323.12\text{mm}$。

两侧木夹板长 700mm，截面 80mm×180mm，用 4φ12 螺栓系紧。

两上弦杆对顶面斜纹承压验算：

$$\alpha = 68°12',\ f_{c\alpha} = \frac{f_c}{1 + \left(\frac{f_c}{f_{c90}} - 1\right)\frac{\alpha - 10°}{80°}\sin\alpha} = \frac{16}{1 + \left(\frac{16}{2.3} - 1\right)\frac{68°12' - 10°}{80°}\sin 68°12'}$$

$$= 3.19\text{N/mm}^2$$

$$N_r = A f_{c\alpha} = 160 \times \frac{120}{\cos 21°48'} \times 3.19 = 65965.47\text{N} = 65.97\text{kN} > O_2$$

$$= 38.47\text{kN，满足。}$$

竖向拉杆垫板下的斜纹承压及钢垫板厚度：取垫板平面尺寸为 80mm×80mm。$\alpha = 68°12'$，拉力螺栓垫板下：$f_{c90} = 4.6\text{N/mm}^2$。

$$f_{c\alpha} = \frac{f_c}{1 + \left(\frac{f_c}{f_{c90}} - 1\right)\frac{\alpha - 10°}{80°}\sin\alpha} = \frac{16}{1 + \left(\frac{16}{4.6} - 1\right)\frac{68°12' - 10°}{80°}\sin 68°12'} = 5.98\text{N/mm}^2$$

$$N_r = A f_{c\alpha} = 80 \times 80 \times 5.98 = 38272.00\text{N} = 38.27\text{kN} > V_2 = 14.91\text{kN，满足。}$$

垫板厚度：$t \geq \sqrt{\dfrac{N}{2 \times f_y}} = \sqrt{\dfrac{14.91 \times 10^3}{2 \times 215}} = 5.89\text{mm}$，取 $t = 10\text{mm}$。

木夹板用 4 个 $\phi12$ 的螺栓系紧。

5.4 齿板桁架

采用规格材制作桁架杆件，并由齿板在桁架节点处将各杆件连接而成的木桁架称为齿板桁架。齿板桁架是屋盖中的主要承重构件，三角形桁架一般跨度在 12m 以内，而梯形或多边形桁架跨度可达 $30\sim40m$。齿板桁架在工厂加工制作，当各构件按设计图纸拼装后，用液压装置将齿板压入节点处连接。齿板和连接件应由经镀锌处理后的薄钢板制作，虽有镀锌处理，但使用时仍需避开腐蚀、潮湿或有冷凝水存在的环境，且室内齿板桁架、组合桁架的支座节点不得密封在墙、保温层或通风不良的环境中。

5.4.1 构造

齿板桁架的形式可根据屋面形状、荷载分布、跨度和使用要求进行设计，常用的形式有三角形、梯形、多边形等。齿板桁架之间的间距宜为 600mm，当设计要求增加桁架间距时，最大间距不得超过 1200mm。

制作桁架所用的规格材含水率应小于 20%，且严禁采用指接接头的规格材。桁架弦杆和腹杆的截面尺寸不应小于 40mm×65mm。规格材的等级，当采用目测分级时，桁架弦杆及尺寸为 40mm×65mm 的腹杆所用规格材等级不应低于 Ⅲc 级。当采用机械分级时，弦杆规格材强度等级不宜低于 M14 级。

桁架设计时，对接节点应设置在弯曲应力较低的部位，通常位于弯矩图的反弯点处。上、下弦对接节点不应设置在同一节间内，宜设置于节间一端的四分点处，其位置可在节间长度的 ±10% 内调整；对接节点不应设置在与支座、弦杆变坡处或屋脊节点相邻的弦杆节间内，相邻两榀桁架的弦杆对接节点亦不宜设置于相同节间内。对于下弦对接节点，除邻近支座端节点的腹杆节点外，其余腹杆节点可设置对接接头，但腹杆杆件严禁采用对接节点；对于图 5-26 所示的桁架，其下弦腹杆节点可设对接接头。此外，下弦杆的中间支座必须设置在节点上。

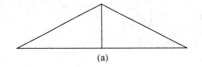 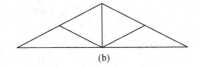

(a)   (b)

图 5-26 简单桁架

齿板桁架各杆件间均使用齿板连接，齿板安装时宜采用平压，需使用专门的液压设备。齿板连接仅传递拉力和剪力，不得用于传递压力。齿板需根据节点的尺寸，并经承载力和抗滑移承载力验算确定，同时应满足构造要求。用于连接的齿板应成对的对称设置于构件连接节点的两侧，采用齿板连接的构件厚度不应小于齿嵌入构件深度的两倍。由于规格材边部可能存在各种缺陷，故齿板连接需限定最小连接尺寸。在与桁架弦杆平行及垂直方向，齿板与弦杆的最小连接尺寸以及在腹杆轴线方向齿板与腹杆的最小连接尺寸均应符合表 5-3 的规定。对于上、下弦杆的对接接头所用齿板宽度不应小于弦杆相应宽度的 65%。

齿板与桁架杆件连接的最小尺寸规定（mm） 表 5-3

桁架杆件截面尺寸 (mm)	桁架跨度（m）		
	$L\leq12$	$12<L\leq18$	$18<L\leq24$
40×65	40	45	—
40×90	40	45	50
40×115	40	45	50
40×140	40	50	60
40×185	50	60	65
40×235	65	70	75
40×285	75	75	85

桁架上、下弦的轴线交点常因屋盖檐口的建筑造型要求而落在支座垂线外，这种桁架称为悬臂桁架。桁架下弦杆端部距支座外边缘的距离称悬臂长度（C），如图 5-27 所示。桁架每端最大悬臂长度不应超过 1400mm 且桁架两端悬臂长度之和不应超过桁架净跨的 1/4。由于桁架端支座的垫木一般应完整地落在上、下弦杆相接触面水平投影长度 S 内，且垫木侧边与弦杆接触面侧边的间距不应小于 13mm，故对于没有加强楔块的短悬臂（图 5-27），最大悬臂长度 C 应按下式计算：

$$C = S - (L_b + 13) \tag{5-7}$$

式中　S——上、下弦杆相接触面水平投影长度（mm）；

　　　L_b——支承面宽度（mm）。

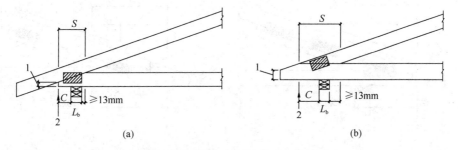

图 5-27　无楔块桁架悬臂部分示意图

1—下弦端部切割后剩余高度；2—计算支点

（a）标准端节点；（b）梁式端节点

当需要增大悬臂长度时，上、下弦杆交接处应设置楔块，见图 5-28。楔块上应设构造齿板（即系板）与上、下弦连接，系板面积取相应端部节点齿板面积的 20%。端节点齿板应根据弦杆中的实际内力确定。用于确定上、下弦杆接触面水平投影长度 S 的最大长度时，S_2 的尺寸可由楔块高度 h_1 等于下弦杆截面高度 h 来确定。对于有加强楔块的短悬臂（图 5-28），最大悬臂长度 C 和楔块最小长度 S_2 应按下式计算：

$$C = S_1 + 89 \tag{5-8}$$

$$S_2 = L_b + 100 \tag{5-9}$$

式中　S_1——上、下弦杆相接触面水平投影长度（mm）；

　　　L_b——支承面宽度（mm）。

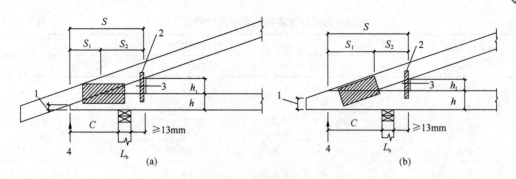

图 5-28　有楔块桁架悬臂部分示意图

1—下弦端部切割后剩余高度；2—系板；3—加强楔块；4—计算支点

（a）标准端节点；（b）梁式端节点

当需要进一步增大悬臂长度时，则需要采用加强上、下弦杆的方式，见图 5-29。加强弦杆的最大截面不应大于 40mm×185mm，上弦加强杆长度 LT 不应小于端节间上弦长度的 1/2，下弦加强杆长度 LB 不应小于端节间下弦杆长度的 2/3。连接加强杆件和弦杆的齿板应能保证将作用在弦杆上的荷载传递到加强杆件，当只用一块齿板连接时，应采用 1.2 倍的弦杆内力设计该齿板。桁架支座端节点考虑加强弦杆的作用时，该节点齿板嵌入上、下弦杆的连接宽度 y 应不小于 25mm。当上下弦杆交接面过长时宜设置附加系板，如图 5-29 所示，上下弦与加强杆相交处端部设系板。对于有加强杆件的短悬臂，最大悬臂长度 C 应按下式计算：

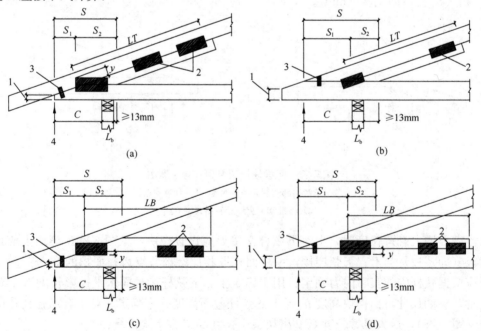

图 5-29　有加强杆件的桁架悬臂部分示意图

1—下弦端部切割后剩余高度；2—系板；3—附加系板；4—计算支点

（a）标准端节点，加强上弦杆；（b）梁式端节点，加强上弦杆；

（c）标准端节点，加强下弦杆；（d）梁式端节点，加强下弦杆

$$C = S_1 + S_2 - (L_b + 13) \tag{5-10}$$

式中 S_1——上、下弦杆相接触面水平投影长度（mm）；

      S_2——加强弦杆与上或下弦杆相接触面水平投影长度（mm）；

      L_b——支承面宽度（mm）。

不同于悬臂桁架，梁式桁架端节点的弦杆轴线交点落在支座垂线之内。当木桁架端部采用梁式端节点时（图5-30），在支座内侧支承点上的下弦杆截面高度不应小于1/2原下弦杆截面高度或100mm两者中的较大值。

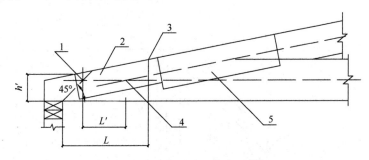

图5-30 桁架梁式端节点示意图

1—投影交点；2—抗剪齿板；3—上弦杆起始点；4—上下弦杆轴线交点；5—主要齿板

5.4.2 杆件及连接的承载力与变形验算

1. 杆件的承载力验算

桁架上弦杆为压弯构件，应验算其平面内的强度与稳定性，并按屋面结构布置决定是否需考虑平面外稳定。当上弦杆截面和节间平面外支撑等布置满足表5-4规定时，侧向稳定系数φ_l可取1.0，否则应按3.5节中有关内容验算平面外稳定承载力。下弦杆需根据顶棚构造、有无阁楼等因素，决定按轴心受拉或拉弯构件验算其承载力。腹杆则可按轴心受拉或轴心受压验算。在节点处，尚应按轴心受压或轴心受拉构件进行构件净截面强度验算，净截面的高度h_n可参照图5-31确定。

$\varphi_l = 1.0$ 时的平面外支撑条件要求   表5-4

高宽比 h/b	支承条件
$h/b \leqslant 4$	无需中间支承
$4 < h/b \leqslant 5$	在受弯构架长度上有类似檩条等构件作为侧向支承
$5 < h/b \leqslant 6.5$	受压边有直接固定在密铺板上或直接固定在间距不大于610mm的格栅上
$6.5 < h/b \leqslant 7.5$	受压边缘有直接固定在密铺板上或直接固定在间距不大于610mm的格栅上，且受弯构件之间安装有横隔板，其间隔不超过受弯构件截面高度的8倍
$7.5 < h/b \leqslant 9$	受弯构件的上下边缘在长度方向上均有限制侧向位移的连续构件

对于图5-30所示的梁式端节点，进行端节点抗弯验算时，用于抗弯验算的弯矩为支座反力乘以从支座内侧边缘到上弦杆起始点的水平距离L。当图中投影交点比上、下弦杆轴线交点更接近桁架端部时，尚需对端节点进行抗剪验算。桁架端部下弦规格材的抗剪承载力应按下式验算：

128　　　　第5章　桁架设计

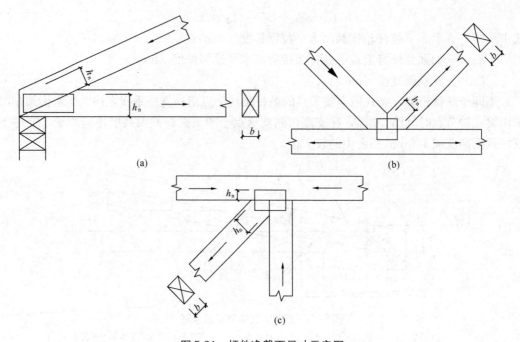

图 5-31　杆件净截面尺寸示意图

(a) 支座节点；(b) 下弦节点；(c) 上弦节点

$$\frac{1.5V}{nb\,h'} \leqslant f_v \tag{5-11}$$

式中　b——规格材截面宽度（mm）；

　　　f_v——规格材顺纹抗剪强度设计值（N/mm²）；

　　　V——梁端支座总反力（N）；

　　　n——多榀相同尺寸的规格材木桁架形成组合桁架时的桁架榀数；

　　　h'——下弦杆在投影交点处的截面计算高度（mm）。

　　若不满足上式，则梁端应设置抗剪齿板。抗剪齿板的尺寸应覆盖图中距离 L'，且应保证下弦杆轴线上、下方的齿板截面抗剪承载力均能抵抗梁端节点净剪力 V_1。净剪力 V_1 按下式计算：

$$V_1 = \left(\frac{1.5V}{n\,h'} - b\,f_v\right)L' \tag{5-12}$$

式中　L'——上下弦杆轴线交点与投影交点的间距（mm）。

　　节点处两杆件交接面若传递压力，则需作规格材的承压强度验算。构件局部承压的承载能力应按下式验算：

$$\frac{N_c}{b\,l_b\,K_B\,K_{Zcp}} \leqslant f_{c,90} \tag{5-13}$$

式中　N_c——局部压力设计值（N）；

　　　b——局部承压面宽度（mm）；

　　　l_b——局部承压面长度（mm）；

　$f_{c,90}$——构件材料的横纹承压强度设计值（N/mm²），当承压面长度 $l_b \leqslant 150$mm，

　　　　　且承压面外缘距构件端部不小于 75mm 时，$f_{c,90}$ 取局部表面横纹承压强度

设计值，否则应取全表面横纹承压强度设计值；

K_B——局部受压长度调整系数，应按表 5-5 的规定取值，当局部受压区域内有较高弯曲应力时，$K_B = 1$；

K_{Zcp}——局部受压尺寸调整系数，应按表 5-6 的规定取值。

局部受压长度调整系数 K_B　　　　表 5-5

顺纹测量承压长（mm）	修正系数 K_B	顺纹测量承压长（mm）	修正系数 K_B
≤12.5	1.75	75.0	1.13
25.0	1.38	100.0	1.10
38.0	1.25	≥150.0	1.00
50.0	1.19		

注：1. 当承压强度为中间值时，可采用插入法求出 K_B 值；
　　 2. 局部受压的区域离构件端部不应小于 75mm。

局部受压尺寸调整系数 K_{Zcp}　　　　表 5-6

构件截面宽度与构件截面高度的比值	K_{Zcp}
≤1.0	1.00
≥2.0	1.15

注：比值在 1.0～2.0 之间时，可采用插入法求出 K_{Zcp} 值。

当构件的两侧承受局部压力，且局部受压中心之间的距离不大于构件截面高度时（图 5-32），局部承压面长度 l_b 按下式确定，且验算时 $f_{c,90}$ 应采用全表面横纹承压强度设计值。

$$l_b = \left(\frac{L_1 + L_2}{2} \right) \leqslant 1.5 L_1 \tag{5-14}$$

式中　L_1、L_2——分别为局部受压截面较小、较大边长度（mm）。

对于两侧承受局部压力的构件，可用齿板加强局部压力区域。当用齿板加强局部承压区域时（图 5-33），齿板加强弦杆局部横纹承压节点处的构造要求应符合图 5-33 中标注的尺寸要求。齿板加强后构件的局部受压承载力可按式（5-13）计算。

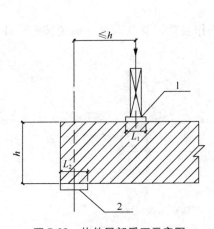

图 5-32　构件局部受压示意图

1—局部受压较小边；2—局部受压较大边

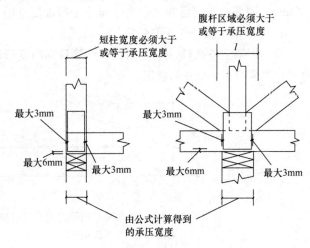

图 5-33　齿板加强弦杆局部横纹承压节点图

2. 齿板连接的承载力与变形验算

齿板连接应按承载能力极限状态荷载效应的基本组合，验算齿板连接的板齿承载力和齿板抗拉、抗剪及拉剪复合承载力。当对受拉接头进行验算时，齿板的计算宽度 b_t 和抗拉强度调整系数 k 的取值与齿板宽度、弦杆截面高度 h、对接处有无填块有关。当齿板宽度不大于弦杆截面高度 h 时，齿板计算宽度 b_t 可取齿板宽度，抗拉强度调整系数 k 可取 1.0；反之，可取 $b_t = h + x$，x 为齿板凸出弦杆部分的宽度。当对接处无填块时，x 不应大于 13mm 且 k 取 1.0；当对接处有填块时，x 不应大于 89mm，此时若 x 不大于 25mm，则取 $k = 1.0$；若 x 大于 25mm，k 则应按 $k = k_1 + \beta k_2$ 取值。其中 $\beta = x/h$，k_1、k_2 为计算系数，按表 5-7 取值。

	计算系数 k_1、k_2	表 5-7
弦杆截面高度 h（mm）	k_1	k_2
65	0.960	-0.228
90～185	0.962	-0.288
285	0.970	-0.079

注：当 h 值为表中数值之间时，可采用插入法求出 k_1、k_2。

桁架端节点的齿板连接承载力验算十分重要。一方面，板齿承载力验算中应计入桁架端节点的弯矩影响系数 k_h。另一方面，对于有加强杆的端节点，桁架下弦杆端部高度不同时要求齿板有不同的承载力。当切割后下弦端部截面高度小于或等于原弦杆截面高度的 1/2 时，齿板应按下弦杆实际内力验算；当高度在 1/2～1 倍原弦杆截面高度范围内时，按下弦杆内力的 1～2 倍的线性内插值验算；当下弦杆有加强杆而端部高度（包括加强杆在内）大于原弦杆截面高度时，也可按下弦杆实际拉力验算，但上弦杆与下弦杆间的齿板应有足够的能力将下弦杆内力传递至加强杆。当它们仅用一块齿板连接时，应按 1.2 倍下弦杆内力验算，且加强杆件的长度不小于下弦杆长的 2/3，截面尺寸不大于 40mm×185mm，端部经切割后的剩余高度应小于截面高度的 1/2。

3. 齿板桁架及杆件变形验算

齿板桁架上下弦杆、悬臂端、节点等各部的变形需作验算，其几何尺寸取值按图5-34所示，且应符合表5-8的规定。

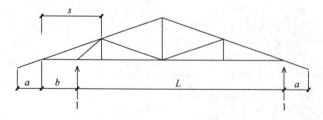

图 5-34　桁架几何尺寸取值示意图

1—支座；s—上、下弦节间尺寸；a—上、下弦杆件悬挑段尺寸；

b—桁架悬臂段尺寸；L—桁架跨度

轻型木桁架变形限值表　　　　　　　　　　　　表 5-8

变 形 部 位			用途	
			屋盖	楼盖
允许挠度 $[\omega]$	上弦节间		$s/180$	$s/180$
	下弦节间		$s/360$	$s/360$
	悬臂段 b		$b/120$	$b/120$
	悬臂段 a		$a/120$	不适用
	下弦最大挠度		$L/180$	$L/180$
			$L/360$ （按恒载时）	$L/360$ （按恒载时）
	桁架下有吊顶时， 节点或节间 最大挠度	灰泥或石膏板吊顶	$L/360$ （按活载时）	$L/360$ （按活载时）
		其他吊顶	$L/240$ （按活载时）	$L/360$ （按活载时）
		无吊顶	$L/240$ （按活载时）	$L/360$ （按活载时）
水平变形限值 （mm）	铰支座处		25	

注：上、下弦节间变形是指相对于节端的局部变形，s 取所计算变形处的节间几何尺寸。

【**例 5-2**】试设计验算图 5-35 所示的齿板桁架。已知屋面恒荷载标准值为 0.80N/m^2，雪荷载基准值为 $S_0 = 0.5\text{kN/m}^2$。桁架间距为 0.6m，上弦杆铺钉木基结构板材后作防水。拟采用南方松进口规格材（截面尺寸按我国标准）。屋面为不上人屋面，其活荷载标准值 $Q_k = 0.5\text{N/mm}^2$。桁架处于正常使用环境，其中齿板采用 SK-20，齿板主轴平行于下弦，其基本强度指标如下。

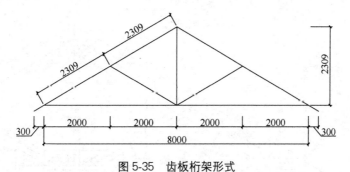

图 5-35　齿板桁架形式

板齿强度设计值：

$n_{r,u1} = 1.92\text{N/mm}^2$，$n_{r,u2} = 1.35\text{N/mm}^2$；

$n'_{r,u1} = 1.97\text{ N/mm}^2$，$n'_{r,u2} = 1.35\text{N/mm}^2$；

$n_{s,u1} = 2.03\text{N/mm}^2$，$n_{s,u2} = 1.04\text{N/mm}^2$；

$n'_{s,u1} = 1.97\text{N/mm}^2$，$n'_{s,u2} = 1.23\text{N/mm}^2$。

齿板抗拉强度设计值：$t_{r0}=180.11\text{N/mm}^2$，$t_{r90}=136.23\text{N/mm}^2$。

齿板抗剪强度设计值（N/mm）见表5-9。

齿板抗剪强度设计值　　　　　表 5-9

0°	30°	60°	90°	120°	150°
$v_{0°}=85.39$	$v_{30℃}=84.11$	$v_{60℃}=91.7$	$v_{90°}=105.51$	$v_{120℃}=74.97$	$v_{150℃}=88.23$
	$v_{30°T}=115.93$	$v_{60°T}=146.1$		$v_{120°T}=89.18$	$v_{150°T}=114.93$

注：角度后面的符号"T"表示齿板连接为剪-拉复合受力情况；符号"C"表示齿板连接为剪-压复合受力情况；
　　0°与90°表示纯剪情况。

【解】

1）桁架荷载（上弦）：

恒载标准值：$0.8\times0.6=0.480\text{kN/m}$。

恒载设计值：$0.48\times1.3=0.624\text{kN/m}$。

雪荷载标准值：$0.85\times0.5\times0.6\times\cos30°=0.221\text{kN/m}$。

雪荷载设计值：$0.221\times1.5=0.332\text{kN/m}$。

活荷载标准值：$0.5\times0.6\times\cos30°=0.260\text{kN/m}$。

活荷载设计值：$0.26\times1.5=0.390\text{kN/m}$。

桁架自重标准值：$(0.07+0.007\times12)\times0.6\times\cos30°=0.080\text{kN/m}$。

桁架自重设计值：$0.08\times1.3=0.104\text{kN/m}$。

上弦合计荷载标准值：$0.48+0.26+0.08=0.820\text{kN/m}$，其中恒载 0.560kN/m。

荷载设计值：$0.624+0.390+0.104=1.118\text{kN/m}$，其中恒载 0.728kN/m。

2）桁架杆件截面初选及节点构造

根据给定的桁架形式，确定其构造如图5-36所示，由图可见，除支座节点处支反力未能通过上、下弦杆轴线的交点外（向内侧偏离156mm），其余各杆轴线均能交于节点上。

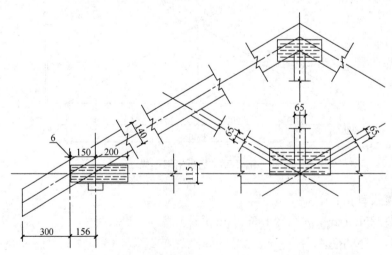

图5-36　桁架构造

根据该桁架的跨度和荷载均不大的情况，上弦杆初选截面规格为 40mm×140mm，Ⅱ$_c$ 等规格材；下弦初选 40mm×115mm，Ⅱ$_c$ 等规格材；腹杆均初选为 40mm×65mm，Ⅱ$_c$ 等规格材。

3）材料强度设计指标

上弦杆截面尺寸为 40mm×140mm，Ⅱ$_c$；由《木结构设计标准》GB 50005—2017 查得设计强度并乘以相应的尺寸调整系数：$f_m=10.6×1.3=13.78N/mm^2$；$f_c=13.4×1.1=14.74N/mm^2$；$E=11000N/mm^2$。

下弦杆截面尺寸为：40mm×115mm，I_c；$f_m=16.2×1.4=22.68N/mm^2$；$f_t=10.2×1.4=14.28N/mm^2$；$f_{c90}=6.50N/mm^2$；$E=12000N/mm^2$。

腹杆截面尺寸为 40mm×65mm，Ⅱ$_c$；$f_c=13.4×1.15=15.41N/mm^2$；$f_t=6.2×1.5=9.30N/mm^2$；$f_m=10.6×1.5=15.90N/mm^2$。

4）内力分析

该桁架除支座端节点反力不通过上、下弦杆轴线交点外，其他节点均无偏心。悬臂段为 156mm，未设楔块和加强杆，故仍可将荷载简化到节点上，可用节点法或截面法求解各杆轴力，并按节间荷载计算上弦杆的弯矩。内力的计算结果列于表 5-10 和表 5-11 中。

桁架内力分析　　　　　表 5-10

荷载形式	杆力系数	恒载（kN）		可变荷载（kN）	
		标准值	设计值	标准值	设计值
	−3.00	−3.88	−5.04	−1.80	−2.70
	−2.00	−2.59	−3.36	−1.20	−1.80
	−2.00	−2.59	−3.36	−1.20	−1.80
	−3.00	−3.88	−5.04	−1.80	−2.70
	−1.00	−1.29	−1.68	−0.60	−0.90
	1.00	+1.29	+1.68	+0.60	+0.90
	1.00	−1.29	−1.68	−0.60	−0.90
	2.60	+3.36	+4.37	+1.56	+2.34
	2.60	+3.36	+4.37	+1.56	+2.34
	−2.00			−1.20	−1.80
	−1.00			−0.60	−0.90
	−1.00			−0.60	−0.90
	−1.00			−0.60	−0.90
	−1.00			−0.60	−0.90
	+0.50			+0.30	+0.45
	+0.00			+0.00	0.00
	+1.73			+1.04	+1.56
	+0.87			+0.52	+0.78

桁架各杆内力 　　　　　　　　　　　　　　　　　表 5-11

杆号形式	正常使用极限状态杆力（kN）		承载力极限状态杆力（kN）	
	全跨恒活荷载	全跨恒荷载和半跨活荷载	全跨恒、活荷载	全跨恒荷载和半跨活荷载
O_1	−5.68	−5.08	−7.74	−6.84
O_2	−3.79	−3.19	−5.16	−4.26
O_3	−3.79	−3.19	−5.16	−4.26
O_4	−5.68	−4.48	−7.74	−5.94
U_1	−1.89	−1.89	−2.58	−2.58
U_2	+1.89	+1.59	+2.58	+2.13
U_3	−1.89	−1.29	−2.58	−1.68
T_1	+4.92	+4.40	+6.71	+5.93
T_2	+4.92	+3.88	+6.71	+5.15

表中上弦恒载节点荷载标准值为 1.293kN，设计值为 1.681kN；活荷载标准值为 0.600kN，设计值为 0.900kN。

5）桁架杆件承载力验算

（1）上弦杆

最不利为 O_1、O_4，轴力 $N=O_1=O_4=7.74$kN。

节间跨中弯矩：$M=\dfrac{1}{8}ql^2=\dfrac{1}{8}\times1.118\cos 30°\times2.309^2=0.645$kN·m。

压弯构件，因无截面缺损，且上弦杆铺钉木基结构板材，可作为平面外支撑，$h/b=3.5<4.0$ 故可仅验算弯矩平面内的稳定承载力。

$$N = A_0\varphi\varphi_{\mathrm{m}}f_{\mathrm{c}}$$

$$i=\frac{140}{\sqrt{12}}=40.41\text{mm},\lambda=\frac{l_0}{i}=\frac{2309\times0.8}{40.41}=45.71$$

$$\lambda_{\mathrm{c}}=C_{\mathrm{c}}\sqrt{\frac{\beta E_{\mathrm{k}}}{f_{\mathrm{ck}}}}=3.68\times\sqrt{\frac{1.03\times6500}{19.4}}=68.36>\lambda$$

$$\varphi=\frac{1}{1+\dfrac{\lambda^2}{b_{\mathrm{c}}}\dfrac{f_{\mathrm{ck}}}{\pi^2\beta E_{\mathrm{k}}}}=\frac{1}{1+\dfrac{45.71^2\times19.4}{2.44\times1.03\times6500\times\pi^2}}=0.80$$

$$k=\frac{Ne_0+M_0}{Wf_{\mathrm{m}}\left(1+\sqrt{\dfrac{N}{Af_{\mathrm{c}}}}\right)}=\frac{0.645\times10^6}{\dfrac{40\times140^2}{6}\times13.78\times\left(1+\sqrt{\dfrac{7.18\times10^3}{40\times140\times14.74}}\right)}=0.277$$

$$k_0=\frac{Ne_0}{Wf_{\mathrm{m}}(1+\sqrt{\dfrac{N}{Af_{\mathrm{c}}}})}=0$$

$$\varphi_{\mathrm{m}}=(1-k)^2(1-k_0)=(1-0.277)^2=0.52$$

$$N=40\times140\times0.8\times0.52\times14.78=34.43\text{kN}>7.74\text{kN}，满足。$$

（2）下弦杆

拉弯构件，轴力设计值 $N=T_1=T_2=6.71$kN。

支座反力未通过上下弦轴线交点，有偏心弯矩 M。

$$R_{\mathrm{A}}=R_{\mathrm{B}}=\frac{1}{2}\times4\times2.309\times1.118=5.16\text{kN}$$

$$M = R_A \cdot C = 5.16 \times (-0.156) = -0.805 \text{kN} \cdot \text{m}$$

$$\frac{N}{A_n f_t} + \frac{M}{W_n f_m} = \frac{6710}{40 \times 115 \times 14.28} + \frac{805000}{\dfrac{40 \times 115^2}{6} \times 22.68} = 0.505 < 1,满足。$$

（3）斜腹杆

U_1、U_3 为压杆，轴力设计值 $N = U_1 = U_3 = -2.58 \text{kN}$，$i = \dfrac{40}{\sqrt{12}} = 11.547$，$\lambda = \dfrac{2309}{11.547} = 200$。

$$\lambda_c = C_c \sqrt{\frac{\beta E_k}{f_{ck}}} = 3.68 \times \sqrt{\frac{1.03 \times 6500}{19.4}} = 68.36 < \lambda$$

$$\varphi = \frac{a_c \pi^2 \beta E_k}{\lambda^2 f_{ck}} = \frac{0.88 \pi^2 \times 1.03 \times 6500}{200^2 \times 19.4} = 0.075$$

$$N_r = A_0 \varphi f_c = 40 \times 65 \times 0.075 \times 15.41 = 3.00 \text{kN} > 2.58 \text{kN},满足。$$

U_2 为拉杆，轴力设计值 $N = U_2 = 2.58 \text{kN}$。

$$N_r = A_n f_t = 40 \times 65 \times 9.3 = 24.18 \text{kN} > 2.58 \text{kN},满足。$$

（4）支座横纹承压

支座垫木宽 90mm，其下弦横纹局部承压的承载能力可按式（5-13）验算。一方面承压面靠近端头，另一方面这里又有较大弯曲应力，故虽然承压面长度小于 150mm，但 K_B 仍应取 1.0，K_{Zcp} 取 1.0。

$$R_r = b l_b K_B K_{Zcp} f_{c,90} = 40 \times 90 \times 6.5 = 23.40 \text{kN} > 5.16 \text{kN}$$

6）变形验算

桁架整体变形（跨中挠度），因矢跨比 0.29＞0.20，故可不验算能否满足要求。上弦杆为压弯构件，本例按受弯构件计算挠度。

$$\omega_0 = \frac{5 q l^4}{384 EI} = \frac{5 \times 0.82 \times \cos 30° \times 2309^4}{384 \times 9700 \times \dfrac{40 \times 140^3}{12}} = 2.96 \text{mm} < \frac{2309}{180} = 12.83 \text{mm},满足。$$

7）节点齿板连接验算

（1）支座节点

齿板节点的布置如图 5-37 所示，齿板长 350mm，宽 100mm，主轴平行于下弦轴线。

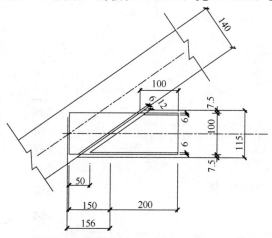

图 5-37　支座节点齿板布置

上弦杆 O_1:

板齿强度:

$$A_0 = \left(50 - \frac{6}{\sin 30°}\right) \times 100 + 0.5 \times 100 \times 200 = 13800 \text{mm}^2$$

$$\alpha = 0°, n_r = 1.92 \text{N/mm}^2, n'_r = 1.97 \text{N/mm}^2$$

$$n_{r\theta} = n_r + \frac{\theta}{90}(n'_r - n_r) = 1.92 + \frac{30}{90} \times (1.97 - 1.92) = 1.937 \text{N/mm}^2$$

$$k_h = 0.85 - 0.05 \times (12 \times \tan 30° - 2.0) = 0.60 \leqslant 0.65$$

$$N_t = n_{r\theta} k_h A_0 = 1.937 \times 0.65 \times 13800 = 17.37 \text{kN} > 7.74 \text{kN}, \text{满足}.$$

抗剪强度:

$$b_v = (100 - 12)/\sin 30° = 176 \text{mm}$$

$$\theta = 30°$$

$$v_{r\theta} = v_{0°} + \frac{\theta}{30}(v_{30°T} - v_{0°}) = 85.39 + (115.93 - 85.39) = 115.93 \text{N/mm}$$

$$V_r = v_{r\theta} b_v = 115.93 \times 176 = 20.40 \text{kN} > 7.74 \text{kN}, \text{满足}.$$

板齿抗滑移:

$$\alpha = 0°, n_s = 2.03 \text{N/mm}^2, n'_s = 1.97 \text{N/mm}^2$$

$$\theta = 30°$$

$$n_{s\theta} = 2.03 + \frac{30}{90} \times (1.97 - 2.03) = 2.01 \text{N/mm}^2$$

$$N_s = n_{s\theta} A_0 = 2.01 \times 13800 = 27.74 \text{kN} > 5.68 \text{kN}, \text{满足}.$$

下弦杆 T_1:

板齿强度:

$$A_0 = 100 \times 350 - 13800 - \left[\frac{100}{\sin 30°} \times 18 + 6 \times \left(200 + 100 - \frac{12}{\sin 30°}\right)\right.$$

$$\left. + 6 \times \left(100 - \frac{12}{\sin 30°}\right)\right] = 15488 \text{mm}^2$$

该节点上弦杆并非将轴力的竖向分力直接传至支座,而是通过下弦端斜面传递,故齿板的作用力也为 O_1 轴力。

$$\alpha = 30°$$

$$n_r = \frac{n_{r,u1} n_{r,u2}}{n_{r,u1} \sin^2\alpha + n_{r,u2} \cos^2\alpha} = \frac{1.92 \times 1.35}{1.92 \times \sin^2 30° + 1.35 \times \cos^2 30°} = 1.74 \text{N/mm}^2$$

$$n'_r = \frac{n'_{r,u1} n'_{r,u2}}{n'_{r,u1} \sin^2\alpha + n'_{r,u2} \cos^2\alpha} = \frac{1.97 \times 1.35}{1.97 \times \sin^2 30° + 1.35 \times \cos^2 30°} = 1.77 \text{N/mm}^2$$

$$\theta = 30°$$

$$n_{r\theta} = n_r + \frac{\theta}{90}(n'_r - n_r) = 1.74 + \frac{30}{90} \times (1.77 - 1.74) = 1.75 \text{N/mm}^2$$

$$N_r = n_{r\theta} k_h A_0 = 1.75 \times 15488 \times 0.65 = 17.62 \text{kN} > 7.74 \text{kN}, \text{满足}.$$

抗剪强度:同与 O_1 杆的连接。

抗滑移:

$$n_s = \frac{n_{s,u1} n_{s,u2}}{n_{s,u1} \sin^2\alpha + n_{s,u2} \cos^2\alpha} = \frac{2.03 \times 1.04}{2.03 \times \sin^2 30° + 1.04 \times \cos^2 30°} = 1.64 \text{N/mm}^2$$

$$n'_s = \frac{n'_{s,u1} n'_{s,u2}}{n'_{s,u1} \sin^2\alpha + n'_{s,u2} \cos^2\alpha} = \frac{1.97 \times 1.23}{1.97 \times \sin^2 30° + 1.23 \times \cos^2 30°} = 1.71\,\text{N/mm}^2$$

$$\theta = 30°$$

$$n_{s\theta} = n_s + \frac{\theta}{90}(n'_s - n_s) = 1.64 + \frac{30}{90} \times (1.71 - 1.64) = 1.66\,\text{N/mm}^2$$

$$N_s = n_{s\theta} A_0 = 1.66 \times 15488 = 25.71\text{kN} > 5.68\text{kN}，满足。$$

节点齿板下的拉杆净截面强度验算：

$$h' = 115 - 7.5 = 107.5\text{mm}$$

$$T_r = 40 \times 107.5 \times 14.28 = 61.40\text{kN} > 6.71\text{kN}，满足。$$

（2）其他节点（略）

本章小结

　　本章较系统地介绍了桁架的定义、分类及适用范围，对木桁架、钢木桁架、齿板桁架的杆件设计方法及节点构造措施进行了概括。本章中的例题较详细地介绍了钢木桁架及齿板桁架的杆件和节点设计验算方法，可供相关设计人员参考。

思考与练习题

　　5-1　木桁架的种类有哪些？

　　5-2　简述钢木桁架、齿板桁架与普通木桁架的区别与联系。

　　5-3　我国常用的钢木桁架有哪些形式？请简要描述各种形式的优缺点。

　　5-4　设计钢木桁架时应满足的主要构造要求及原因（至少列出三点）。

　　5-5　本章［例 5-1］中的三角形豪式钢木桁架拟变更设计要求，将屋面恒载标准值由 0.5kN/m^2 更改为 1.0kN/m^2，使用木材更改为鱼鳞云杉 TC15（B），抗弯 $f_m = 17\text{N/mm}^2$，顺纹抗压及承压 $f_c = 12\text{N/mm}^2$，横纹承压全表面 $f_{c90} = 2.1\text{N/mm}^2$，拉力螺栓垫板下 $f_{c90} = 4.2\text{N/mm}^2$。试对桁架上弦杆 O_1 进行承载力验算，验证其是否满足承载力要求。若不满足，在不更改截面几何尺寸的情况下应做何种改进？（可从构造措施加固、更换材料等方面入手，满足安全、经济等设计原则）

第6章 木结构体系与设计

本章要点及学习目标

本章要点：

（1）传统木结构的体系及连接形式；（2）普通木屋盖的组成，屋架（桁架）结构形式的选择和布置，屋盖结构系统的支撑与锚固；（3）轻型木结构的设计规定及构造要求；（4）重型木结构及一般构造要求；（5）井干式木结构的特点及墙体的构造；（6）其他木结构形式。

学习目标：

了解传统木结构体系及连接形式，熟悉木结构屋盖的组成，掌握屋架（桁架）结构形式的选择和布置，熟悉支撑与锚固的构造，掌握轻型木结构的设计规定及构造要求，熟悉重型木结构、井干式木结构的一般构造要求。

在前面介绍木材性能、构件计算及连接的基础上，本章介绍木结构体系及构造方法。我国《木结构设计标准》GB 50005—2017 按所用木材的种类划分，将承重构件主要以方木或原木为主材的建筑结构称为方木原木结构，又称为普通木结构；用规格材、木基结构板或石膏板制作的木构架墙体、楼板和屋盖系统构成的建筑结构称为轻型木结构；承重构件主要采用胶合木制作的建筑结构称为胶合木结构，也称层板胶合木结构。本章从不同的角度介绍木结构的形式。

6.1 中国古代木结构

6.1.1 传统木结构的结构形式

中国古代木结构大致可分为 4 个主要体系：抬梁式、穿斗式、井干式和干阑式。

1. 抬梁式

抬梁式（也称叠梁式或梁柱式）木结构的建造：先在地面台基上立木柱，接着沿房屋进深方向的木柱上布置横梁，在横梁上布置短柱（瓜柱），短柱上再布置短梁，依此重复布置若干层，最后在最上层的短梁布置脊瓜柱，构成一组木构架。在纵向方向相邻两组木构架之间布置水平联系构件"枋"，形成空间骨架，再在各层梁的端部和脊瓜柱顶布置垂直于构架方向的檩，最后在垂直于檩的方向布置椽，这样就形成完整、稳定的空间木构架（图 6-1）。这种结构方式的特点是可以使建筑物的面阔和进深加大，以满足扩大室内空间的要求，这种布置方式成了大型宫殿、坛庙、寺观、王府、宅第等豪华壮丽建筑物所采取

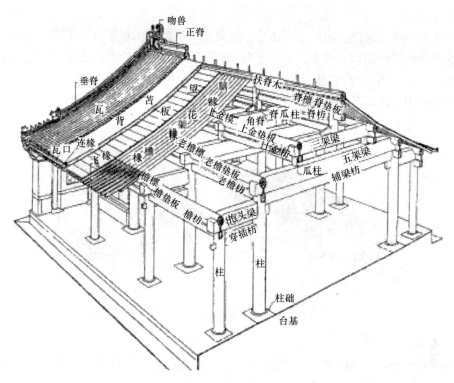

图6-1　抬梁式（梁柱式）木结构（图片来源 https：//image. baidu. com)

的主要结构形式。

2. 穿斗式构架

穿斗式木结构的建造：先沿着进深方向在台基上立柱，沿横向在柱间设置贯穿柱身的枋（简称"穿枋"），形成一组构架，再沿纵向在每组构架间布置斗枋和纤子，纤子联系内柱，在每组构架柱顶沿纵向布置檩条，最后在屋顶坡面沿横向布置垂直于檩的椽子，形成一个完整的空间木构架（图 6-2）。穿斗式木构架的特点是：柱子排列密，室内空间不开阔，采光性不好，但是其整体刚度较大，抗侧性能较好，具有较好的抗震能力，构件截面尺寸小，用材量小，建造简易，适用性广，因此常被作为我国民居建筑的结构形式。

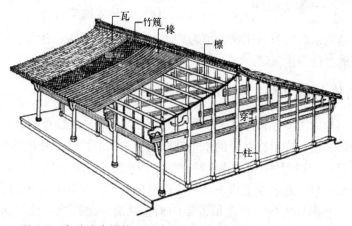

图6-2　穿斗式木结构（图片来源 https：//image. baidu. com)

3. 井干式

井干式木结构的建造：用圆木或矩形、六角形等横断面木料平行向上层层堆叠，构成壁体，壁体既是围护结构又是承结构；木料端部在转角处交叉咬合，由交错的壁体形成井框状的居住空间（图6-3）。"井干"本意指井口的栏木，由此得名。人们将这一形式运用于房屋与陵寝中，汉武帝建造"井干楼"是一个例子，我国史书中对"井干"一词的记录甚多，有"井干叠而百层"等描述。

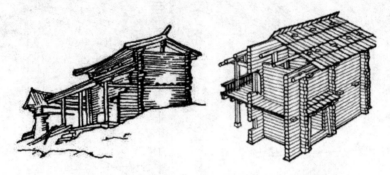

图6-3 井干式木结构示意图（图片来源：《中国传统民居建筑》）

4. 干阑式

干阑（也称干栏、阁栏等）是对底层架空、人居其上的建筑构架形式的统称（图6-4）。《旧唐书·南蛮传》有载："山有毒虫及蛟蛇，人并楼居，登梯而上，号为干阑"。干阑式

图6-4 干阑式木结构

木结构是河姆渡文化早期的主要建筑结构形式，其营建技术大致经历打桩式和挖坑埋柱式先后两个阶段。起初架空层为非生活空间，后来发展为牲畜圈养或储藏空间，有的地区则索性将架空层加高围合取得居住空间，虽在外观上讲已接近地面建筑，但结构形式确属干阑。干阑式有利于通风散热、避免飞禽走兽的攻击，还有防洪的效果，非常适合在热带及亚热带地区。这种木构架时曾经一度遍及我国南方

各地区，当时百越族系民居习惯用该类结构方式，如今，除云南、桂北、湘西、黔东南等地以外，在很多地方已经消失。

6.1.2 中国古代木结构的主要连接形式

中国古代木结构的主要连接形式为榫卯连接（图6-5a）。在柱顶、额枋和檐檩间或构架间，从枋上加的一层层探出成弓形的承重结构叫拱，拱与拱之间垫的方形木块叫斗，合称斗拱图（图6-5b）。斗拱是中国木建筑特有的结构构件，它将屋顶的大面积荷载传递到柱上，再由柱传到基础，起着承上启下、传递荷载的作用。斗拱有一定的装饰作用，是屋顶和屋身的过渡；它向外出挑，可把最外层的桁檩挑出一定距离，使建筑物出檐更加深远，造型更加优美、壮观；它还是封建社会森严的等级制度的象征和重要的建筑尺度衡量

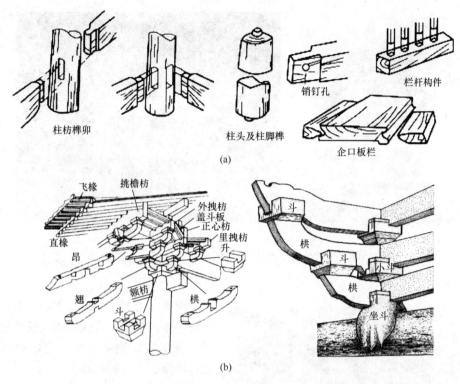

图 6-5 古代木结构连接方式（图片来源：《中国传统民居建筑》）

(a) 传统的榫卯连接；(b) 斗拱示意图

标准。斗拱一般使用在高级官式建筑中，称为大式建筑。历代建筑对它十分重视，使斗拱成为判断建筑时代的重要标志之一。

6.1.3 中国古代木结构范例简介

1. 应县木塔简介

应县木塔（全称佛宫寺释迦塔，见图 6-6）位于山西省朔州市应县城西北佛宫寺内，建于辽清宁二年（宋至和三年，公元 1056 年），金明昌六年（南宋庆元一年，公元 1195年）增修完毕；与意大利比萨斜塔、巴黎埃菲尔铁塔并称"世界三大奇塔"。塔高 67.31米，底层直径 30.27 米，呈平面八角形。全塔耗材红松木料 3000 立方米，2600 多吨，纯木结构，无钉无铆。应县木塔的设计，广泛采用斗拱结构，全塔共用斗拱 54 种，每个斗拱都有一定的组合形式，设计科学严密，构造完美，巧夺天工，是一座既有民族风格、民族特点，又符合宗教要求的建筑；在我国古代建筑艺术中达到了最高水平。

2. 恒山悬空寺

悬空寺（图 6-7）建成于北魏太和十五年（公元 491 年），是国内现存最早、保存最完好的高空木构摩崖建筑，也是中国仅存的佛、道、儒三教合一的独特寺庙。悬空寺呈"一院两楼"式布局，总长约 32 米，楼阁殿宇 40 间，最高处距地面约 50 米。该寺以半插横梁为基础，借助岩石的托扶，回廊栏杆、上下梁柱左右紧密相连，形成了一个木质框架式结构。南楼内高三层，长约 8 米，宽约 4 米。北楼高三层，长约 7 米，宽约 4 米。长线桥

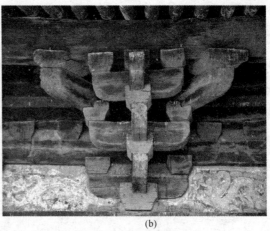

(a)　　　　　　　　　　　　　(b)

图 6-6　应县木塔（图片来源 https：//image. baidu. com）

(a) 外貌；(b) 单个斗拱

图 6-7　恒山悬空寺

（图片来源 https：//image. baidu. com）

位于南楼和北楼之间，长约 10 米，桥上建楼，楼内建殿，殿内供佛。长线桥将佛庙、楼宇等景观结合在一起，形成了奇幻、奇险、奇巧的景观。

3. 五台县佛光寺大殿

佛光寺大殿（又称佛光寺东大殿，见图 6-8）建于唐大中十一年（公元 857 年）。大殿坐东朝西，最东的高地高出前部地面约十二三米，为单檐庑殿顶，面阔七间，共 34 米；进深四间，共 17.66 米，总面积 677 平方米。大殿的平面由檐柱一周及内柱一周合成，分为内外两槽。外槽檐柱与内柱当中，深一间，好像一圈回廊；内槽深两间、广五间的面积内无立柱，内槽大梁是前内柱间的联系构件。所有檐柱当中，角柱最高，越靠近中间高度越低，具有明显的柱头升起，但没有侧脚。柱高与开间的比例略呈

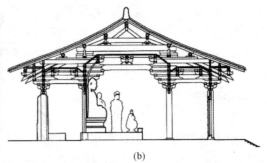

(a)　　　　　　　　　　　　　(b)

图 6-8　五台县佛光寺大殿（图片来源 https：//image. baidu. com）

(a) 大殿外景；(b) 大殿横剖面示意图

方形，斗拱高度约为柱高的 1/2。大殿构架由柱网、铺作层和屋顶梁架三部分叠加而成，是现存中国古建筑中斗拱挑出层数最多、距离最远的一个实例，也是我国集唐代建筑、彩塑、壁画、题记、经幢于一殿的孤例。佛光寺大殿在脊檩下仅用叉手，是现存古建筑使用这种做法的孤例。

4. 明长陵祾恩殿

祾恩殿建成于成祖永乐十三年（公元 1415 年），仿明代皇宫金銮殿（明代又称奉天殿、皇极殿）修建，面阔 9 间（66.56 米），进深 5 间（29.12 米），柱网总面积达 1938 平方米，是国内罕见的大型殿宇之一，见图 6-9。殿顶为古建中等级最高的重檐庑殿式，覆以黄色琉璃瓦饰。正脊至台基地面高 26.1 米。上檐饰重翘重昂九踩斗拱，下檐饰单翘重昂七踩鎏金斗拱。六排柱前后廊式的柱网排列方式规整大方。殿内"金砖"铺地，殿下有 3 层汉白玉石栏杆围绕的须弥座式台基和一层小台基，总高 3.215 米。台基前出三层月台。每层月台前各设三出踏跺，古称"三出陛"。其中，中间一出踏跺的御路石雕由上、中、下三块组成：最下面的一块与祾恩门图案相同，上面的两块分别雕刻二龙戏珠图案。台基上三层汉白玉石栏杆形制也与祾恩门相同。此外，月台两侧还设有祭陵时供执事人员上下的旁出踏跺。台基之后也设有三出踏跺，其形制同月台前踏跺。

图 6-9　明长陵祾恩殿（图片来源 https：//image. baidu. com）

此殿用材考究，梁、柱、枋、檩、鎏金斗拱等大小木构件，均为名贵的优质楠木加工而成。各构件在殿内部分（除天花外）无油漆彩画，显得质朴无华。支撑殿宇的 60 根楠木大柱，用材粗壮，是世上不可多得的奇材佳木。特别是矗立殿内的 32 根重檐金柱，高 12.58 米，直径均在一米上下。这样宏伟而历时五百余年仍安固如初的楠木建筑，为自古罕见。

6.2　木屋盖

6.2.1　普通木屋盖的组成

普通木屋盖由屋面、木屋架（桁架）、支撑、天窗架、吊顶等组成。

1. 屋面

屋面由防水材料和屋面木基层组成。木屋盖的防水材料多为瓦材，随着科技的发展，彩钢压型板、多彩沥青油毡瓦逐渐得到推广采用。屋面木基层由挂瓦条、屋面板、椽条和檩条等屋面构件组成。在无吊顶的保温屋盖中，保温层设置在屋面内。屋面木基层构件除了把屋面荷载传递至屋盖承重结构外，还对提高屋盖的空间刚度和保证屋盖的空间稳定发挥重要的作用。图6-10为几种常用的屋面构造形式。

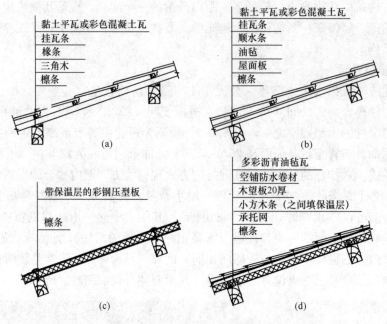

图 6-10　屋面构造形式

(a) 瓦材无基层板屋面；(b) 瓦材有基层板屋面；(c) 带保温彩钢压型板屋面；(d) 多彩沥青油毡瓦屋面

2. 木屋架（桁架）

木屋架（桁架）是普通木屋盖系统中主要的承重构件，已在前面桁架设计相关章节中作了介绍，本章不再赘述。

3. 支撑

为防止桁架的侧倾，保证受压弦杆的侧向稳定，承担和传递纵向水平力，应采取有效措施保证结构在施工和使用期间的空间稳定。屋盖中的支撑，应根据结构的形式和跨度、屋面构造及荷载等情况选用上弦横向支撑或垂直支撑。但当房屋跨度较大或有锻锤、吊车等振动影响时，除应选用上弦横向支撑外，尚应加设垂直支撑。

4. 天窗

在工业厂房屋面上，为满足厂房天然采光和自然通风的要求，常设置天窗。天窗包括单面天窗和双面天窗。当设置双面天窗时，天窗的跨度一般不应大于桁架跨度的1/3，并应将天窗的边柱支承在桁架上弦节点处。常用的三角形桁架的天窗架一般有两种形式，如图6-11所示。

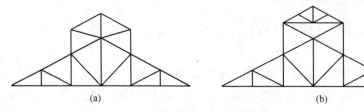

图 6-11　天窗架两种形式

(a) 三立柱天窗；(b) 两立柱天窗

5. 吊顶

吊顶具有隔声、隔热和美观的功能，木结构房屋的吊顶一般悬吊在桁架下弦的节点上。木屋盖吊顶是由吊顶罩面板、吊顶搁栅、吊顶大梁等构件组成。

6.2.2 桁架结构形式的选择和布置

屋盖承重结构分为原木或方木结构和胶合木结构两类，根据杆件体系可分为桁架、拱和框架三类。屋架一般为平面桁架，它承受作用于屋盖结构平面内的荷载，并把这些荷载传递至下部结构。

1. 桁架的间距

对于木檩条桁架的间距以 3m 左右为宜，最大不宜超过 4m。采用钢木檩条或胶合木檩条时，桁架间距不宜大于 6m。对于柱距为 6m 的工业厂房，则应在柱顶设置钢筋混凝土托架梁，将桁架按 3m 间距布置。

2. 桁架布置的结构方案

在多跨房屋的木屋盖中应尽量不做天沟和天窗，以避免木屋盖腐朽；在多跨房屋中，如不得不采用天沟时，严禁采用木制天沟，必须采用钢筋混凝土天沟，并从构造上采取措施，以保证桁架的支座节点通风良好。

当房屋内部有纵向承重墙或柱时，应把墙或柱当作支点加以利用，以减小桁架跨度。设计时当房屋内部有一道纵向承重墙或柱，应以两榀静定的单坡桁架为基本体系，使两榀静定的单坡桁架相互错开放置，如图 6-12（a）所示，并用螺栓将两榀桁架的立柱系紧；当房屋内部有两道纵向承重墙或柱，四支点桁架中的两榀单坡桁架应放置在同一垂直平面内，而在中部两根立柱上放置一个小三角架，如图 6-12（b）所示。图中除两榀静定的单坡桁架外，粗虚线所示者为不受轴向力作用的斜梁。

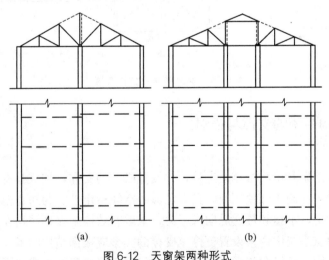

(a)   (b)

图 6-12　天窗架两种形式

（a）内部有一道纵墙或柱；（b）内部有两道纵墙或柱

当采用四坡屋顶的结构方案时，桁架的布置有两种结构布置方案。第一种方案（图 6-13a）是当第一榀桁架距山墙的距离小于其他桁架间距时，在转角处设置与脊线对称的两榀单坡桁架 1，并在山墙中央处设置另一榀单坡桁架 2；第二种方案（图 6-13b）是当第一榀桁架距山墙的距离大于其他桁架间距时，在桁架与端墙之间设置一榀梯形桁架 4，并在转角处斜置两榀三角架 3，以减小折角处斜梁的跨度。此外，尚应在梯形桁架中部视跨度的大小，设置纵向的斜梁或单坡桁架 2，把它支承在山墙与梯形桁架上。

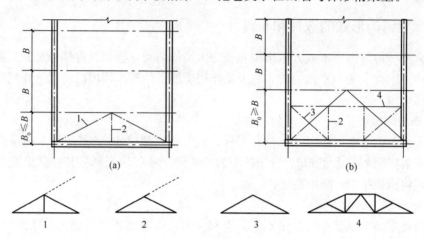

图6-13　四坡屋顶的结构布置

当采用歇山屋顶时，第一开间跨度中部纵向布置的斜梁图（图 6.14a、b）可搁置在第一榀三角形桁架中部附加的木夹板上（图 6.14c），而转角处的斜梁，则用钢板与三角形桁架的上弦连接。

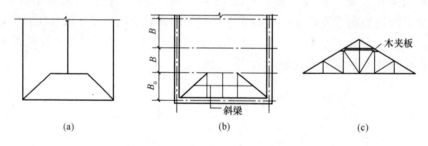

图6-14　歇山屋顶的结构布置

6.2.3　屋盖结构系统的支撑与锚固

1. 支撑

将屋面系统与桁架和山墙可靠地连接，并设置必要的支撑，构成具有一定刚度的空间体系，才能保证屋盖在施工和使用期间具有足够的空间稳定性。为防止桁架的侧倾，保证受压弦杆的侧向稳定，承担和传递纵向水平力，采取有效措施保证结构在施工和使用期间的空间稳定，在屋盖系统中通常设置支撑。支撑的类型应根据结构的形式和跨度、屋面构造及荷载等情况选用上弦横向支撑或垂直支撑。但当房屋跨度较大或有锻锤、吊车等振动影响时，除应选用上弦横向支撑外，尚应加设垂直支撑。

1）上弦横向支撑

上弦横向支撑是以相邻桁架的上弦为弦杆，与上弦锚固的檩条为竖杆，另加斜杆而构成的上弦平面的水平桁架（指展开以后）。当采用木斜杆与上弦用螺栓连接时，斜杆可单向布置（图6-15）；若采用圆钢斜杆，则必须交叉布置，并应加设拧紧装置。所以上弦横向支撑构成了在桁架上弦平面内的新桁架，是一个几何不变体系，不能理解为另加的斜杆。

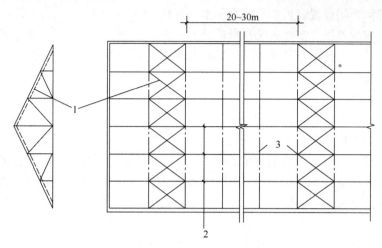

图 6-15　上弦横向支撑
1—上弦横向支撑；2—参加支撑工作的檩条；3—桁架

上弦横向支撑应符合下列规定：①若设置上弦横向支撑时，房屋端部为山墙，则应在房屋端部第二开间内设置上弦横向支撑；②若房屋端部为轻型挡风板，则在第一开间内设置上弦横向支撑；③若房屋纵向很长，对于冷摊瓦屋面或大跨度房屋尚应沿纵向每隔20～30m设置一道；④上弦横向支撑的斜杆如选用圆钢，应设有调整松紧的装置。

2）垂直支撑

垂直支撑是在相邻的两榀桁架的上、下弦之间设置交叉支撑（图6-16a）或人字形支撑（图6-16b），并在下弦平面加设纵向水平系杆，用螺栓连接，与上弦锚固的檩条构成一个不变的竖向的桁架体系。

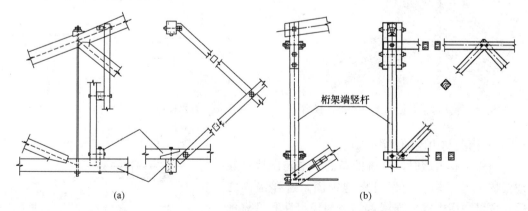

图 6-16　垂直支撑
（a）交叉支撑；（b）人字形支撑

垂直支撑应符合下列规定：①在跨度方向可根据屋架跨度大小设置一道或两道；②除设有吊车的结构外，可仅在房屋两端第一开间（无山墙时）或第二开间（有山墙时）设置，但应在其他开间设置通长的水平系杆并在垂直支撑的下端设置通长的纵向水平系杆；

③设有吊车的结构应沿房屋的纵向间隔设置，并在垂直支撑的下端设置通长的纵向水平系杆；④对上弦设置横向支撑的屋盖，当加设垂直支撑时，可仅在有上弦横向支撑的开间设置，但应在其他开间设置通长的下弦纵向水平系杆。

下列部位应设置垂直支撑：①梯形桁架的支座竖杆处；②下弦低于支座的下沉式屋架的折点处；③设有悬挂吊车的吊轨处；④在杆系拱、框架及类似结构的受压部位节点处；⑤大跨度梁的支座处。

3）天窗的支撑

当桁架上设有天窗时，天窗架可视为以桁架为其支承的上部结构。一般天窗本身的跨度不大，可不必设置天窗架的上弦横向支撑。但天窗架上弦各节点处的檩条均须锚固。天窗架两端的立柱，除在柱顶设置通长的水平系杆外，尚应在房屋两端及沿房屋纵向每隔20~30m设置柱间支撑。在天窗范围内沿主桁架的脊节点和支撑节点应设通长的纵向水平系杆，并应与桁架上弦锚固。

2. 锚固

为加强木结构的整体性，保证支撑系统的正常工作，设计时应采取必要的锚固措施。

1）檩条与桁架的锚固

檩条是桁架间及桁架与山墙间联系的杆件，只有当桁架上弦节点檩条及用作支撑系统杆件的檩条与桁架可靠锚固后，才能有效地传递纵向水平荷载，保持山墙与桁架同步运动，防止相互错动。锚固的方法有多种，如采用螺栓、卡板或其他可靠的连接物均可（图6-17、图6-18）。但在轻型屋面或在开敞式建筑中，必须采用螺栓锚固。

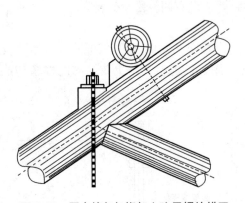

图6-17　原木檩条与桁架上弦用螺栓锚固

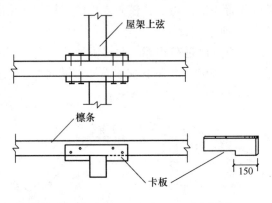

图6-18　方木檩条与桁架上弦用卡板锚固

2）檩条与山墙的锚固

当房屋有山墙时，应将檩条的一端与山墙可靠地锚固，另一端与桁架可靠地锚固。这样锚固之后，可以利用山墙加强屋盖的空间稳定性和可靠地传递山墙传来的纵向风力。图6-19为锚固方法示例。

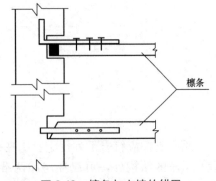

图6-19　檩条与山墙的锚固

6.3 轻型木结构

6.3.1 概述

轻型木结构是指主要由木构架墙、木楼盖和木屋盖系统构成的结构体系，该体系主要是由规格材和木基结构板钉合，承担并传递作用于结构上的各类荷载。

轻型木结构有平台式和连续墙骨柱式两种基本结构形式，如图 6-20 所示。平台式轻型木结构由于结构简单和容易建造而被广泛使用。平台式结构是先建造一个楼盖平台，在该平台上施工上层墙体中的木构架。木构架也可在其他地方先拼装好，再运到施工现场就位然后在该墙体顶上再建造上层楼盖。

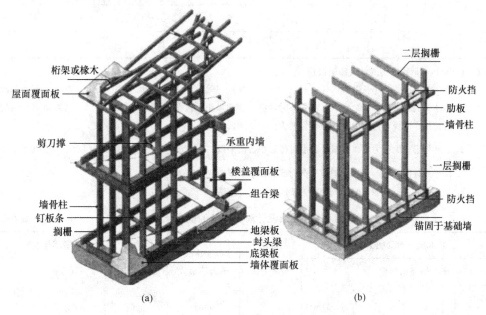

图 6-20 两种结构形式

(a) 平台式骨架建筑；(b) 连续墙骨柱式骨架建筑

在平台式轻型木结构中，墙体中的木构架由顶梁板（双层或单层）、墙骨柱与底梁板组成。木构架可为墙面板与内装饰板提供支撑。同时，也可作为挡火构件以阻止火焰在墙体中的蔓延。连续墙骨柱式结构因其施工不方便，现在已很少采用，本节仅介绍平台式轻型木结构。

6.3.2 设计规定

轻型木结构建筑应进行结构设计，但对于 3 层及 3 层以下的轻型木结构，当满足下述条件时，可以根据《木结构设计标准》GB 50005—2017 中的要求按构造设计：

(1) 建筑物每层面积不超过 600m² 以及层高不超过 3.6m。

(2) 楼面活荷载标准值不大于 2.5kN/m²，屋面活荷载标准值不大于 0.5kN/m²。

(3) 建筑物屋面坡度不小于 1∶12，也不应大于 1∶1，纵墙上的檐口悬挑长度不大于

1.2m；山墙上的檐口悬挑长度不大于0.4m。

（4）承重构件的净跨距不大于12.0m。

（5）不同抗震设防烈度下，木构架剪力墙的最小长度符合表6-1的要求；不同风荷载作用时，木构架剪力墙的最小长度符合表6-2的要求。

按抗震构造要求设计时剪力墙的最小长度（m）　　表6-1

抗震设防烈度		最大允许层数	木基结构板材剪力墙最大间距（m）	剪力墙的最小长度		
				单层、二层或三层的顶层	二层的底层或三层的二层	三层的底层
6度	—	3	10.6	0.02A	0.03A	0.04A
7度	0.10g	3	10.6	0.05A	0.09A	0.14A
	0.15g	3	7.6	0.08A	0.15A	0.23A
8度	0.20g	2	7.6	0.10A	0.20A	—

注：1. 表中A指建筑物的最大楼层面积（m²）。

　　2. 表中剪力墙的最小长度以墙体一侧采用9.5mm厚木基结构板材作面板、150mm钉距的剪力墙为基础。当墙体两侧均采用木基结构板材作面板时，剪力墙的最小长度为表中规定长度的50%。当墙体两侧均采用石膏板作面板时，剪力墙的最小长度为表中规定长度的200%。

　　3. 对其他形式的剪力墙，其最小长度可按表中数值乘以$\dfrac{3.5}{f_{vt}}$确定，f_{vt}为其他形式剪力墙抗剪强度设计值。

　　4. 位于基顶面和底面之间的架空层剪力墙的最小长度应与底层规定相同。

　　5. 当楼面有混凝土面层时，表中剪力墙的最小长度应增加20%。

按抗风构造要求设计时剪力墙的最小长度（m）　　表6-2

基本风压（kN/m²）				最大允许层数	木基结构板材剪力墙最大间距（m）	剪力墙的最小长度		
地面粗糙度						单层、二层或三层的顶层	二层的底层或三层的二层	三层的底层
A	B	C	D					
—	0.30	0.40	0.50	3	10.6	0.34L	0.68L	1.03L
—	0.35	0.50	0.60	3	10.6	0.40L	0.80L	1.20L
0.35	0.45	0.60	0.70	3	7.6	0.51L	1.03L	1.54L
0.40	0.55	0.75	0.80	2	7.6	0.62L	1.25L	

注：1. 表中L指垂直于该剪力墙方向的建筑物长度（m）。

　　2. 表中剪力墙的最小长度以墙体一侧采用9.5mm厚木基结构板材作面板、150mm钉距的剪力墙为基础。当墙体两侧均采用木基结构板材作面板时，剪力墙的最小长度为表中规定长度的50%。当墙体两侧均采用石膏板作面板时，剪力墙的最小长度为表中规定长度的200%。

　　3. 对其他形式的剪力墙，其最小长度可按表中数值乘以$\dfrac{3.5}{f_{vt}}$确定，f_{vt}为其他形式剪力墙抗剪强度设计值。

　　4. 位于基础顶面和底面之间的架空层剪力墙的最小长度应与底层规定相同。

（6）木构架剪力墙的设置应符合下列规定（图6-21）：

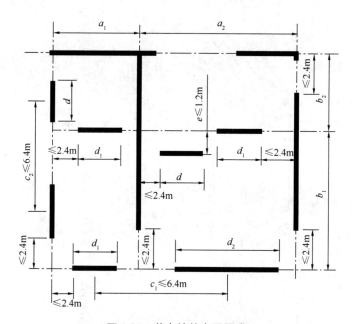

图 6-21 剪力墙的布置要求

a_1、a_2—横向承重墙之间的距离；b_1、b_2—纵向承重墙之间的距离；

c_1、c_2—承重墙段之间的距离；d_1、d_2—承重墙墙肢长度；

e—墙肢错位距离

① 单个墙段的墙肢长度不小于 0.6m，墙段的高宽比不大于 4：1；

② 同一轴线上各墙段的中心距不大于 6.4m；

③ 墙端到与其垂直方向相邻墙段轴线的距离不大于 2.4m；

④ 同一轴线上各墙段的错开距离不大于 1.2m。

6.3.3 构造要求

轻型木结构中规格材按中心间距不大于 610mm 要求并通过钢板及螺栓、钉、销等将其连系起来。结构的承载力、刚度和整体性是通过主要结构构件（骨架构件）和次要结构构件（墙面板、楼面板、屋面板）共同作用得到的。平台式轻型木结构的基本构造见图 6-22。

1. 墙体骨架

墙体骨架由墙骨柱、顶梁板、底梁板以及承受开孔洞口上部荷载的过梁组成。

1) 墙骨柱

墙骨柱通常由 40mm×90mm 或 40mm×140mm 的规格材组成。承重墙的墙骨柱目测等级应不小于 V_c，非承重墙的墙骨柱可用任何目测等级的规格材制作。墙骨柱间距不应超过 610mm。墙骨柱的尺寸应通过计算来确定，转角处或交接处的墙骨柱不少于 3 根，如图 6-23 所示。

当梁搁置在墙骨柱顶上时，梁的正下方应有用墙骨柱组成的组合柱，且该组合柱应根据所受荷载来设计（图 6-24）。若梁降至墙中即顶梁板以下时，墙骨柱可按图 6-24（b）所示制作。

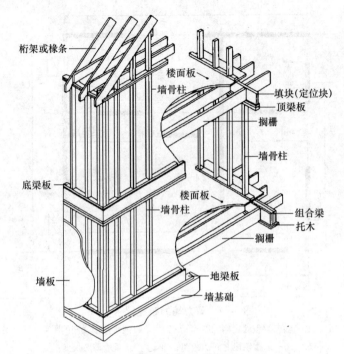

图 6-22 轻型木结构的基本构造示意

桁架或椽条
楼面板
墙骨柱
填块（定位块）
顶梁板
搁栅
墙骨柱
底梁板
楼面板
墙骨柱
组合梁
托木
搁栅
墙板
地梁板
墙基础

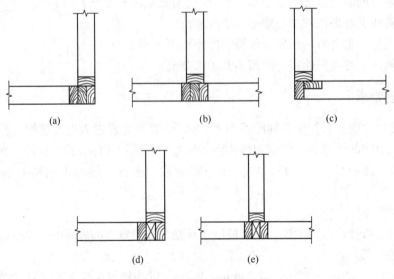

(a)　(b)　(c)

(d)　(e)

图 6-23 墙骨柱的加强示意

2）顶梁板与底梁板

墙体底部应有底梁板或地梁板，顶部应有顶梁板，顶梁板与底梁板的规格材尺寸与等级通常和墙骨柱的规格材尺寸与等级相同。考虑搁栅或桁架和墙骨柱可能对中不准，在承重墙中通常应用双层顶梁板，在隔墙中可采用单层顶梁板。所有承重墙和非承重墙都采用单层底梁板。

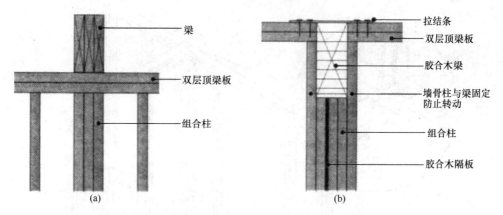

图 6-24　墙骨架中的组合柱

(a) 支承在墙顶的梁；(b) 低于顶梁板的梁

　　底梁板或地梁板凸出支座部分不应超过板宽的 1/3（图 6-25）。在承重墙中，双层顶梁板的接头应错开至少一个墙骨柱间距（图 6-26）。在墙体相交与转角处的顶梁板应搭接和钉接。

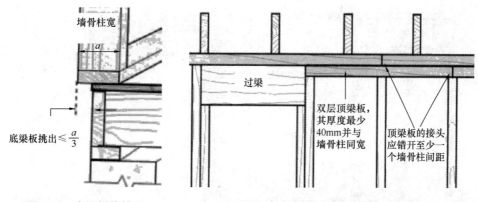

图 6-25　底梁板的挑出　　　　　图 6-26　顶梁板或底梁板的构造要求

　　墙骨柱与墙体顶梁板及底梁板采用 4 枚 60mm 长或 2 枚 80mm 长钉子斜向钉连接或垂直钉连接，图 6-27 是双层顶梁板与墙骨柱的连接示意图。

　　3）墙体开孔处的骨架

　　承重墙中开孔尺寸大于墙骨柱间距时，应在洞顶加设经过计算的过梁。开孔两侧至少应采用双根墙骨柱。内侧墙骨柱长度为底梁板至过梁，外侧墙骨柱长度为底梁板至顶梁板，见图 6-28。对于承重墙，当开孔宽度小于墙骨柱间距并位于相邻墙骨柱间时，开孔两侧可采用单根墙骨柱；对于非承重内墙，也可采用单根墙骨柱且不设过梁，见图 6-29。

　　4）墙面板

　　外墙的外侧面板应采用木基结构板材，外墙的内侧面板和内墙面板可采用石膏墙板。当墙面板采用木基结构板作面板，且最大墙骨柱间距为 410mm 时，最小墙面板厚度为 9mm；当最大墙骨柱间距为 610mm 时，最小墙面板厚度为 11mm。当墙面板采用石膏板作面板，且最大墙骨柱间距为 410mm 时，最小墙面板厚度为 9mm；当最大墙骨柱间距为

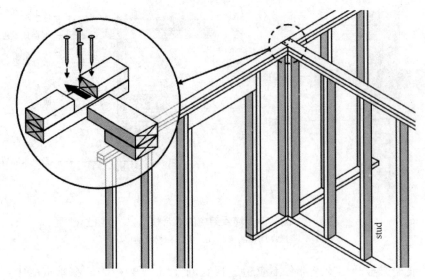

图 6-27　双层顶梁板与墙骨柱的连接示意图

（图片资料来源：http：//images. suite101. com/2704474 _ com _ 0368. jpg）

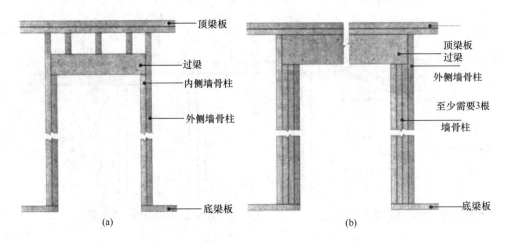

图 6-28　开孔洞口上的过梁支承构造示意图

（a）小开孔；（b）大开孔

610mm 时，最小墙面板厚度为 12mm。相邻面板之间的接缝应位于骨架构件上，面板可以竖向或水平方向布置，面板在安装时应留有 3mm 的缝隙。面板尺寸不应小于 1.2m×2.4m，在靠近面板交界、开孔以及骨架发生变化处允许采用宽度不小于 300mm 的窄板，但不得多于两块。当墙体两侧均有面板，且每侧面板边缘钉间距小于 150mm 时，墙体两侧面板的接缝应互相错开一个墙骨柱间距，避免在同一根墙骨柱上钉接。当墙骨柱的宽度大于 65mm 时，墙体两侧面板的拼接可在同一根墙骨柱上，但钉应交错布置。

2. 楼盖体系

对于采用地下室基础的轻型木结构，底层的楼盖一般由柱和梁支承，梁可以采用组合梁、胶合木梁、工字钢梁。组合梁一般由规格材组成。轻型木结构体系中，楼盖由间距不大于 610mm 的楼盖搁栅、采用木基结构板材的楼面板和采用木基结构板材或石膏板的顶

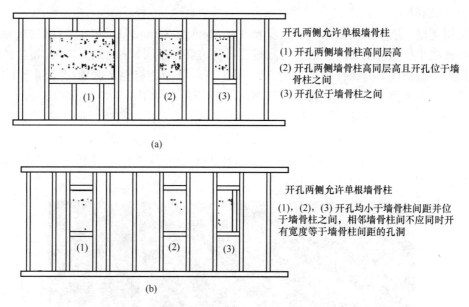

开孔两侧允许单根墙骨柱

(1) 开孔两侧墙骨柱高同层高
(2) 开孔两侧墙骨柱高同层高且开孔位于墙
　　骨柱之间
(3) 开孔位于墙骨柱之间

开孔两侧允许单根墙骨柱

(1)，(2)，(3) 开孔均小于墙骨柱间距并位
于墙骨柱之间，相邻墙骨柱间不应同时开
有宽度等于墙骨柱间距的孔洞

图 6-29　开孔洞口上无过梁墙体的墙骨柱构造示意图
（a）非承重内墙；（b）承重墙

棚组成。底层楼盖周边由建筑物的基础墙支承，楼盖跨中由梁或柱支承，图 6-30 是楼盖
布置示意图。

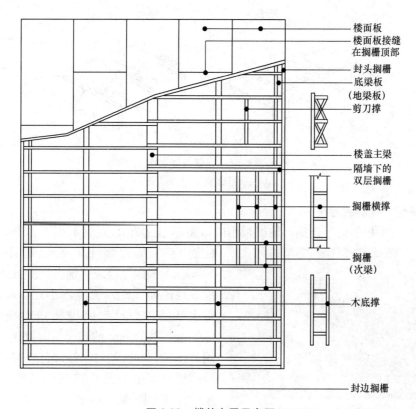

楼面板
楼面板接缝
在搁栅顶部
封头搁栅
底梁板
（地梁板）
剪刀撑

楼盖主梁
隔墙下的
双层搁栅
搁栅横撑

搁栅
（次梁）

木底撑

封边搁栅

图 6-30　楼盖布置示意图

1）木搁栅

常用搁栅一般可采用截面尺寸为 38mm×89mm 或 38mm×235mm 的规格材、预制工字木搁栅或平行弦杆桁架。规格材的搁栅的经济跨度一般从 3.6m 到 4.8m。超过此跨度，可采用工字搁栅或平行弦杆桁架，图 6-31 是平行弦杆桁架格栅。搁栅中每隔 2.1m 应有木底撑、搁栅横撑或剪刀撑，如图 6-32 所示。钉板条尺寸不小于 20mm×65mm，钉连接在楼盖搁栅的底面，两端固定在地梁板或封头搁栅上。若楼盖搁栅的底面有木板条或预制顶棚，可不需要外加钉板条。剪刀撑的截面尺寸应为 20mm×65mm 或 40mm×40mm，交叉钉在搁栅之间。当采用钉板条时，也可用实心的宽度为 40mm 的横撑取代剪刀撑。楼盖搁栅的支承长度不应小于 40mm。

图 6-31　平行弦杆桁架格栅

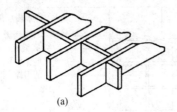
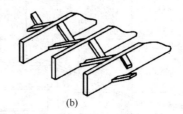

(a)　　　　　　　　　　　　　　　　(b)

图 6-32　搁栅支撑示意
(a) 搁栅横撑；(b) 剪刀撑

2）搁栅与基础的连接

搁栅与地梁板斜向钉连接，地梁板用中心距不超过 2m、直径不小于 12mm 的锚固螺栓固定在基础墙上，螺栓端距为 100～300mm。锚固螺栓或其他类型的抗倾覆螺栓应准确地预埋（埋入长度不小于 300mm）在混凝土基础内。封头搁栅和地梁板用中心距 600mm、长 80mm 的钉子斜向钉连接，和搁栅用 2 枚长 80mm 的钉子端部钉连接。地梁板与锚固螺栓固定如图 6-33 所示，底层楼盖与基础的连接如图 6-34 所示。

图 6-33　地梁板与锚固螺栓固定

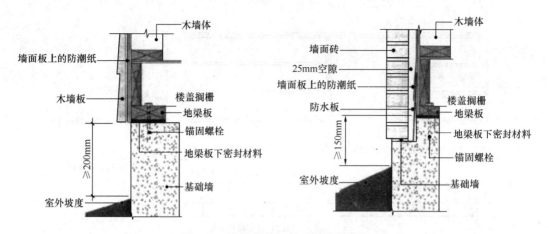

图 6-34　底层楼盖与基础的连接示意

3）搁栅与梁的连接

搁栅可以支承在木梁顶上，也可以用托木或搁栅吊将搁栅安装在梁的侧面，图 6-35 是搁栅与边木梁的几种侧面连接方式，图 6-36 是搁栅与中木梁的几种连接方式。

图 6-35　搁栅与边木梁侧面连接

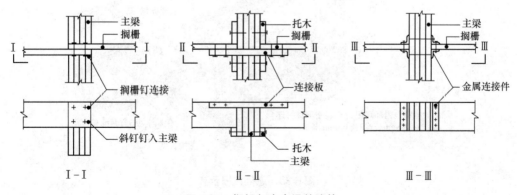

图 6-36　搁栅与中木梁的连接

根据需要楼盖可以开孔洞，如图 6-37 所示。对于开孔周围与搁栅垂直的封头搁栅，当长度 l 大于 1.2m 时，封头搁栅应采用两根；当长度超过 3.2m 时，封头搁栅的尺寸由计算确定。对于开孔周围与搁栅平行的封边搁栅，当封头搁栅的长度超过 800mm 时，封

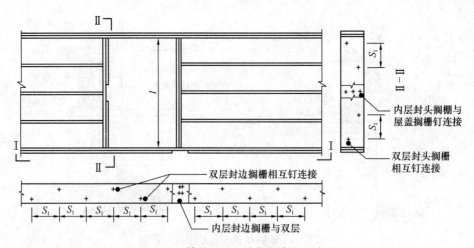

图 6-37　楼盖开孔周边搁栅布置示意图

边搁栅应采用两根；当封头搁栅的长度超过 2.0m 时，封边搁栅的尺寸由计算确定。

4）悬挑搁栅

楼盖可用搁栅局部悬挑出外墙，为上层房间提供更多的使用面积。带悬挑的楼盖搁栅当其截面尺寸为 40mm×185mm 时悬挑长度不应大于 400mm，当其截面为 40mm×235mm 时悬挑长度不应大于 610mm。除经过计算允许，悬挑不应承受其他层传来的楼盖荷载。

当悬挑搁栅与楼盖搁栅中的主搁栅垂直时，室内搁栅长度至少应为悬挑搁栅长度的 6倍，每根带有悬挑的楼盖搁栅应用 5 枚 80mm 长的钉子或 3 枚 100mm 长的钉子与双根封头搁栅连接。双根封头搁栅应用中心距 300mm、长 80mm 的钉子钉接在一起，如图 6-38所示。

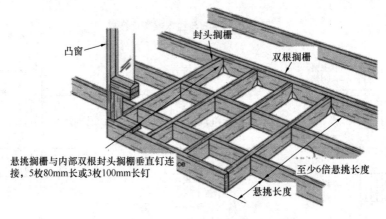

图 6-38　悬挑搁栅示意

5）楼面板

铺设木结构板材时，板材方向应与搁栅垂直。楼面板的尺寸不应小于 1.2m×2.4m，在楼盖边界或开孔处允许使用宽度不小于 300mm 的窄板，但不应多于两块。楼面板接缝应相互错开，楼面板的接缝应连接在同一搁栅上。沿面板边缘应用间距为 150mm、长

50mm 的普通圆钉或麻花钉接，内支座的钉间距为 300mm。楼面板的最小厚度与允许楼面活荷载标准值的对应关系见表 6-3。

楼面板厚度及允许楼面活荷载标准值　　　　　表 6-3

最大搁栅间距（mm）	木基结构板的最小厚度（mm）	
	$Q_k \leqslant 2.5kN/m^2$	$2.5kN/m^2 < Q_k < 5.0kN/m^2$
410	15	15
500	15	18
610	18	22

3. 屋盖骨架

轻型木结构的屋盖，可采用由规格材制作的、间距不大于 610mm 的轻型桁架构成，图 6-39 是由轻型桁架构成的屋架示意图；当跨度较小时，也可直接由屋脊板或屋脊梁、椽条和顶棚搁栅等构成，图 6-40 是由椽条构成的屋架示意图。椽条、棚搁栅在其跨内应连续，若采用连接板，则连接板应位于竖向支座上并有适当的支承。椽条的支承长度不应小于 40mm，屋谷、屋脊处的椽条截面高度应比其他处椽条大 50mm，屋谷、屋脊处的椽条布置如图 6-41。当椽条的跨度超过 2.4m，应在中部加尺寸为 20mm×90mm 的横向支撑，如图 6-42 所示。

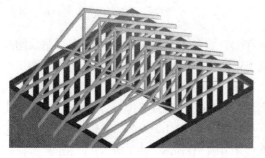

图 6-39　由轻型桁架构成的屋架示意图

图 6-40　由椽条构成的屋架示意图

同楼面板一样屋面板的尺寸也不应小于 1.2m×2.4m，在楼盖边界或开孔处允许使用宽度不小于 300mm 的窄板，但不应多于两块。屋面板的长度方向与椽条或木桁架垂直，宽度方向的接缝与椽条或木桁架平行，并相互错开不少于两根椽条或木桁架的距离。屋面板的接缝应连接在同一根椽条或木桁架上，板与板之间应留有不少于 3mm 的空隙，以使屋面板能够自由伸缩。楼面板的最小厚度与允许楼面活荷载标准值的对应关系见表 6-4。

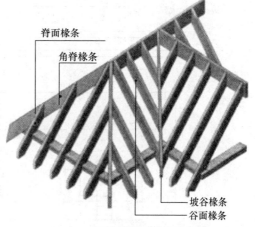

图 6-41　屋脊与屋谷的椽条布置

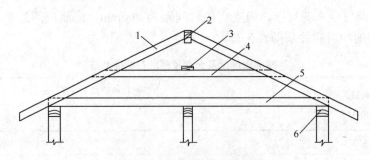

图 6-42 椽条加横向支撑示意

1—椽条；2—屋脊板；3—椽条连杆侧向支撑；4—椽条连杆；5—顶棚格栅；6—顶梁板

屋面板厚度及允许屋面荷载标准值   表 6-4

支承板的间距 （mm）	木基结构板的最小厚度（mm）	
	$G_K \leqslant 0.3kN/m^2$ $S_K \leqslant 2.0kN/m^2$	$0.3kN/m^2 \leqslant G_K \leqslant 1.3kN/m^2$ $S_K \leqslant 2.0kN/m^2$
400	9	11
500	9	11
600	12	12

注：当恒荷载标准值 $G_K>1.3kN/m^2$ 或 $S_K>2.0kN/m^2$，轻型木结构的构件及连接不能按构造设计，而应通过计算进行设计。

4. 梁、柱

轻型木结构中的楼盖梁一般采用规格材拼合梁、胶合木梁或钢梁。用规格材制成的组合梁在支座间应连续，单根规格材的对接应位于梁的支座上。如果是多跨连续梁，则该组合梁中的单根规格材可在距支座 1/4 净跨 150mm 的范围内对接。当组合截面梁采用 40mm 宽的规格材组成时，规格材之间应沿梁高采用等分布置的双排钉连接，钉长不得小于 90mm，钉之间的中心距不得大于 450mm，钉的端距应为 $100\sim150$mm。组合梁的钉连接拼合示意图见图 6-43。组合梁也可以通过直径不小于 12mm、中心距为 1.2m 的螺栓连接，螺栓到规格材端部的距离不超过 600mm。

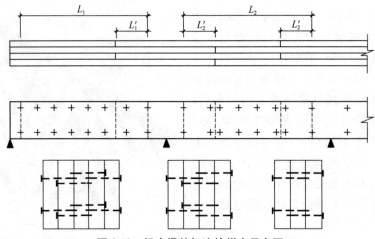

图 6-43 组合梁的钉连接拼合示意图

6.4　重型木结构

重型木结构（图 6-44）又称为梁柱式木结构，以跨距较大的梁、柱为主要传力体系，

无论竖向荷载，还是水平荷载，均由梁柱结构体系承受，并最后传递到基础上。前面介绍中国古代木结构已经讲到，梁柱式是我国传统木结构的主要结构形式。重型木结构建筑适合用于建造宗教、居住、工业、商业、学校、体育、娱乐、车库等建筑中，特别适合建造规模较大、工艺要求较高的建筑，比如宫殿、府衙、豪华宅院等。重型木结构有时也被称作框架或柱式框架结构。

图 6-44　工程案例
（图片来源 https：//image.baidu.com）

重型木结构（图 6-45）常采用实木（原木或方木）、胶合木等材料制作梁、柱、檩条，用木基结构板材作为楼盖与屋盖的覆板。

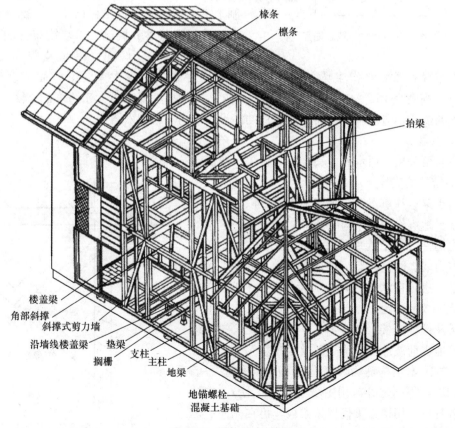

椽条
檩条
抬梁
楼盖梁
角部斜撑
斜撑式剪力墙
沿墙线楼盖梁　垫梁
搁栅　支柱
主柱　地梁
地锚螺栓
混凝土基础

图 6-45　梁柱式木结构

1. 基础

重型木结构可采用独立基础或连续基础。建筑物室内外地坪高差不得小于 300mm，无地下室的底层木楼板必须架空，并应有通风防潮措施。直接安装在基础顶面的地梁应经过防护剂加压处理，用直径不小于 12mm、间距不大于 2.0m 的锚栓与基础锚固。锚栓埋入基础深度不得小于 300mm，每根地梁板两端应各有一根锚栓，端距为 100～300mm，目的是抵抗水平剪力与倾覆力矩。

2. 柱

柱是承受竖向荷载的重要构件，有主受力柱与次受力柱之分。主受力柱沿楼层高度方向连续，可达到 6m×6m 的柱网，是形成大空间的主受力构件。次受力柱又称为支柱，沿内、外墙布置，被楼层阻断。支柱的间距根据定义至少在 600mm 以上，一般在 900mm，规范规定间距超过 600mm 的木结构构件均要进行工程设计。柱的截面尺寸不宜小于 100mm×100mm，且不应小于柱支撑的构件截面宽度。木柱脚应用螺栓及铁件锚固在基础上，如图 6-46 所示。

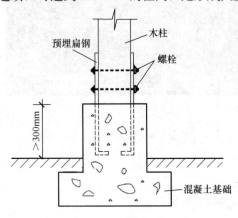

图 6-46　木柱与基础锚固

3. 楼盖

首层架空的木楼盖与轻型木结构类似，承重构件是地梁与搁栅。搁栅可采用规格材、预制工字木搁栅或平行弦杆桁架。上部楼盖的承重构件是楼盖梁和搁栅。沿墙线布置的楼盖梁两端支撑在主受力柱上，中间支撑在支柱上。沿柱网布置的楼盖梁作主梁，为减小搁栅跨度主梁上可设次梁。梁截面宽度通常为 115mm，高度为 150～450mm，并由计算确定。梁的挠度要求不大于跨度的 1/300。楼盖开洞处的搁栅构造及用实木面板做盖板的铺设要求均同轻型木结构。

4. 屋盖

屋盖可采用普通木屋盖和轻型木屋盖，前面已有讲述。

5. 抗侧力支撑

由于梁、柱节点连接刚度不足，难以抵御风荷载及水平地震作用下结构的变形，需设置一定量的抗侧力构件。木结构中采用的抗侧力构件包括支撑、剪力墙、刚性构架。对于木柱承重的空旷房屋和单层厂房，在纵向柱列间应设置纵向柱间支撑，每隔 20～30m 布置一道，纵向柱间支撑系采用交叉木梁及螺栓连接（图 6-47），有抗震要求的按纵向水平地震荷载计算木梁截面及螺栓。

梁柱式木结构剪力墙类似轻型木结构剪力墙（图 6-48），不同之处是用主受力柱（主柱）、支柱代替墙骨柱，用楼盖梁代替顶梁板，可在侧面一侧铺设厚度不小于 7.5mm 的结构胶合板。由于主柱、

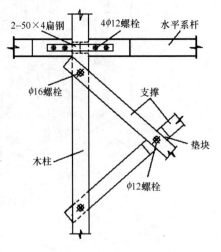

图 6-47　纵向柱列的柱间支撑

支柱间的距离较大，为保证结构胶合板的平面外稳定性，在主柱、支柱间设间柱，胶合板用间距为150mm、长为50mm的圆钉钉牢在木柱上。

在楼层平面内沿墙线梁角设水平支撑，对较空旷的空间可起到加强平面内刚度的作用，如图6-49所示；梁、柱采用传统的卯榫构造连接方式时，在主柱、楼盖梁组成的竖向平面内，设置主柱、楼盖梁角支撑，可加强梁、柱节点的刚度，提高抗侧移能力。

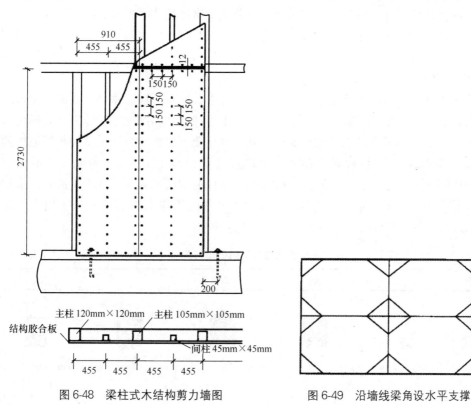

图6-48 梁柱式木结构剪力墙图　　　　　图6-49 沿墙线梁角设水平支撑

6. 连接

传统梁柱式木建筑采用卯榫连接，有时接头处会用木销子，榫卯对构件的损伤大，连接刚度低；当代重型木结构广泛采用金属紧固件来连接构件（图6-50）。

图6-50 地梁与柱用金属连接件的连接（图片来源 https：//image. baidu. com）

6.5　井干式木结构

1. 井干式木结构特点

井干式木结构是我国古代木结构的一种形式，常见的有圆木经简单加工后的井干式房屋和方木制作的井干式房屋。井干式木结构是北欧最常见的住宅形式，在我国森林资源覆盖率较高地区有较广的应用，其具有安全舒适、施工简洁、保温节能等优点，但木材消耗量较大。

2. 墙体构造

井干式木结构房屋的墙体是以适当加工后的方木、原木、胶合木叠积而成，墙体既要承受竖向荷载又要承受风荷载或水平地震作用，上下两根木料间无抗拉能力，必须用木销或钢销串在一起。为了保证墙体的稳定性，其高厚比要严格控制。除山墙外每层墙体的高度不宜大于3.6m，墙体构件矩形截面的宽度尺寸不宜小于70mm，高度尺寸不宜小于95mm，圆形构件的截面直径不宜小于130mm。构件的截面形式可按表6-5选取。木材的含水率应符合下列要求：木结构构件当采用原木制作时不应大于25%；当采用方木制作时不应大于20%；当采用胶合木制作时不应大于18%。

井干式木结构常用截面形式　　　　　　　　　　　　表 6-5

采用材料		截面形式				
方木		$70mm \leqslant b \leqslant 120mm$	$90mm \leqslant b \leqslant 150mm$	$90mm \leqslant b \leqslant 150mm$	$90mm \leqslant b \leqslant 150mm$	$90mm \leqslant b \leqslant 150mm$
胶合原木	一层组合	$95mm \leqslant b \leqslant 150mm$	$70mm \leqslant b \leqslant 150mm$	$95mm \leqslant b \leqslant 150mm$	$150mm \leqslant \phi \leqslant 260mm$	$90mm \leqslant b \leqslant 180mm$
	二层组合	$95mm \leqslant b \leqslant 150mm$	$150mm \leqslant b \leqslant 300mm$	$150mm \leqslant b \leqslant 260mm$	$150mm \leqslant \phi \leqslant 300mm$	—
原木		$130mm \leqslant \phi$	$150mm \leqslant \phi$	—	—	—

注：表中 b 为截面宽度，ϕ 为圆截面直径。

墙体水平构件上下层之间应采用木销或钢螺栓连接,在墙体转角和交叉处,水平构件应采用凹凸榫相互搭接,如图 6-51 所示。木销或钢螺栓连接距离墙体端部不应大于 700mm,同一层的连接点之间的间距不应大于 2.0m。凹凸榫搭接位置距离端部的尺寸不应小于墙体的厚度,并不应小于 150mm。

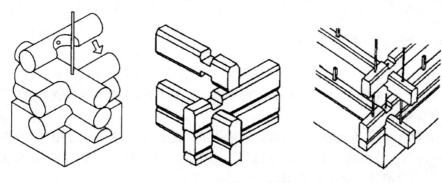

图 6-51 纵横墙相交处的连接

外墙上在凹凸榫相互搭接处的端部,应采用墙体通高并可调节松紧的锚固螺栓进行加固(图 6-52)。在抗震设防烈度等于 6 度的地区,锚固螺栓的直径不小于 12mm;在抗震设防烈度大于 6 度的地区,锚固螺栓的直径不小于 20mm。

井干式木结构每一块墙体宜在墙体长度方向设置通高并可调节松紧的拉结螺栓,拉结螺栓与墙体转角的距离不应大于 800mm,拉结螺栓之间的间距不应大于 2.0m,直径不小于 12mm。井干式木结构的山墙或长度大于 6.0m 的墙体,宜在中间位置设置方木加强件,如图 6-53 所示。方木加强件应在墙体两边对称布置,其截面尺寸不应小于 120mm×120mm。 加强件之间用螺栓连接,螺栓孔采用椭圆孔,允许上下变形。井干式木结构墙

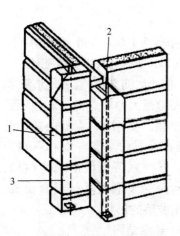

图 6-52 转角结构示意
1—墙体水平构件;
2—凹凸榫;3—通高锚固钢筋

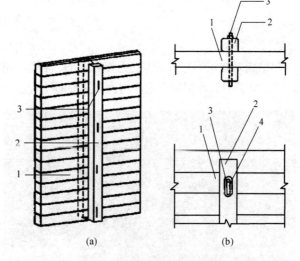

(a)   (b)

图 6-53 墙体方木加强示意
(a)加强件;(b)连接螺栓示意
1—墙体构件;2—方木构件;3—连接螺栓;
4—安装间隙(椭圆形孔)

体底部的垫木宽度不应小于墙体的厚度，垫木应采用直径不小于 12mm、间距不大于 2.0m 锚栓与基础锚固。在抗震设防和需要考虑抗风能力的地区，锚栓的直径和间距应满足承受水平作用的要求。锚栓埋入基础的深度不应小于 300mm，每根垫木两端应各有一根锚栓，端距应为 100～300mm。楼盖与屋盖的设计与一般木结构房屋相同，不再赘述。

6.6   其他木结构形式

木结构还有桁架结构、拱结构、悬索结构、网架结构、薄壳结构等多种形式，可以广泛应用到大型工业建筑、公共建筑结构工程领域，实现造型美观和绿色环保的效果。

1. 桁架结构

桁架结构是由杆件组成的一种格构式结构体系（图 6-54）。在外力作用下，桁架的杆件内力是轴向力（拉力或压力），分布均匀，受力合理。一般用于超过 9m 跨度的建筑（图 6-54a），也可用于桥梁（图 6-54b）。

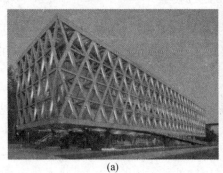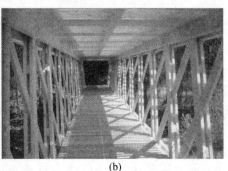

(a)   (b)

图 6-54   桁架结构（图片来源 https：//image. baidu. com）

（a）建筑；（b）桥梁

2. 拱结构

拱结构是建筑形态与结构受力相融合的一种结构形态。拱呈曲面形状，在外力的作用下，拱内弯矩降低到最小限度，主要内力变为轴向压力，应力分布均匀，能充分利用材料强度。

图 6-55   加拿大列治文冬奥速滑馆

（图片来源 https：//image. baidu. com）

加拿大列治文冬奥速滑馆（图 6-55）最大的特点为"木浪"式拱形屋顶，使用了 14 根曲梁，曲梁跨约 100m，并带有空心三角形截面。整个屋顶面板由胶合拱梁、胶合木顶壳及隔板互相组合而成，营造出波浪的形状。

3. 悬索结构

悬索结构主要是以索来跨越大空间的结构体系，只承受轴向拉力，既无弯矩也无剪力，充分发挥材料的抗拉强度。悬索结构多用于大跨屋盖（图 6-56a）和桥梁结构（图 6-56b）中。

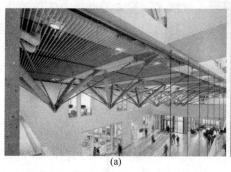

(a)　　　　　　　　　　　　(b)

图 6-56　悬索结构（图片来源 https：//image. baidu. com）

(a) 屋顶结构；(b) 桥梁结构

4. 悬挑结构

悬挑结构（图 6-57）是将梁板、桁架等构件以支座处向外做远距离延伸，构成一种无视线阻隔的空间。悬挑结构产生倾覆力矩，这在一定程度上限制了悬挑跨度。

图 6-57　悬挑结构工程案例（图片来源 https：//image. baidu. com）

5. 网架结构

网架结构是由杆件以一定规律组成的网状结构，包括平板网架和曲面网架（即网壳）两类。在平面或节点外力作用下，杆件主要受力形态为轴向拉压，充分发挥材料的自身特性。同时杆件通过节点连接形成整体效应，具有面外刚度，整体受弯，是大跨建筑的理想选择。

平板网架（图 6-58）杆件上下两层网格节点用腹杆相连，不同的连接方式形成不同

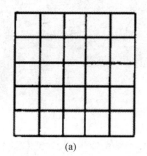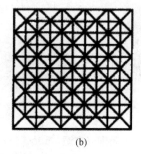

(a)　　　　　　　　　　　　(b)

图 6-58　木网架的形式

图6-59　日本东京的工学院射箭馆

的网架形式。有方形网格上下层对齐正放格式；有方形网格上下层正放、错位布置的格式。日本东京工学院射箭馆（图6-59）使用了通常制作家具的细木材，按照水平和垂直相交构成工整的网架结构。

曲面网架是用较短的杆件，以一定的规律和足够的密度组成网格，按实体壳的形状进行布置的空间构架。1980年美国建造的塔克马穹顶体育馆（图6-60），采用木网壳结构，直径达162m，顶部距地面45.7m。

图6-60　美国塔克马穹顶体育馆（图片来源 https：//image. baidu. com)

6. 木砖房

木砖房是将木材按榫卯连接的构造加工成木砖，然后通过锁扣互相连接形成的结构体系（图6-61）。每一块单元砖上有四个元素——两个侧面法兰和两个横向垫片（图6-61a）。建造时，"砖块"以交错排列的方式进行层层堆叠，不需额外进行固定，仅靠侧翼凸出的垫片将相邻的砖块和位于墙体中部竖向的楔形插销锁死；这样的结构所提供的稳定性可以承受里氏8.5级的地震。用这种砖来盖房子，施工非常简单，且无需大型机械设备。地基可以使用木材或者混凝土来做。在木块的孔隙里加入过滤好的木屑，这样就能起到隔热保温的效果。

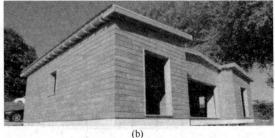

(a)　　　　　　　　　　　　　(b)

图6-61　木砖房（来源：https：//mp. weixin. qq. com/s/Qqj9Xi1a1e5FfQEsg9j4Kg)

(a) 木砖；(b) 木砖房（Brikawood)

除了前述各种结构形式以外，还有许多有创意的结构形式（图6-62）。木结构还可以同 FRP 结构、竹结构、混凝土结构、钢结构、砌体结构等组合形成木混合结构。建筑师和结构师们的创意是无穷的，相信以后会有更多的结构形式出现。

图 6-62　造型奇特的木结构

本章小结

本章简单介绍了传统木结构的体系及连接形式，介绍了屋架（桁架）桁架的间距要求及桁架布置的结构方案，重点介绍了屋盖结构系统的上弦横向支撑、垂直支撑、天窗支撑的要求，及檩条与桁架的锚固、檩条与山墙的锚固要求。重点介绍了轻型木结构的构造，对于3层及3层以下的轻型木结构可按构造进行设计，轻型木结构的墙体骨架由墙骨柱、顶梁板、底梁板以及承受开孔洞口上部荷载的过梁组成；对于有地下室的轻型木结构，底层的楼盖一般由柱和梁支承，梁可以采用组合梁、胶合木梁或工字钢梁组成，上部楼盖由间距不大于610mm的楼盖搁栅、楼面板和采用木基结构板材或石膏板的顶棚组成。重型木结构常采用实木（原木或方木）、胶合木等材料制作梁、柱、檩条，用木基结构板材作为楼盖与屋盖的覆板。井干式木结构房屋的墙体以适当加工后的方木、原木、胶合木叠积而成，墙体既承受竖向荷载又承受风荷载或水平地震作用，所以必须用木销或钢销串在一起且墙体的高厚比有严格限制。

思考与练习题

6-1　中国传统木结构的结构形式有哪些？

6-2　普通木屋盖的组成部分有哪些？

6-3　在四坡屋顶中桁架的布置方案有哪些？

6-4　屋架的上弦横向支撑系统应满足什么规定？

6-5　屋架的垂直支撑支撑应满足什么规定？

6-6   什么是轻型木结构?

6-7   轻型木结构满足什么要求可按构造设计?

6-8   木构架剪力墙的设置应符合什么规定?

6-9   墙体骨架的组成有哪些?

6-10   试述楼盖开孔洞处的构造要求。

6-11   试述悬挑搁栅的构造要求。

6-12   试述井干式木结构房屋的墙体的构造要求。

第 7 章 胶合木结构

本章要点及学习目标

本章要点：

（1）木结构用胶的性能要求；（2）层板胶合木组坯原则；（3）层板胶合木构件设计；（4）正交胶合木设计。

学习目标：

（1）了解木结构用胶的性能要求及主要指标；（2）熟悉层板胶合木组坯原则；（3）掌握变截面层板胶合木构件的设计方法；（4）掌握正交胶合木构件抗弯刚度的确定、抗弯承载能力及滚剪承载能力的验算。

工程木产品最早出现在国外，主要应用于建筑领域，其先进的制造技术和优良的产品性能标志着人类在利用木材方面达到了一个新的高度。我国对工程木产品的研发和制造起步较晚。但近年来，一些地区的住宅楼平改坡工程及公共建筑中开始使用工程木产品，总体性能良好。层板胶合木和正交胶合木正是工程木产品中的佼佼者。相信发展的中国一定会为包括胶合木在内的工程木产品的应用提供广阔的空间。

7.1 概述

胶合木结构分为层板胶合木（Glued-laminated timber——Glulam）结构和正交胶合木（Cross-laminated timber——CLT）结构。

将厚度为 20～45mm、含水率不高于 8%～15% 的木板刨光后，经过涂胶、层叠、加压，沿顺纹方向胶合成各种形状和截面尺寸的层板胶合木（图 7-1），组成桁架、拱、框架及层板胶合木梁、柱等统称为层板胶合木结构。层板胶合木宜采用针叶材，胶合木构件截面的层板组合不得低于 4 层，可用于大跨度、大空间的单层或多层木结构建筑。图 7-2 所示为位于苏州胥江古运河上的木桁架拱桥正在进行承载力测试，该桥全长 120m，主跨度达到 75.7m，除了桩基为混凝土之外，桥体全部是重型胶合木结构。

以厚度为 15～45mm、宽度为 80～

图 7-1 层板胶合木构件

（图片来源：网络 http://goods.jc001.cn/）

250mm 的层板相互叠层、正交、组坯后胶合而成的木制品称为正交层板胶合木,也称为正交胶合木,一般层数不应低于 3 层且不宜大于 9 层,总厚度不应大于 500mm(图 7-3)。正交胶合木结构适用于楼盖和屋盖结构,或可由正交胶合木组成单层或多层箱形板式木结构建筑。由于强度高、耐火性能好,CLT 在国外已经被广泛应用于木结构多、高层建筑,突破了木结构建筑现有层高限制。图 7-4 Origine 公寓楼是位于加拿大东部魁北克省,共 13 层高,包含 92 个单元房间,该公寓楼的承重墙、剪力墙、楼面板和屋面板均采用正交胶合木制成,梁和柱则采用层板胶合木。木结构高层建筑在我国也有一定的发展,《多高层木结构技术标准》GB/T 51226—2017 已于 2017 年 10 月 1 日施行。2018 年 5 月 9 日,中加绿色现代木结构产业园及"中加中心"(筹)CLT 高层木结构签约仪式在福州举行。产业园中的"中加中心"项目,将建造 12 层、高 70m、总建筑面积 12000m² 的中国第一纯木结构(CLT)高楼。

图 7-2 胥江木拱桥(图片来源:新华报业网—扬子晚报)

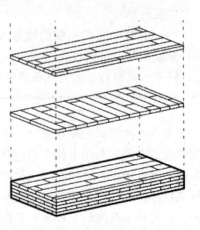

图 7-3 正交胶合木图例
(图片来源:中华建材网)

图 7-4 Origine 公寓楼施工照片(图片来源:加拿大木业 APP)

胶合木结构是一种优良的结构形式,是合理和优化使用木材、发展现代木结构的重要方向。现代木材工业为胶合木结构的发展和进步提供了强有力的理论依据和技术支持。胶合木构件构造简单,制作方便,强度、耐火极限均较高,能够做到小材大用、劣材优用。

7.2 木结构用胶

木结构用胶是用来将两块或两块以上的木板胶合形成一个整体，填充木板间的空隙，使木板彼此黏结，共同受力。木结构用胶是影响构件质量和结构安全的重要因素之一，必须满足胶合部位的强度和耐久性的要求，还应考虑环保要求。

7.2.1 性能要求

（1）强度方面。在选择胶粘剂时，要求胶缝的抗剪和抗拉强度应分别不低于被胶合木材的顺纹抗剪和横纹抗拉的强度。

（2）耐久性方面。胶粘剂的防水性和耐久性要满足结构的使用条件和设计使用年限的要求，并满足结构对环境保护的要求。通常，胶粘剂的耐久性可通过其耐候性（直接暴露在水中或空气中的性能）测定。

（3）胶粘剂的等级。胶合木结构的构件使用条件不同，有的处于室外，有的处于室内，有的处于潮湿状态，有的处于高温状态等，因此有必要区分胶粘剂的类别。设计胶合木结构时，应根据结构（构件）所处环境合理选择胶粘剂。

在室内条件下，普通建筑结构可采用Ⅰ级或Ⅱ级胶粘剂，但对下列情况的结构构件，从构件性能和结构安全考虑则应采用Ⅰ级胶粘剂：①重要的建筑结构；②使用中可能处于潮湿环境的建筑结构；③使用温度经常大于50℃的建筑结构；④完全暴露于室外，以及使用温度虽小于50℃，但所处环境的空气相对湿度经常超过85％的建筑结构。

7.2.2 常用木结构用胶

目前我国木结构行业采用的结构用胶主要是酚类胶和氨基胶，主要是因为这两类胶种使用经验较成熟，制成木产品性能稳定，因此被国际承重胶合木市场广泛接受和认可。

1. 酚醛树脂（phenol-formaldehyde，简称 PF）胶粘剂

由酚类化合物和醛类化合物在催化剂作用下缩聚而成的树脂统称为酚醛树脂。酚类包括苯酚及其衍生物，如甲酚、间苯二酚、多元酚等；醛类主要包括甲醛、乙醛、糠醛等。一般所说的酚醛树脂是指苯酚和甲醛的缩聚产物。酚醛树脂是第一个人工合成的高分子化合物。酚醛树脂原料易得，胶结强度较高，耐水、耐磨性较好，尤其耐沸水性好，化学成分稳定。但其胶层较脆易开裂、固化温度高、固化时间长，对板材含水率要求较高。这些因素在一定程度上限制了酚醛树脂的应用，也促进了在酚醛树脂的基础上不断改良得到其他性能更优异的树脂。

2. 间苯二酚树脂（Resorcinol-formaldehyde，简称 RF）胶粘剂

纯间苯二酚由一种苯酚化合物与甲醛反应制成，呈液态，使用时要加甲醛硬化剂。它耐水、耐候性能优异，胶结强度高，能耐盐水侵蚀，火灾中不易剥离。养护后的胶粘剂不会溢出甲醛或其他有害化合物，但其价格较贵，在一定程度上限制了其应用。

3. 酚醛间苯二酚树脂（Phenol-Resorcinol-formaldehyde，简称 PRF）胶粘剂

酚醛间苯二酚胶粘剂不仅保留了间苯二酚的上述优点，且弥补了其价格高这一缺点。酚醛间苯二酚是由间苯二酚与其他酚醛通过碳与碳型（—C—C—）反应形成黏结力，这

种黏结力非常强且耐久，且对水解作用不敏感。酚醛间苯二酚胶粘剂综合了酚醛树脂胶粘剂和间苯二酚胶粘剂的优点；相较于酚醛树脂，它固化温度较低，固化时间较短；相较于间苯二酚胶粘剂，其生产成本较低。

4. 三聚氰胺树脂（Melamine-formaldehyde，简称 MF）胶粘剂

三聚氰胺树脂全名三聚氰胺－甲醛树脂，其显著优点是耐热性好，胶结强度、硬度高，耐磨性好，低温下能快速固化；但其生产成本较高、储存期短、固化后胶层易开裂。

5. 脲醛树脂（Urea-formaldehyde，简称 UF）胶粘剂

脲醛树脂由脲（尿素）与甲醛发生反应制成，用途较广，可在 10℃ 下养护，也可用高频电养护，为Ⅱ型胶粘剂，适用于室内构件。

6. 三聚氰胺脲醛树脂（Melamine-urea-formaldehyde，简称 MUF）胶粘剂

三聚氰胺脲醛树脂是用三聚氰胺取代脲醛树脂中部分脲（尿素）得到。该胶粘剂相较于三聚氰胺树脂胶粘剂，其成本较低且不易开裂；相较于脲醛树脂胶粘剂，耐水性、耐候性得到较大程度提高。

我国快速发展的胶合木结构对合成类胶粘剂的需求及合成高分子类材料科学的发展，促进了胶接技术和胶粘剂的不断发展，未来的胶粘剂会向着环保、高效、节能、高附加值型的趋势发展。

7.2.3　胶合木结构对胶粘剂性能指标要求

当承重胶合木结构采用酚类胶和氨基塑料缩聚胶粘剂时，胶粘剂的性能指标应符合表 7-1要求。

承重胶合木结构采用酚类胶和氨基塑料缩聚胶粘剂性能指标　　　　表 7-1

性能项目		Ⅰ级胶粘剂		Ⅱ级胶粘剂		试验方法
	胶缝厚度	0.1mm	1mm	0.1mm	1mm	A1～A5 为胶缝剪切试验前按《胶合木结构技术规范》GB/T 50708—2012 要求的预处理方式
剪切强度特征值（N/mm²）	A1	10	8	10	8	
	A2	6	4	6	4	
	A3	8	6.4	8	6.4	
	A4	6	4	不要求循环处理	不要求循环处理	
	A5	8	6.4	不要求循环处理	不要求循环处理	
浸渍剥离		高温处理：任何试件中最大剥离率小于 5%		低温处理：任何试件中最大剥离率小于 10%		试件应采用密度为（425±25）kg/m³，含水率为（12±1）% 的弦切直纹云杉木材
垂直于胶缝的拉伸试验		胶合部件的平均垂直拉伸强度应符合：1. 控制件：不应低于 2N/mm²；2. 处理件：不应低于控制件平均值的 80%				按《胶合木结构技术规范》GB/T 50708—2012 要求的垂直拉伸试验要求进行
木材干缩试验		平均压缩剪切强度不低于 1.5N/mm²				按《胶合木结构技术规范》GB/T 50708—2012 要求的木材干缩试验要求进行

当承重结构采用单成分聚氨酯胶粘剂时，胶粘剂的性能指标应符合表 7-2 的规定。

承重胶合木结构单成分聚氨酯粘剂性能指标 表 7-2

性能项目		Ⅰ级胶粘剂		Ⅱ级胶粘剂		试验方法
	胶缝厚度	0.1mm	0.5mm	0.1mm	0.5mm	
剪切强度特征值（N/mm²）	A1	10	9	10	9	A1~A5 为胶缝剪切试验前按《胶合木结构技术规范》GB/T 50708—2012 要求的预处理方式
	A2	6	5	6	5	
	A3	8	7.2	8	7.2	
	A4	6	5	不要求循环处理	不要求循环处理	
	A5	8	7.2	不要求循环处理	不要求循环处理	
浸渍剥离		高温处理：任何试件中最大剥离率小于5%		低温处理：任何试件中最大剥离率小于10%		试件应采用密度为（425±25）kg/m³，含水率为（12±1）%的弦切直纹云杉木材
耐久性试验		胶合部件的平均垂直拉伸强度应符合： 1. 控制件：不应低于2N/mm²； 2. 处理件：不应低于控制件平均值的80%				按《胶合木结构技术规范》GB/T 50708—2012 要求的垂直拉伸试验要求进行
木材干缩试验		平均压缩剪切强度不低于 1.5N/mm²				按《胶合木结构技术规范》GB/T 50708—2012 要求的木材干缩试验要求进行

7.3 层板胶合木构件组坯

层板胶合木生产基本工艺流程是：制材→干燥→板刨削加工→板材分等→剔除木材缺陷→板材长度、宽度方向胶合→胶合面刨削→配板→涂胶→加压胶合→胶合木整形加工→检验→成品。胶合木构件的质量直接影响到建筑结构的安全，胶合木的生产需齐全的专门设备、场地和技术，同时应进行木材的防腐处理。建筑工地一般不具备这些条件，难以保证产品质量。因此胶合木应由有资质的专门加工企业生产，以保证胶合木构件生产质量。

需要说明的是，层板胶合木作为一种工程木制品，需要专门的设计、生产，结构工程师更注重的应是从生产线出来的层板胶合木的力学性能指标，用于结构设计、验算，保证结构的强度、刚度、稳定性满足规范要求。而只有按照《胶合木结构技术规范》GB/T 50708—2012 给出的方式进行组坯，才能使用本书第 3 章中规定的强度指标和调整系数。

所谓组坯是指胶合木在制作时，根据胶合木的材质等级按规定的叠加方式和配置方式将层板组合在一起的过程。

胶合木构件采用的层板分为普通胶合木层板、目测分级层板和机械分级层板三类，构件制作时采用的层板等级标准和树种分类应符合《木结构设计标准》GB 50005—2017 和《胶合木结构技术规范》GB/T 50708—2012 要求。

7.3.1 普通层板胶合木组坯

根据我国《木结构设计标准》GB 50005—2017 的规定，普通层板胶合木所用层板的材质等级和树种分类，按层板目测的外观质量划分为 Ⅰb、Ⅱb、Ⅲb 共 3 个材质等级，将适合制作胶合木的树种（树种组合）划分为 TC17、TC15、TC13、TC11 共 4 个强度等级，每一强度等级下又有 A、B 两个组别，所以共有 8 个组别，强度指标取值与方木、原木相同。故对普通层板胶合木按构件的用途和层板的材质等级规定组坯方式，见表 7-3。

胶合木结构构件的普通胶合木层板材质等级　　　　　　表 7-3

项次	主要用途	材质等级	木材等及配置图
1	受拉或受弯构件	I b	
2	受压构件（不包括桁架上弦和拱）	III b	
3	桁架上弦和拱，高度不大于 500mm 的胶合梁 （1）构件上下边缘各 0.1h 区域，且不少于两层板 （2）其余部分	II b III b	
4	高度大于 500mm 的胶合梁 （1）梁的受拉边缘 0.1h 区域，且不少于两层板 （2）距受拉边缘 0.1h～0.2h 区域 （3）受压边缘 0.1h 区域，且不少于两层板 （4）其余部分	I b II b II b III b	
5	侧立腹板工字梁 （1）受拉翼缘板 （2）受压翼缘板 （3）腹板	I b II b III b	

需要说明的是，普通层板胶合木是胶合木结构在我国发展初期的产物，对于普通层板胶合木用材材质标准的可靠性，原哈尔滨建筑工程学院（2000 年已并入哈尔滨工业大学）按随机取样的原则，做了 30 根受弯构件的破坏试验。试验结果表明，按上述现行材质标准选材制成的层板胶合木构件能够满足承重结构可靠度的要求，也较符合我国木材的材质状况，能够有效提高较低等级木材在承重结构中的利用率。近几年，随着胶合木结构在我国的不断发展，且与木结构发达国家接轨，主要是采用目测分级层板和机械分级层板来制作胶合木，但规范（标准）仍保留了普通层板胶合木的组坯规定作为过渡，以便技术人员在熟悉新方法前使用。

7.3.2　目测分级和机械分级胶合木组坯

目测分级和机械分级胶合木构件的层板可采用同等组合或异等组合的形式。同等组合所用的层板材质等级均相同，异等组合则是采用两个或两个以上材质等级的层板进行组合。在受弯构件、压弯构件和拉弯构件的截面上应力分布不均匀，为合理用材宜采用异等组合，材质等级和强度指标高的层板用于应力较大的表面和外侧层板；对于轴心受力构件以及荷载作用方向与层板窄边垂直的受弯构件，由于截面不同位置的层板中应力分布相同，则应采用同等组合。

异等组合又可以根据截面层板情况分布分为对称布置或非对称布置，见图7-5。

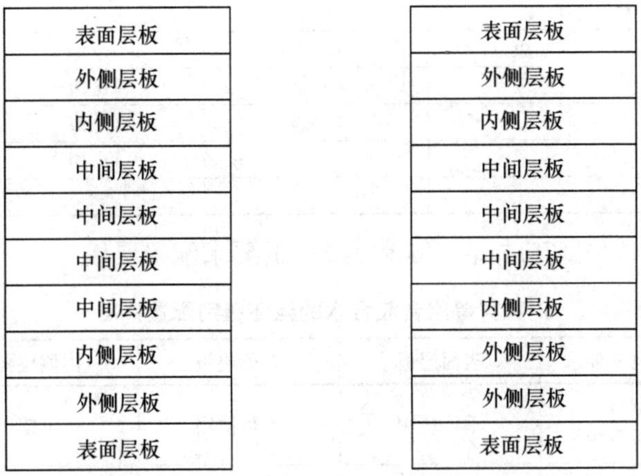

| 表面层板 |
| 外侧层板 |
| 内侧层板 |
| 中间层板 |
| 中间层板 |
| 中间层板 |
| 中间层板 |
| 内侧层板 |
| 外侧层板 |
| 表面层板 |

(a)

| 表面层板 |
| 外侧层板 |
| 内侧层板 |
| 中间层板 |
| 中间层板 |
| 中间层板 |
| 内侧层板 |
| 外侧层板 |
| 外侧层板 |
| 表面层板 |

(b)

图 7-5 胶合木构件截面不同部位层板的名称
(a) 对称布置；(b) 非对称布置

以异等对称组合为例，以构件截面中心线为对称轴，其一侧由外到内依次为：表面层板（1层），外侧层板（1层），内侧层板（1层），中间层板（1层或多层）。

为简化设计，也可使用外侧层板和中间层板两种板的组合，但外侧层板和中间层板的材质要求及胶合强度等级，应根据《胶合木结构技术规范》GB/T 50708—2012 规定的足尺试验来确定。

为了提升构件质量，当采用异等组合时，构件受拉一侧的表面层板宜采用机械分级层板。当然，如果采用目测分级的表面层板的性能确能达到机械分级的要求，经过确认亦可用作表面层板——欧洲即有这样成熟的经验。

当受拉侧表面层板采用机械分级时，其弹性模量的等级不得小于表7-4中各强度等级相对应的等级要求，按规范要求进行组坯。

异等组合胶合木中表面层板所需的弹性模量的最低要求　　　表 7-4

对称布置	非对称布置	受拉侧表面层板弹性模量 等级的最低要求
$TC_{YD}30$	$TC_{YY}28$	M_E18
$TC_{YD}27$	$TC_{YY}25$	M_E16
$TC_{YD}27$	$TC_{YY}23$	M_E14
$TC_{YD}21$	$TC_{YY}20$	M_E12
$TC_{YD}18$	$TC_{YY}17$	M_E9

　　异等组合胶合木的组坯级别分为 A_Y、B_Y、C_Y、D_Y 共 4 个级别，组坯级别应根据表面层板的级别和树种级别，按表 7-5 的规定确定。

异等组合胶合木的组坯级别　　　　　　　　　　表 7-5

表层面板的级别	树种级别			
	SZ1	SZ2	SZ3	SZ4
M_E18	A_Y 级			
M_E16	B_Y 级	A_Y 级		
M_E14	C_Y 级	B_Y 级	A_Y 级	
M_E12	D_Y 级	C_Y 级	B_Y 级	A_Y 级
M_E11		D_Y 级	C_Y 级	B_Y 级
M_E10			D_Y 级	C_Y 级
M_E9				D_Y 级

　　异等组合胶合木的组坯应按表 7-6 和表 7-7 的要求配置层板。

对称异等组合胶合木的组坯级别配置标准　　　　　　　　表 7-6

组坯级别	层板材料要求	表面层板	外侧层板	内侧层板	中间层板
A_Y 级	目测分级层板等级	不可使用	不可使用	不可使用	≥Ⅲ$_d$
	机械分级层板等级	M_E	≥$M_E-\Delta 1M_E$	≥$M_E-\Delta 2M_E$	≥$M_E-\Delta 4M_E$
	宽面材边节子比率	1/6	1/6	1/4	1/3
B_Y 级	目测分级层板等级	不可使用	不可使用	≥Ⅲ$_d$	≥Ⅳ$_d$
	机械分级层板等级	M_E	≥$M_E-\Delta 1M_E$	≥$M_E-\Delta 2M_E$	≥$M_E-\Delta 4M_E$
	宽面材边节子比率	1/6	1/4	1/3	1/2
C_Y 级	目测分级层板等级	不可使用	≥Ⅱ$_d$	≥Ⅲ$_d$	≥Ⅳ$_d$
	机械分级层板等级	M_E	≥$M_E-\Delta 1M_E$	≥$M_E-\Delta 2M_E$	≥$M_E-\Delta 4M_E$
	宽面材边节子比率	1/6	1/4	1/3	1/2
D_Y 级	目测分级层板等级	不可使用	≥Ⅲ$_d$	≥Ⅲ$_d$	≥Ⅳ$_d$
	机械分级层板等级	M_E	≥$M_E-\Delta 1M_E$	≥$M_E-\Delta 2M_E$	≥$M_E-\Delta 4M_E$
	宽面材边节子比率	1/4	1/3	1/3	1/2

　　注：1. M_E 为表面层板的弹性模量级别，其最低要求见表 7-4 规定；$M_E-\Delta 1M_E$、$M_E-\Delta 2M_E$、$M_E-\Delta 4M_E$ 分别表示该层板的弹性模量级别比 M_E 小 1、2、4 级差；
　　　　2. 如果构件的强度可通过足尺试验或计算机模拟计算并结合试验得到证实，即使层板的组合配置不满足本表的规定，亦可认为该构件满足标准要求。

表 7-7

非对称异等组合胶合木的组坯级别配置标准

组坯级别	内容	受压侧				受拉侧			
		表面层板	外侧层板	内侧层板	中间层板	中间层板	内侧层板	外侧层板	表面层板
A_Y 级	目测分级层板等级	$\geqslant\mathrm{II}_d$	$\geqslant\mathrm{II}_d$	$\geqslant\mathrm{III}_d$	$\geqslant\mathrm{IV}_d$	$\geqslant\mathrm{II}_d$	不可使用	不可使用	不可使用
	机械分级层板等级	$\geqslant M_E-\Delta 2M_E$	$\geqslant M_E-\Delta 2M_E$	$\geqslant M_E-\Delta 3M_E$	$\geqslant M_E-\Delta 4M_E$	$\geqslant M_E-\Delta 4M_E$	$\geqslant M_E-\Delta 2M_E$	$\geqslant M_E-\Delta 1M_E$	M_E
	宽面材边节子比率	1/4	1/4	1/3	1/3	1/3	1/4	1/6	1/6
B_Y 级	目测分级层板等级	$\geqslant\mathrm{III}_d$	$\geqslant\mathrm{III}_d$	$\geqslant\mathrm{IV}_d$	$\geqslant\mathrm{IV}_d$	$\geqslant\mathrm{IV}_d$	$\geqslant\mathrm{III}_d$	$\geqslant\mathrm{II}_d$	不可使用
	机械分级层板等级	$\geqslant M_E-\Delta 2M_E$	$\geqslant M_E-\Delta 2M_E$	$\geqslant M_E-\Delta 3M_E$	$\geqslant M_E-\Delta 4M_E$	$\geqslant M_E-\Delta 4M_E$	$\geqslant M_E-\Delta 2M_E$	$\geqslant M_E-\Delta 1M_E$	M_E
	宽面材边节子比率	1/3	1/3	1/2	1/2	1/2	1/3	1/4	1/6
C_Y 级	目测分级层板等级	$\geqslant\mathrm{III}_d$	$\geqslant\mathrm{III}_d$	$\geqslant\mathrm{IV}_d$	$\geqslant\mathrm{IV}_d$	$\geqslant\mathrm{IV}_d$	$\geqslant\mathrm{III}_d$	$\geqslant\mathrm{II}_d$	不可使用
	机械分级层板等级	$\geqslant M_E-\Delta 2M_E$	$\geqslant M_E-\Delta 2M_E$	$\geqslant M_E-\Delta 3M_E$	$\geqslant M_E-\Delta 4M_E$	$\geqslant M_E-\Delta 4M_E$	$\geqslant M_E-\Delta 2M_E$	$\geqslant M_E-\Delta 1M_E$	M_E
	宽面材边节子比率	1/3	1/3	1/2	1/2	1/2	1/3	1/4	1/6
D_Y 级	目测分级层板等级	$\geqslant\mathrm{III}_d$	$\geqslant\mathrm{III}_d$	$\geqslant\mathrm{IV}_d$	$\geqslant\mathrm{IV}_d$	$\geqslant\mathrm{IV}_d$	$\geqslant\mathrm{III}_d$	$\geqslant\mathrm{III}_d$	不可使用
	机械分级层板等级	$\geqslant M_E-\Delta 2M_E$	$\geqslant M_E-\Delta 2M_E$	$\geqslant M_E-\Delta 3M_E$	$\geqslant M_E-\Delta 4M_E$	$\geqslant M_E-\Delta 4M_E$	$\geqslant M_E-\Delta 2M_E$	$\geqslant M_E-\Delta 1M_E$	M_E
	宽面材边节子比率	1/3	1/3	1/2	1/2	1/2	1/3	1/3	1/4

注：1. M_E 为表面层板的弹性模量级别，其最低要求见表 7-4 规定；$M_E-\Delta 1M_E$、$M_E-\Delta 2M_E$、$M_E-\Delta 3M_E$、$M_E-\Delta 4M_E$ 分别表示该层板的弹性模量级别比 M_E 小 1、2、3、4 级差；

2. 如果构件的强度可通过足尺试验或计算机模拟计算并结合验证得到证实，即使层板的配置不满足本表的规定，亦可认为该构件的配置满足构件要求。

此外，进行对称异等胶合组坯设计时，还应注意每一等级层板在整体胶合木中所占的厚度比例。欧洲 EN1194 标准规定：异等对称组坯的胶合木中同一等级层板区不小于截面高度的 1/6 或者两层的较大者，内层层板的抗拉强度不小于表层层板抗拉强度的 75%。

采用同等组合的胶合木，其层板可采用目测分级层板，层板等级应符合表 7-8 的规定；亦可采用机械分级层板，层板等级应符合表 7-9 的规定。

同等组合胶合木采用目测分级层板的材质要求　　　　　　　　　表 7-8

同等级组合胶合木强度等级	目测分级层板的材质等级			
	树种级别			
	SZ1	SZ2	SZ3	SZ4
TC_T30	I_d			
TC_T27	II_d	I_d		
TC_T24	III_d	II_d	I_d	
TC_T21		III_d	II_d	I_d
TC_T18			III_d	II_d

同等组合胶合木采用机械分级层板的材质要求　　　　　　　　　表 7-9

强度等级	机械分级层板的弹性模量等级	强度等级	机械分级层板的弹性模量等级
TC_T30	M_E14	TC_T21	M_E10
TC_T27	M_E12	TC_T18	M_E9
TC_T24	M_E11		

同等组合胶合木的组坯级别分为 A_D、B_D、C_D 共 3 个组坯级别，组坯级别应根据选定层板的目测分级或机械分级等级和树种级别，分别按表 7-10 和表 7-11 的规定来确定。

同等组合胶合木采用目测分级层板的组坯级别　　　　　　　　　表 7-10

目测分级层板等级	树种级别			
	SZ1	SZ2	SZ3	SZ4
I_d	A_D级	A_D级	A_D级	A_D级
II_d	B_D级	B_D级	B_D级	B_D级
III_d	C_D级	C_D级	C_D级	—

同等组合胶合木采用机械分级层板的组坯级别　　　　　　　　　表 7-11

机械分级层板等级	树种级别			
	SZ1	SZ2	SZ3	SZ4
M_E16	A_D级	A_D级		
M_E14	A_D级	A_D级	A_D级	
M_E12	B_D级	A_D级	A_D级	A_D级
M_E11	C_D级	B_D级	A_D级	A_D级
M_E10		C_D级	B_D级	A_D级
M_E9			C_D级	B_D级

同等组合胶合木的组坯应按表 7-12 的要求进行配置。

同等组合胶合木的组坯级别配置标准 表 7-12

组坯级别	层板组合标准	
A_D级	目测分级层板等级	$\geqslant \text{I}_d$
	机械分级层板等级	M_E
	宽面材边节子比率	1/6
B_D级	目测分级层板等级	$\geqslant \text{II}_d$
	机械分级层板等级	M_E
	宽面材边节子比率	1/4
C_D级	目测分级层板等级	$\geqslant \text{III}_d$
	机械分级层板等级	M_E
	宽面材边节子比率	1/3

注：M_E 为层板弹性模量级别，见表 7-11。

此外，层板胶合木组坯时还应注意两点：①弦切面易开裂，②多层胶合木应避免胶层受拉应力。国际上比较认可的组坯方式是：两层或三层胶合时，最外侧层板髓心方向朝外。四层及以上，如用于室内，髓心同方向排列；如用于室外，则最外侧层板髓心朝外。

7.4 层板胶合木构件设计

层板胶合木构件可用作轴心受力构件、受弯构件、拉弯和压弯构件等。一般的层板胶合木构件计算见本书第 3 章，但应注意其计算公式中的参数、系数取值应符合层板胶合木的相关规定。

层板胶合木广泛应用于大跨、大空间结构中的受弯构件，为了受力合理及满足建筑要求，经常设计为变截面构件，而这对于层板胶合木的生产制作来说是非常便宜的。

变截面层板胶合木构件一般有直线形变截面构件和曲线形变截面构件。前者一般有单坡梁和双坡梁两种截面形式（图 7-6），后者一般为等截面曲线形或变截面曲线形（图 7-7）。变截面梁在抗弯、抗剪、整体稳定等承载力计算及构造要求等方面基本上同等截面直梁，但又有自身设计特点。需要在等截面直梁的计算基础上作补充验算，有时候这些补充验算内容甚至是这类梁承载力的决定因素。

图 7-6 直线形变截面受弯构件

（a）单坡梁；（b）双坡梁

7.4.1 变截面直线形受弯构件设计

变截面直线形受弯构件的斜面最低点到最高点范围内，应采用相同等级的层板，且为了保证构件质量，斜面制作应在工厂完成而不得在施工现场切割制作。本节计算针对的是

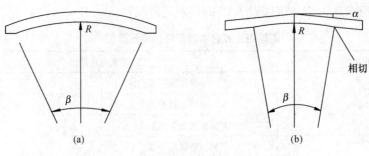

图 7-7　曲线形变截面构件

（a）等截面曲线形受弯构件；（b）变截面曲线形受弯构件

斜面为受压边的情况。变截面直线形受弯构件跨度、截面尺寸见图 7-8。

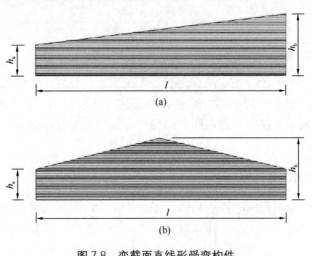

图 7-8　变截面直线形受弯构件

（a）单坡截面梁；（b）双坡截面梁

1. 最大弯曲应力位置的确定

1）均布荷载作用下

当构件承受均布荷载 q 时，以构件左侧为原点向右为 z 的正向建立直角坐标系，可求得任一位置 z 处弯矩表达式：

$$M_z = \frac{qz}{2}(l-z) \tag{7-1}$$

该处对应的截面抵抗矩：

$$W_z = \frac{b}{6}(h_a + z\tan\alpha)^2 \tag{7-2}$$

令 $\mathrm{d}\left(\dfrac{M_z}{W_z}\right) = 0$，即可求得最大弯曲应力处离构件左侧截面距离 z：

$$z = \frac{l}{2h_a + l\tan\alpha} h_a \tag{7-3}$$

该处对应梁的截面高度：

$$h_z = 2h_a \frac{h_a + l\tan\alpha}{2h_a + l\tan\alpha} \tag{7-4}$$

2）集中荷载作用下

当构件承受单个集中荷载作用时，单坡或对称双坡变截面矩形受弯构件的最大承载力应按下列规定进行验算：①当集中荷载作用处截面高度大于最小端截面高度的 2 倍时，最大弯曲应力作用点取位于截面高度为最小端截面高度的 2 倍处，即最大弯曲应力处离截面高度较小一端的距离为 $z = h_a / \tan\alpha$；②当集中荷载作用处截面高度小于或等于最小端截面高度的 2 倍时，最大弯曲应力作用点位于集中荷载作用处。

2. 承载力验算

最大弯曲应力处抗弯承载力应按式（7-5）验算：

$$\sigma_{max} \leqslant \varphi_l k_i f'_m \tag{7-5}$$

其中，$\sigma_{max} = \dfrac{6M}{bh_z^2}$，对均布荷载作用下，将 h_z 表达式（式 7-4）代入梁弯矩表达式，得最大弯曲应力见式（7-6）：

$$\sigma_{max} = \frac{3ql^2}{4bh_a(h_a + l\tan\alpha)} \tag{7-6}$$

最大弯曲应力处顺纹抗剪承载力按式（7-7）验算：

$$\sigma_{max}\tan\alpha \leqslant f_v \tag{7-7}$$

最大弯曲应力处横纹受压承载力按式（7-8）验算：

$$\sigma_{max}\tan^2\alpha \leqslant f_{c,90} \tag{7-8}$$

支座处顺纹抗剪验算同普通梁，截面尺寸取支座处构件的截面尺寸。

以上各式中　　σ_{max} ——最大弯曲应力处的弯曲应力值（N/mm²）；

　　　　　　　M ——最大弯矩设计值（N·mm）；

　　　　　　　b ——构件截面宽度（mm）；

　　　　　　　h_z ——最大弯曲应力处的截面高度（mm）；

　　　　　　　h_a ——构件最小端截面高度（mm）；

　　　　　　　l ——梁跨度（mm）；

　　　　　　　α ——构件斜面与水平面的夹角（°）；

　　　　　　　q ——均布荷载设计值（N/mm）；

　　　　　　　f'_m ——不考虑高度或体积调整系数的胶合木抗弯强度设计值（N/mm²）；

　　　　　　　k_i ——变截面直线受弯构件设计强度相互作用调整系数，按式（7-9）规定采用。

$$k_i = \frac{1}{\sqrt{1 + \left(\dfrac{f_m\tan^2\alpha}{f_v}\right)^2 + \left(\dfrac{f_m\tan^2\alpha}{f_{c,90}}\right)^2}} \tag{7-9}$$

式中　　f_v ——胶合木抗剪强度设计值（N/mm²）；

　　　$f_{c,90}$ ——胶合木横纹抗压强度设计值（N/mm²）；

　　　　φ_l ——受弯构件的侧向稳定系数，按式（7-10）计算。

$$\varphi_l = \frac{1 + \left(\dfrac{f_{mE}}{f'_m}\right)}{1.9} - \sqrt{\left[\frac{1 + \left(\dfrac{f_{mE}}{f'_m}\right)^2}{1.9}\right]^2 - \frac{\left(\dfrac{f_{mE}}{f'_m}\right)}{0.95}} \tag{7-10}$$

$$f_{mE} = \frac{0.67E}{\lambda^2} \qquad (7\text{-}11)$$

$$\lambda = \sqrt{\frac{l_e h}{b^2}} \qquad (7\text{-}12)$$

式中　f_{mE}——受弯构件抗弯临界屈曲强度设计值（N/mm²），按式（7-11）计算；

　　　E——弹性模量（N/mm²）；

　　　λ——受弯构件的长细比，按式（7-12）计算且不得大于50；

　　　l_e——构件计算长度，按表7-13采用。

受弯构件的计算长度 l_e 　　　　　表 7-13

作用的荷载		当 $l_u/h < 7$ 时	当 $l_u/h \geqslant 7$ 时
悬臂梁	均布荷载	$l_e = 1.33 l_u$	$l_e = 0.90 l_u + 3h$
	自由端作用集中荷载	$l_e = 1.87 l_u$	$l_e = 1.44 l_u + 3h$
单跨梁	均布荷载	$l_e = 2.06 l_u$	$l_e = 1.63 l_u + 3h$
	跨中作用集中荷载，跨中无侧向支撑	$l_e = 1.80 l_u$	$l_e = 1.37 l_u + 3h$
	跨中作用集中荷载，跨中有侧向支撑	$l_e = 1.11 l_u$	
	两个相等集中荷载，各自作用在 1/3 跨处，且在 1/3 跨处均有侧向支撑	$l_e = 1.68 l_u$	
	三个相等集中荷载，各自作用在 1/4 跨处，且在 1/4 跨处均有侧向支撑	$l_e = 1.54 l_u$	
	四个相等集中荷载，各自作用在 1/5 跨处，且在 1/5 跨处均有侧向支撑	$l_e = 1.68 l_u$	
	五个相等集中荷载，各自作用在 1/6 跨处，且在 1/6 跨处均有侧向支撑	$l_e = 1.73 l_u$	
	六个相等集中荷载，各自作用在 1/7 跨处，且在 1/7 跨处均有侧向支撑	$l_e = 1.78 l_u$	
	七个相等集中荷载，各自作用在 1/8 跨处，且在 1/8 跨处均有侧向支撑	$l_e = 1.84 l_u$	
	支座两端作用相等纯弯矩	$l_e = 1.84 l_u$	

注：1. l_u 为受弯构件两个支撑点之间的实际距离。当支座处有侧向支撑而沿构件长度方向无附加支撑时，l_u 为支座之间的距离；当受弯构件在构件中部以及支座处有侧向支撑时，l_u 为中间支撑与端支座之间的距离。

2. h 为构件截面高度。

3. 对于单跨或悬臂构件，当荷载条件不符合表中规定时，构件计算长度按以下规定确定：当 $l_u/h < 7$ 时，$l_e = 2.06 l_u$；当 $7 \leqslant l_u/h < 14.3$ 时，$l_e = 1.63 l_u + 3h$；当 $l_u/h \geqslant 14.3$ 时，$l_e = 1.84 l_u$。

4. 多跨连续梁的计算，可根据表中的值或计算分析得到。

3. 挠度验算

均布荷载作用下的单坡或对称双坡变截面矩形受弯构件的挠度 ω_m 可根据变截面构件的等效截面高度 h_c，按等截面直线形构件计算。均布荷载作用下，等效截面高度 h_c 应按式（7-13）计算：

$$h_c = k_c h_a \qquad (7\text{-}13)$$

式中　h_c ——等效截面高度；

　　　h_a ——较小端的截面高度；

　　　k_c ——截面高度折算系数，按表 7-14 确定。

均布荷载作用下变截面梁截面高度折算系数 k_c 取值　　　　表 7-14

对称双坡变截面梁		单坡变截面梁	
当 $0 < C_h \leqslant 1$ 时	当 $1 < C_h \leqslant 3$ 时	当 $0 < C_h \leqslant 1.1$ 时	当 $1.1 < C_h \leqslant 2$ 时
$k_c = 1 + 0.66C_h$	$k_c = 1 + 0.62C_h$	$k_c = 1 + 0.46C_h$	$k_c = 1 + 0.43C_h$

注：表中 $C_h = \dfrac{h_b - h_a}{h_a}$，其中 h_b 为最大截面高度，h_a 为最小截面高度。

集中荷载或其他荷载作用下，构件的挠度应按线弹性材料力学方法确定。

7.4.2　曲线形受弯构件设计

曲线形受弯构件包括等截面曲线形受弯构件和变截面受弯构件。曲线形构件的曲率半径 R 要求大于 $125t$（t 为层板厚度）（图 7-9）。

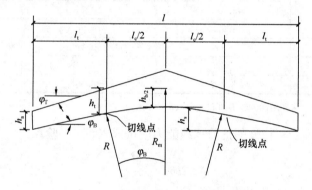

图 7-9　变截面曲线形受弯构件示意

等矩形截面曲线形受弯构件的抗弯承载能力，应按式（7-14）验算：

$$\frac{6M}{bh^2} \leqslant k_r f_m \tag{7-14}$$

式中　f_m ——胶合木抗弯强度设计值（N/mm²）；

　　　M ——最大弯矩设计值（N·mm）；

　　　b ——构件截面宽度（mm）；

　　　h ——构件截面高度（mm）；

　　　k_r ——胶合木曲线形构件强度修正系数，$k_r = 1 - 2000\left(\dfrac{t}{R}\right)^2$；

　　　R ——胶合木曲线形构件内边的曲率半径（mm）；

　　　t ——胶合木曲线形构件每层木板的厚度（mm）。

对于变截面曲线形受弯构件抗弯承载能力的验算，直线部分仍按前述变截面直线形构件的规定验算，曲线部分应按式（7-15）验算：

$$k_\theta \frac{6M}{bh_b^2} \leqslant \varphi_l k_r f'_m \tag{7-15}$$

式中　M——曲线部分跨中弯矩设计值（N·mm）；

　　　b——构件截面宽度（mm）；

　　　h_b——构件在跨中的截面高度（mm）；

　　　φ_l——受弯构件的侧向稳定系数；

　　　R_m——构件中心线处的曲率半径（mm）；

　　　f'_m——不考虑高度或体积调整系数的胶合木抗弯强度设计值（N/mm²）；

　　　k_θ——几何调整系数；$k_\theta = D + H\dfrac{h_b}{R_m} + F\left(\dfrac{h_b}{R_m}\right)^2$，$D$、$H$ 和 F 为系数，应按表7-15
　　　确定。

D、H 和 F 系数取值表　　　　　　　　　表 7-15

构件上部斜面夹角 φ_T（弧度）	D	H	F
2.5	1.042	4.247	−6.201
5.0	1.149	2.036	−1.825
10.0	1.330	0.0	0.927
15.0	1.738	0.0	0.0
20.0	1.961	0.0	0.0
25.0	2.625	−2.829	3.538
30.0	3.062	−2.594	2.440

注：对于中间的角度，可采用插值法得到 D、E、F。

曲线形矩形截面受弯构件的抗剪承载能力应按式（7-16）验算：

$$\frac{3V}{2bh_a} \leqslant f_v \tag{7-16}$$

式中　f_v——胶合木抗剪强度设计值（N/mm²）；

　　　V——受弯构件端部剪力设计值（N）；

　　　b——构件截面宽度（mm）；

　　　h_a——构件在端部截面高度（mm）。

变截面曲线形受弯构件的挠度应按式（7-17）进行验算：

$$\omega_c = \frac{5q_k l^4}{32Ebh^3} \tag{7-17}$$

式中　ω_c——构件跨中挠度（mm）；

　　　q_k——均布荷载标准值（N/mm）；

　　　l——跨度（mm）；

　　　E——弹性模量（N/mm²）；

　　　b——构件截面宽度（mm）；

　　　h——构件截面高度（mm），对曲线形变截面受弯构件，取其折算高度 h_{eq}，$h_{eq} = (h_a + h_b)(0.5 + 0.735\tan\varphi_T) - 1.41h_b\tan\varphi_B$；

　　　h_b——构件在跨中的截面高度（mm）；

　　　h_a——构件在端部的截面高度（mm）；

φ_B ——底部斜角度数；

φ_T ——顶部斜角度数。

7.5 正交胶合木

7.5.1 正交胶合木的制造工艺

1. 锯材的选择

制作 CLT 的材料单元有规格材或结构复合材（SCL），如单板层积材（LVL），层叠木片胶合木（LSL）或者定向木片胶合木（OSL）。木片单元的厚度范围是 $15\sim45$mm，宽度范围是 $80\sim250$mm。

选材一般需要经过目测分等或机械分等，机械分等主要用于力学性能要求高的产品和层板，如主方向布置的锯材；目测分等则用于力学性能要求低、外观要求高的产品和层板。

需要特别注意材料的含水率和翘曲缺陷等。含水率的控制一般采用窑干干燥，锯材合适的含水率为 $(12\pm3)\%$，结构复合板合适的含水率为 $(8\pm3)\%$，相邻层之间含水率差别应小于 5%。合适的含水率有助于获得良好的胶合性能和尺寸稳定性。锯材翘曲程度会影响 CLT 产品的加压和胶合性能。

2. 锯材表面的加工

对锯材表面加工（如刨光），可以去除其表面杂质、氧化物等，提高表面平整性和黏合活性，有利于提高胶合强度。通常对锯材进行四面刨光，上下表面刨光量为 2.5mm，侧面刨光量为 3.8mm。如果宽度尺寸在公差范围内且侧面不涂胶，则可以只对锯材上下表面进行刨光。

3. 锯材的锯割

根据 CLT 的产品尺寸锯割，以得到合适长度的锯材。若出现锯材长度不足的情况，则需采用结构胶粘剂进行直接加长。

4. 施胶

根据所选胶粘剂种类合理确定施胶方式及相关参数，尽量缩短锯材表面加工与施胶工序之间的间隔时间，防止新鲜的锯材表面被污染和氧化。一般来说，由于 CLT 产品幅面尺寸大，施胶时宜采用机械淋胶的方式，淋胶速度应根据所选胶粘剂情况确定，通常淋胶速度以 $18\sim60$mm/min 为宜。锯材的侧面涂胶能增强产品性能，但同时也增加成本，所以侧面是否涂胶取决于对产品的最终要求。

5. 组坯

CLT 的组坯与普通胶合板的组坯类似，即相邻两层互相垂直铺设，不同之处在于 CLT 的每层是由若干数量锯材组成，因此较普通胶合板的涂胶、组坯、压合时间长，因此应对木材组合方式进行设计，找到最佳的组合方式以达到有效黏结，严格按照产品设计进行组坯。其中，组坯时间是重要的工艺参数，尤其对于半自动和手工涂胶、组坯的生产方式，应特别注意保证组坯时间不超过胶粘剂的陈化时间。为降低 CLT 板坯翘曲变形，横向层中相邻锯材髓心布置方向应相反。

6. 压制

压制是 CLT 生产中的重要工序，直接决定 CLT 的性能和质量。目前，加压方式主要有液压加压和真空加压。液压加压的工艺参数主要包括加压时间、温度和压力，这些参数视所选胶粘剂不同而不同。CLT 常采用冷固化结构胶粘剂，压制温度以 15℃ 以上为宜；垂直方向加压压力为 0.8～1.5MPa。为减少主方向锯材间缝隙，除在垂直方向加压外，板坯两个侧面也可施压，侧压力一般为 0.3～0.5MPa。真空加压方式是将组坯后的 CLT 放置在密闭的盒状装置中，通常能施加的最大真空压力理论值仅为 0.1MPa。由于真空加压压力较小，为防止锯材翘曲变形，消除锯材表面的不平整带来的影响，可沿着锯材长度方向切割一条应力释放缝以减少锯材变形。但应力释放缝会引起一定程度的强度损失，为防止由此引起的锯材强度损失太多，应力释放缝不应太宽、太深。

7. 后期加工

将压制成形的 CLT 板坯进行表面砂光，再根据建筑设计图纸要求进行锯割，得到包含门窗洞口较大尺寸规格的楼面板、墙面板和屋面板。

7.5.2　正交胶合木的设计

正交胶合木构件可用于楼面板、屋面板和墙板，其强度设计值应根据外侧层板采用的树种和强度等级确定，构件的应力和有效刚度应基于平截面假定和各层板的刚度进行计算，计算时仅考虑顺纹方向的层板参与计算。

1. 抗弯承载能力验算

对图 7-10 所示截面的正交胶合木构件的有效抗弯刚度（EI）应按式（7-18）计算：

$$(EI) = \sum_{i=1}^{n_l}(E_iI_i + E_iA_ie_i^2) \tag{7-18}$$

$$I_i = \frac{bt_i^3}{12}, A_i = bt_i$$

式中　E_i ——参与计算的第 i 层顺纹层板的弹性模量（N/mm²）；

　　　I_i ——参与计算的第 i 层顺纹层板的截面惯性矩（mm⁴）；

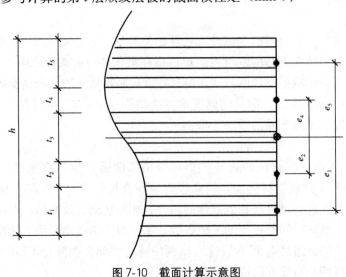

图 7-10　截面计算示意图

A_i——参与计算的第 i 层顺纹层板的截面面积（mm²）；

b——构件的截面宽度（mm）；

t_i——参与计算的第 i 层顺纹层板的截面高度（mm）；

n_l——参与计算的顺纹层板的层数；

e_i——参与计算的第 i 层顺纹层板的重心到截面重心的距离（mm）。

抗弯计算时，正交胶合木的抗弯强度设计值还应乘以组合系数 k_c，组合系数 k_c 按式（7-19）计算，且不应大于 1.2。

$$k_c = 1 + 0.025n \tag{7-19}$$

式中 n——最外侧的层板并排配置的层板数量。

当正交胶合木受弯构件的跨度大于构件截面高度 h 的 10 倍时（这个条件一般很容易满足），构件的受弯承载能力应按式（7-20）验算：

$$\frac{ME_l h}{2(EI)} \leqslant k_c f_m \tag{7-20}$$

式中 E_l——最外侧顺纹层板的弹性模量（N/mm²）；

f_m——最外侧顺纹层板的抗弯强度设计值（N/mm²）；

M——受弯构件弯矩设计值（N·mm）；

EI——构件的有效抗弯刚度（N·mm²）；

h——构件的截面高度（mm）。

2. 滚动剪切承载能力验算

木材是一种正交各向异性的材料，有纵向（Longitudinal）、径向（Radial）和弦向（Tangential）三个主要的材料方向，其剪切行为的类型也可以根据材料方向分为顺纹剪切、截纹剪切和横纹剪切（图 2-25）。

CLT 中的滚动剪切行为指剪切应力引起面板在其横切面（RT）上产生的剪切应变。木材的横切面剪切模量很低，加之同一年轮中早、晚材抵抗剪切变形能力不同，在剪力作用下，容易在早晚材过渡区域产生裂缝，发生滚动剪切破坏。图 7-11 是实验室滚剪破坏的例子。

图 7-11 实验室中 CLT 构件的滚剪破坏照片

滚动剪切性能对 CLT 产品设计十分重要，当其被用作楼、屋面板及桥面板时，面板会受到垂直于其平面的较大荷载，从而产生较大的滚动剪切应力。

正交胶合木受弯构件应按式（7-21）验算构件的滚剪承载能力（图 7-12）：

$$\tau_r = \frac{V \cdot \Delta S}{I_{ef} b} \leqslant f_r \qquad (7\text{-}21)$$

$$\Delta S = \frac{\sum_{i=1}^{\frac{n_l}{2}} (E_i b t_i e_i)}{E_0} \qquad (7\text{-}22)$$

$$I_{ef} = \frac{EI}{E_0} \qquad (7\text{-}23)$$

$$E_0 = \frac{\sum_{i=1}^{n_l} b t_i E_i}{A} \qquad (7\text{-}24)$$

式中　ΔS——计算滚剪应力以上或以下计算截面的面积矩（mm^3），按式 7-22 计算；

I_{ef}——截面有效惯性矩（mm^4），按式（7-23）计算；

E_0——构件的有效弹性模量（N/mm^2），按式（7-24）计算；

V——受弯构件剪力设计值（N）；

b——构件的截面宽度（mm）；

n_l——参加计算的顺纹层板层数；

A——参加计算的各层顺纹层板的截面总面积（mm^2）；

$n_l/2$——表示仅计算构件截面对称轴以上部分或对称轴以下部分；

f_r——构件的滚剪强度设计值（N/mm^2）。

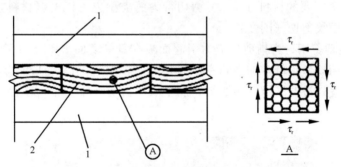

图 7-12　CLT 构件的滚剪示意图

1—顺纹层板；2—横纹层板；τ_r—顺纹层板剪力

正交胶合木受弯构件的滚剪强度设计值 f_r 应按下列规定取值：①当构件施加的胶合压力不小于 0.3MPa，构件截面宽度不小于 4 倍高度，并且层板上无开槽时，滚剪强度设计值取最外侧层板的顺纹抗剪强度设计值的 0.38 倍；②当不满足上述条件规定且构件施加的胶合压力大于 0.07MPa 时，滚剪强度设计值取最外侧层板的顺纹抗剪强度设计值的 0.22 倍。

3. 挠度验算

承受均布荷载的正交胶合木受弯构件的挠度应按式（7-25）计算：

$$\omega = \frac{5q_{k}bl^{4}}{384(EI)} \tag{7-25}$$

式中　q——受弯构件单位面积上承受的均布荷载标准值（N/mm²）；

　　　b——构件的截面宽度（mm）；

　　　l——受弯构件计算跨度（mm）；

　　EI——构件的有效抗弯刚度（N·mm²）。

本章小结

本章重点介绍了胶合木结构的两种主要结构形式（层板胶合木和正交胶合木）的应用范围、结构用胶和设计方法，详细讲解了层板胶合木的组坯原则及变截面层板胶合木受弯构架的设计要点，详细讲解了正交胶合木抗弯刚度的确定和抗弯、滚剪承载能力的验算方法，为胶合木结构的设计奠定基础。

思考与练习题

7-1　层板胶合木和正交胶合木在构造和工程应用上有何不同？

7-2　胶合木结构对结构用胶有何要求？

7-3　试述层板胶合木的组坯原则。

7-4　集中荷载作用下，变截面直线形受弯构件设计的最大弯曲正应力的位置是如何确定的？

7-5　试述正交胶合木的制造工艺流程。

7-6　正交胶合木的有效抗弯刚度是如何确定的？

第8章 木结构防火与防护

本章学习要点及学习目标

本章要点：
    （1）木结构的防火；（2）木结构的防护。

学习目标：
    （1）了解木构件的燃烧性能和耐火极限，掌握木结构的防火设计和防火构造；
（2）了解木结构的腐朽和虫害，掌握木结构的防水、防潮和防虫措施。

    人们往往认为木材易腐朽、易燃烧、耐久性差，其实，木结构只要设计合理，采取适当的防火、防护措施，其各方面性能都将非常优异。例如我国屹立千年的佛光寺大殿、应县木塔，以及北美、欧洲和日本等众多国家现存的大量木结构建筑都是很好的证明。

8.1 木结构的防火

    在建筑设计中，采用必要的技术措施和方法来预防建筑火灾和减少建筑火灾危害、保护人身和财产安全，是建筑设计的基本消防安全目标。建筑防火要根据建筑物的使用功能、空间与平面特征和使用人员的特点，合理确定建筑物的平面布局耐火等级和构件的耐火极限，进行必要的防火分隔，设置合理的安全疏散设施与有效的灭火、报警与防排烟等设施。

8.1.1 木构件的燃烧性能和耐火极限

1. 木材的燃烧特性

    木材作为可燃材料，品种不同，其发热量也各异。木材受热，在温度100℃以下时，只蒸发水分，不发生分解。继续加热，温度在100～200℃时，木材开始分解，但分解速度很慢，分解出的主要是水蒸气和二氧化碳，同时还有少量的一氧化碳和有机酸气体。因此，在200℃以下，对木材加热，是个吸热过程，不会发生燃烧。

    在没有空气的条件下，木材加热超过200℃时，即开始分解，最初比较缓慢，随着温度的升高，分解加速，当温度达到260～330℃时，木材分解到达最高峰。木材急剧分解时，放出可燃气体，如一氧化碳、甲烷、甲醇以及高燃点的焦油成分等，而剩余物为木炭。木材在温度达到400～450℃时完全炭化。木材在急剧分解的同时放出大量的反应热，故此过程属于放热反应过程。

    木材受热分解时，放出的可燃气体和剩余物，与氧气或氧化剂相遇，发生氧化反应，放出热和光的化学反应称为燃烧。木炭与氧气发生的反应称为煅烧。燃烧发生的热进一步使周围的木材受热分解，连续放出可燃气体，使燃烧扩展。

在木材受热分解而急速放出可燃气体时，氧气在木材表面炭化层的扩散受到阻碍，因而气相燃烧通常是在离木材表面一定距离处进行的。由于木炭层传热性低，故木材表面形成炭化层后，对木炭层下面的木材与其外面气相燃烧产生的热起隔离作用，延缓内层的木材达到热解温度，可燃气体也因而不能急速放出，这就导致燃烧缓慢，也使木材炭化速度减慢，若离开明火作用，就有可能逐步停止燃烧。这就是常见的大截面木构件虽没有防火处理却相当能耐火的原因。

2. 木构件的燃烧性能和耐火极限

建筑构件的燃烧性能，反映了建筑构件遇火烧或高温作用时的燃烧特点，根据构件材料的燃烧性能，不同燃烧性能建筑材料制成的建筑构件可分成三类：

1）不燃烧体，构件在空气中受到火烧或高温作用时，不起火、不微燃、不炭化；

2）难燃烧体，构件在空气中受到火烧或高温作用时，难起火、难微燃、难炭化，当火源移走后，燃烧或微燃立即停止；

3）燃烧体，构件在明火或高温作用下，能立即着火燃烧，且火源移走后，仍能继续燃烧和微燃。

建筑构件的耐火极限是指构件在标准耐火试验中，从受到火的作用时算起，到失去支持能力或完整性被破坏或失去隔火作用为止，这段抵抗火作用的时间，一般以小时（h）计。

木结构建筑构件的燃烧性能和耐火极限不应低于表 8-1 的规定。

木结构建筑中构件的燃烧性能和耐火极限　　　　　　　　　　　　表 8-1

构件名称	燃烧性能和耐火极限（h）
防火墙	不燃性 3.00
电梯井墙体	不燃性 1.00
承重墙、住宅建筑单元之间的墙和分户墙、楼梯间的墙	难燃性 1.00
非承重外墙、疏散走道两侧的隔墙	难燃性 0.75
房间隔墙	难燃性 0.50
承重柱	可燃性 1.00
梁	可燃性 1.00
楼板	难燃性 0.75
屋顶承重构件	可燃性 0.50
疏散楼梯	难燃性 0.50
吊顶	难燃性 0.15

注：1. 除现行国家标准《建筑设计防火规范》GB 50016—2014 另有规定外，当同一座木结构建筑存在不同高度的屋顶时，较低部分的屋顶承重构件和屋面不应采用可燃性构件；当较低部分的屋顶承重构件采用难燃性构件时，其耐火极限不应小于 0.75h；

2. 轻型木结构建筑的屋顶，除防水层、保温层和屋面板外，其他部分均应视为屋顶承重构件，且不应采用可燃性构件，耐火极限不应低于 0.50h；

3. 当建筑的层数不超过 2 层、防火墙间的建筑面积小于 600m²，且防火墙间的建筑长度小于 60m 时，建筑构件的燃烧性能和耐火极限应按现行国家标准《建筑设计防火规范》GB 50016—2014 中有关四级耐火等级建筑的要求确定。

8.1.2　木结构防火设计

木结构建筑的防火设计和防火构造应同时符合国家标准《建筑设计防火规范》GB 50016—2014 和《木结构设计标准》GB 50005—2017 的相关规定，四五层的木结构住宅和办公建筑应符合《多高层木结构建筑技术标准》GB/T 51226—2017 的规定，对于 6 层及 6 层以上的木结构建筑的防火设计应进行论证确定。

控制木结构建筑的应用范围、高度、层数和防火分区大小，是控制其火灾危害的重要手段。老年人照料设施，托儿所、幼儿园的儿童用房和活动场所设置在木结构建筑内时，应布置在首层或二层。商店、体育馆应采用单层木结构建筑。木结构建筑中防火墙间的允许建筑长度和每层最大允许建筑面积应符合表 8-2 的规定。

木结构建筑中防火墙间的允许建筑长度和每层最大允许建筑面积　　　　表 8-2

层数（层）	防火墙间的允许建筑长度（m）	防火墙间的每层最大允许建筑面积（m²）
1	100	1800
2	80	900
3	60	600

注：1. 当设置自动喷水灭火系统时，防火墙间的允许建筑长度和每层最大允许建筑面积可按本表的规定增加 1.0 倍。

　　2. 体育场馆等高大空间建筑，其建筑高度和建筑面积可适当增加。

当木结构建筑的每层建筑面积小于 $200m^2$ 且第二层和第三层的人数之和不超过 25 人时，可设置 1 部疏散楼梯。房间直通疏散走道的疏散门至最近安全出口的直线距离不应大于表 8-3 的规定。

房间直通疏散走道的疏散门至最近安全出口的直线距离（m）　　　　表 8-3

名称	位于两个安全出口之间的疏散门	位于袋形走道两侧或尽端的疏散门
托儿所、幼儿园、老年人照料设施	15	10
歌舞娱乐放映游艺场所	15	6
医院和疗养院建筑、教学建筑	25	12
其他民用建筑	30	15

木结构建筑之间及木结构建筑与其他结构类型建筑的防火间距，根据木结构和其他结构类型建筑的耐火性能确定。试验证明，发生火灾的建筑对相邻建筑的影响与该建筑物外墙的耐火极限和外墙上的门、窗或洞口的开口比例有直接关系。民用木结构建筑之间及其与其他民用建筑的防火间距不应小于表 8-4 的规定。

民用木结构建筑之间及其与其他民用建筑的防火间距（m）　　　　表 8-4

建筑耐火等级或类别	一、二级	三级	木结构建筑	四级
木结构建筑	8	9	10	11

注：1. 两座木结构建筑之间或木结构建筑与其他民用建筑之间，外墙均无任何门、窗、洞口时，防火间距可为 4m；外墙上的门、窗、洞口不正对且开口面积之和不大于外墙面积的 10% 时，防火间距可按本表的规定减少 25%。

　　2. 当相邻建筑外墙有一面为防火墙，或建筑物之间设置防火墙且墙体截断不燃性屋面或高出难燃性、可燃性屋面不低于 0.5m 时，防火间距不限。

木结构与钢结构、钢筋混凝土结构或砌体结构等其他结构类型组合建造时，对于竖向组合建造的形式，火灾通常都是从下往上蔓延，当建筑物下部着火时，火焰会蔓延到上层的木结构部分；但有时火灾也能从上部蔓延到下部，所以有必要在木结构与其他结构之间采取竖向防火分隔措施。对于水平组合建造的形式，采用防火墙将木结构部分与其他结构部分分隔开，能更好地防止火势从建筑物的一侧蔓延至另一侧。如果未做分隔，就要将组合建筑整体按照木结构建筑的要求确定相关防火要求。

木结构建筑内可燃材料较多，且空间一般较小，火灾发展相对较快。为能及早报警，通知人员尽早疏散和采取灭火行动，木结构建筑应设置火灾自动报警系统。

8.1.3 木结构防火构造

1. 构造措施

木结构建筑，特别是轻型木结构建筑中的框架构件和面板之间存在许多空腔，对墙体、楼板及封闭吊顶或屋顶下的密闭空间采取防火分隔措施，可阻止因构件内某处着火所产生的火焰、高温气体以及烟气在这些空腔内蔓延。

轻型木结构设置防火分隔时，防火分隔可采用下列材料制作：截面宽度不小于40mm的规格材；厚度不小于12mm的石膏板；厚度不小于12mm的胶合板或定向木片板；厚度不小于0.4mm的钢板；厚度不小于6mm的无机增强水泥板；其他满足防火要求的材料。

在轻型木结构建筑中设置水平防火分隔，主要用于限制火焰和烟气在水平构件内蔓延。水平防火构造的设置，一般要根据空间的长度、宽度和面积来确定。常见的做法是，将这些空间按照每一空间的面积不大于300m²，长度或宽度不大于20m的要求划分为较小的防火分隔空间。

墙体竖向的防火分隔，主要用于阻挡火焰和烟气通过构件上的开孔或墙体内的空腔在不同构件之间蔓延。多数轻型木结构墙体的防火分隔，主要采用墙体的顶梁板和底梁板来实现，如图8-1所示。

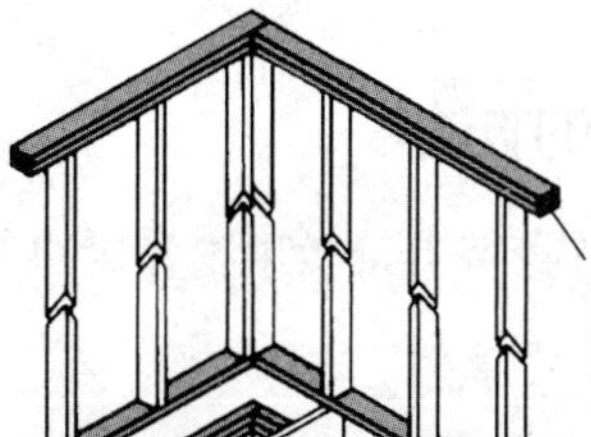

当顶棚材料安装在龙骨上时，一般需在双向龙骨形成的空间内增加水平防火分隔构件。采用实木锯材或工字型搁栅的楼板和屋顶盖，搁栅之间的支撑可用作水平防火分隔构件。

对于弧型转角吊顶、下沉式吊顶和局部下沉式吊顶，在构件的竖向空腔与横向空腔的交汇处，可采用墙体的顶梁板、楼板中的端部桁架以及端部支撑作为防火分隔构件，如图8-2所示。

顶梁板作为墙体和屋顶阁楼之间的竖向挡火构造

顶梁板和底梁板作为墙体和楼板之间的竖向挡火构造

底梁板作为墙体和楼盖之间的竖向挡火构造

图8-1 墙体竖向防火分隔

在水平密闭空腔与竖向密闭空腔的连接交汇处，轻型木结构建筑的楼梯梁与楼盖交接的上下第一步踏板处，也需要采取防火分隔措施，如图 8-3 所示。

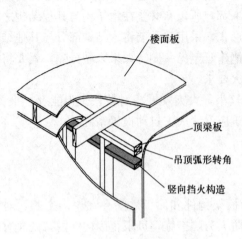

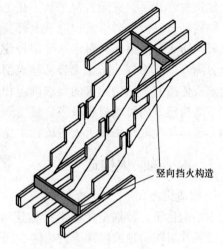

图 8-2　弧形转角吊顶防火分隔　　　　　图 8-3　楼梯与楼盖交接处防火分隔

2. 化学防火处理

为增强木结构的防火能力，木构件可做化学防火处理，通常采用涂刷防火涂料、用阻燃剂浸渍等措施。防火涂料涂刷于木构件表面，火灾时受热膨胀，具有阻止火灾蔓延和保护可燃基材的作用。目前，国内外生产销售的防火涂料品种较多，有溶剂型防火涂料、水剂型防火涂料、防火清漆等。阻燃剂是通过对木材直接喷涂或浸泡的方式使其达到规范要求的耐火等级。例如，经过阻燃剂处理的木质防火门，其耐火极限可以达到甲级（1.50h），能满足各类建筑设计防火规范的要求。

8.2　木结构的防护

由于木材的自身特点，微生物和昆虫等对木材的破坏是影响木结构建筑使用耐久性的一个重要因素。

8.2.1　木结构的腐朽和虫害

1. 木腐菌对木结构的危害

木腐菌属于一种低等植物，它的孢子落在木材上发芽生长形成菌丝，菌丝生长蔓延，分解木材细胞作为养料，因而造成木材腐朽。菌丝密集交织时，肉眼可见，呈分枝状、皮状、片状、绒毛状或绳索状等，发展到一定阶段形成子实体，子实体能产生亿万个孢子，每个孢子发芽后再形成菌丝，又可能蔓延而危害木材。木腐菌在木构件上传播的方式主要有两种：第一种方式是接触传播。菌丝可以从木材感染的部位蔓延到邻近健康木材上，这是建筑物中木腐菌传播的普遍方式。由于一般木腐菌的孢子与菌丝都能在潮湿的土壤中存在相当长的时期，所以与土壤接触的木构件往往是木腐菌侵染的途径。第二种方式是孢子传播。木腐菌产生巨大数量小而轻的孢子，能到达任何角落，遇到潮湿木材，孢子即萌发形成菌丝，然后蔓延到其他部位。

木腐菌生长需要具备下列条件：

（1）木材湿度：通常木材含水率超过 20% 木腐菌就能生长，但最适宜生长的木材含水率为 30%～60%；

（2）空气：一般木腐菌的生长需要木材内含有容积 5%～15% 的空气量；

（3）温度：木腐菌能够生长的温度范围为 2～35℃，而温度在 15～25℃时大部分能旺盛地生长蔓延；

（4）养料：木材的主要成分是纤维素、木质素、戊糖和少量其他有机物质，这些都是木腐菌的养料，同时木材内还容纳相当分量的水和空气，更适合于木腐菌的生长。

只要消除其中一个条件，木腐菌就不能生长，木材就不会腐朽。例如，木材长期浸泡在水中，木材内缺乏空气就能免受木腐菌的侵害；木构件保证通风干燥，使其含水率控制在 20% 以下，也可以避免腐朽。

2. 昆虫对木结构的危害

危害木结构的昆虫主要有白蚁和甲壳虫两大类。甲壳虫主要侵害含水率较高的木材，白蚁主要侵害含水率较低的木材，而白蚁的危害远比甲壳虫的危害广泛和严重。我国南方一些地区，昆虫对木结构建筑的侵害非常猖獗，数年内可将木构件蛀空，甚至导致建筑倒塌。

危害木结构的甲壳虫主要有家天牛、长蠹和粉蠹等，如图 8-4 所示。家天牛主要以木材纤维为食物，其幼虫能分泌纤维素酶消化木质纤维。家天牛一年能繁殖一代或两年繁殖一代，在细小的缝隙中产卵，11～14 天孵化出幼虫，几小时后即可蛀入木材潜伏。木材外表无痕迹，幼虫在木材中蛀成各种坑道，其内充满蛀蚀的木屑和虫粪。幼虫成熟后在坑道末端化成蛹，蛹期 20 天左右，成虫在木材上咬一个椭圆孔飞出，再繁殖下一代。家天牛的危害性极大，有时在竣工后的木结构房屋中甚至可以听到幼虫咬蚀木材的声音。长蠹和粉蠹的成虫喜欢选择木材粗糙面上的孔或裂缝中产卵，孵化成幼虫后，蛀入木材内部，将木材蛀成粉末状，形成弯曲的坑道，表层有虫孔，孔中撒落粉末状的排泄物。幼虫以木材中的糖类为营养，故对阔叶树种的危害更为严重。

(a)   (b)   (c)

图 8-4 甲壳虫

(a) 家天牛；(b) 粉蠹；(c) 长蠹

白蚁是一种活动隐蔽、群居性的昆虫，大多喜欢在潮湿和温暖的环境中生长繁殖，主要以木材和纤维类物质作为食物，分布广泛，危害严重。我国已知白蚁种类有 400 余种，主要分布在北京以南，尤其是南方潮湿的地区。

对木结构危害最大的白蚁我国主要有：土木栖类的家白蚁、黄胸散白蚁、黄肢散白蚁和黑胸散白蚁；土栖类的黑翅土白蚁、黄翅大白蚁；部分地区木栖类的铲头堆沙白蚁和截头堆沙白蚁危害也较严重；如图 8-5 所示。土、木和土木栖分别指白蚁筑巢于土中、木材中、木材或土中均可。每类白蚁中有蚁王、蚁后、工蚁和兵蚁之分，各司其职，其中以工蚁对木结构危害最甚。

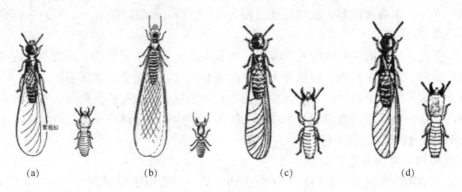

图 8-5　白蚁

(a) 家白蚁；(b) 黑翅土白蚁；(c) 黄胸散白蚁；(d) 黑胸散白蚁

8.2.2　木结构的防护措施

防水、防潮，保持木构件干燥，是最为根本的防腐朽措施，同时也可以有效减少白蚁滋生。在生物危害非常严峻及关键的部位，应该积极使用防腐处理木材或天然耐久木材，有效提高局部和个别部件的性能和使用寿命。凡是在重要部位，设计和施工时应积极采用多道防护措施，避免单一防护措施被破坏而引起不必要的损失。

1. 防水防潮构造措施

影响建筑围护结构性能的水分来源主要有雨水、雪水和地下水，还有室外和室内空气中的水蒸气，以及建造过程中材料自身的水分。研究和实践表明，建筑暴露于环境的程度越高，遭受水分破坏的可能性越大。建筑所处的地势、周围的建筑物和树木等，都影响建筑物的暴露程度。周围的建筑物越高，对该建筑所提供的保护程度就越大。在非常暴露的高坡上或在大湖边，建筑遭受风雨侵袭的程度就比有遮挡下的要高。所以，木结构建筑首先应有效利用周围地势、其他建筑物及树木，减少外围护结构表面的环境暴露程度。

木结构建筑应采取有效措施提高整个建筑维护结构的气密性能。提高围护结构气密性不仅对于防止雨水侵入，防止潮湿水蒸气在维护结构内冷凝作用明显，而且对于减少建筑供暖制冷所需能源，提高隔声性能，改善居住舒适度，都尤为重要。大部分建筑材料，如规格材、胶合板、定向木片板、石膏板及大多数柔性材料都具有较高的气密性，所以不同材料和部件的连接及开洞处气密层的连续性是保证建筑维护结构气密性的关键，可采用胶带粘接和使用密封条等提高接触面和连接点的气密性。

在潮湿多雨的地区，或环境暴露程度很高的木结构建筑，在外墙防护板和外墙防水膜之间应设置排水通风空气层。图 8-6 为一种等压防水墙体，通过外墙板、泛水板和防水膜等构成的等压防水层达到防水的目的。图中外墙护墙板与墙体表面防水层间存在空隙，该空间内的气压与建筑物外部大气压相等，这样可减少雨水因风压差作用而向墙内渗透，少量透过外墙板的雨水，可以沿防水透气膜下流，由泛水板排出墙外。泛水板可采用镀锌铁皮或其他耐腐蚀材料制作。防水膜是一种能单向透气的防水材料（呼吸纸），它能使墙体中可能存在的潮气排出，而又可以防止外部的雨水向墙体内渗透。

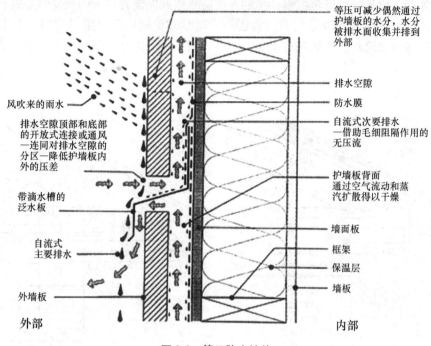

图 8-6 等压防水墙体

在木结构建筑的混凝土地基周围、地下室以及架空层内，应采取有效措施防止水分和潮气由地面入侵。在木构件和混凝土构件之间应铺设防潮膜；建筑物室内外地坪高差应不小于 300mm；当建筑物底层采用木楼盖时，木构件的底部距离室外地坪的高度不应小于 300mm。无地下室的底层木楼盖应架空，并应采取通风防潮措施，如图 8-7 所示。

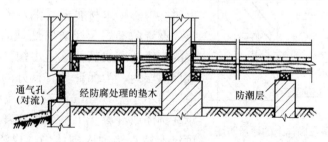

图 8-7 木地面的通风防潮

木结构建筑屋顶宜采用坡屋顶，尽量避免采用十分复杂的屋面结构，尽量减少屋面的连接和开洞。在必要的连接和开洞处，应提供可靠的保护措施，合理地使用泛水结构，防止雨水渗漏。轻型木结构常采用通风屋顶，通过在屋檐、山墙、屋脊等处设置通风口来保证屋顶和吊顶之间的通风，促进屋顶空间的防水、防潮。这种情况下屋顶空间是室外环境，所以必须在吊顶处设置气密层，可以铺设石膏板，并在石膏板之间及其与其他构件连接处采用密封措施，如图 8-8、图 8-9 所示。

如果木结构建筑的屋顶是非通风屋顶，即在屋檐、山墙、屋脊等处不设置通风口，屋顶空间是室内环境。这种屋顶设计与外墙类似，在北方严寒和寒冷地区，通常可在墙体和屋架龙骨内侧铺设一层 0.15mm 厚的塑料薄膜隔气层或具有较低蒸汽渗透率的涂料，同时避免在外侧使用具有很低蒸汽渗透率的外墙防水膜或保温材料。而在夏热冬暖和炎热地区则相反，应在外侧具有较低的蒸汽渗透率，同时避免使用蒸汽阻隔材料，如聚乙烯薄膜、低蒸汽渗透率涂料、乙烯基或金属膜覆面材料等作为内装饰材料，包括顶棚的内装饰材料。

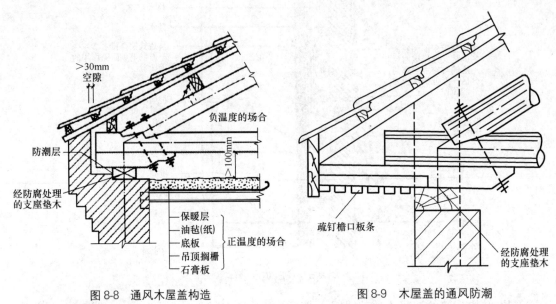

图 8-8　通风木屋盖构造　　　　　　　图 8-9　木屋盖的通风防潮

在木结构建筑的门窗洞口、屋面、外墙开洞处、屋顶露台和阳台等部位均应设置防水、防潮和排水的构造措施，应有效地利用泛水材料促进局部排水。

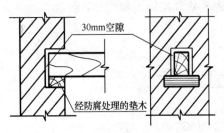

图 8-10　大梁搁置在砌体上的通风防潮

当木结构的桁架和大梁支承在砌体或混凝土上时，为防止木材腐朽受潮，桁架和大梁的支座下应设置防潮层及经防腐处理的垫木；桁架、大梁的支座节点或其他承重木构件不应封闭在墙体或保温层内，为保证具有良好的通风条件，周围应留出不小于 30mm 的空隙，如图 8-8 所示；支承在砌体或混凝土上的木柱底部应设置垫板，不可将木柱直接砌入砌体中，或浇筑在混凝土中，在木结构隐蔽部位应设置通风孔洞，如图 8-10 所示。

2. 防生物危害

我国木结构建筑受生物危害地区根据危害程度划分为四个区域等级，每区域包括的地区见表 8-5。

白蚁危害防治主要针对危害区域等级为 Z2、Z3、Z4 区域，当木结构建筑施工现场位于这三个等级区域时，木结构建筑的施工应符合以下规定：施工前应对场地周围的树木和土壤进行白蚁检查和灭蚁工作；应清除地基土中已有的白蚁巢穴和潜在的白蚁栖息地；地基开挖时应彻底清除树桩、树根和其他埋在土壤中的木材；所有施工时产生的木模板、废木材、纸质品及其他有机垃圾，应在建造过程中或完工后及时清理干净；所有进入现场的木材、其他林产品、土壤和绿化用树木，均应进行白蚁检疫，施工时不应采用任何受白蚁感染的材料；应按设计要求做好防治白蚁的其他各项措施。

我国生物危害地区划分　　　　　　　　　　　　　　　表 8-5

序号	生物危害区域等级	白蚁危害程度	包括地区
1	Z1	低危害地带	新疆、西藏西北部、青海西北部、甘肃西北部、宁夏北部、内蒙古除突泉至赤峰一带以东地区和加格达奇地区外的绝大部分地区、黑龙江北部
2	Z2	中等危害地带，无白蚁	西藏中部、青海东南部、甘肃南部、宁夏南部、内蒙古东南部、四川西北部、陕西北部、山西北部、河北北部、辽宁西北部、吉林西北部、黑龙江南部
3	Z3	中等危害地带，有白蚁	西藏南部、四川西部少部分地区、云南德钦以北有少部分地区、陕西中部、山西南部、河北南部、北京、天津、山东、河南、安徽北部、江苏北部、辽宁东南部、吉林东南部
4	Z4	严重危害地带，有乳白蚁	云南除德钦以北的其他地区、四川东南大部、甘肃武都以南少部分地区、陕西汉中以南少部分地区、河南信阳以南少部分地区、安徽南部、江苏南部、上海、贵州、重庆、广西、湖北、湖南、江西、浙江、福建、贵州、广东、海南、香港、澳门、台湾

当木结构建筑位于白蚁危害区域等级为 Z3 和 Z4 区域内时，木结构建筑的防白蚁设计应符合以下规定：直接与土壤接触的基础和外墙，应采用混凝土或砖石结构；基础和外墙中出现的缝隙宽度不应大于 0.3mm，以防白蚁进入；当无地下室时，底层地面应采用混凝土结构，并宜采用整浇的混凝土地面，提高密实性，减少缝隙，有利于防蚁；由地下通往室内的设备电缆缝隙、管道孔缝隙、基础顶面与底层混凝土地坪之间的接缝，应采用防白蚁物理屏障（如防虫网）或土壤化学屏障（如防蚁药剂）进行局部处理；外墙的排水通风空气层开口处应设置连续的防虫网，防虫网隔栅孔径应小于 1mm；地基的外排水层或外保温绝热层不宜高出室外地坪，否则应作局部防白蚁处理。

3. 化学防护处理

当木构件在室外使用或与土壤、混凝土、砖石砌体直接接触时，木构件应采用防腐木材。这种情况下，即使已在构造上采取了通风防潮的措施，但仍需对木构件进行药剂防护处理。

化学药剂防护处理方法包括浸渍法、喷洒法和涂刷法。浸渍法中有常温浸渍法、冷热槽浸渍法和加压浸渍法 3 种，为了保证达到规定的防护剂保持量，无论锯材、层板胶合木、胶合板或结构复合材，均应采用加压浸渍法。常温浸渍法等非加压处理法，仅允许在腐朽和虫害轻微的使用环境中采用。喷洒法和涂刷法作为辅助处理方法，仅允许用于已处理的木材因钻孔、开槽而使未吸收防护剂的木材暴露的情况下使用。

防护用药剂应符合环保要求，不得危及人畜安全和污染环境。需要油漆的木构件宜采用水溶性防护剂或以挥发性的碳氢化合物为溶剂的油溶性防护剂。在建筑物预定的使用期限内，木材防腐和防虫性能应稳定持久。防腐剂不应与金属连接件起化学反应。防腐药剂处理后的木构件不宜再进行锯解、刨削等加工处理。木材防腐处理应根据设计文件规定的各木构件用途和防腐要求，按照《木结构工程施工规范》GB 50772—2012 规定的不同使用环境（表 8-6）选择合适的防腐剂。

木结构的使用环境　　　　　　表 8-6

使用分类	使用条件	应用环境	常用构件
C1	户内,且不接触土壤	在室内干燥环境中使用,能避免气候和水分的影响	木梁、木柱等
C2	户内,且不接触土壤	在室内环境中使用,有时受潮湿和水分的影响,但能避免气候的影响	木梁、木柱等
C3	户外,但不接触土壤	在室外环境中使用,暴露在各种气候中,包括淋湿,但不长期浸泡在水中	木梁等
C4A	户外,且接触土壤或浸在淡水中	在室外环境中使用,暴露在各种气候中,且与地面接触或长期浸泡在淡水中	木柱等

　　不同使用环境下的原木、方木和规格材构件,经化学药剂防腐处理后应达到表 8-7 规定的以防腐剂活性成分计的最低载药量。

　　胶合木结构宜在化学药剂处理前胶合,并宜采用油溶性防护剂以防吸水变形。经化学防腐处理后在不同使用环境下胶合木构件的药剂最低保持量和透入度,应不小于表 8-8 和表 8-9 的规定。

不同使用环境防腐木材及其制品应达到的载药量　　　　表 8-7

防腐剂			活性成分	组成比例（%）	最低载药量（kg/m³）			
					使用环境			
类别	名称				C1	C2	C3	C4A
水溶性	硼化合物		三氧化二硼	100	2.8	2.8	NR	NR
	季铵铜（ACQ）	ACQ-2	氧化铜 DDAC	66.7 33.3	4.0	4.0	4.0	6.4
		ACQ-3	氧化铜 BAC	66.7 33.3	4.0	4.0	4.0	6.4
		ACQ-4	氧化铜 DDAC	66.7 33.3	4.0	4.0	4.0	6.4
	铜唑	CuAz-1	铜 硼酸 戊唑醇	49 49 2	3.3	3.3	3.3	6.5
		CuAz-2	铜 戊唑醇	96.1 3.9	1.7	1.7	1.7	3.3
		CuAz-3	铜 丙环唑	96.1 3.9	1.7	1.7	1.7	3.3
		CuAz-4	铜 戊唑醇 丙环唑	96.1 1.95 1.95	1.0	1.0	1.0	2.4
	唑醇啉（PTI）		戊唑醇 丙环唑 吡虫啉	47.6 47.6 4.8	0.21	0.21	0.21	NR
	酸性铬酸铜（ACC）		氧化铜 三氧化铬	31.8 68.2	NR	4.0	4.0	8.0
	柠檬酸铜（CC）		氧化铜 柠檬酸	62.3 37.7	4.0	4.0	4.0	NR

续表

防腐剂		活性成分	组成比例（%）	最低载药量（kg/m³）			
类别	名称			使用环境			
				C1	C2	C3	C4A
	8-羟基喹啉铜（Cu8）	铜	100	0.32	0.32	0.32	NR
	环烷酸铜（CuN）	铜	100	NR	NR	0.64	NR

注：NR 为不建议使用。

胶合木防护药剂最低载药量与检测深度   表 8-8

药剂			胶合前处理					胶合后处理				
			最低载药量（kg/m³）				检测深度	最低载药量（kg/m³）				检测深度
类别	名称		使用环境				(mm)	使用环境				(mm)
			C1	C2	C3	C4A		C1	C2	C3	C4A	
水溶性	硼化合物		2.8	2.8	NR	NR	13-25	NR	NR	NR	NR	—
	季铵铜（ACQ）	ACQ-2	4.0	4.0	4.0	6.4	13-25	NR	NR	NR	NR	—
		ACQ-3	4.0	4.0	4.0	6.4	13-25	NR	NR	NR	NR	—
		ACQ-4	4.0	4.0	4.0	6.4	13-25	NR	NR	NR	NR	—
	铜唑	CuAz-1	3.3	3.3	3.3	6.5	13-25	NR	NR	NR	NR	—
		CuAz-2	1.7	1.7	1.7	3.3	13-25	NR	NR	NR	NR	—
		CuAz-3	1.7	1.7	1.7	3.3	13-25	NR	NR	NR	NR	—
		CuAz-4	1.0	1.0	1.0	2.4	13-25	NR	NR	NR	NR	—
	唑醇啉（PTI）		0.21	0.21	0.21	NR	13-25	NR	NR	NR	NR	—
	酸性铬酸铜（ACC）		NR	4.0	4.0	8.0	13-25	NR	NR	NR	NR	—
	柠檬酸铜（CC）		4.0	4.0	4.0	NR	13-25	NR	NR	NR	NR	—
	8-羟基喹啉铜（Cu8）		0.32	0.32	0.32	NR	13-25	NR	NR	NR	NR	0-15
	环烷酸铜（CuN）		NR	NR	0.64	NR	13-25	NR	NR	NR	NR	0-15

注：NR 为不建议使用。

胶合前处理的木构件防护药剂透入深度或边材透入率   表 8-9

木材特征	使用环境		钻孔采样的数量（个）
	C1、C2 或 C3	C4A	
易吸收不需要刻痕	75mm 或 90%	75mm 或 90%	20
需要刻痕	25mm	32mm	20

本章小结

　　本章主要讲述木结构的防火与防护，介绍了木构件的燃烧性能和耐火极限，以及木结构的腐朽和虫害，应重点掌握木结构的防火设计和防火构造，以及防水、防潮和防虫的构造措施。

思考与练习题

8-1　轻型木结构的防火构造措施主要有哪些？

8-2　木结构墙体如何实现防水、防潮？

8-3　木屋盖如何实现防水、防潮？不同气候地区的防水、防潮构造措施有何不同？

8-4　为什么不能将承重木构件直接封闭在墙体或保温层内？

8-5　木材防护剂为什么必须采用加压处理法？其检测指标是什么？

8-6　轻型木结构设置防火分隔时，防火分隔可采用（　　）材料制作。

A. 截面宽度不小于 40mm 的规格材

B. 厚度不小于 12mm 的石膏板

C. 厚度不小于 12mm 的胶合板或定向木片板

D. 厚度不小于 0.4mm 的钢板

8-7　在轻型木结构建筑中设置水平防火分隔，一般要根据（　　）来确定。

A. 空间长度　　　　B. 空间宽度　　　　C. 空间高度　　　　D. 空间面积

8-8　多数轻型木结构墙体的防火分隔，主要采用墙体的（　　）来实现。

A. 顶梁板　　　　　B. 墙骨柱　　　　　C. 墙面板　　　　　D. 底梁板

8-9　通常木材含水率超过（　　）木腐菌就能生长，但最适宜生长的木材含水率为 30%～60%。

A. 5%　　　　　　　B. 10%　　　　　　C. 20%　　　　　　D. 30%

8-10　对木构件进行药剂防护处理，为了保证木构件达到规定的防护剂保持量，无论锯材、层板胶合木、胶合板或结构复合木材，均应采用（　　）。

A. 常温浸渍法　　　B. 喷洒法　　　　　C. 涂刷法　　　　　D. 加压浸渍法

8-11　老年人照料设施，托儿所、幼儿园的儿童用房和活动场所设置在木结构建筑内时，应布置在首层或二层。（　　）

8-12　防水、防潮，保持木构件干燥是木结构建筑最为根本的防腐朽措施，同时也可以有效减少白蚁滋生。（　　）

8-13　不同材料和部件的连接及开洞处气密层的连续性是保证建筑维护结构气密性的关键，可使用密封条或采用砂浆封堵。（　　）

8-14　当木构件在室外使用或与土壤、混凝土、砖石砌体直接接触时，木构件应采用防腐木材，如果在构造上采取了通风防潮的措施，就不用再对木构件进行药剂防护处理。（　　）

8-15　对木构件进行药剂防护处理，喷洒法和涂刷法作为辅助处理方法，仅允许用于已处理的木材因钻孔、开槽而使未吸收防护剂的木材暴露的情况。（　　）

第9章 预应力木结构

本章要点及学习目标

本章要点：

（1）预应力基本原理、材料及锚具要求； （2）五种常用的预应力施加方法；
（3）四种典型预应力构件的研究工作。

学习目标：

（1）了解预应力的基本原理，以及预应力木结构与预应力混凝土结构的区别；
（2）掌握常用的在竹木结构中施加预应力的方法，明确每种方法的优缺点和适用范围；
（3）结合四种典型预应力构件的研究工作，体会预应力构件在受力性能上的优势。

9.1 预应力基本知识

9.1.1 基本原理

以特定的方式在结构构件上预先施加的，能产生与构件所承受的外荷载效应相反的应力状态的力称为预加力，预加力在结构构件上引起的应力称为预应力。这里面有两个关键点，一个是这个力要提前施加，第二个是这个力产生的荷载效应与外荷载产生的荷载效应是相反的。

生活中有很多利用预应力的情况，如酒厂的木桶由木板和铁箍组成，如图 9-1 所示。木板之间在没有涂胶的情况下，是不能承受拉力的，放酒后木板就分开了；如果拉紧铁箍，则铁箍受到预拉应力，而在桶板之间则产生预压应力，这样在注入液体时，木板间的压应力逐渐减小（但木板间始终受压），从而使不能承受拉力的木板，在预压应力的作用下，就能够抵抗内部液体所产生的环向拉应力了。

此外，对书本施加压力后，可以将书本拿起来，使没有抗拉能力的书本也能像梁一样工作，如图 9-2 所示。众所周知，简支梁在受弯的过程中是上表面受压、下表面受拉的，但书本之间是不能传递拉力的，所以预先加上压力，使书本在自重或者其他书本的重量作用下，其底部的压应力逐渐减小（但始终存在）。实际工程中，可以在空心砌块中穿筋，然后张拉，作为楼板来使用，原理是相同的。

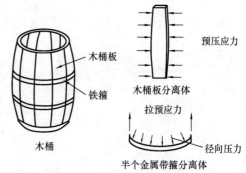

图 9-1 木桶制作中的预应力原理

　　上述两个例子，是通过施加预应力来充分利用抗压材料的例子。在充分利用抗压材料时，预应力使受拉转化为压力减小的过程，也即在原本应该受拉的区域，施加了预压应力后，应力的变化过程从未施加预应力时的拉应力逐渐增大，转变为施加了预应力后的压应力逐渐减小。

　　事实上，施加预应力不仅能够充分利用抗压材料，也能充分利用抗拉材料。木匠使用锯时，只有拉紧锯条才能有效工作，这是因为，锯条未被拉紧时，会发生受压失稳（来回晃动），从而不好用，所以我们可以通过旋转绞绳的方式，使锯条预先拉紧，这样在锯条工作时，拉应力会不断变化，但始终受拉，因此不会失稳，如图9-3所示。

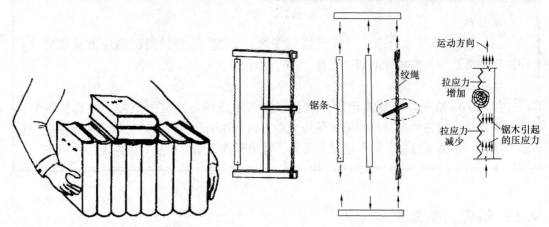

图9-2　拿起书本时的预应力原理　　　　　图9-3　锯条工作时的预应力原理

　　薄膜受压极易失稳，因此只能承受拉力，此时可以先在薄膜中充气，使其处于受拉状态，这样就可以像梁一样工作了，如图9-4所示。

　　在充分利用抗拉材料时，预应力使受压转化为拉力减小的过程，即在原本应该受压的区域，施加了预拉应力后，应力的变化过程从未施加预应力时的压应力逐渐增大，转化为施加了预应力后的拉应力逐渐减小。

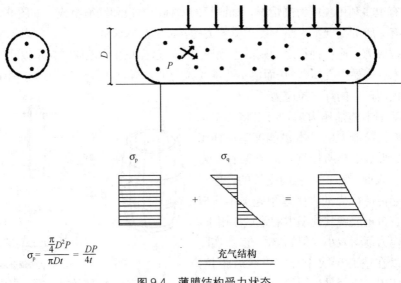

$$\sigma_p = \frac{\frac{\pi}{4}D^2 P}{\pi D t} = \frac{DP}{4t}$$

图9-4　薄膜结构受力状态

9.1.2 预应力材料

1. 预应力筋

按材料性质分类，预应力筋包括金属类和非金属类预应力筋两种。常见的金属预应力筋按形态可分为钢筋、钢丝和钢绞线三种，非预应力筋主要是纤维增强复合材料（FRP）预应力筋。

1）金属预应力筋

钢丝根据强度可分为中强度预应力钢丝和消除应力钢丝，中强度预应力钢丝的极限强度标准值 f_{ptk} 在 800～1270MPa 之间，消除应力钢丝 f_{ptk} 可达 1470～1860MPa；根据表面处理情况分为光圆钢丝、刻痕钢丝和螺旋肋钢丝，如图 9-5 所示。

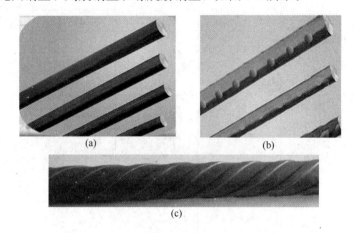

图 9-5 钢丝种类

（a）光圆钢丝；（b）刻痕钢丝；（c）螺旋肋钢丝

预应力混凝土常用的钢绞线是由多根冷拔钢丝在绞线机上扭绞制造而成。钢绞线规格有 2 股、3 股、7 股和 19 股等，常用的是 7 股钢绞线，见图 9-6。

预应力螺纹钢筋比普通钢筋的肋更加宽大，可以增强黏结锚固效果。表 9-1 给出了各种预应力筋的力学指标。

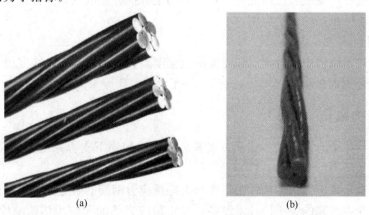

图 9-6 钢绞线种类

（a）7 股钢绞线；（b）3 股钢绞线

预应力筋的力学指标　　　　　　　　　　表 9-1

种类		符号	直径（mm）	抗拉强度 f_{ptk} （N/mm²）	最大力下总伸长率 δ_{gt}（%）
中强度预应力 钢丝	光面 螺旋肋	PM HM	5、7、9	800	不小于 3.5
				970	
				1270	
消除应力钢丝	光面 螺旋肋	P H	5	1570	
				1860	
			7	1570	
			9	1470	
				1570	
钢绞线	1×3 （三股）	S	8.6、10.8、 12.9	1570	
				1860	
				1960	
	1×7 （七股）		9.5、12.7、 15.2、17.8	1720	
				1860	
				1960	
			21.6	1770	
				1860	
预应力 螺纹钢筋	螺纹	T	18、25、32、 40、50	980	
				1080	
				1230	

2）非金属预应力筋

纤维增强复合材料预应力筋包括碳纤维筋（CFRP）、玻璃纤维筋（GFRP）和玄武岩纤维筋（BFRP）。纤维筋的抗拉强度高，热膨胀系数与混凝土接近，抗腐蚀性能好，重量轻，抗磁性能好，耐疲劳性能优良；但纤维筋也有抗剪强度低，弹性模量小，材质较脆等缺陷，限制了纤维筋的大量应用。

2. 竹木材料

在预应力竹木结构中，竹木材料需要满足强度高、弹性模量大、蠕变较小等要求，推荐使用人工复合的木材和竹材。

9.1.3　预应力锚具

预应力锚具体系通常包括：锚具、夹具、连接器和锚下支撑系统等。应力-应变关系见图 9-7。

锚具和夹具是预应力结构构件中锚固与夹持预应力钢筋的装置，它们是保证预应力结构施工安全、受力可靠的关键性技术设备，是将预应力筋的预应力传给结构构件的装置。连接器是预应力钢筋的连接装置，可将多段预应力钢筋连接成一条完整的长束，并实现分段张拉和锚固，如图 9-8 所示。

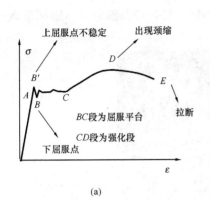
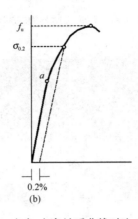
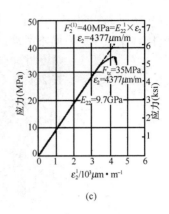

(a) (b) (c)

图 9-7 应力-应变关系曲线对比

(a) 普通钢筋；(b) 预应力筋；(c) 纤维筋

在预应力混凝土结构中，锚具的种类很多，有些是不适合竹木结构的。适合预应力竹木结构的常用锚具主要有以下 3 种。值得一提的是，这些工厂加工的成套锚具，在应用于竹木结构时，也需要进行适当的改装和调整。

图 9-8 预应力筋连接器

1. 夹片式锚具

夹片式锚具是一种由夹片、锚板（锚环）和锚垫板等部分组成的锚具，可分为单孔夹片锚和多孔夹片锚。可锚固预应力钢绞线，也可锚固预应力钢丝，主要用作张拉端锚具，具有自动跟进、放张后自动锚固、锚固效率系数高、锚固性能好、安全可靠等特点。

单孔夹片锚的锚环内孔为锥形，夹片内设螺纹，增加摩擦力。组合后的单孔夹片锚如图 9-9 (a) 所示，在竹木结构中，锚垫板多为平板；组合后的多孔夹片锚如图 9-9 (b) 所示，竹木结构中一般不设螺旋筋，也不设波纹管。目前我国常用的夹片式锚有 QM 型和 JM 型锚具等。

2. 挤压锚

挤压式锚具由挤压头、螺旋筋、锚板和钢丝环（约束圈）组成，主要用于锚固端，组

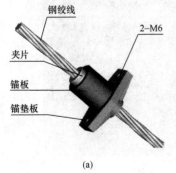

(a) (b)

图 9-9 夹片式锚具

(a) 单孔夹片锚；(b) 多孔夹片锚

合后挤压锚如图 9-10 所示。其工作原理是挤压钢绞线和钢丝环，使其膨胀并与锚杯形成整体，保证预应力筋不滑动。

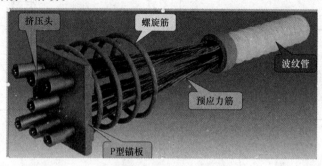

图 9-10　挤压式锚具

3. 镦头锚

镦头锚具由锚杯、锚圈和冷镦头三部分组成，主要用于高强钢丝束。它的工作原理是将预应力筋穿过锚杯的蜂窝眼后，用专门的镦头机将钢丝的端头镦粗，将墩粗头的钢丝束直接锚固在锚杯上，待千斤顶拉杆旋入锚杯内螺纹后即可进行张拉，当锚杯带动钢丝伸长到设计值时，将锚圈沿锚杯外的螺纹旋紧顶在构件表面，于是锚圈通过支承垫板将预应力传到构件上。镦头锚分为 A 型和 B 型，A 型由锚杯和螺母组成，用于张拉端，B 型为锚杯，用于固定端，如图 9-11 所示。工程中，为了防止竹木结构端部局压破坏，可增设锚垫板。适用于竹木结构的墩头机如图 9-12（a）所示，锚垫板如图 9-12（b）所示，锚杯如图 9-12（c）所示，整体锚具如图 9-12（d）所示。

图 9-11　镦头式锚具

（a）　　　　　　　　　　　　　　　　（b）

图 9-12　工程常见墩头式锚具（一）

（a）墩头机；（b）锚垫板

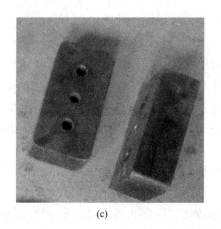

(c)   (d)

图 9-12   工程常见墩头式锚具（二）

（c）锚杯；（d）整体锚具

9.2   预应力与竹木结构

9.2.1   传统竹木结构特点

竹材和木材是天然的可再生资源，而且在其生长过程中能够释放氧气，改善环境，竹木结构房屋保温性好，具有节能减排的特点，并且房屋拆除后的材料可供板材、造纸等工业循环利用，加之其本身所具有的亲和力和在抗震、防灾方面的突出表现，以及抗火性能的不断提高，竹木结构将大有发展。

在竹木材料的使用过程中，由于其弹性模量相对较低，受力后变形较大，而且由于蠕变的影响，竹木梁的长期挠度会进一步增大。胶合木梁受弯时，首先在受拉边缺陷位置出现裂缝，随着挠度增大，最外层木材纤维拉断，梁随即发生瞬间垮塌，破坏时木材的抗压强度未能充分发挥，破坏形态为脆性的受拉破坏，如图 9-13 所示。

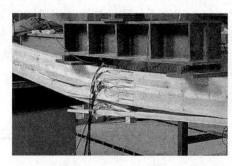

图 9-13   梁底脆性受拉破坏试验图

实际工程中，很多胶合木梁的截面尺寸由变形控制，更有研究表明，胶合竹梁按挠度验算的极限承载力大约是按强度验算的极限承载力的 1/5，材料强度未能得到充分利用。

9.2.2　预应力竹木结构的优势

基于上面提到的传统竹木梁的不足，国内外学者提出了很多方式对其进行增强，包括在梁底粘贴钢板、纤维材料，对梁进行配筋、张弦等。这些增强方式，虽然都起到了一定的效果，但是因为竹木材料和钢材、纤维材料等的强度和弹性模量相差太多，直接增强的效果有限，为了充分利用高强材料，一些学者提出了在梁中施加预应力的方法，通过施加预应力，可以达到如下优点：

（1）减小胶合竹、木梁的短期变形，并且在使用过程中可以通过调节预应力的大小，减小或消除蠕变对长期变形影响。

（2）施加预应力后，竹材或木材由纯弯状态转化为压弯状态，可以充分利用竹材和木材的抗压强度，提高承载力，或者在满足承载力的情况下，节省材料。

（3）施加预应力后，可以使竹材或木材发生顺纹受压破坏，而竹木材料顺纹受压时，纤维受压屈曲，破坏时试件表面出现皱折，呈现出明显的塑性变形特征，使梁的破坏形态从脆性的梁底受拉破坏转化为延性的梁顶受压破坏，从而提高梁的可靠度。

9.3　预应力的施加方法

9.3.1　预应力施加方法简介

通过上一节的描述，我们知道了在竹、木梁中施加预应力的诸多优点，这一节将进一步介绍施加预应力的方法。简单、高效的预应力施加方法是预应力竹、木结构的核心术，是预应力竹、木结构能否得到推广，进而在实际工作中广泛应用的关键。目前，常见的预应力施加方法主要有：顶升法、体内穿筋法、梁端拧张法、体外张弦法、预压粘贴法等。

9.3.2　顶升法

顶升法是对既有建筑中，已经产生挠度的梁施加预应力的一种方法。该法先将中部涂胶的钢板或纤维布等加固材料置于千斤顶和梁之间，通过千斤顶的顶升，使梁的挠度变为零，随后在梁底的其他部分粘贴加固材料，待加固材料粘牢后，释放千斤顶，梁重新产生挠度，加固材料在伸长的过程中建立预应力，如图 9-14 所示。顶升法适用于已经有挠度梁的加固改造工程。其优点为施工工艺方便，构造简单，但这种方法不能用于新建工程，且所施加的预应力大小也相对有限。

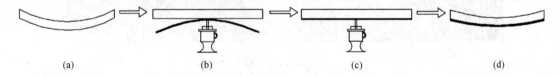

(a)　　　　　　　　(b)　　　　　　　　(c)　　　　　　　　(d)

图 9-14　顶升法

（a）受弯梁；（b）千斤顶顶升施加预应力；（c）全梁粘贴加固材料；（d）加固完成后受荷

9.3.3 体内穿筋法

所谓的体内穿筋法，就是将预应力筋穿过胶合木梁内部，并通过千斤顶在端部进行张拉的一种方法。根据穿筋方式的不同，又可细分为在双肢梁中部进行穿筋和在梁内部进行穿筋两种方式。

第一种方法：在双肢梁中部进行穿筋，并施加预应力的方法。即在两木梁中部设置预应力筋，在距两端 1/4～1/3 处设置滚轮改变预应力筋方向，并且在木梁两个端部截面的上端设角钢，以防止局部压坏，再将预应力筋穿过角钢，通过液压千斤顶张拉预应力筋建立预应力，如图 9-15 所示。这种预应力施加方法的优点是：预应力筋基本不外露，外观较好，且不必对胶合木梁进行开孔，而且防火相对好处理，但此种方法需要使用专业设备进行张拉，并且由于需要考虑端部局压和滚轮处的抗剪问题，预应力的大小可能会受到限制。

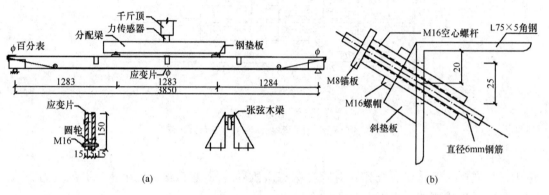

图 9-15　体内穿筋法图
(a) 试验梁加载及支撑示意图；(b) 锚具构造详图

第二种方法：在梁内部穿筋，并施加预应力的方法。该方法通过在两侧胶合木中开曲线槽，然后黏合形成孔道，最终形成曲线布筋的预应力胶合木梁，孔道尺寸为 $22mm×22mm$，在跨中截面，孔道端部距梁底 30mm，在梁端截面距梁底 180mm，试件横截面如图 9-16 所示。锚具采用新型的单孔锚，构造如图 9-16（c）所示，主要由普通单孔夹片锚、外螺母和防松盖板组成。采用千斤顶进行张拉，当预应力筋达到张拉控制应力时完成张拉。这种方法可以形成曲线的预应力筋线型，其等效荷载更加接近均布荷载，受力更好；但是，在胶合木梁中形成曲线孔道相对复杂，增加了施工难度。

9.3.4 梁端拧张法

梁端拧张法是通过拧紧梁端带螺纹的钢筋，对胶合木梁施加预应力的一种方法。东北林业大学木结构团队提出的配筋胶合木梁，即采用了梁端拧张法，该梁由底部开槽的胶合木、钢筋和端部张拉锚固装置构成，将钢筋置于槽内，穿过设置于梁端的锚垫板并进行端部锚固，钢筋端部加工螺纹，通过拧紧端部的螺帽施加预应力。

如图 9-17 所示，此方法构造简单、便于工程应用，而且能够在使用过程中对梁的预

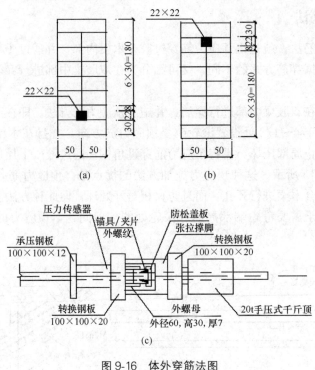

图 9-16 体外穿筋法图
(a) 跨中截面；(b) 梁端截面；(c) 端部锚具图

应力进行调控，但在梁底开槽，对胶合木有所削弱，影响了强度，此外，当预应力较大时，也容易造成梁端局部压力问题。

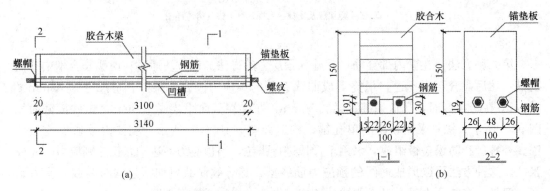

图 9-17 配筋胶合木梁图
(a) 立面图；(b) 截面图

9.3.5 体外张弦法

体外张弦法是把预应力筋布置在胶合木之外，形成张弦梁并施加预应力的一种方法。东北林业大学木结构团队提出的可调控预应力胶合木梁，由转向块、螺栓、钢垫板、预应力筋及锚具等构件组成，其中转向块、螺杆及钢垫板通过拼装，形成丝扣张横向张拉装置；钢丝穿过锚具后，在端部墩头，置于钢垫板的楔形槽中，实现锚固，如图 9-18 所示。

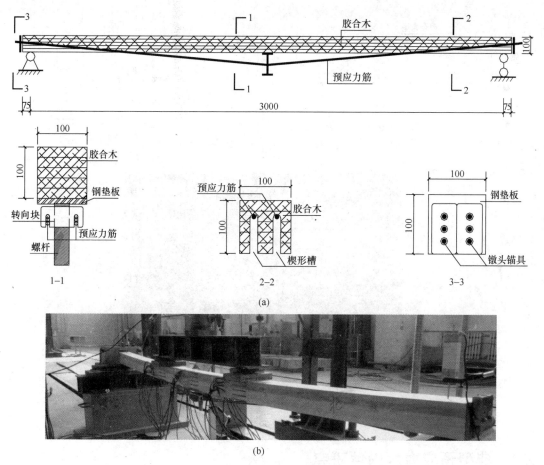

图 9-18 预应力胶合木张弦梁

(a) 示意图；(b) 实物图

体外张弦法不需要专业设备，旋转螺杆即可施加预应力，而且可以精确控制预应力的大小，并实现使用过程中的预应力调控。张弦结构的高度比较大，受力性能更好，适合更大的跨度。但是这种方法也需要在梁端开槽，截面有所削弱，而且外露的预应力筋的防火处理也更加困难。

9.3.6 预压粘贴法

预压粘贴法是先通过特有装置对竹木梁进行预压，随后粘贴钢板等增强材料，待增强材料粘牢后，放松预压装置建立预应力的方法。图 9-19 中的预应力施加装置，是由端部钢垫板、端部加工螺纹的钢筋和螺帽组成的，钢筋穿过钢垫板固定在胶合木梁两侧，钢筋端部设有螺纹，可通过拧动端部螺帽控制钢筋的张拉应力，进而实现对竹木梁施加预应力的目的。这种施加预应力的方法不破坏结构整体性，体积小，操作简便，但由于预应力施加装置的存在，该方法只能用于新建工程。

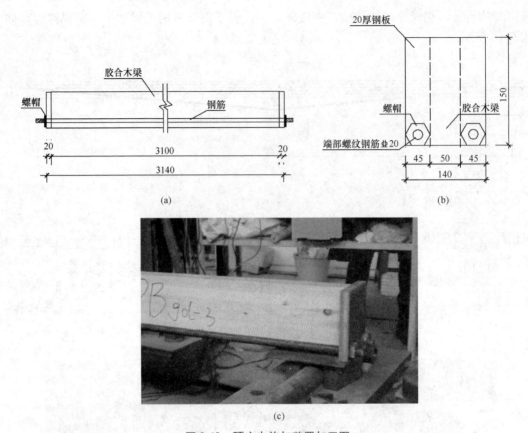

图 9-19　预应力施加装置加工图

(a) 侧立面图；(b) 截面图；(c) 实物图

9.4　典型预应力木构件研究

9.4.1　预应力胶合木张弦梁

预应力胶合木张弦梁的构成及预应力施加方式，详见 9.3.5 节。

1. 短期受弯性能试验研究

1）试验分组

本试验总共包括 45 根胶合木梁，其中有 36 根为配置预应力钢丝的梁，按照预应力钢丝数量不同和总预加力数值不同两种情况进行分组：控制总预加力数值相同，预应力钢丝数量不同（2 根、4 根、6 根），用以研究预应力钢丝数量对预应力胶合木张弦梁短期受弯变形性能的影响；控制预应力钢丝数量相同，所施加的总预加力数值不同（0kN、3.079kN、6.158kN、9.232kN），用以研究总预加力数值对预应力胶合木张弦梁短期受弯变形性能的影响。所有梁和试件的选材均为东北落叶松，所有预应力筋均为直径为 7mm 的低松弛 1570 级预应力钢丝。

2）破坏形态

对于纯木梁、配置预应力钢丝较少和预加力值较小的梁，一般有两种破坏形态：层板开胶破坏和三分点木梁底处木材直接拉断破坏，这两种破坏发生的均较为突然，没有明显的先兆，延性较差。这两种破坏形态如图9-20（a）与（b）所示。

配置预应力钢丝较多或预加力较大的梁一般是先在三分点处木梁顶部起褶，随着加载过程，木梁的木节和胶层等薄弱处多处出现裂纹和褶皱，直到最后三分点处木梁底纤维拉断破坏，破坏显示出明显的先兆，具有良好的延性。破坏形态如图9-20（c）所示。

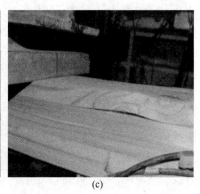

(a)   (b)   (c)

图9-20 预应力胶合木张弦梁破坏形态

（a）层板开胶破坏；（b）三分点处受拉破坏；（c）木梁起褶

3）受力性能

各梁的极限荷载的平均值和破坏形式，见表9-2。

预应力钢丝数量、钢丝值对梁承载力和破坏形式的影响　　　表 9-2

预加力 （kN）	预应力筋根数	开裂荷载 （kN）	极限荷载 （kN）	各破坏形式梁数 （开胶/拉坏/压坏）
0	2	17.827	18.527	1/2/0
	4	18.240	19.333	1/2/0
	6	21.880	21.880	1/0/2
3.077	2	21.017	21.017	1/2/0
	4	23.610	23.610	1/1/1
	6	24.060	24.060	1/1/1
6.154	2	17.550	20.150	1/2/0
	4	23.000	23.923	0/0/3
	6	24.113	24.113	2/0/1
9.232	2	21.000	22.845	1/0/2
	4	23.940	23.940	0/0/3
	6	24.673	25.273	0/0/3
0	0	7.800	7.800	3/0/0
	0	10.400	10.400	3/0/0
	0	36.667	36.667	3/0/0

注：表中所述"开胶"为胶层开裂破坏，"拉坏"为在三分点处梁底木纤维直接拉断破坏，"压坏"为胶合木顶部起褶进而三分点底部木材纤维拉断的破坏。

　　本项目所提出的预应力胶合木张弦梁的短期受弯性能试验结果表明，预加力相同时，随着配置预应力钢丝数量的增加或当预应力钢丝数量相同时，随着预加力的增加，预应力木梁可承担的极限荷载有所增加，梁的破坏形式整体由开胶或三分点木梁底处木材直接拉断的脆性破坏逐渐趋于多处出现褶皱后三分点处木梁底纤维拉断延性破坏。

　　此外，当预应力钢丝根数相同时，随预加力大小增加，梁的承载力增大，与预加力为0的梁相比，预加力为3.077kN时，承载力增大10.4%～22.2%，预加力为6.154kN时，承载力增大8.4%～23.8%，预加力为9.332kN时，承载力增大15.8%～23.8%；外荷载相同时，预加力大的梁变形更小；当预应力钢丝数量相同时，随预加力数值增加，梁的承载力、刚度均增大。

　　2. 长期受弯性能试验研究

　　1）试验分组

　　按照预应力钢丝数量不同和总预加力数值不同两种情况进行分组。控制总预加力数值相同（3.079kN），预应力钢丝数量不同（2根、4根和6根），用以研究预应力钢丝数量对预应力胶合木张弦梁长期受弯变形性能的影响；控制预应力钢丝数量相同（4根），所施加的总预加力数值不同（0kN、3.079kN、6.158kN），用以研究总预加力数值对预应力胶合木张弦梁长期受弯变形性能的影响。所用试件的选材均为东北落叶松，所有预应力筋均为直径7mm的低松弛1570级预应力钢丝。

　　2）钢丝应力变化规律

　　本项目根据两组预应力钢丝应力随时间变化数据，得到两组预应力钢丝在长期受弯试验期间的相对应力变化情况。当长期加载45天，预应力钢丝根数由2根增加到4根时，预应力损失值增加了55MPa，预应力根数由4根增加到6根时，预应力损失值增加了120MPa，可见，当总预加力数值相同时，预应力钢丝数量越多，钢丝应力损失值越大，钢丝应力损失速度越快；加载值由0.000kN增加到3.079kN时，预应力损失值增加了60MPa，加载值由3.079kN增加到6.158kN时，预应力损失值增加了30MPa，可见，当预应力钢丝数量相同时，预加力数值越大，钢丝应力损失值越大，钢丝应力损失速度略慢。

　　3）梁跨中总挠度变化规律

　　本项目经过连续两个45天的观测记录，得到了10根预应力胶合木张弦梁长期受弯试验的挠度变化数据。当对预应力胶合木张弦梁施加相同总预加力数值时，增加预应力钢丝数量可以减小梁跨中的长期挠度变化速率。本试验中，每增加两根预应力钢筋挠度可以降低10%～20%；未施加预应力的梁跨中长期挠度变化最小，主要原因是梁承担的荷载要明显小于其他两根施加预应力的梁所承担的荷载。对比其他两组施加预应力的梁跨长期挠度相对值，发现在试验前期其变化速率基本一致，但到试验中后期，施加的总预加力数值大的梁跨中长期挠度变化速率逐渐减小，呈稳定趋势，而施加的总预加力数值较小的梁其挠度仍以相同速率增加。因此，对预应力胶合木张弦梁配置相同数量的预应力钢丝时，增加总预加力数值，预应力胶合木张弦梁长期挠度变化略有增大。

　　4）长期加载后预应力胶合木梁受弯性能试验研究

　　本文所进行的预应力胶合木梁的短期加载破坏试验，是在完成长期加载试验的基础上进行的。在长期加载试验后，先通过预应力施加装置，调整梁的变形至长期加载初始时刻大小之后，再对其进行短期加载试验。

（1）破坏形态

在加载初期，梁的挠度随荷载线性增长，梁的变形明显增大，并表现出弹塑性特征。继续增加荷载，开始出现清晰的开裂声，但梁表面并无明显的开裂或破坏痕迹；而后，荷载继续增加，前期开裂导致的应力重分布使梁不再开裂，梁再一次进入稳定状态；继续加载几级以后，梁突然发出较大响声，伴随有层间或梁底的明显开裂现象，如图 9-21 所示。

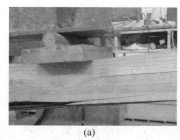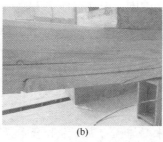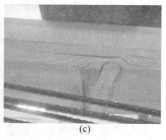
　　　　（a）　　　　　　　　　　　（b）　　　　　　　　　　　（c）

图 9-21　未调控短期加载组梁破坏形态
（a）梁底三分点受拉破坏；（b）胶层开裂，导致梁底受拉破坏；（c）梁底木节开裂，导致贯通裂

调控后短期加载组梁的试验现象与未调控短期加载组梁类似，此处不再赘述，梁的破坏形态如图 9-22 所示。

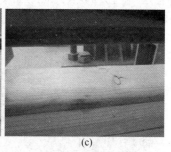
　　　　（a）　　　　　　　　　　　（b）　　　　　　　　　　　（c）

图 9-22　调控后短期加载组梁破坏形态
（a）梁底三分点受拉破坏；（b）梁侧面三分点起褶皱；（c）梁顶出现斜纹

仅短期加载组梁，其试验现象与前两组梁类似，梁的破坏形态如图 9-23 所示。

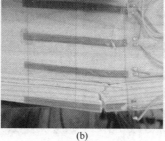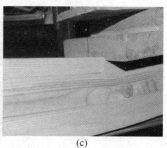
　　　　（a）　　　　　　　　　　　（b）　　　　　　　　　　　（c）

图 9-23　仅短期加载组梁破坏形态
（a）层板开胶破坏；（b）梁底受拉破坏；（c）梁顶受压破坏

（2）受力性能

对于本文所述的经过长期加载并未调控的梁，其刚度与未经过长期加载梁的刚度大致相当，但梁的变形能力有所降低。当预加力数值相同，预应力钢丝数量不同时，与未经过长期加载的梁相比，长期加载使梁在达到极限荷载时的变形减小 48.58%～55.76%；当钢丝根数相同，预加力从 0 增加到 6.158kN 时，长期加载使梁在达到极限荷载时的变形减小 39.47%～55.76%。经过长期加载并调整挠度的梁，因其内力臂明显增大，其刚度均明显大于未经过长期加载梁的刚度，但变形能力大致相当。

9.4.2　预应力配筋胶合木梁

预应力配筋胶合木梁的构成及预应力施加方式，详见 9.3.4 节。

1. 短期受弯性能试验研究

1）试验分组

本试验用来研究普通胶合木梁与预应力配筋胶合木梁的差异，钢筋直径和总预应力值大小对梁受弯性能的影响。本试验总共包括 21 根胶合木梁，其中有 18 根为配置预应力钢筋的梁，按照施加预应力数值不同和钢筋直径不同两种情况进行分组：控制预加力相同（0kN），配置钢筋直径不同（14mm、16mm、18mm），用以研究钢筋直径对预应力胶合木张弦梁短期受弯变形性能的影响；控制钢筋直径相同（18mm），所施加的预加力值不同（0kN、15.26kN、30.52kN、45.78kN），用以研究施加的预加力值对预应力配筋胶合木梁短期受弯变形性能的影响。

2）破坏形态

典型试件的破坏形态见图 9-24，破坏形态可归纳为下面 3 种：

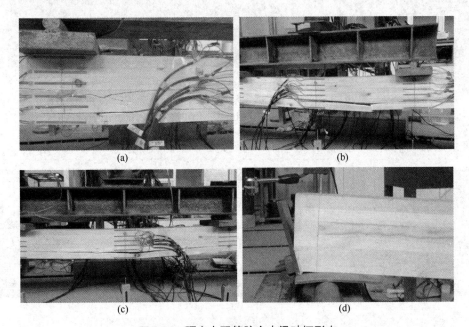

图 9-24　预应力配筋胶合木梁破坏形态

（a）受拉区层板脆性拉断破坏；（b）受拉区层板拉断、变形达到规定挠度破坏；

（c）受拉区层板拉断、端部局压破坏；（d）垫板翘起

受拉区层板脆性拉断破坏，如图 9-24（a）所示。对普通的胶合木梁组，破坏发生在底层层板的指接处或者木材的天然缺陷处，表现为脆性破坏。

受拉区层板拉断，变形达到规定挠度破坏，如图 9-24（b）所示。对未施加预应力的配筋胶合木梁组，底部受拉区层板达到极限拉应力后断裂或在底层的指节处断裂。

受拉区层板拉断，端部局部压力破坏，如图 9-24（c）所示。一般为受拉区层板拉断，压区有微小褶皱，两侧垫板有翘起的局部压力破坏。顶层受压区木节和胶层等薄弱处出现微小裂纹和褶皱，并且连接钢筋与木梁的锚具垫板有翘起现象，如图 9-24（d）所示。

3）受力性能

各梁的极限承载力及提高幅度，见表 9-3。

预加力值、钢筋直径对梁承载力的影响 表 9-3

钢筋直径（mm）	预加力（kN）	承载力	
		极限承载力（kN）	承载力提高幅度（%）
—	—	23.3	—
14	0	30.0	28.75
16	0	30.3	30.04
18	0	30.9	32.62
18	15.26	30.6	31.30
18	30.52	33.5	43.80
18	45.78	38.3	64.40

本项目所提出的预应力配筋胶合木梁的短期受弯性能试验结果表明，未施加预加力的配筋胶合木梁，极限承载力随配筋量的增加而增大，但承载力提高幅度有限。虽然配置钢筋，但钢筋无法阻止梁底木材受拉开裂。当钢筋直径相同时，随着预加力的增大，极限承载力提高明显。形成这种现象的原因是，预应力可以使梁底先受压，改变梁的破坏形态。

随着配筋数量的增大，梁的承载力和刚度均提高，配筋梁的延性好于未配筋梁。随着预加力数值的增大，梁的承载力提高但刚度基本不变，预应力梁的延性好于未施加预加力的普通配筋梁。

2. 长期受弯性能试验研究

1）试验分组

本试验组梁在相同配筋率（3.39%）和加载水平（30%）的条件下，改变预应力值（0kN、15.26kN、30.52kN），研究预应力值对预应力配筋胶合木梁蠕变性能的影响。构件均采用的几何缩尺比例为 1:2，截面尺寸均为 150mm×100mm，长度为 3100mm。

2）钢筋应力变化规律

对于本文所提出的预应力配筋胶合木梁，随着时间的推移，钢筋的总应力值由大变小，逐渐趋于稳定。从试验开始到试验结束，预应力 0kN 梁、预应力 15.26kN 梁、预应力 30.52kN 梁的总应力值分别下降了 9.1%、9.4%、10.2%。由此可见，随着预应力值的增加，钢筋总应力下降的幅度变大。这是因为随着预应力值的增加，钢筋在施加预应力后应力增加，梁的承载力变大，施加到梁上的外荷载也相应变大，进而会促进钢筋的初始总应力变大，而钢筋初始总应力越大，总应力数值下降的越快，幅度越大。

预应力 15.26kN 梁钢筋的相对应力变化量是预应力 0kN 梁的 1.33 倍，预应力

30.52kN 梁的相对应力变化量是预应力 0kN 梁的 2.26 倍，这说明与普通配筋胶合木梁相比，对梁施加预应力后，钢筋的应力值变化幅度增大；随着预应力值的增加，相对应力值越大，即钢筋的总应力值下降速度越快。

3）梁跨中总挠度变化规律

在长期加载过程中，梁的长期挠度由两部分构成，一部分为施加外加荷载产生的瞬间挠度也称为木梁的初始弹性变形，另一部分为因木材蠕变产生的蠕变变形，该变形会随着时间的推移逐渐增大，且与初始弹性变形的变化方向一致，均使试验梁的挠度变大；对于预应力配筋胶合木梁的长期挠度除了上述两种变形外，还包括因预应力的施加使梁产生的反拱值，其变化方向与上述两种变形相反。

对配筋胶合木梁施加预应力后，梁会产生向上的反拱，然后对梁施加外荷载，反拱值减小，最终表现为梁向下弯曲，此后预应力配筋胶合木梁挠度随时间变化曲线与典型蠕变曲线形势较接近。在蠕变初期阶段，蠕变速率随着预应力的增加而增加，随着时间的推移，梁的跨中挠度一直增加，但变化速率逐渐减小直至趋于稳定。

当对梁施加的预应力值从 15.26kN 增加到 30.52kN 时，预应力梁的蠕变变形逐渐增加，从 2.28mm 提高到了 3.97mm，提高幅度为 74.12%，说明梁的蠕变速率随着预应力的增加而逐渐增加，与加载水平对梁蠕变速率的影响相比，预应力没有其明显。预应力 0kN 梁与预应力 15.26kN 梁跨中蠕变速率大致相同，一方面说明当预应力较小时，对梁的蠕变速率影响不明显，另一方面也可能因为虽然预应力的施加会略微提高预应力配筋胶合木梁的蠕变速率，但施加 15.26kN 的预应力后，梁的承载力提高不明显，故对普通配筋梁与预应力梁所施加的外荷载基本相同，而外荷载对梁蠕变影响更为明显，故两者所表现的蠕变速率大致形同。

4）长期加载后的短期试验

在完成所有试验梁的长期加载后，对其进行短期的破坏试验，研究蠕变和预应力调控对配筋胶合木梁短期受力性能的影响规律。

（1）破坏形态

不同预应力值下的预应力配筋胶合木梁的破坏形式如图 9-25 所示。预应力 15.26kN 梁的破坏由梁底跨中处有木节断开并向两侧延伸，梁底层板全被拉断，随着荷载的继续增大梁端部锚垫板翘起，梁失去承载力。预应力 30.52kN 梁在荷载达到一定值时，破坏由梁底层三分点指接处断裂，继续加载，梁底部胶合木全被拉断，梁端锚板也翘起，发生局部受压破坏，梁失去承载能力。

（2）受力性能

本项目针对蠕变后未调控的梁与未蠕变的梁进行对比研究，试验结果发现蠕变后未调控的梁比未蠕变的梁刚度小，说明预应力梁因蠕变的影响导致刚度下降。

对蠕变后调控的梁与未蠕变的梁进行对比研究，在相同荷载作用下，预应力调控后梁的挠度值要小于未蠕变的梁，说明调控后的梁刚度会增加，且要比未蠕变影响的梁刚度大，但梁的承载力和延性将会下降。

3. 锚固装置优化

由于普通钢垫板锚固装置存在局压问题，因此提出在梁底开槽的三种改进"L"形锚固装置，梁端的锚垫板为倒"L"形钢板可以减小梁端部的局部压力破坏，并且当在锚垫

图 9-25　预应力组调控梁的破坏形式图

（a）预应力 15.26kN 梁底被拉断；（b）预应力 15.26kN 梁端锚垫板翘起；
（c）预应力 30.52kN 梁底被拉断；（d）预应力 30.52kN 梁端锚垫板翘起

板后增设钢垫块时也可以防止锚垫板底部发生弯曲，进一步防止局部压力破坏的产生，改进后的锚固装置实物如图 9-26 所示。

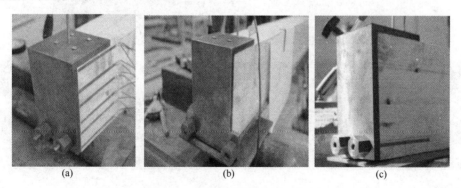

图 9-26　改进后锚固装置实物图

（a）垫板梁底开槽灌胶；（b）垫板梁侧布筋；（c）垫板梁底布筋

1）试验分组

本试验第 1 组在梁端配置普通钢垫板；第 2 组试验改变试验梁梁端的锚固装置，配置"L"形锚固装置开槽配置钢筋；第 3 组配筋胶合木梁配置钢筋后，在梁下部的凹槽内灌入环氧树脂胶；第 4 组配筋胶合木梁改变钢筋的配置位置，梁下部不开槽，将钢筋配置在胶合木梁的两侧；第5组配筋胶合木梁改变钢筋的配置位置，同样下部不开槽，将钢筋配置在胶合木梁的下侧。3、4、5组试验改变配筋形式，主要是为改善开槽梁的缺点，研究配筋形式对配筋胶合木梁受弯性能的影响。所有梁选材均为樟子松，所有钢筋直径均为10mm，钢筋等级为HPB300。

2）破坏形态

配置普通钢垫板组，此组试验试件破坏属于受拉区层板脆性受拉破坏，梁两端垫板出现翘起，破坏形态如图9-27（a）所示。

配置"L"形锚固装置开槽配置钢筋组，此组试验试件破坏属于受拉区木材脆性受拉破坏，但在试验梁梁端的垫板没有出现翘曲的情况，试件的破坏大部分都出现在木材的缺陷处，破坏形态如图9-27（b）所示。

垫板梁底开槽灌胶组，试验试件破坏属于延性破坏，在破坏之前试验梁受压区出现褶皱，破坏时环氧树脂胶碎落满地，最下层层板随着胶完全脱落，破坏形态如图9-27（c）所示。

垫板梁侧布筋组，试验试件破坏属于受拉区木材脆性受拉破坏。在试验梁破坏时受压区木材出现褶皱，但钢筋随着荷载的增加逐渐上移使得钢筋并未在受拉区起到抗拉的作用，这种配筋形式应加以改善，破坏形态如图9-27（d）所示。

垫板梁底布筋组，试验试件破坏属于延性破坏。在试验梁破坏之前受压区木材出现褶皱，钢筋随着荷载的增加固定在试验梁的底部，起到抗拉的作用，使试验梁受压区木材抗压强度得到更好地利用，破坏形态如图9-27（e）所示。

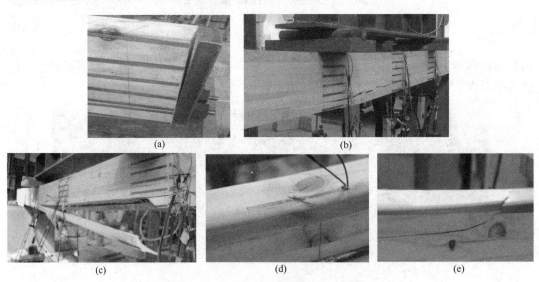

图9-27　锚固装置开槽配置钢筋组破坏形态
（a）配置普通钢垫板组；（b）配置"L"形锚固装置组；（c）垫板梁底开槽灌胶组；
（d）垫板梁侧布筋组　（e）垫板梁底布筋组

4. 受力性能

本项目所提出的开槽灌胶配筋胶合木梁的刚度高于开槽配筋胶合木梁的刚度。在同等荷载的作用下，开槽灌胶胶合木梁的跨中位移都小于开槽配筋胶合木梁，说明在槽内灌胶使得试验梁承载力提高的同时,梁的变形也有显著地减小。在胶合木梁底部的开槽内灌胶,很好地解决了胶合木梁底部开槽配置钢筋,使得胶合木底层木材的抗拉强度被削弱的问题。

体外配筋胶合木梁的刚度高于开槽配筋胶合木梁的刚度,且在体外下侧配筋胶合木梁的刚度高于体外两侧配筋胶合木梁的刚度。在同等荷载的作用下,体外配筋胶合木梁的跨中挠度都小于开槽配筋胶合木梁的跨中挠度,这代表在体外配置钢筋比开槽配置钢筋的胶合木梁变形更小。

开槽灌胶配筋胶合木梁的刚度略大于体外两侧配筋胶合木梁。虽然体外两侧配筋胶合木梁的极限承载力大于开槽灌胶配筋胶合木梁,但在同等荷载的作用下,体外两侧配筋胶合木梁的挠度更大一些,其整体性不好,配置的钢筋并未为试验梁提高刚度,也并未提高试验梁的抗拉能力。

9.4.3　预应力钢板增强胶合木梁

预应力钢板增强胶合木梁是对钢板增强胶合木梁的深化研究,如图 9-28 所示。利用粘贴钢板来保持预应力的大小,不再依靠锚具或是其他预加力装置,减小梁体长度或高度,使得在实际应用中安装更方便、快捷;通过施加预应力,提高梁的变形能力,使其在

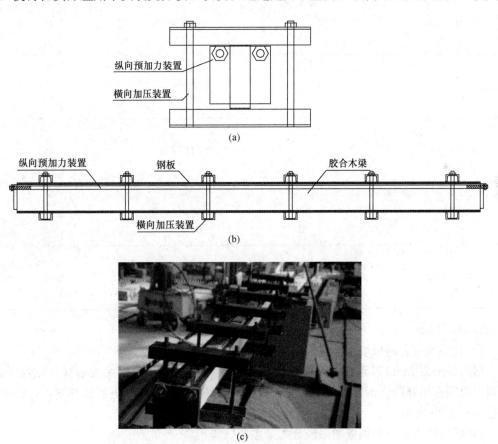

图 9-28　组合装置图

(a)组合装置截面图;(b)组合装置侧立面图;(c)组合装置实物图

相同的荷载情况下，受拉胶合层板的应变更小。具体工艺流程：安装纵向预应力装置→在测点上粘贴应变片→施加预应力→拌胶→涂胶→放置钢板→局部放置钢垫板→安装横向加压装置→粘贴应变片→连接检测系统→施压→静置。

1. 试验分组

本试验选材与普通钢板增强胶合木梁相同，胶合木为樟子松，钢板强度等级为 Q235。梁截面尺寸为 50mm×150mm，长度为 2850mm，木材的顺纹方向为梁跨度方向，无指接影响。

本试验主要探究钢板厚度及螺钉作用对预应力胶合木梁受弯性能的影响，试验采用了 3 组不同钢板厚度下的胶粘预应力钢板增强胶合木梁和 3 组不同钢板厚度下的胶钉粘固预应力钢板增强胶合木梁，每组均为 3 根，共计 18 根梁，试验分组如表 9-4 所示。

预应力钢板增强胶合木梁试验分组　　　　　　　　表 9-4

规格（mm）	数量	粘贴变量	钢板实际厚度（mm）
50×150×2850	3	胶粘钢板	2.52
			2.62
			2.40
50×150×2850	3	胶粘钢板	3.50
			3.46
			3.74
50×150×2850	3	胶粘钢板	4.82
			4.50
			4.92
50×150×2850	3	胶粘钉固钢板	2.36
			2.66
			2.50
50×150×2850	3	胶粘钉固钢板	3.32
			3.60
			3.70
50×150×2850	3	胶粘钉固钢板	4.72
			4.62
			4.34

2. 破坏形态

1）胶粘预应力钢板增强胶合木梁主要试验现象

粘贴 2mm、3mm 厚预应力钢板增强胶合木梁发生梁底受拉的脆性破坏，粘贴 4mm 厚预应力钢板增强胶合木梁发生梁顶受压的延性破坏且未发生钢板开胶破坏现象，破坏后状态如图 9-29 所示。

2）胶钉粘固预应力钢板增强胶合木梁主要试验现象

胶粘钉固预应力钢板增强胶合木梁未发生钢板与底层胶合木大面积脱离现象，这种方式加强了钢板与胶合木的连接。粘贴 2mm、3mm 厚预应力钢板增强胶合木梁在卸载后钢

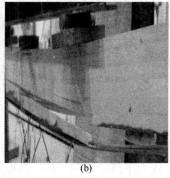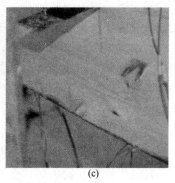

图 9-29 胶粘预应力钢板增强胶合木梁破坏现象

(a) 2mm 厚预应力钢板;(b) 3mm 厚预应力钢板;(c) 4mm 厚预应力钢板

板均起拱,钢板均已屈服,梁顶无明显现象;粘贴 4mm 厚预应力钢板增强胶合木梁在卸载后钢板仍与胶合木紧密粘贴,梁顶产生褶皱。随着钢板厚度的增加,梁的破坏形态由梁底受拉破坏变为梁顶受压破坏,破坏后状态如图 9-30 所示。

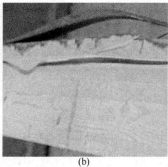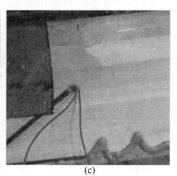

图 9-30 胶钉粘固预应力钢板增强胶合木梁破坏现象

(a) 2mm 厚预应力钢板;(b) 3mm 厚预应力钢板;(c) 4mm 厚预应力钢板

对于本文所提出的预应力钢板增强木梁的试验现象及破坏特征进行总结可知,梁的破坏形态可分为梁底受拉破坏、层板间撕裂破坏、梁顶受压破坏和梁平面外失稳破坏四种模式。与普通钢板增强胶合木梁相比,没有发生钢板开胶的破坏形态。

3. 受力性能

本次试验的纯胶合木梁破坏荷载平均值为 17.5kN,粘贴 2mm、3mm 和 4mm 厚钢板并施加预应力增强后与纯胶合木梁相比,承载力分别提高 21.3%、51.5% 和 57.8%,随着钢板厚度的增加,承载力逐渐变大;与普通钢板增强胶合木梁相比,粘贴 2mm 和 3mm 厚钢板并施加预应力增强后,承载力相差不大而且略微降低,而粘贴 4mm 厚钢板并施加预应力增强后,承载力明显增大,提高了 19.5%,这是因为当配钢量较小时,普通钢板增强胶合木梁破坏时钢板均已屈服,施加预应力后,钢板会先屈服于普通钢板增强胶合木梁,梁底过早被拉坏,承载力有所下降;配钢量较大时,梁的承载力取决于胶合木的抗压强度,普通钢板增强胶合木梁因胶层强度不足发生钢板开胶破坏,而预应力钢板增强胶合木梁因预应力的施加,使钢板具有一定的初始拉应力,相同荷载下,比普通钢板增强胶合木梁先屈服，钢板与底层胶合木板相对错动趋势小于普通钢板增强胶合木梁，使梁钢板开胶破坏变为梁顶受压破坏，钢板得到充分利用，故梁的承载力明显提高。

　　对本次试验数据进行分析，发现预应力的施加对梁的刚度没有影响；预应力钢板增强梁的总变形要小于相同板厚下普通钢板增强梁的变形，一方面是因为预应力的施加使梁在加载前产生向上的反拱，加载的前期，反拱值抵消了一部分加载引起的挠度，使得预应力钢板增强梁的挠度值整体降低；另一方面是因为预应力的施加使钢板先于普通钢板增强胶合木梁屈服，会更早达到破坏状态，最终挠度值会略微减小。而胶粘4mm厚钢板并施加预应力增强后，极限变形能力明显提高，这是因为粘贴4mm的普通钢板增强木梁因胶强度不足发生钢板开胶破坏，变形能力下降；粘贴2mm钢板并施加预应力后也比同厚度普通钢板增强梁挠度有略微增大，这是因为胶粘钉固2mm普通钢板组梁有两根由于存有较大木节和加载中位移计失常没有正常反映该组的挠度值。

9.4.4　预应力交叉拉杆剪力墙

1. 预应力交叉拉杆剪力墙的提出

　　轻型木结构剪力墙作为轻型木结构房屋的主要抗侧力构件，在水平荷载作用下破坏严重、承载力较差、刚度和延性较低，为此构建了一种新型的钢木组合构件——预应力交叉拉杆轻型木结构剪力墙，即在传统轻型木结构剪力墙基础上，在墙体角部设置锚固件，沿墙体对角线设置交叉钢筋并对钢筋施加预应力。对于设置交叉钢筋的墙体，顶梁板传来的水平力可通过墙角锚固件传给钢筋、墙骨柱和覆面板，首先通过面板旋转承受荷载，在变形到一定程度时，钢筋绷紧，可充分发挥其抗拉性能；对钢筋施加预应力，使钢筋在墙体变形较小时也能发挥作用。预应力交叉拉杆轻型木结构剪力墙，如图9-31所示。

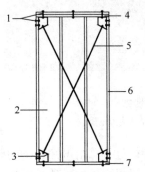

图9-31　预应力交叉拉杆轻型
木结构剪力墙

1—螺栓；2—OSB覆面板；3—墙角锚固件；4—顶梁板；5—钢筋；6—墙骨柱；7—底梁板

2. 预应力交叉拉杆剪力墙抗侧性能试验

1）试验分组

　　试验试件如图9-32所示，图9-32（a）为传统轻型木结构剪力墙，图9-32（b）为在传统轻型木结构剪力墙的基础上设置交叉钢筋的新型墙体，为了研究交叉钢筋以及钢筋中预加力数值分别为30MPa和90MPa对轻型木结构剪力墙抗侧性能的影响，对传统轻型木结构剪力墙、设置交叉钢筋剪力墙以及交叉钢筋中的预应力值分别为30MPa和90MPa的墙体进行单调加载和低周往复加载试验。

2）试验装置

　　本试验采用东北林业大学结构试验室的MTS试验机加载系统，作动器的变形范围为－250mm～＋250mm，能够施加的最大水平荷载为250kN。试验装置如图9-33所示。

3）破坏形态

　　轻型木结构剪力墙在荷载作用下，墙体框架从矩形变为平行四边形，轻型木结构剪力墙的基本破坏形态主要表现为钉节点破坏，而配置交叉钢筋的轻型木结构剪力墙在此基础上还会发生边缘墙骨柱螺栓孔处剪切破坏，偶尔会出现底梁板劈裂破坏等现象。

(a)   (b)

图 9-32 试验试件

(a) 传统轻型木结构剪力墙；(b) 交叉拉杆轻型

木结构剪力墙

图 9-33 试验装置

（1）基本破坏形态

钉节点破坏主要包括面板钉节点破坏和骨架钉节点破坏，面板钉节点破坏是指覆面板和墙体框架间的面板钉连接破坏，主要包括面板钉嵌入覆面板、面板钉拔出、墙面板边缘剪切破坏、墙面板、墙体框架脱开等。钉节点破坏一般发生在轻型木结构剪力墙四周边缘，且主要发生在底梁板和覆面板处的钉连接破坏。破坏形态如图 9-34 所示。

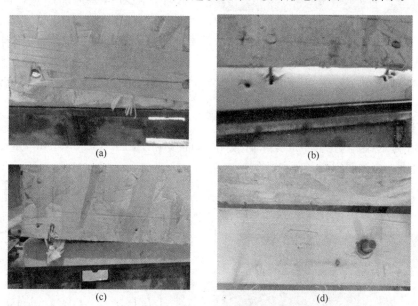

(a)   (b)

(c)   (d)

图 9-34 钉节点破坏

（a）钉子嵌入；（b）钉子拔出；（c）面板边缘剪切破坏；（d）面板和墙体框架脱开

骨架钉节点破坏在水平荷载作用下，轻型木结构剪力墙加载端的墙骨柱中会产生上拔力，骨架钉拔出，墙骨柱和底梁板发生分离，且随着荷载继续增大，中间墙骨柱也逐渐和底梁板脱离。破坏形态如图 9-35 所示。

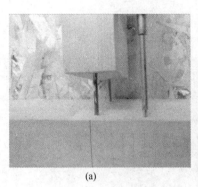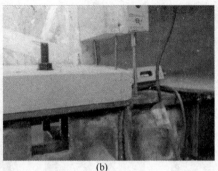

(a)   (b)

图 9-35   骨架钉节点破坏

(a) 中间墙骨柱拔出；(b) 边墙骨柱拔出

（2）预应力交叉拉杆剪力墙破坏形态

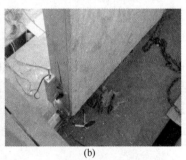

(a)   (b)

图 9-36   螺栓孔处剪切破坏

(a) 墙骨柱边缘剪切破坏；(b) 螺栓孔处剪切破坏

对于配置交叉钢筋的墙体试件，由于设置了墙角锚固件，在单调荷载作用下，面板钉节点首先出现破坏，随着荷载继续增大，墙体框架产生变形，但由于墙角锚固件限制了墙骨柱的上拔，所以出现加载端墙骨柱在螺栓孔处被剪切破坏，随着劈裂愈加严重，构件失效，如图 9-36 所示。

在单调荷载下时，有时会出现底梁板樟子松规格材的劈裂现象，如图 9-37 所示。主要是因为在荷载作用下，面板钉产生向上的剪力，导致规格材的木材发生横纹撕裂。

4）抗侧性能指标

图 9-38 为木结构剪力墙的实际荷载-位移曲线和 EEEP（Equivalent energy elastic plastic）曲线，由该图说明各项参数如何定义。

图 9-37   底梁板劈裂

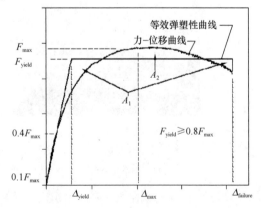

图 9-38   荷载-位移曲线及 EEEP 曲线

极限荷载 F_{max}（kN）：将荷载-位移曲线峰值点处对应的荷载称为极限荷载 F_{max}，对应的位移称为峰值位移。

极限位移 $\Delta_{failure}$（mm）：当荷载下降至极限荷载的 80% 或者墙体出现严重破坏时的荷载为破坏荷载，对应的位移为极限位移 $\Delta_{failure}$。

抗剪强度 f_{vd}（kN/m）：轻型木结构剪力墙单位长度抗剪强度 f_{vd} 为极限荷载 F_{max} 和墙体有效长度的比值。

弹性抗侧刚度 K_e（kN/mm）：荷载-位移曲线上原点与荷载达到 40% 极限荷载的两点间的割线斜率。按照下式计算：

$$K_e = \frac{0.4 F_{max}}{\Delta_{0.4 F_{max}}} \tag{9-1}$$

式中　$0.4 F_{max}$——极限荷载 F_{max} 的 40%（kN）

　　　$\Delta_{0.4 F_{max}}$——荷载-位移曲线上，$0.4 F_{max}$ 所对应的位移（mm）。

屈服荷载 F_{yield}（kN）：对于单调荷载下轻型木结构剪力墙的屈服荷载，采用 EEEP 曲线来定义。根据 EEEP 曲线从原点至墙体破坏时的面积与荷载位移曲线从原点至墙体破坏时面积相等的原则来绘制 EEEP 曲线。屈服荷载 F_{yield} 可按下式进行计算：

当 $\Delta_{failure}^2 \geqslant \dfrac{2A}{K_e}$ 时，

$$F_{yield} = \left(\Delta_{failure} - \sqrt{\Delta_{failure}^2 - \frac{2A}{K_e}} \right) K_e \tag{9-2}$$

当 $\Delta_{failure}^2 \leqslant \dfrac{2A}{K_e}$ 时，

$$F_{yield} = 0.85 F_{max} \tag{9-3}$$

式中　A——荷载-位移曲线上从原点至墙体破坏处的曲线所包围的面积。

屈服位移 Δ_{yield}（mm）：确定屈服荷载后，屈服位移 Δ_{yield} 为屈服荷载和弹性抗侧刚度 K 的比值。

延性（延性系数 D）：延性是指结构从屈服开始达到极限承载力或到达极限成在即还没有明显下降趋势的变形能力。延性较好的结构，其变形能力较强，能承受较大的地震荷载而不倒塌。将墙体破坏时的极限位移 $\Delta_{failure}$ 与屈服时的位移 Δ_{yield} 的比值定义为墙体的延性系数 D，用下式进行计算：

$$D = \frac{\Delta_{failure}}{\Delta_{yield}} \tag{9-4}$$

耗能：轻型木结构剪力墙的耗能能力体现在墙体能够承受较大的塑性变形，对于进行单调荷载试验的轻型木结构剪力墙，可将荷载-位移曲线下从原点至极限位移 Δ_u 的曲线所包围面积定义为结构的耗能能力。剪力墙的耗能能力是结构的弹性抗侧刚度和延性的综合反映。

（1）单调荷载下墙体抗侧性能

本项目所提出木结构剪力墙在单调荷载下试验墙体的各项性能指标见表 9-5。研究结果表明：设置墙角锚固件和设置交叉钢筋均可以提高墙体的抗剪性能、弹性抗侧刚度、极限位移、延性、耗能等；在交叉钢筋中施加预加力可以提高弹性抗侧刚度、延性，减小极限位移，且预加力数值越大，影响效果越明显，但对墙体抗剪强度影响不大。

各组墙体 EEEP 曲线力学性能参数　　　　　　表 9-5

参　数 \ 编　号	传统墙体	设置交叉拉杆墙体	交叉拉杆预加力数值为 30MPa 墙体	交叉拉杆预加力数值为 90MPa 墙体
极限荷载 F_{max}（kN）	3.16	16.01	15.61	16.25
极限位移 $\Delta_{failure}$（mm）	87.53	150.23	135.24	113.56
屈服荷载 F_{yield}（kN）	2.83	14.1	13.87	13.88
屈服位移 Δ_{yield}（mm）	40.1	51.83	34.7	23.89
破坏荷载 $F_{failure}$（kN）	2.53	12.81	12.48	12.5
弹性抗侧刚度 K（kN/mm）	0.071	0.272	0.399	0.581
抗剪强度 f_{vd}（kN/mm）	2.63	13.34	13.01	13.54
延性 D	2.1	2.9	3.89	4.75
耗能 J	228.86	1752.99	1634.87	1410.36

（2）低周往复荷载下墙体抗侧性能

单调荷载下试验墙体的各项性能指标见表 9-6。研究结果表明：配置角部锚固件、配置钢筋以及对钢筋施加预加力可以提高墙体弹性抗侧刚度、极限承载力、极限位移、屈服荷载、屈服位移、延性、耗能等力学指标，但是并不是预加力越大墙体力学性能越好，如果预加力过大可能会降低墙体力学性能。

各组墙体 EEEP 曲线力学性能参数　　　　　　表 9-6

参　数 \ 编　号		传统墙体	设置交叉钢筋墙体	交叉钢筋预加力数值为 30MPa 墙体	交叉钢筋预加力数值为 90MPa 墙体
$0.4F_{max}$（kN）		1.78	6.79	6.64	6.45
荷载为 $0.4F_{max}$ 时对应位移值		10.32	18.59	19.48	12.23
割线刚度 G（N/mm）	G_{max}（kN/mm）	0.16	0.55	0.51	0.59
	$G_{0.4}$（kN/mm）	0.35	0.73	0.68	1.06
K_e		0.17	0.37	0.34	0.53
等效弹塑性曲线的极限位移		67.37	99.77	91.10	86.96

本章小结

（1）通过简单的例子给出预应力基本原理，介绍了预应力筋的种类、常见的预应力锚具及预应力结构对竹木材料的要求，并通过传统竹木结构与预应力竹木结构的对比，给出预应力竹木结构的优势。

（2）介绍了五种预应力施加方法，即顶升法、体内穿筋法、梁端拧张法、体外张弦法、预压粘贴法。

（3）通过对预应力胶合木张弦梁、预应力配筋胶合木梁、预应力钢板增强胶合木梁、预应力交叉拉杆剪力墙等典型预应力木构件的试验研究，具体分析了预应力构件在受力性能上的优势。

思考与练习题

9-1　举例说明预应力的基本原理。

9-2　对比分析预应力竹木结构和混凝土结构在预应力材料和锚具上的不同。

9-3　通常对竹木结构施加预应力有哪些方法？各自有什么优缺点？

9-4　预应力胶合木张弦梁相比于普通胶合木梁，在受力上有什么优势？

9-5　预应力交叉拉杆剪力墙中的预应力主要提高的是墙体的承载力还是刚度？为什么？

第二部分　竹　结　构

第10章 竹结构概述

本章要点及学习目标

本章要点：

(1) 竹材的特点；(2) 原竹材在土木工程中的应用；(3) 工程竹材在土木工程中的应用。

学习目标：

(1) 了解竹材的特点；(2) 了解竹材在土木工程中的应用；(3) 了解工程竹材在土木工程中的应用。

竹子是重要的生态、产业和文化资源。竹材轻质高强，力学性能优良，作为结构材料已有上千年历史，早在新石器时代就出现用竹子建造的房屋。全球已鉴定出70余属、1200余种竹类植物，共有1500余种用途，涵盖了从食物到房屋等人类生存的方方面面，全球约有10亿人居住在竹屋里。我国是世界竹资源第一大国，竹子栽培和竹材利用具有悠久的历史，素有"竹子王国"之誉。竹子已成为我国的符号和象征。英国学者李约瑟曾说，东亚文明就是"竹子文明"。竹材一直以来在土木工程领域有着举足轻重的地位。

10.1 竹材的特点

10.1.1 竹材的优点

1. 物理特性方面

竹材内部结构独特，具有韧性好，可塑性强，强度高，抗拉、抗压及抗弯性能好等诸多优势，其抗拉强度约为木材的2.0～2.5倍，抗压强度为木材的1.2～2.0倍，被称为"植物界中的钢铁"。一般来说，生长在斜坡的竹子比生长在山谷的竹子力学性能要好，在贫瘠干旱的土地上生长的竹子比在肥沃的土壤中生长的竹子力学性能要好。竹材密度小，其比强度高（材料强度除以其表观密度）于普通木材、钢材、铝合金、混凝土等。

2. 景观特性方面

竹子质地轻巧、色泽清新；竹材具有柔和的肌理、芳香的气味、温和的触感等。竹材光泽质朴、自然清爽的肌理能迅速使人安静下来，营造出宁静、自然之气息；同时能够吸收紫外线，减少对人体的伤害，也能反射红外线，让人在接近时产生温馨的感觉。竹材能给人柔和、温暖的感觉。在夏天，竹材特有的结构又给人清凉舒爽的触感。竹节在竹竿上自然分布，虽大致间距相同，但却形态各异，形成了大体统一却富有变化的韵律感。竹材的横剖、纵剖形态也十分富有观赏性，并形成不同的肌理表现力，多样的形态丰富了竹材在工程中的应用方式与表现力。

3. 生态特性方面

竹子生长周期短，一般3～5年，而木材需10年以上；竹材在固碳、水土保持、水流域保护等方面具有良好的效益；竹材吸收二氧化碳的能力约为普通树木的4倍，同时释放的氧气约为树林的3倍；竹材可循环利用，对大自然负荷小，其废弃物作为一种有机物也可迅速降解，不会对环境造成污染。竹材为可再生资源，其生产与建造能耗低、污染小、低碳环保。用竹材建成的房屋满足低能耗、低污染、低排放，称之为绿色建筑实至名归。

4. 文化特性方面

没有哪一种植物能够像竹子一样对人类的文明产生如此深远的影响。我国劳动人民在长期生产实践和文化活动中，把竹子形态特征总结成了一种做人的精神风貌，如虚心、气节等，其内涵已成中华民族品格、禀赋和精神的象征。竹子无牡丹之富丽，无松柏之伟岸，无桃李之娇艳，但它虚心文雅的特征、高风亮节的品格为人们所称颂。竹子枝杆挺拔，修长，四季青翠，傲雪凌霜，倍受中国人民喜爱，有"梅兰竹菊"四君子之一、"梅松竹"岁寒三友之一等美称。它不畏逆境，不惧艰辛，中通外直，宁折不屈，它坦诚无私，朴实无华，不苛求环境，不炫耀自己，默默无闻地把绿荫奉献给大地，返财富给人类。竹子已经成了中国文化中最有代表性的文化符号，成为一种民族的精神依托与象征。探索竹材更好地应用，便是将这一传统得以延续，以新的形式将竹文化的核心价值进行继承与发扬。

10.1.2　竹材的缺点

1. 力学性能差异大

影响竹材力学性能的因素很多，如竹种、尺寸、生长时间、含水量等；竹材为各向异性材料，横向强度低，竹筒对切线方向应力（如压力、膨胀力）耐受能力较差；虽然竹子管壁外围由纤维包裹，但竹子从底部到顶部，直径、竹节间距及力学性能均有差异。

2. 竹材易开裂

竹壁中的维管束沿顺纹方向生长，缺少横向约束，导致原生竹材的顺纹剪切强度和横纹抗拉强度较低，竹材易发生劈裂。竹壁外侧维管束较小且分布密集，内侧的维管束较大但分布稀疏，导致外侧密度大于内侧密度，外部较内部更易开裂。竹子内外干缩率不同，干缩不均匀会产生干缩梯度，带来干缩应力，也会导致竹子发生开裂。竹子直径和壁厚较大时，开裂程度较大；竹子长度越短，裂纹越密集。竹子的开裂还与其渗透性关系较为密切，由于竹子缺少横向组织导致其渗透性较差，当竹子进行化学处理、干燥、热处理时会对其处理效果产生影响。

3. 防火问题

竹材和木材一样遇火会燃烧。竹子的燃点虽然高于木材，但由于竹子茎干是空心的、木质部较薄、含水量也少，一旦着火，水分蒸发很快；在高温作用下竹材会分解产生如竹炭、木煤气等易燃物质。发生火灾时，这些易燃物质会加剧火势，在很短的时间扩展到整个建筑物，甚至会蔓延到周围的建筑物。

4. 防腐防虫问题

竹材成分中，除了纤维素、半纤维素及木质素之外，还有糖类、淀粉类、蛋白质、蜡质及脂肪等营养物质；当竹材裸露在空气中的时候，这些营养物质导致其易受到外界细菌、真菌及一些害虫如白蚁、竹螟等的侵蚀，在潮湿的环境中容易吸收水分而腐烂，这些缺陷都影响了竹材自身的强度与耐久性。

5. 耐候性差

除了菌类和虫蛀，阳光和湿度变化是影响竹子寿命的主要因素。在直射阳光和湿度剧烈综合作用下，竹子会出现裂纹，而裂纹又使得蛀虫得以侵扰，竹竿强度会打折扣。

6. 连接问题

竹材由于自身的特性导致竹筒杆件之间的组合较为困难。绑扎是传统竹建筑常用的连接方式，但由于竹材本身的圆形截面及绑扎本身的柔性连接，使得节点易松动，不利于建筑的整体稳定性；而且绑扎件的耐久性会影响建筑的使用寿命。螺栓或者榫卯连接方式可以提高结构的整体稳定性，但由于竹材中空，承受集中荷载能力较弱，竹材端部易开裂。另外，竹材从根部到梢部及竹筒之间构件尺寸不一，使得竹材的节点连接问题较难处理，连接节点强度也较难控制。

10.2 竹材在土木工程中的应用

竹材能广泛地应用到土木工程各领域。竹材取材方便，易加工，建造成本相对低廉，应用十分广泛，很多房屋便采用纯天然或者稍作处理的竹材来建造。竹材通常被用来建造房屋的柱、墙、窗框、椽、房间隔断、天花板和房顶等，还可用作施工中的脚手架。竹材能广泛应用到岩土工程、水利工程、道路工程、桥梁工程、建筑工程等领域。

10.2.1 岩土工程

竹材可以应用到基础工程中。在东南亚一带，竹材常被用作房屋的桩基。越南民间将经过防腐处理的竹筒打入土壤中 1m 左右作为楼房的基础，使用寿命达 50 年以上。20 世纪 50 年代，我国南方一些地区也采用竹材作为建筑或桥梁的桩基，具有成本低廉、力学性能好等诸多优点。我国绍兴至漓渚的公路桥的桥墩，由灌入水泥浆的毛竹制作而成。四川省乐山市沐川县石桥村公路（全长约 350 m）的地基，用改良后的粉质黏土和竹筋格栅加固，解决了软土路基不均匀沉降等问题。川南地区兴文县一些低等级的公路路基也采用竹筋编制成格栅加固改良粉质黏土路基。1981 年 12 月完工的浙江省临海县河头加筋土公路路堤采用了硼铬合剂防腐处理的毛竹片做拉筋，填料为当地河滩上挖取的砂砾土。京九线赣龙段 DK439＋600～＋680 处的软土路基基底，采用孟宗竹制作的竹筋铺网进行加固。竹子也可以作为抗拉筋材加固软土路堤。

竹筋还可以应用到边坡支护工程中。四川攀枝花学院运动场的高填方土质边坡采用了竹筋处理技术。放坡竹筋土钉墙在南京奥体中心嘉业阳光城小区（位于南京市奥体中心黄山路与富春江东街交叉口的西北角）得到了应用，有效地降低了工程造价。还有学者尝试将竹筋作为充填体骨架应用到矿山首层充填工程里。马来西亚林业研究所利用竹材或编织竹材加固土壤结构，如铁路与公路路基、水渠堤岸侧等的保护，土筑墙体、公路路面的加固，据实践证明效果均较显著。日本一些学者也进行了竹筋加筋土的研究，但鲜有实际工程推广，美国也有竹筋加筋土工程，但案例较少。

10.2.2　道路工程

竹子可应用到道路工程中。1941年京塘公路杨家堤至汗沟镇之间的一段路面，采用竹筋混凝土铺装。20世纪90年代，湖南一些地方（如郴州）修建水泥道路时，采用了预制水泥混凝土竹筋模板，提高了工效，也降低了造价。竹子还能用作铁路上的垫木，我国铁路运输部门于1986年制定了关于竹垫木的标准。竹原纤维还可以同水泥基、沥青基混合应用铺设路面，能有效提高混凝土或沥青路面的融合度和稳定性。

10.2.3　水利工程

水利上应用竹材至少有两千多年的历史。公元前250年左右李冰修建都江堰时，使用了大量竹子。活动拦水坝，就是用杩槎（用来挡水的三脚木架）和满装卵石的竹笼（称"石笼"）做成的。"石笼"至今仍被用来防止河岸冲刷、巩固堤坝、修建水库等工程。

我国古代人民还用竹子制作竹笕作为"管道"，运输盐卤，可节约成本，避免盐卤的流失。笕是世上最古老的用竹子制作的自来水管。东汉初，官署为把巫溪宁厂镇的盐卤水引导到下游的巫山县大昌镇大规模熬制，先后征用了数万名民工在大宁河岩壁上凿建栈道，再上置竹笕，输送盐卤。该工程到东汉永平七年（公元64年）完成，耗时50多年，规模浩大、施工艰难，使用长久，堪称世界奇迹。在自贡燊海井，汉代时人们就习惯用竹缆绳打出深度达1600m的盐井，这种竹缆绳打井技术，19世纪才传到欧洲。非洲坦桑尼亚将竹管替代塑料或钢管，用于农村给水。陕西镇安县在建立县城水电站中，采用了竹筋混凝土压力管道。1949年以前，我国南方一些省份就利用竹材修建涵洞，或者用竹材作为涵洞的盖板。1953年至1955年，湖南省在修建永大和大慈公路时，对于一些平原地段，采用了三合土竹篾涵管。过去，北方农业打井抗旱也大量使用毛竹。

在钢材缺乏的年代，四川成都市猛追湾游泳场练习池外的溢水沟采用了竹筋混凝土。个别地区利用竹筋制作低压输水管，应用到一些小型库渠中，如武胜县五排水库（中型）灌区U形竹筋混凝土薄壳渡槽；武胜县在20世纪70年代共建成该类渡槽60余座，跨度一般在6～9m，到20世纪90年代仍正常运行，未发生拉裂破坏。三汊湾水利枢纽工程的船闸四周采用了竹筋混凝土板桩。1991年起，如东县在北坎、东凌、盐场、凌阳、王家潭等海堤险段先后兴建竹筋混凝土护坡24.4km，经汛期考验，效果良好。慈溪市伏龙山海涂围垦工程，采用竹筋柴排垫层技术处理抛石顺坝地基，竹筋框架用竹桩固定；项目工程稳定，工期短，造价低。在延安市南泥湾镇阳湾沟沟道的排洪渠施工中，工人采用竹架板铺设在排洪渠底部，进行分段灌浆或进行少量抛石，进而加固软土地基。江西一些地方还将竹材应用到沼气池结构里，做成三合土竹筋结构。

10.2.4　桥梁工程

人类利用竹材建造桥梁的历史悠久。以竹篾编织成竹缆绳，可用作吊桥或竹索桥，公元前三世纪已有竹索桥。建于1803年的安澜桥由10根慈竹扭成的碗口粗的缆绳横跨岷江南北，竹索上横铺木板；一直使用到1962年重修替换成钢缆绳，历经150多年。竹筒可以直接作为桥梁的主要受力构件。竹筒或竹片可以作为桥梁的面板（图10-1），竹材还可以同其他材料组合形成组合构件。日本在 1939 年曾建造了一座竹筋混凝土板桥。1958年，南昌公路运检局在改建珠兰坳桥时，其中一孔（5.5m）采用竹材为桥面板。我国 20世纪 50 年代，一些地方的工程师采用竹材建造过不少桥梁，一些学者曾于这一时期在沪淞线上进行过 4 米跨径的竹筋混凝土桥板试验。竹材还被用来做拱架修建石拱桥。

(a)　　　　　　　　　(b)

图 10-1　竹桥面
(a) 纵横交错（照片：Susanne Lucas）；(b) 横向（照片：Gale Beth Goldberg）

竹材常用来建造人行桥。哥伦比亚首都波哥大的 Jenny Garon 人行桥（图 10-2，建于2003 年）为代表作，其主体桥身由瓜多竹建造，桥面平铺木板，桥跨长 45.6m。在该桥节点连接上，工人先将竹筒端部灌入混凝土，然后再通过各类金属件将竹筒连接起来（图 10-2d）。

(a)　　(b)　　(c)　　(d)

图 10-2　Jenny Garon 人行桥（拍摄：李海涛）
(a) 入口；(b) 内部；(c) 结构形式；(d) 节点

10.2.5　建筑工程

1. 脚手架和模板

竹材是制作脚手架的良好材料。在世界主要主产区如亚洲、拉丁美洲等，竹脚手架被长期广泛使用，即使到现在，很多地方仍在继续使用。我们国家还编写了《建筑施工竹脚手架安全技术规范》JGJ 254—2011，详细规定了脚手架的选材及绑扎等要求。竹脚手架在我国香港地区应用也较广泛。来自香港理工大学的 Chung 等专家还编写过一本竹脚手架设计手册，系统介绍了竹脚手架的相关设计方法。整体上来说，由于竹径尺寸不一，脚手架的搭建和拆卸难度较大，限制了其推广和应用的范围。另外，在一些竹产区，建筑工人将竹筒劈成竹片，适当风干后钉于木框上形成模板，来浇筑混凝土，该种方法成本低，但浇筑的混凝土表面不平。

2. 篱笆、墙体和楼梯

竹材常被用来作为篱笆或墙体材料。人们将竹筒劈成竹篾，编成竹席或竹帘，并将其固定在竹架或者木架的一侧或两侧形成墙体。还有一些地方，直接将竹筒平行排列并用竹筋或金属贯穿形成竹筒墙体。竹材也可以被用来制造楼梯。图 10-3 给出了一些形式的篱笆、墙体和楼梯案例。

原竹材还常被用来同其他材料一起形成组合墙体。我国南方地区的一些土楼的墙体也采用竹筋增强，福建土楼为典型代表，以土、木、石、竹为主要建筑材料。在印度及南美洲一些国家，人们常常将竹材同泥土、石膏、石灰、水泥、混凝土、各类砂浆等胶粘剂中的一种或多种组合形成墙体。世界上不少国家和地区的人们利用竹筒作为竖向构件，竹片为水平构件编织成墙体，再在两侧涂上泥土（掺入纤维、粪等）形成最后的墙体体系（图 10-4），这类墙体在哥伦比亚被称为"bareque"，在秘鲁和智利被称为"quincha"，在危地马拉被称为"bahareque"，在巴西被称为"pao a pique"。在哥伦比亚西部马尼萨莱斯市有大量的房屋采用该类墙体，其中一栋建于 1890 年的房子，采用竹材石灰砂浆组合墙体，至今仍在使用。在南美洲秘鲁，人们还将小径竹材嵌入砌体墙体厚度中间部位来提高这类房屋的抗震性能。我国云南一些地区的农民自建房多为两层及以下采用原竹材代替钢筋的砌体结构，抗震性能强，经济效果好。

3. 楼板、楼面或屋面

原竹材楼板是人类最早开始采用的一种形式，由竹筒或者半原竹并行排列而成，用竹片或钢材将中间串联，用竹篾捆扎两端；至今我国南方一些地区仍在采用这种楼板形式。竹材轻质高强，抗冲击性能好，易加工，且具有较好的耐磨性，可以作为楼面或屋面材料。在东南亚一些民居建筑中，人们直接把原竹筒展平做成竹席或竹帘铺设地面。竹材在屋面中也得到了应用，常见的竹屋面形式有：直接以原竹筒排列而成的屋面、半回竹瓦屋面、片状竹瓦屋面和竹席波形瓦屋面等。竹席波形瓦是用竹编后的黄篾编织成席，涂胶，再在金属波形模具上热压而成，它具有幅面大、施工省等特点。在一些竹产区，人们还用竹筒做屋顶支架，然后盖上竹席，再在竹席上覆以稻草、棕榈及一些植物的枝叶等形成屋面（图 10-5a），也有些地方采用泥浆或石灰拌合形成屋面，还可直接在竹席或竹帘上铺设屋面瓦（图 10-5b）。

4. 竹混凝土结构

图 10-3 篱笆、墙体和楼梯案例

(a) 竹木组合护栏（照片：Gale Beth Goldberg）；(b) 竹筒护栏（照片：Osamu Suzuki）；(c) 竹材
围墙（照片：Osamu Suzuki）；(d) 竹席墙体（图片：林平安) (e) 原竹材墙体（图片：林平安）；
(f) 原竹材墙体（百度图片库）；(g) 原竹材楼梯（百度图片库）

在钢材资源比较匮乏的年代，我国一些地区将竹材代替钢筋应用到混凝土结构体系
中。广州市培正中学有栋建于 1918 年的三层楼房（王广昌寄宿舍），梁和楼板均为竹筋
混凝土结构，柱用红砖砌成，整幢楼没有用一根钢筋，至今保存完好。中山大学北校区
的行政办公楼（中山大学医学院标志性建筑）的楼板就是采用竹片为竹筋浇筑而成，虽
历经百年，仍安然无恙。建于 20 世纪 50 年代末期的广州市第一商业局的办公大楼（现
中百德兴电子城），采用的也是竹筋混凝土楼盖。另外，竹筋混凝土板曾在北京市水源
六厂、潘家园、方庄等小区的自来水管线施工中进行过小范围使用。在一些临时性工程

图 10-4   竹材泥土组合墙体（照片：Gernot Minke）

(a)

(b)

图 10-5   屋顶结构（拍摄：李海涛）
(a) 印尼竹屋；(b) 哥伦比亚竹屋

中采用竹筋可降低造价。甘肃省道 208 线从洛门镇到水帘洞景区这一段的预制箱梁的预制梁场，在预制台座、龙门吊轨道基础、钢筋加工棚基础中，采用竹筋作为纵向筋，钢筋作为箍筋。随着经济的持续发展，钢材产量的上升，我国竹筋混凝土结构的使用越来越少。

早在 1867 年，法国人蒙尼亚采用竹筋增强混凝土结构，并进行了一些初步的尝试。1914 年，麻省理工学院的 H. K. Chu 进行了竹筋混凝土的应用研究。二战期间，美国、日本在太平洋的小岛上建造了不少竹筋混凝土结构；越战期间，美国也同样建造了不少类似的房屋。1974 年开始，哥伦比亚 Oscar Hidalgo 尝试采用竹缆绳作为竹筋来浇筑混凝土构件，缆绳主要由竹壁外层 3mm 左右厚度的竹片缠绕而成。Oscar Hidalgo 还利用 9～10 个月竹龄的竹子制作混凝土构件的箍筋。印度林业科学院将编扎好的竹筋用沥青浸渍后，在竹筋沥青外黏上一层小石子，来提高竹筋混凝土的黏结强度及竹筋耐腐性。

在一些国家或地区，人们还利用原竹筒或者竹箱浇筑混凝土楼板。竹箱由竹帘板材和木隔板组合而成。在哥伦比亚首都波哥大，85％以上的混凝土结构采用了竹箱现浇混凝土楼板（图 10-6）。这种结构体系能够降低自重和钢材用量。在哥伦比亚一些地区，人们还采用原竹筒组成的格栅浇筑混凝土楼板（图 10-7）。竹纤维也可以应用到混凝土结构中，在混凝土里掺入竹纤维可改善构件的力学性能，竹纤维起到延缓开裂的效果。

竹纤维还可以做成纤维筋材或者同其他高性能材料组合形成复合筋材，应用到混凝土结构中。

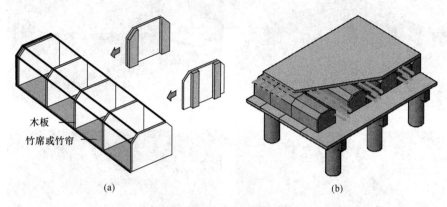

木板
竹席或竹帘

(a)   (b)

图 10-6　竹箱浇筑混凝土楼板（图片：Oscar Hidalgo)
(a) 竹箱；(b) 楼板体系

图 10-7　竹筒格栅混凝土楼板（照片：Arch. Amparo Bastidas)

5. 原竹结构

我国是最早使用竹子作为建筑材料的国度。至今，我国南方的住房仍有不少采用竹材建造。云南吊脚楼、傣家竹楼、景颇族竹楼等都是我国南方地区传统竹结构的代表。

原竹结构根据用途主要分为五类（图 10-8）：一是民居类竹结构，在南美洲、东南亚的乡间和很多太平洋小岛较为常见，如孟加拉国 90% 的农村房屋都是用竹子建造的。二是游憩类竹结构，常见于园林和庭院中，尤其是公园、度假村、风景区等，例如竹廊、竹亭、竹楼以及一些特殊造型或者文化意义的构筑物等。三是文教类竹结构，常见于展览馆、学校建筑。四是服务类竹结构，包括旅客接待中心、公厕、别墅和餐饮类建筑等，使用竹材更易让这类建筑和周围自然环境融为一体。五为农用类竹结构，典型代表为蔬菜大棚。采用竹筒作为受力框架，通过金属连接件或者绳子连接各节点，形成原竹大棚。还可以将竹筒剖成竹片，采用一个竹片或者多根竹片并列组合作为受力构件制作成竹片大棚。大棚内高温、高湿，竹材的防腐能力较差，竹材大棚通常能使用 8 年左右。

图 10-8 竹结构

(a) 民居类（照片：David Witte）；(b) 游憩类（照片：李海涛）；(c) 文教类（图片来源 https://
image.baidu.com）；(d) 服务类（图片来源 https://image.baidu.com）；(e) 原竹筒大棚（照片：
李海涛）；(f) 竹片大棚（拍摄：许斌）

10.3 工程竹材在土木工程中的应用

原竹材壁薄中空、尺寸不统一且有局限性，难以满足现代竹建筑对构件力学性能及
大尺寸的要求。从 20 世纪 50 年代开始，研究人员利用胶合工艺将原生竹材进行开片或
疏解，制成满足更多用途的复合材料。工程竹材泛指将原竹加工成各种竹材单元形式
（竹单板、竹片、竹篾、竹丝、竹纤维、竹碎料等），结合胶粘剂，通过物理、化学等手
段制作而成的复合材料。工程竹材的出现，解决了传统竹材的局限性，开辟了应用的新
领域。

10.3.1　工程竹材的发展

我国是世界上最早开展竹材工业化研究和利用的国家，也是目前竹材加工产业技术最先进、规模最大、产品最丰富的国家，相关研究均处于国际领先水平。竹材工业化在我国大致经历了如下五个阶段：

第一阶段：1980 年以前，技术萌发与产品初创期。早在 20 世纪 50 年代，南京林学院（现南京林业大学）和中国林科院森工所等单位相关专家开发出了竹编胶合材。同一时期，也有专家从三夹板的思路得到启示，将竹片胶合得到了三夹竹板，还对其力学性能进行了相关研究。这一时期的胶合竹材曾被用来制造飞机机翼。人们还将处理好的竹材进行缠绕，制成管状制品替代纯铁或无缝钢管应用到高速离心纱管领域。前述科研机构及一些企业专家还将竹材研磨捣碎制造电木、电料器材、塑料等产品。整体上讲，这一时期的产品相对单一，工业化规模较小，应用范围较窄。

第二阶段：1980～1992 年，技术深入开发与产品丰富期。20 世纪 80 年代起，以南京林业大学为代表的林业高校及中国林科院、浙江、湖南、江西、安徽、福建等地一些研究机构或企业围绕竹材工业化制造工艺、设备等方面进行了深入的研究，取得了系列成果，先后发出了以竹篾、竹席、竹帘、竹纤维束、竹片为构成单元的竹篾积成材、竹编胶合材、竹帘胶合材、竹重组材、竹集成材等。南京林业大学张齐生院士 20 世纪 80 年代初期开始组织团队进行竹材工业化利用研究，先后于 1982 年 7 月及 1984 年 5 月通过了小试和中试，又在此基础上研制了完整的制造工艺和竹材加工专用设备，并在江西宜丰、奉新和安徽黔县建设了 3 个年产 1000～2000m³ 的竹胶板厂。20 世纪 80 年代中后期，张齐生院士又率先提出了以"竹材软化展平"为核心的竹材工业化加工利用方式，发明了新的竹材胶合板生产技术。

第三阶段：1993～2004 年，大面积推广及加工技术成熟期。20 世纪 90 年代初期竹材工业发展迅速，竹家具板、竹地板等各种人造板材的生产规模快速壮大。竹重组材冷压技术被广泛采用，热压制造工艺也被开发出来。20 世纪 90 年代中后期，竹材加工企业在各地不断涌现。张齐生又适时提出了"竹木复合"的发展理念，建立了竹木复合结构理论体系，开发了竹木复合集装箱底板等 5 种系列产品，竹材加工技术逐步走向成熟。

第四阶段：2005 年至今，蓬勃发展期。这一时期，竹材加工利用技术更加成熟，机械化、自动化和信息化技术进一步提高，出现了竹材高频胶合、竹材加工数控机床等技术或设备，竹缠绕技术也得到了进一步的开发；产品种类也更加丰富，应用领域更加广泛，深入到了我们生活的方方面面。各类竹材加工企业如雨后春笋般涌现。工程竹材建筑开始走进人们的视野，特别是汶川地震后，越来越多的工程竹建筑案例出现在世人面前。南京林业大学、湖南大学、国际竹藤组织、中国林科院等众多研究机构以及国内很多竹材企业均建造了一批工程竹建筑，有力地推动了工程竹建筑的发展。

10.3.2　工程竹材的种类与应用

依据不同竹单元（竹单板、竹片、竹篾、竹丝、竹纤维、竹碎料等）、不同排列方式、不同制造工艺，工程竹材主要分为以下 6 类：

竹集成材：将速生、短周期的竹材加工成定宽、定厚的竹片或者将原竹展平形成宽幅面竹单元（去掉竹青和竹黄），经过处理（如炭化等）并干燥至一定的含水率，再通过胶粘剂将竹片胶合而成的型材。竹集成材可以实现截面尺寸的任意化，在建筑领域得到了较多应用，特别是装修领域。

竹重组材：将竹材破成竹篾或疏解成通长的、保持纤维原有排列方式的竹束或去除有机质的疏松网状竹纤维束或者纯纤维，再经处理（如炭化等）、干燥、施胶、组坯成型后压制而成的竹质型材。

竹编胶合材：将竹材断料去青，劈成竹片或竹篾编成竹席或竹帘，经过处理（如炭化等）并干燥至一定含水率，然后浸胶或涂胶，组坯压制而成的竹质型材。

竹缠绕复合材：指以经过预处理的旋切竹皮、竹篾或细竹条为基材，以树脂为胶粘剂，采用缠绕工艺加工成型的生物基材料；可应用到管道、管廊、高铁车厢、现代建筑等领域。

竹碎料型材：主要依据木材刨花板的制造原理，以经过预处理的杂竹、毛竹梢和各种竹材加工边角料等为原料，经切片、辊压、筛选、施胶、铺装等工艺，最后热压而成的型材，又称竹材刨花板。该产品的生产工艺与木质刨花板相近，制成的竹碎料板的强度高于木刨花板，其吸水膨胀率低于木刨花板，在水泥模板及复合板的基材等方面有广阔应用前景。

竹塑复合材：以经过预处理改性的竹粉、竹锯末、竹屑或竹渣等纤维为主要原料，利用高分子化学界面融合原理，与熔融热塑性树脂（主要有 PE、PP、PVC 等）按一定的比例混合，在添加剂的作用下，经过高温混炼和成型加工而制得的一种具有多种用途的新型复合材料。

工程竹材可广泛应用到土木工程领域（图 10-9），如室内外装修、建筑模板、长廊、亭子、厕所、护栏、竹建筑、竹桥、管道、管廊等。

(a)   (b)

(c)   (d)

图 10-9 工程竹材应用案例（一）

（a）竹重组材长廊；（b）井冈山竹集成材荷花亭；（c）紫东竹集成材厕所；（d）云溪竹重组材厕所

图 10-9 工程竹材应用案例（二）

(e) 景观护栏（图片来源：世界竹藤通讯）；(f) 道路护栏（图片来源：世界竹藤通讯）；(g) 森泰竹集成材办公楼；(h) 耒阳竹编胶合材竹桥；(i) 管廊（图片来源 https://image.baidu.com）；(j) 地下管道（图片来源 https://image.baidu.com）

竹材已经深入到了土木工程领域的方方面面。随着产品和加工工艺的进一步开发，竹材在土木工程领域的应用会更加广泛。我国政府一直重视竹产业的发展。我国是竹资源大国，国际竹藤组织是第一个总部落户在我国的国际组织。1958 年 5 月 18 日，毛泽东主席在"中共八大二次会议"上做出"竹子要大发展"的重要指示。在新的世纪里，习近平总书记提出的"绿水青山就是金山银山"的"两山理论"已深入人心，开发和利用竹材，促进竹产业的高质量和高附加值发展是对"两山理论"的最好诠释。2013 年 1 月，国家发展改革委、住房和城乡建设部联合发布了《绿色建筑行动方案》，鼓励大力发展绿色建材，加强绿色建筑相关技术研发推广。2015 年 8 月 31 日，工业和信息化部、住房和城乡建设部发布了《促进绿色建材生产和应用行动方案》，提出"鼓励在竹资源丰富地区，发展竹制建材和竹结构建筑"。标准是法，政策是导向，有了标准和政策，会有力地促进竹材在土木工程领域的应用和发展。相信在国家相关政策的支持下，在各界同仁的共同努力下，中国竹产业一定会迎来蓬勃发展的明天！

本章小结

　　竹材在物理特性、景观特性、生态特性、文化特性方面有诸多优点，但是也存在力学性能差异大、易开裂、防火、防腐防虫、耐候性差、连接等问题。结合国内外工程案例照片或示意图，介绍了原生竹材在岩土工程、道路工程、水利工程、桥梁工程、建筑工程等领域的应用情况。将工程竹材的发展过程划分为技术萌发与产品初创期、技术深入开发与产品丰富期、大面积推广及加工技术成熟期、蓬勃发展期4个主要阶段，介绍了各个阶段的发展概况及特点。简要介绍了一些工程竹材产品及应用案例。

思考与练习题

　　10-1　简述竹材的优点。

　　10-2　简述竹材的缺点。

　　10-3　讨论原竹材在土木工程中的应用。

　　10-4　讨论工程竹材在土木工程中的应用。

第 11 章　原　　竹

本章要点及学习目标

本章要点：
(1) 竹类资源概况；(2) 原竹特征及物理力学性能；(3) 原竹的应用。
学习目标：
(1) 了解竹类资源的概况；(2) 了解原竹特征及物理力学性能；(3) 了解原竹的应用。

11.1　竹类资源概况

竹子被誉为"第二森林"，主要分布在亚洲、非洲和南美洲的热带和亚热带地区，少数竹类分布在温带和寒带。全球森林面积急剧下降，竹林面积却以每年 3％的速度递增，世界竹子可分为亚太竹区、美洲竹区和非洲竹区。亚太竹区是世界最大的竹区，约占世界竹林总面积的 64％。其中丛生竹最多，约占 3/5，散生竹次之，约占 2/5。主要产竹国家有中国、印度、缅甸、泰国、孟加拉国、柬埔寨、越南、日本、印度尼西亚、马来西亚、菲律宾、韩国、斯里兰卡等。

中国竹类植物面积、蓄积量、竹制品产量和出口额均居世界第一，素有"竹子王国"之誉。天然竹林广泛分布于除新疆、内蒙古、黑龙江等少数省份外的 27 个省（市、自治区），集中分布于福建、江西、四川、湖南、浙江、广东、广西、安徽、湖北、云南、陕西、重庆、贵州、江苏、海南、河南 16 个省（市、自治区），主要有四个分布区，见表 11-1。

我国竹种主要分区　　　　　　　　　　　　　　　　　　表 11-1

分区	纬度	气候条件	竹种
黄河-长江竹区	北纬 30°～40°之间	年平均温度 12～17℃，降雨量 600～1200 毫米	刚竹属、苦竹属、箭竹属、青篱竹属、赤竹属、巴山竹属等竹种
长江-南岭竹区	北纬 25°～30°之间	年平均温度 15～20℃，年降水量 1200～2000 毫米	本区是中国竹林面积最大的地区，主要有：刚竹属、苦竹属、短穗竹属、大节竹属、慈竹属、方竹属等竹种
华南竹区	北纬 10°～20°之间	年平均温度 20～22℃，年降水量 1200～2000 毫米以上	本区是中国竹种数量较多的地区，主要有箣竹属、牡竹属、酸竹属、藤竹属、巨竹属、单竹属、茶秆竹属、泡竹属、薄竹属、梨竹属等竹种

分区	纬度	气候条件	竹　种
西南高山竹区	华西海拔1000～3000m的高山地带	年平均温度8～12℃，年降水量800～1000mm以上	本区是原始竹丛的分布区，主要有方竹属、箭竹属、筇竹属、玉山竹属、慈竹属等竹种

11.2　原竹特征及物理力学性能

11.2.1　原竹特征

结构用原竹材，主要是指竹竿。从细观角度看，原竹由外皮层、维管组织、基本组织、髓腔及内皮层（对于空心竹）构成。从力学角度，可把竹壁细胞分成两大类：一类是组成维管束的厚壁细胞竹纤维，是决定竹材力学性质的主要成分；另一类是以基本组织为主的薄壁细胞，它们在维管束之间起着传递载荷和缓冲作用，其余是导管和原生木质部等。竹材是以竹纤维为增强体，其他为基体材料的天然复合材料，其性能和破坏规律既取决于组分材料的力学性质，同时也取决于其细观结构特征，这些特征包括增强体的体积分数、分布规律、形状以及界面性质等。

从宏观构造角度，竹竿又可分竹节和节间部分。竹节呈封闭状，而节间对于大部分竹种来说内部中空（图11-1a），也有一些为实心（图11-1b）。竹节由秆环、箨环和节隔组成。节隔避免了竹子由于过长而出现局部失稳破坏，类似于构件中的加劲肋。竹节也不是均匀分布的，在底部和顶部分布更密，而在中间段分布较疏。对于中空原竹，节间外壳部分又叫竹壁，竹壁由竹青、竹肉和竹黄三部分组成，依次由外往内排列；对于实心竹，节间部分主要由外层竹青和里面竹肉组成。竹材富有节奏感的竹节，与充满线条感的纤细形态，使其拥有了广阔的艺术创作空间。

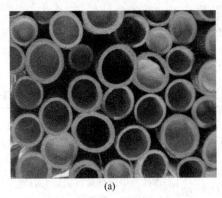

(a)　　　　　　　　　　　　　　　(b)

图11-1　空心竹与实心竹

（a）空心竹；（b）实心竹

竹材的形状众多，以圆柱体最为常见，也有现状奇特的竹材，例如截面为正方形的方竹（图11-2a、b）、葫芦状的葫芦竹（图11-2c）等。竹材的表面材色丰富，通常以黄色和绿色为主，竹材的材色会随着使用时长而留下岁月的痕迹，逐渐由绿变黄再变褐色。竹材表面光滑，而且纹理清晰规则却又富于变化，给人温润淡雅、富有生命力的感觉。竹材在使用过程中散发出自然清新的香味，有益于身心健康。

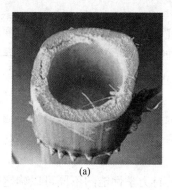

(a)　　　　　　　　　　(b)　　　　　　　　　　(c)

图 11-2　其他形状竹材
(a) 方竹断面；(b) 方竹侧面；(c) 葫芦竹

"材料应贡献给建筑永恒的生命"（R. 莫尼欧）。对于空心原竹，其中空筒体的特征使其具有优良的力学性能。经典力学理论已证明了这类结构形式的优越性。在截面面积相等的情况下，环形截面和实心截面相比，材料分布在中性轴较远处，截面惯性矩较大，能够大大地提高构件的抗弯能力和稳定性，充分发挥材料潜力。竹竿下粗上细、竹节下短上长的特征，使得竹子在自重作用下近似为等应力压杆。同时，阶梯状变截面竹竿在风荷载作用下，各段抵抗弯曲变形的能力基本相同，且筒体内部竹节不仅增强了竹竿抗弯能力，还提高了竹竿的横向抗挤压和抗剪切的能力。

11.2.2　材料性能

从细观角度，竹材外皮层、维管组织、基本组织及内皮层对密度及力学性能均有影响，如外皮层及维管组织增加，密度就增加，基本组织及内皮层增加，密度就减小。竹材单位面积内的维管束数量、纤维束排列方向以及纤维本身的力学性能是影响竹材力学性能的重要因素。影响竹材力学性能的因素较复杂，从宏观角度，可大致归纳如下：

（1）密度。竹材种类较多，其密度差异较大，主要的经济竹种密度在 $0.4 \sim 0.85 \mathrm{g/cm^3}$ 之间。密度大的竹种，其竹材硬度大、抗压强度高、弹性小，而密度小的竹材，其材质硬度小、抗压强度低、弹性大、塑性和柔韧性都更好。

（2）立地条件。立地条件好，竹子生长快，竹材组织疏松，力学性能差；立地条件差，竹子生长缓慢，竹材组织紧密，其力学性能较好。

（3）生长部位。毛竹、撑高竹和粉单竹的力学性质，基本是从基部至梢部，逐步增高；红竹、淡竹、刚竹、青皮竹上下部位差异不大，无一定的规律性。毛竹竹竿不同部位的基本密度与竹材的顺纹抗压强度有密切关系，其变化为自基部至梢部，密度逐步增大，竹壁外侧比内侧大，有节部位比无节部位大。毛竹节部的抗拉强度比节间的低1/4，而其他的力学性质均比节间高，原因是节部维管束分布弯曲不齐，受拉时易被破坏。

（4）含水率。竹材的顺压、顺纹抗拉、顺纹剪切、静曲强度及模量等力学性质与含水率关系明显，随含水率的增高而降低，但当竹材处于绝干条件下时，因质地变脆强度反而下降；而横纹抗拉、纵劈和弦向静曲等强度与竹材含水率关系不明显。

（5）竹龄。竹材的力学强度一般随竹龄的增长而提高，至一定年龄后达到稳定，但当竹竿老化变脆时强度反而下降。不同竹种达到稳定的年限不一样，如毛竹需生长至6年以上；而淡竹、撑篙竹则仅生长至2年以上即趋于稳定。

对于毛竹来说，不同竹龄毛竹气干密度、抗弯强度、抗弯弹性模量和顺纹抗压强度均随着竹龄的增加呈增大的趋势，尤其是3年生竹材的该4种物理力学性能与2年生差异显著，但与3年后生竹材差异不是很大；竹竿径向从基部到梢部竹材的气干密度、抗弯强度、抗弯弹性模量和顺纹抗压强度逐渐增加。

竹材的生材含水率，气干干缩率弦向、径向、纵向和全干缩率弦向、径向、纵向随着竹龄的增加呈减小的趋势；从基部到梢部竹材的生材含水率、气干干缩率和全干缩率均减小；竹材线性干缩率，弦向大于径向，径向大于纵向。

竹材力学性能是竹材加工利用的重要依据之一，根据竹材力学性能的不同可以确定竹材的应用领域和范围，对竹材的培育、确定合理的砍伐时间具有现实意义。综合考虑毛竹的物理力学性能和竹林的经济效益，适合采伐的是3年后生竹材，采伐之后的竹材也应该根据部位不同进行区分，以便于加工应用过程中，针对不同竹龄、不同的部位使用在不同的地方；考虑到竹材不同竹龄、不同部位生材含水率的不同，在竹材进行干燥以前，应将竹材放至气干状态，缩短竹材干燥周期，减少干燥过程中资源的使用。

部分竹种（毛竹6年生，其他3年生）主要力学性能实测试验结果平均值见表11-2。竹材的抗拉强度约为针叶树木材的4倍，为阔叶树木材的2倍。整体上讲，竹材是一种优良的结构材料。

部分竹种主要力学性能测试结果（毛竹6年生，其他3年生） 表11-2

竹种	顺纹抗压强度（MPa）	顺纹抗拉强度（MPa）	弯曲强度（MPa）	顺纹抗剪强度（MPa）
梁山慈竹	55.6	273.3	255.7	11.7
硬头黄竹	67.9	268.3	119.8	10.5
撑绿杂交竹	60.8	230.9	85.0	11.0
龙竹	52.3	240.8	109.9	11.2
车筒竹	43.3	205.0	89.5	8.5
油丹竹	84.3	364.6	184.8	9.8
大木竹	75.1	238.0	139.0	11.9
毛竹	77.8	232.1	169.1	16.6
苦竹	63.9	205.4	—	—
雷竹	44.0	181.1	—	—
车筒竹	61.0	297.3	113.5	10.8
箣（cè）竹	62.6	279.2	117.2	10.1
越南巨竹	71.7	265.0	163.7	12.2
毛竹	77.8	232.1	169.1	16.6
红壳竹	47.4	220.0	—	—

11.3 原竹的应用

    竹子浑身是宝。嫩的竹鞭和竹笋可以食用。《本草纲目》记载，竹叶、竹沥、竹实、竹茹、竹根、竹笋等可以入药。竹材可以广泛应用到人们衣、食、住、行、用等日常生活的方方面面（图11-3）：食者竹笋（图11-3a），庇者竹屋（图11-3b），载者竹筏（图11-3c），炊者竹薪（图11-3d），衣者竹皮（图11-3e），履者竹鞋（图11-3f），睡者竹床（图11-3g），围者竹篱（图11-3h），书者竹简（图11-3i）等。中国不少汉字的偏旁部首都是"竹"，竹子已融入中国人的文化血液。

图 11-3 竹材在日常生活中的应用
(a) 食者竹笋；(b) 庇者竹屋；(c) 载者竹筏；(d) 炊者竹薪；(e) 衣者竹皮；(f) 履者竹鞋；
(g) 睡者竹床；(h) 围者竹篱；(i) 书者竹简

    除了前述日常用品，竹材还可以用来造纸及制作其他各类家具、工具、餐具、厨具、灯具、工艺品、乐器、包装材料等（图11-4）。将竹材用工程化方法，经物理和化学作用制成的竹纤维，可以用到各类家纺、毛巾、被褥、衣物等。将竹材通过烘焙，制成竹炭，被用在许多场合，包括去除环境气味，以及特殊风味食品。竹炭经过粉碎和活化制成的活性炭，有很好的吸附和净化作用，被用在汽车和家居，以及污水处理等。竹材烧炭的过程中，收集竹材在高温分解中产生的气体，并将这种气体在常温下冷却得到竹醋液；竹醋液有防菌、防霉、杀虫、除臭、促进植物生长、保持植物的活性和鲜度、改良土壤等功能。竹材也可以广泛应用到土木工程领域，这里不再赘述。

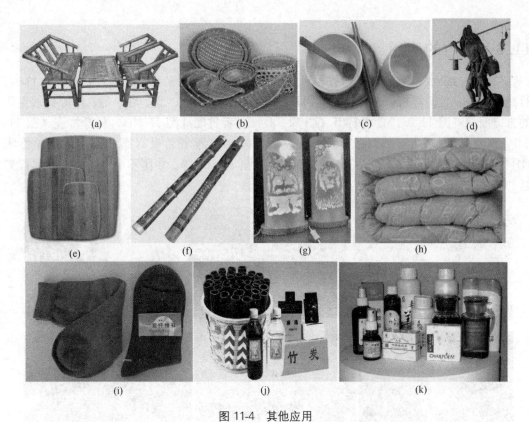

图 11-4　其他应用

（a）桌椅；（b）日常工具；（c）餐具；（d）工艺品；（e）厨具；（f）乐器；（g）灯具；（h）竹被；
（i）竹袜；（j）竹炭；（k）竹醋液

本章小结

　　竹子被誉为"第二森林"，主要分布在亚洲、非洲和南美洲的热带和亚热带地区，少数竹类分布在温带和寒带。中国竹类植物面积、蓄积量、竹制品产量和出口额均居世界第一，素有"竹子王国"之誉。本章在介绍竹类资源分布的基础上，详细介绍了原竹特征及物理力学性能，最后对原竹在日常生活中的应用进行了介绍。

思考与练习题

　　11-1　简述竹类资源概况。

　　11-2　简述原竹特征。

　　11-3　影响原竹物理力学性能的因素有哪些？

　　11-4　讨论原竹的应用。

第12章 工程竹材

本章要点及学习目标

本章要点：
(1) 竹集成材；(2) 竹重组材；(3) 竹编胶合材；(4) 竹缠绕复合材；(5) 竹碎料型材；(6) 竹塑复合材；(7) 两种主要的竹生物质复合材料。
学习目标：
(1) 了解竹集成材的制造、力学性能等；(2) 了解竹重组材的制造、力学性能等；(3) 了解竹编胶合材的制造、力学性能等；(4) 了解竹缠绕复合材、竹碎料型材、竹塑复合材的特点；(5) 了解两种主要的竹生物质复合材料。

空心原竹壁薄中空、尺寸不一且有局限性，难以满足现代竹结构对构件力学性能及大尺寸的要求。从20世纪50年代开始，研究人员将原生竹材进行开片或疏解，利用胶合工艺制成满足更多用途的复合材料。工程竹材泛指将原竹加工成各种竹材单元形式（竹单板、竹片、竹篾、竹丝、竹纤维、竹碎料等），结合胶粘剂，通过物理、化学等手段制作而成的复合材料。工程竹材的出现，解决了传统竹材的局限性，开辟了应用的新领域。

12.1 竹集成材

竹集成材是将速生、短周期的竹材加工成定宽、定厚的竹片或将原竹展平形成宽幅面竹单元（去掉竹青和竹黄），经过处理（如炭化等）并干燥至一定的含水率，再通过胶粘剂将竹片胶合而成的型材。竹片的排列方向可以全部顺纹方向（又称平行竹集成材，见图12-1),也可以纵横交错（又称正交竹集成材，见图12-2)。由较窄竹片单元（通常宽度在20mm左右）压制而成的竹集成材叫窄片竹集成材（图12-1a、b、c和图12-2a、b、c)。

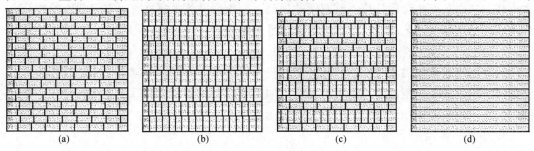

(a)   (b)   (c)   (d)

图 12-1 平行竹集成材

(a) 平压式；(b) 侧压式；(c) 平侧相间式；(d) 展平式

由宽幅面展平竹单元压制而成的竹集成材又叫展平竹集成材（图 12-1d、12-2d）。根据不同的竹片排列方式采用不同的压制方式，常用的压制方式（图 12-1 和图 12-2）有平压、侧压和平侧相间。目前，竹集成材的生产工艺可以灵活控制其构件尺寸和长度，有较好的推广和应用前景。

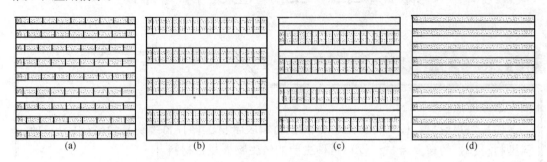

图 12-2　正交竹集成材

(a) 平压式；(b) 侧压式；(c) 平侧相间式；(d) 展平式

12.1.1　竹集成材的制造

竹集成材的大致加工工艺为：挑选原竹→截断→开片或展平→粗刨（去青、去黄）→蒸煮或炭化→干燥→精刨→选片及接口加工→施胶→组坯→板单元压制成型→型材压制成型→其他加工及防火、耐久性处理。

1. 原竹的选取

原竹材料的选择是竹集成材加工的基础，其质量好坏，直接影响到产品质量。选取的竹子需圆、粗、直，成材较好，且竹龄要合适，主要的竹种有毛竹、龙竹、瓜多竹等。毛竹在我们国家分布较广，资源较丰富，是我国竹集成材产品的主要竹种原料。对于毛竹来说，3 年生竹材的气干密度、生材含水率、线性干缩率、抗弯强度、抗弯弹性模量和顺纹抗压强度等物理力学性能基本趋于稳定，同 3 年后生竹材差异较小；当竹龄大于 7 年，其含硅量增加，质地变脆，强度也随之减低，故也不宜选用。因此，对于毛竹来说，制作竹集成材宜选用 3~6 年生的竹子。

2. 截断和开片（或展平）

将挑选的原竹截成定长的竹筒（通常 1~2 米）；制作窄片竹集成材时，需将截取的竹筒（图 12-3a）通过开片机剖切成定宽的竹片（图 12-3b）。竹筒开片时，应将小头朝前，大头在后，以免产生最后一片不够宽度的现象。制作展平竹集成材时，需将截取的竹筒在一定条件下按相关工艺展平，形成宽幅面展平竹单元。

3. 粗刨（四面刨平）

竹青层和竹黄层对水和胶粘剂的湿润和胶合性能基本为零，需刨掉形成矩形断面竹单元，以便后续加工。粗刨前，需将粗刨机的加工厚度调至为相应的厚度规格再进行竹单元刨削加工，竹单元刨削量以大致平整为宜（图 12-4）。

4. 蒸煮、漂白

竹材含有较多的营养成分，易引起霉变和虫蛀。蒸煮和漂白的目的是去掉竹材内部的营养成分；在水中加入一定量的氧化漂白剂及专用的防虫防霉剂，通过高温煮沸，将竹材

图 12-3　截断和开片

（a）竹筒断面；（b）竹片

图 12-4　粗刨

（a）粗刨中；（b）粗刨后

中的可溶性有机物析出，并杀死竹材中的虫卵和霉菌，进而达到防虫防霉的目的。由于该种方法处理麻烦，且对环境有污染，已逐步淘汰。

5. 炭化

炭化（图 12-5）是目前较常用的竹材处理方法，其原理是将竹片置于高温、高湿、高压的环境中，使竹材中的有机化合物如糖、淀粉、蛋白质分解，使蛀虫及霉菌失去营养来源，同时杀死附着在竹材中的虫卵及真菌。竹材经高温高压后，竹纤维炭化变成古铜色或类似咖啡色。经炭化加工出的集成材，颜色古色古香。由于炭化过程中没有像蒸煮时那样将可溶性有机物析出，因此炭化后的竹片其密度比蒸煮的竹片稍大一些。同时由于竹纤维在高温环境下炭化，竹材自身的强度通常略有降低，但竹材的表面硬度略有提高。

图 12-5　炭化

图 12-6　干燥

6. 干燥

竹片干燥是竹材集成材生产中的重要一环，通常在干燥窑里进行（图 12-6）。竹片干燥后，一是可以防止板材在使用过程中干缩、开裂和变形，二是可以有效防止蛀虫和霉菌的生长，三是有利于热压胶合，提高胶合强度。竹片干燥后含水率应控制在 8% 左右。

7. 精刨（四面精修平）

竹片经粗刨并干燥后，外形尺寸基本稳定和规整。通过精刨将竹青、竹黄彻底去掉，并且精准控制竹片尺寸，竹片精刨后的厚度和宽度误差应控制 0.1 毫米以内。精刨的竹片规格不宜太多，且要分类堆放以便组坯时搭配使用。

8. 竹片单元接口加工

结构工程中常需要大尺寸的竹集成材构件来承担荷载，可以通过对竹单元的接长来实现大尺寸竹集成材构件的生产，需要在竹材端部进行机械加工，常见的竹片单元接长方式有 5 种，见图 12-7。

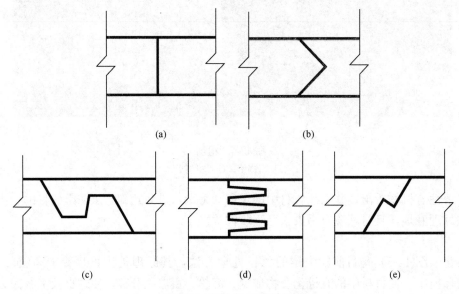

图 12-7　竹片单元接长方式

9. 施胶

在组坯之前，需要在竹片表层涂一层胶粘剂，且胶粘剂要均匀，称为施胶。早期的施胶靠人工用刷子刷（图 12-8a），效率低且难以保证胶粘剂的均匀。现在主要靠机械辊胶（图 12-8b），避免了人工刷胶的一些缺陷，大大提高了效率。常用的胶粘剂有脲醛胶、酚醛胶等。

10. 组胚、压制成型

将施胶后的竹片单元进行接长和组坯，采用平压工艺或侧压工艺并压制成平压板单元（图 12-9a）或侧压板单元（图 12-9b），再将板单元进一步组胚压制成大截面型材（图 12-10），满足建筑结构的尺寸要求。由平压板单元压制而成的型材称为平压竹集成材（图 12-10a）；由侧压板单元压制而成的型材称为侧压竹集成材（图 12-10b）；由平压板单元和

图 12-8　施胶
（a）人工刷胶；（b）机械辊胶

侧压板单元混合压制而成的型材称为平侧相间竹集成材（图 12-10c）；图 12-10（d）为由宽幅面展平竹单元压制而成的展平竹集成材。

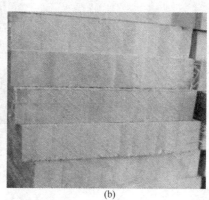

图 12-9　板单元
（a）平压板单元；（b）侧压板单元

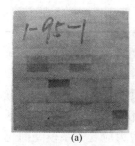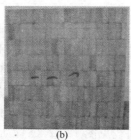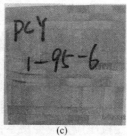

图 12-10　竹集成材型材
（a）平压竹集成材；（b）侧压竹集成材；（c）平侧相间竹集成材；（d）展平竹集成材

11. 其他加工与处理

将压制的型材进行裁边处理。可以根据结构设计需要，加工成各类竹集成材构件，还可以对构件进行进一步防腐处理以及防火处理等。

制约竹集成材推广应用的一个重要原因是制造成本。通过对国内众多竹集成材制造企业调查发现，从原竹砍伐到构件成型工艺的整个过程中，多数工艺靠人工完成，使得竹集成材生产工艺的劳动力附加值过高，从而导致产品价格较高。因此，提高竹集成材产品生产的机械化和自动化程度，改进生产工艺，降低劳动力成本，具有重要的现实意义。

12.1.2　竹集成材的力学性能

影响竹集成材力学性能的因素主要有原竹材特性、生产工艺及胶粘剂性能等；其中，影响原竹材特性的因素较多，如竹种、生长环境、竹龄、生长部位、密度、含水率等。

南京林业大学生物质复合建筑材料与结构团队围绕竹集成材基本力学性能开展了大量的研究（图 12-11），采用赣州森泰竹木有限公司生产的竹集成材测得的强度和弹性模量结果见表 12-1，可以看出，竹集成材整体力学性能优于普通木材，可以应用到结构领域。

图 12-11　基本力学性能试验
（a）顺纹抗拉；（b）横纹抗拉；（c）抗压；（d）抗弯；（e）抗剪

竹集成材强度和弹性模量测试结果　　　　　　　　　　　表 12-1

	顺纹抗拉	横纹抗拉	顺纹抗压	横纹抗压	顺纹抗剪	抗弯
强度（MPa）	84.5	4.2	71.6	16.5	13.85	92.6
弹性模量（MPa）	7013	—	9680	1867	8658	7999

竹集成材顺纹受压破坏过程可分为 5 个阶段：弹性阶段、弹塑性阶段、塑性阶段（荷载基本稳定阶段）、荷载下降段和残余段。竹集成材的顺纹受压破坏为延性破坏，而受拉、受弯、受剪破坏为脆性破坏。竹集成材在破坏过程中表现出五种典型的损伤形式，即胞壁层面损伤与层裂、胞壁屈曲与塌溃、微裂隙损伤区的形成与扩展、胶结界面损伤、胞壁断裂。实测的竹集成材顺纹拉压应力应变关系曲线见图 12-12（a）。应力应变关系模型简化模型见图 12-12（b）。

$$\sigma^{\mathrm{L}} = \begin{cases} E_{\mathrm{t}}^{\mathrm{L}}\varepsilon^{\mathrm{L}} & (0 \leqslant \varepsilon^{\mathrm{L}} \leqslant \varepsilon_{\mathrm{tu}}^{\mathrm{L}}) \\ E_{\mathrm{c}}^{\mathrm{L}}\varepsilon^{\mathrm{L}} & (\varepsilon_{\mathrm{cy}}^{\mathrm{L}} \leqslant \varepsilon^{\mathrm{L}} \leqslant 0) \\ \sigma_{\mathrm{cy}}^{\mathrm{L}} + k_{\mathrm{ep}}^{\mathrm{L}}E_{\mathrm{c}}^{\mathrm{L}}(\varepsilon^{\mathrm{L}} - \varepsilon_{\mathrm{cy}}^{\mathrm{L}}) & (\varepsilon_{\mathrm{c0}}^{\mathrm{L}} \leqslant \varepsilon^{\mathrm{L}} \leqslant \varepsilon_{\mathrm{cy}}^{\mathrm{L}}) \\ \sigma_{\mathrm{c0}}^{\mathrm{L}} & (\varepsilon_{\mathrm{cu}}^{\mathrm{L}} \leqslant \varepsilon^{\mathrm{L}} \leqslant \varepsilon_{\mathrm{c0}}^{\mathrm{L}}) \end{cases} \tag{12-1}$$

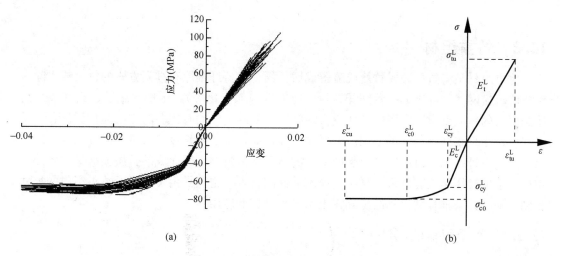

图 12-12　竹集成材应力应变曲线

（a）试验曲线；（b）三段线模型

$$k_{ep}^{L} = \frac{\sigma_{c0}^{L} - \sigma_{cy}^{L}}{(\varepsilon_{c0}^{L} - \varepsilon_{cy}^{L})E_{c}^{L}} = \frac{\sigma_{ep}^{L} - \sigma_{cy}^{L}}{(\varepsilon_{ep}^{L} - \varepsilon_{cy}^{L})E_{c}^{L}} \tag{12-2}$$

图中和式中，σ^{L} 为竹集成材应力，E_{t}^{L} 为竹集成材顺纹受拉弹性模量，E_{c}^{L} 为竹集成材顺纹受压弹性模量，ε^{L} 为竹集成材应变，ε_{cy}^{L} 为竹集成材比例极限受压应变，ε_{tu}^{L} 为极限拉应变，σ_{cy}^{L} 为比例极限压应力，k_{ep}^{L} 为弹塑性阶段模量折减系数，σ_{c0}^{L} 为峰值压应力，ε_{c0}^{L} 为峰值压应力对应的峰值应变，ε_{cu}^{L} 为极限压应变，σ_{tu}^{L} 为峰值拉应力。

国内外学者围绕竹集成材的耐久性、抗火性能、梁柱构件及构件的连接等力学性能开展了大量的研究，但由于影响竹集成材力学性能的因素较多，人们对这类结构构件和体系的认识还有限，有待进一步地深入研究。目前竹集成材结构的设计主要参考木结构相关标准或规范。

12.1.3　竹集成材的应用

竹集成材能够广泛地应用于家具、地板、模板、装修装饰、土木工程等各领域。竹集成材还可以制作成各类日常用品，如 U 盘外壳、鼠标外壳、手机外壳等。这种型材强度高，能满足多层建筑结构对材料物理力学性能的需求，可大规模应用于建筑结构的梁、板和柱，解决一般多层竹木结构建筑需要大径级天然木材的技术难题。竹集成材已被广泛应用于建筑模板、车厢底板、地板、家具等产品中，作为建筑材料的应用刚刚起步。

竹集成材作为一种新型建筑结构材料，与传统建筑竹材相比，不再受到自然的限制，制造竹集成材的尺寸和形状相对自由，完全可根据设计需要制造出不同形状的结构用材，这给建筑结构设计带来很大的自由度，也为大跨度建筑和各种富有创意的结构造型设计创造了条件，同时在建筑产品生产过程中，竹集成材易实现构件模数化、标准化，这对推进我国住宅产业化和工业化，提高住宅的科技含量，实现住宅可持续发展，有着广阔的前景。

12.2 竹重组材

竹重组材是将竹材破成竹篾或疏解成通长的、保持纤维原有排列方式的竹束或去除有机质的疏松网状竹纤维束或者纯纤维，再经处理（如炭化等）、干燥、施胶、组坯成型后压制而成的竹质型材。常用的破坏或去除纤维与纤维之间的有机质的方法为机械法和化学法。机械法是将纤维与纤维之间的有机体破坏，而化学法是直接将有机质通过化学处理取出，只剩下纤维束，可以制作出强度更高的材料。由竹篾模压而成的竹质型材又称竹篾层积材。采用模压是现有竹重组材制造技术的共同特点。也正是由于模压，竹重组材的尺寸受到了限制，某种程度上制约了其在土木工程领域的应用。

12.2.1 竹重组材的制造

竹重组材的大致制作工艺：挑选原竹→截断→开片→去青、去黄→疏解或破篾→蒸煮或炭化→干燥→施胶→组坯→压制成型→其他加工及防火、耐久性处理。如果是由竹篾模压而成的竹质工程材料，又可以称为竹篾层积材。

接下来，我们进一步讲述每一步的加工工艺。原竹的截断、开片、去青、去黄、蒸煮或炭化、干燥和其他加工及防火、耐久性处理工艺同竹集成材，这里不再赘述。

1. 原竹的选取

同竹集成材不同的是，制造竹重组材的原竹不受直径的限制，大径竹、小径竹均可，因此可选择的竹种较多；但竹龄的要求同竹集成材。

2. 疏解或破篾

疏解常采用手工锤击和辊压两种方式。疏解后的纤维应呈网络状（图 12-13a），在纤维垂直方向，纤维间多数仍相互粘连不完全分开，且能自然铺展，不卷曲。辊压的竹纤维束比锤击的竹纤维束疏解彻底，碎纤维少。用辊压竹束制成的重组竹板材物理力学性能优于用锤击竹束制成的板。目前，科研工作者们已开发出同时实现去青、去黄和辊压疏解或者进行连续多次疏解的设备，较大地提高了生产效率。

(a)   (b)

图 12-13 疏解后的竹束和竹篾

(a) 疏解后的竹束；(b) 竹篾

破篾是将原竹通过机械装置破成竹篾（图 12-13b），无需疏解而直接作为后续加工的竹单元。

3. 施胶

重组竹材生产基本都采用水溶性树脂，一般都是将竹束或竹篾放入树脂溶液中进行常温、常压浸渍处理。竹束或竹篾浸胶时，首先将竹束或竹篾装入专用吊笼，然后放入嵌在地下的浸胶池中进行浸渍（图 12-14a），15 分钟左右后取出静置沥胶（图 12-14b）。浸胶设备相对简单，没有统一标准，每家重组竹材生产企业都是根据自身的实际生产需要，自行设计和制造。为了保证树脂溶液的流动性和浸胶的均匀性，一些企业在浸胶池底部安装了可进行通气的管道。个别企业已利用智能化和数控技术，在竹束或竹篾装料、浸胶和沥胶等方面实现了自动化。

(a)   (b)

图 12-14 浸胶

（a）浸入胶池；（b）沥胶

4. 组胚、压制成型

竹重组材成型工艺常采用先冷压后热固化成型和直接热压固化成型两种。先冷压后热固化成型设备主要包括模具、装料装置、冷压机（图 12-15a）、装模固定装置、热固化成型装置、拆模装置等；直接热压固化成型设备包括热压机（图 12-15b）、组坯固定装置。直接热压固化成型设备主要采用单层或多层热压机，热压机热源常采用导热油或高频加

(a)   (b)

图 12-15 压机

（a）冷压机；（b）热压机

热，生产工艺和常规的人造板热压工艺相似，但组坯需要在专用模具或带有特殊厚度规定的垫板上进行。

由于采用模压方法，模具的形状和尺寸决定了竹重组材一次压制成型的形状和尺寸。常见的模具有两类，分别是矩形料模具（图 12-16a）和板材模具（图 12-16b）。采用两种模具压制出来的竹重组材见图 12-17。压制出来的板单元还可以进行二次组合压制，以便形成更大截面的构件。模具限制了一次压制成型构件的尺寸。

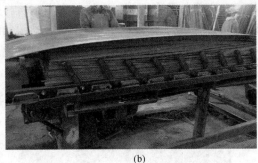

(a)　　　　　　　　　　　　　　　　(b)

图 12-16　组胚形式
(a) 矩形料模具；(b) 板材模具

(a)　　　　　　　　　　　　　　　　(b)

图 12-17　竹重组材
(a) 矩形材；(b) 板材

同竹集成材相比，竹重组材对原竹要求较低，原料来源广泛，大多数竹种都可以用来制造竹重组材；其整体制造成本较竹集成材低。另外，随着机械化、自动化、信息化设备的研发，相信成本会进一步降低，这对其推广和应用将会有极大的促进作用。

12.2.2　竹重组材的力学性能

作为一种新型的建筑材料，竹重组材引起了越来越多学者的关注。影响竹重组材力学性能的因素主要是原竹材特性、生产工艺及胶粘剂性能等；其中，影响原竹材特性的因素较多，如竹种、生长条件、生长年龄、原竹部位、密度、含水率等。

南京林业大学生物质复合建筑材料与结构团队围绕竹重组材基本力学性能开展了大量的研究（图 12-18），采用江西飞宇竹材股份有限公司生产的竹重组材测得的强度和弹性模量结果见表 12-2。竹重组材力学性能整体上优于普通木材，可以作为结构材使用。

(a)　　　　　　(b)　　　　　　(c)　　　　　　　　　(d)　　　　　(e)

图 12-18　基本力学性能试验

(a) 顺纹抗拉；(b) 横纹抗拉；(c) 抗压；

(d) 抗弯；(e) 抗剪

竹重组材强度和弹性模量测试结果　　　　　　　表 12-2

	顺纹抗拉	横纹抗拉	顺纹抗压	横纹抗压	顺纹抗剪	抗弯
强度（MPa）	151.6	3.9	98.8	52.8	26.7	144.3
弹性模量（MPa）	15895	4012	13988	4313	6295	9919

同竹集成材类似，竹重组材顺纹受压破坏过程也可分为类似的 5 个阶段：弹性阶段、弹塑性阶段、塑性阶段（荷载基本稳定阶段）、荷载下降段和残余段。竹重组材顺纹受压破坏为延性破坏，而受拉、受弯、受剪破坏为脆性破坏。实测的竹重组材顺纹拉压应力应变关系曲线见图 12-19(a)。根据精度的差别，可以用不同表达形式的数学模型来表示。

图 12-19(b) 为一次函数模型，其数学表达式如下：

$$\sigma = \begin{cases} E_t\varepsilon & (0 \leqslant \varepsilon \leqslant \varepsilon_{tu}) \\ E_c\varepsilon & (\varepsilon_{cy} \leqslant \varepsilon \leqslant 0) \\ f_{c0}\left[1 - a(1 - \dfrac{\varepsilon}{\varepsilon_{c0}})\right] & (\varepsilon_{c0} \leqslant \varepsilon \leqslant \varepsilon_{cy}) \\ f_{c0} & (\varepsilon_{cu} \leqslant \varepsilon \leqslant \varepsilon_{c0}) \end{cases} \tag{12-3}$$

$$a = \frac{kn-1}{n-1} \tag{12-4}$$

$$n = \frac{\varepsilon_{cy}}{\varepsilon_{c0}} \tag{12-5}$$

$$k = E_c\frac{\varepsilon_{c0}}{f_{c0}} = \frac{E_c}{\dfrac{f_{c0}}{\varepsilon_{c0}}} = \frac{E_c}{E_p} \tag{12-6}$$

式中　　σ——竹重组材应力；

　　　E——竹重组材弹性模量；

　　ε_{tu}——受拉极限应变；

　　σ_{tu}——受拉极限应力；

　　E_t——竹重组材顺纹受拉弹性模量；

　　E_c——竹重组材顺纹受压弹性模量；

　　E_p——峰值割线变形模量；

　　ε——竹重组材应变；

ε_{cy} ——受压比例极限应变；

σ_{cy} ——受压比例极限应力；

ε_{c0} ——受压峰值荷载对应的应变，

f_{c0} ——受压峰值荷载对应的应力；

ε_{cu} ——竹重组材最大极限压应变。

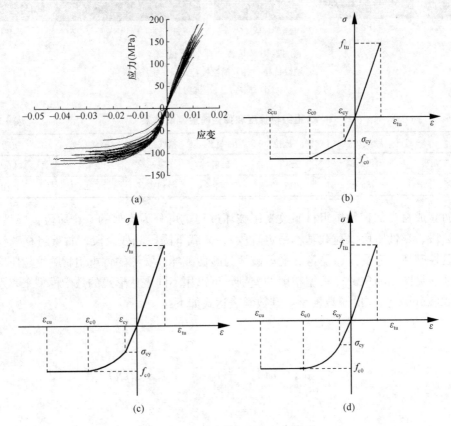

图 12-19　顺纹拉压应力应变模型

（a）试验曲线；（b）一次函数模型；（c）二次函数模型；（d）三次函数模型

图 12-19(c) 为二次函数模型，其数学表达式如下：

$$\sigma = \begin{cases} E_t \varepsilon & (0 \leqslant \varepsilon \leqslant \varepsilon_{tu}) \\ E_c \varepsilon & (\varepsilon_{cy} \leqslant \varepsilon \leqslant 0) \\ f_{c0} \left[1 + a \left(1 - \dfrac{\varepsilon}{\varepsilon_{c0}} \right)^2 \right] & (\varepsilon_{c0} \leqslant \varepsilon \leqslant \varepsilon_{cy}) \\ f_{c0} & (\varepsilon_{cu} \leqslant \varepsilon \leqslant \varepsilon_{c0}) \end{cases} \tag{12-7}$$

$$a = \frac{kn-1}{(n-1)^2} \tag{12-8}$$

$$n = \frac{\varepsilon_{cy}}{\varepsilon_{c0}} \tag{12-9}$$

$$k = E_c \frac{\varepsilon_{c0}}{f_{c0}} = \frac{E_c}{\dfrac{f_{c0}}{\varepsilon_{c0}}} = \frac{E_c}{E_p} \tag{12-10}$$

图 12-19(d) 为三次函数模型，其数学表达式如下：

$$\sigma = \begin{cases} E_t\varepsilon & (0 \leqslant \varepsilon \leqslant \varepsilon_{tu}) \\ E_c\varepsilon & (\varepsilon_{cy} \leqslant \varepsilon \leqslant 0) \\ f_{c0}\left[a_0 + a_1\left(\dfrac{\varepsilon}{\varepsilon_{c0}}\right) + a_2\left(\dfrac{\varepsilon}{\varepsilon_{c0}}\right)^2 + a_3\left(\dfrac{\varepsilon}{\varepsilon_{c0}}\right)^3\right] & (\varepsilon_{c0} \leqslant \varepsilon \leqslant \varepsilon_{cy}) \\ f_{c0} & (\varepsilon_{cu} \leqslant \varepsilon \leqslant \varepsilon_{c0}) \end{cases} \tag{12-11}$$

$$a_0 = 1 + \frac{2n(kn-1) + (1-n)}{(n-1)^3} \tag{12-12}$$

$$a_1 = \frac{2n(3-2kn) - k(n+1)}{(n-1)^3} \tag{12-13}$$

$$a_2 = \frac{(2kn-3)(n+1) + 2k}{(n-1)^3} \tag{12-14}$$

$$a_3 = \frac{2 - k(n+1)}{(n-1)^3} \tag{12-15}$$

$$n = \frac{\varepsilon_{cy}}{\varepsilon_{c0}} \tag{12-16}$$

$$m = \frac{\sigma_{cy}}{f_{c0}} \tag{12-17}$$

$$k = E_c \frac{\varepsilon_{c0}}{f_{c0}} = \frac{E_c}{\dfrac{f_{c0}}{\varepsilon_{c0}}} = \frac{E_c}{E_p} \tag{12-18}$$

目前，国内外许多学者围绕竹重组材的材料、构件、体系等各个层次，考虑多种因素，进行了大量的相关研究，但由于影响竹重组材力学性能的因素较多，其制造工艺也在不断地改进中，人们对这类结构构件和体系的认识还有待进一步的提高。目前竹重组材结构的设计主要参考木结构相关标准或规范。

12.2.3 竹重组材的应用

竹重组材能够广泛地应用于家具、地板、模板、装修装饰、土木工程等各领域。地板是竹重组材应用最早的领域。通过竹重组材炭化工艺，可以加工出本色、各种深浅程度的咖啡色等产品，还可以采用现代工艺，在竹重组材表面制造出各种优美花纹，满足不同市场需求，深受消费者喜爱。家具是竹重组材的一个重要应用领域，竹重组材密度在 $1.0\mathrm{g/cm^2}$ 以上，远超红木，可以替代传统优质硬木使用。竹重组材在建筑领域的应用是今后一个重要的发展方向，其优良的物理力学性能和环保特性引起了越来越多工程师的关注。竹重组材还可用在交通领域，国内不少公司开发出系列交通护栏产品，不但可以代替塑料和钢铁用于城市景观护栏，也可以用于乡村公路和高速公路安全护栏，未来发展前景广阔。

整体上讲，竹重组材的原料来源广泛，不受原竹直径的影响，现有技术也实现了一定程度的自动化生产，制造成本相对较低；若能实现截面尺寸的任意化，其在土木工程领域会更好的应用前景。从竹重组材问世开始，研究者围绕其加工工艺、力学性能、阻燃处理、防腐处理等开展了大量相关研究，有力推动了其在工程领域的应用。竹重组材不仅可以用来铺设室内外地板，建造廊亭、房屋、厕所等，还可以应用到景观护栏、道路护栏等各种护栏项目中。

竹重组材具有轻质高强、力学性能优良、弹塑性、韧性好、抗震性能优异、构件工厂预制工业化程度高、易于更换、可利用不同材料形成组合构件满足不同的功能需求等优势，并且将竹重组材作为建筑材料符合国家的产业政策，满足可持续发展的要求。随着系列新技术的开发和应用，相关标准体系的制定和完善，竹重组材一定会有广阔的发展前景。

12.3　竹编胶合材

竹编胶合材（图12-20）是将竹材断料去青，劈成竹片或竹篾编成竹席或竹帘，经过处理（如炭化等）并干燥至一定含水率，然后浸胶或涂胶，组坯压制而成的竹质型材。这类型材具有较好的力学性能，能够满足结构材的要求。

图 12-20　竹编胶合材

12.3.1　竹编胶合材的制造

竹编胶合材的大致制作工艺：挑选原竹→截断→开片→去青、去黄→破篾→蒸煮或炭化→干燥→编席或编帘→施胶→组坯→压制成型→其他加工及防火、耐久性处理。

除了组坯，竹编胶合材同其他工程竹材加工制造工艺类似，这里介绍一下编席或编帘（图12-21）。

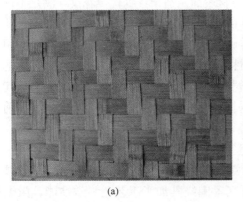

(a)　　　　　　　　　　　　　　　　(b)

图 12-21　竹编席或编帘

(a) 竹编席；(b) 竹编帘

　　传统的编织技法注重实用性，以"挑压编"为主，挑压编又有"挑一压一""挑二压二""挑三压三"等多重不同的细分种类，但主要在于"一挑一压"，"挑"就是编篾在被编篾的下方，用编篾挑起被编篾，"压"就是编篾在被编篾的上方，用编篾压住被编篾。根据不同产品的需要，可以编织出"十字编""斜纹编""回形编""圆口编"等多种不同的纹样，其中以"十字编"和"斜纹编"使用最为广泛。图12-22(a)、(b)分别为十字编和斜纹编的示意图。

　　　　　(a)　　　　　　　　　　　　　　　　(b)

图 12-22　编织示意图

(a) 十字编；(b) 斜纹编

　　传统竹编胶合材机械化程度不高，一般以百姓手工操作为主，导致产品性能不稳定和产量低下，专家们已经开始了竹编胶合材自动编织机（图12-23）的研制工作。

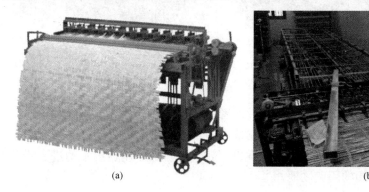

　　　　　(a)　　　　　　　　　　　　　　　　(b)

图 12-23　编织机

(a) 竹席编织机；(b) 竹帘编织机

12.3.2　竹编胶合材的力学性能

　　作为最早出现的工程竹材产品，国内外许多学者围绕竹编胶合材的力学性能和应用开展了大量的研究。表12-3为湖南大学团队有关竹编胶合材基本力学性能的试验结果，结果表明，竹编胶合材优良，可以应用到工程结构领域。

竹编胶合材强度和弹性模量测试结果　　　　　　　　　　　表 12-3

	顺纹抗拉	顺纹抗压（有冷压胶合面）	顺纹抗压（无冷压胶合面）	顺纹抗剪	抗弯
强度（MPa）	83	35	51	16	99
弹性模量（MPa）	10344	—	—	—	9407

12.3.3　竹编胶合材的应用

竹编胶合材是 20 世纪 50 年代就开发出来的产品,早期主要应用在工程模板(图 12-24a)、车厢底板(图 12-24b)、包装箱以及墙体覆面材料等领域。竹编胶合板强度明显高于木质胶合板,用作工程模板时具有良好的抗混凝土侧压力性能,且工程经验表明使用竹编胶合板作模板具有脱模性能好,拆模后混凝土表面平整、光滑的优点,这种以竹胶合板为主、钢模、木模辅助的施工方案值得推广使用。张齐生院士开发出一种多层竹帘胶合材,作为承重构件的汽车车厢底板;该多层竹帘胶合汽车车厢底板具有强度高、硬度大、耐磨、耐候性能好、尺寸稳定、表面平整、外观美观等优点。竹编胶合材还可用在机电产品、飞机零部件等一些高、精、民用产品的包装箱领域,同时也是一种优良的墙体覆面材料。

(a)　　　　　　　　　　　　　　　　(b)

图 12-24　竹编席或编帘

(a) 建筑模板;(b) 车厢底板

竹编胶合材后来也被开发成各类结构构件或者组合构件,应用到土木工程领域。由于竹编胶合材对竹片加工工艺要求较低,整体制造成本较低。作为最早出现的工程竹材,人们对其开展的研究较多,并且也有不少工程案例。相信随着加工制造技术的进一步开发,竹编胶合材一定会有更广阔的用武之地。

12.4　竹缠绕复合材

竹缠绕复合材是指以经过预处理的旋切竹皮、竹篾或细竹条为基材,以树脂为胶粘剂,采用缠绕工艺加工成型的生物基材料;可应用到管道、管廊、高铁车厢、现代建筑等领域。南京林业大学生物质复合建筑材料与结构团队共开发出 4 类竹缠绕制作技术:第 1 类,将处理好的原竹展平,刨切成竹皮,缠绕成竹复合材;第 2 类,将原竹直接旋切成竹皮,缠绕成竹复合材;第 3 类,将原竹破成竹篾或细竹条,编成竹帘或竹席然后缠绕成竹复合材;第 4 类,将制作的竹重组材、竹集成材、竹编胶合材等各类工程竹材大幅面单板,旋切成竹皮,然后缠绕成竹复合材。图 12-25(a) 为开发出的一种产品,团队还开发出了将各类旋切竹皮同 FRP 复合材、其他生物质材料(如植物的杆、茎、叶等)、传统建材等组合缠绕形成各种复合材料构件的制造关键技术和系列拥有自主知识产权的复合材料产品。竹缠绕复合材不仅可以应用在日常用品领域,还可以用在土木工程领域,尤其是水利工程项目和城市市政基础设施工程建设中。浙江鑫宙开发出了竹缠绕复合管系列产品（图12-25b），创建了工业化生产线，并在黑龙江、新疆、浙江、内蒙古等地进行了工程示范。

(a)　　　　　　　　　　　　　　　　(b)

图 12-25　竹缠绕复合材
（a）竹缠绕复合材Ⅰ；（b）竹缠绕复合材Ⅱ

12.5　竹碎料型材

竹碎料型材主要依据木材刨花板的制造原理，以经过预处理的杂竹、毛竹梢和各种竹材加工边角料等为原料，经切片、辊压、筛选、施胶、铺装等工艺，最后热压而成的型材，又称竹材刨花材。该产品的生产工艺与木质刨花板相近，制成的竹碎料板的强度高于木刨花板，其吸水膨胀率低于木刨花板，在水泥模板及复合板的基材等方面有广阔应用前景。

12.6　竹塑复合材

竹塑复合材以经过预处理改性的竹粉、竹锯末、竹屑或竹渣等纤维为主要原料，利用高分子化学界面融合原理，与熔融热塑性树脂（主要有 PE、PP、PVC 等）按一定的比例混合，在添加剂的作用下，经过高温混炼和成型加工而制得的一种具有多种用途的新型复合材料。

竹塑复合材和竹碎料型材一样，可以充分地把各种形式的竹材利用起来，同前述各种工程竹材形成互补，将竹材原料的工业化利用发挥到了极致。竹材的竹青和竹黄对胶粘剂润湿性差。在前述的四种产品生产中，均需将竹青和竹黄除去方可获得满意的胶合效果，使得工艺复杂且降低了竹材利用率。竹塑复合材和竹碎料型材将竹子加工成竹粉或分离成针状竹丝，在一定程度上改变了竹青、竹黄原有的表面状态，大大地改善了胶合效果；且这两种工程竹材材料来源广，既可利用各种小杂材，也可利用竹材采伐和加工剩余物，是提高竹材综合利用率和竹材加工企业经济效益的两类值得开发的产品。

12.7　其他复合材料

除前述一些以竹材为主要原料的工程竹材外，一些研究者还将工程竹材同原竹材、木材（或废弃的木材及其碎屑）、秸秆、钢、FRP、废弃塑料、混凝土等中的一种或多种组合起来，形成新的复合材料或组合构件，并应用到工程领域，拓展了工程竹材的应用范围。下面简要介绍两种主要的竹生物质复合材料。

12.7.1　竹木复合材

竹木复合材是将处理后的竹材和木材通过胶粘剂胶合而成的型材。通常是将竹材置于表层，中间层以木材取代，也可以交错组合。竹木复合材由张齐生院士在20世纪90年代提出，并成功开发出竹木复合集装箱底板等系列产品；"一种竹木复合集装箱底板及其制造方法（ZL98111153.X）"获中国发明专利优秀奖，"竹木复合结构理论的创新与应用"获得国家科技进步二等奖。

12.7.2　竹秸秆复合材

竹秸秆复合材是将处理后的竹材和秸秆通过胶粘剂胶合而成的型材。竹材既可以置于表层，也可以置于秸秆内部，组合形式多样。竹材可以是竹单板、竹片、竹篾、竹丝、竹纤维、竹碎料等，秸秆可以是麦秆、稻草、玉米秆、高粱秆、豆秆、辣椒秆、油菜秆、亚麻秆、芦苇秆、棉秆等。南京林业大学生物质复合建筑材料与结构课题组是国内较早开展竹秸秆复合材料研究的团队之一，先后开发出了包括梁、板、柱、砖等在内的系列拥有自主知识产权的竹秸秆复合产品。

本章小结

工程竹材泛指将原竹加工成各种竹材单元形式（竹单板、竹片、竹篾、竹丝、竹纤维、竹碎料等），结合胶粘剂，通过物理、化学等手段制作而成的复合材料。本章重点介绍了竹集成材、竹重组材、竹编胶合材的制造工艺和力学性能，简要介绍了竹缠绕复合材、竹碎料型材、竹塑复合材及两种主要的竹生物质复合材料的特点。工程竹材的出现，解决了传统竹材的局限性，开辟了应用的新领域。

思考与练习题

12-1　简述竹集成材的制造工艺。
12-2　简述竹重组材的制造工艺。
12-3　简述竹编胶合材的制造工艺。
12-4　简述竹缠绕复合材、竹碎料型材、竹塑复合材的特点。
12-5　简述两种主要的竹生物质复合材料的特点。

第13章 竹结构的连接

本章要点及学习目标

本章要点：
(1) 原竹结构的连接；(2) 工程竹结构的连接。
学习目标：
(1) 了解原竹结构的连接形式及特点；(2) 了解工程竹结构的连接形式。

结构的整体性能如强度、刚度、稳定性、耐久性，在很大程度上取决于结构各部分构件之间的连接。节点是荷载传递与结构体系受力的关键，它的失效和破坏可能会导致建筑结构的整体倒塌，因此节点设计是竹结构设计的核心之一。

13.1 原竹结构的连接

原竹结构的节点形式有捆绑连接、穿斗式连接、螺栓连接、钢构件或钢板连接、填充物强化连接及其他连接方法等。

13.1.1 捆绑连接

捆绑连接是原竹结构体系中常见的连接方法（图 13-1），避免了对原竹进行切削开孔进而削弱截面，具有可调节性好、价格低廉等特点；但是施工效率低，耗时长，节点处性能受人为操作影响因素较大。传统的捆绑材料有棕榈绳、麻绳等。新材料的出现给工程师们更多的选择，可以采用合成纤维、铁丝、镀锌丝、金属带等来绑扎或增强节点的

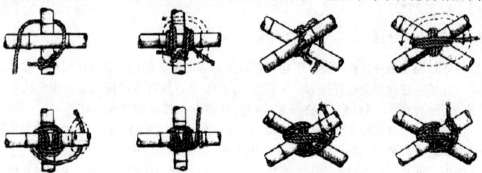

图 13-1 捆绑连接（Oscar Hindalgo-Lopez, Bamboo：the gift of the gods, Gabrel：D'ViKNi LTDA, 2003 蒋泽汉，董效民. 木质建筑材料 [M]. 四川：四川科学技术出版社，1998.）

强度。

　　绑扎本身为柔性连接（图13-2），节点刚度不足，一旦内部受力不均匀，绳子易发生突然断裂破坏。此外，在使用过程中，受到日晒雨淋和温湿度变化的影响，绳子常会松动、断股和糜烂，必须及时更换新绳才能保证正常使用。为了加强节点的性能，使用前对绳子进行油浸处理使其具有更好的韧性和力度；还可通过多次重复绑扎的方法来提高节点的强度。

(a)　　　　　　　　　　　　　　　(b)

(c)　　　　　　　　　　　　　　　(d)

图 13-2　捆绑连接实例

（a）尼龙捆绑；（b）棕榈绳捆绑节点；（c）越南馆捆绑节点；（d）麻绳捆绑节点

13.1.2　穿斗式连接

　　穿斗式结构是用穿枋连续横向贯穿多根柱子形成的整体结构，具有用料小、整体性强的特点。穿枋与柱身的交接处即为穿斗节点（图13-3），这种节点形式是对木结构榫卯连接节点的传承和模仿。竹材穿斗在一起，相互牵拉具有较好的延性，具备一定的抗震性能。然而穿斗式节点需要在柱身开洞成卯，由于原竹中空的材料特征，开洞处理对原竹构件截面削弱较大，单纯的构件穿插和相互固定无法保证节点的可靠性，常结合绑扎法来提高节点强度。此外，原竹横纹方向力学性能较差，且抗劈裂性能差，穿斗式节点在使用过程中，普遍出现了弯曲、折断、劈裂的现象。

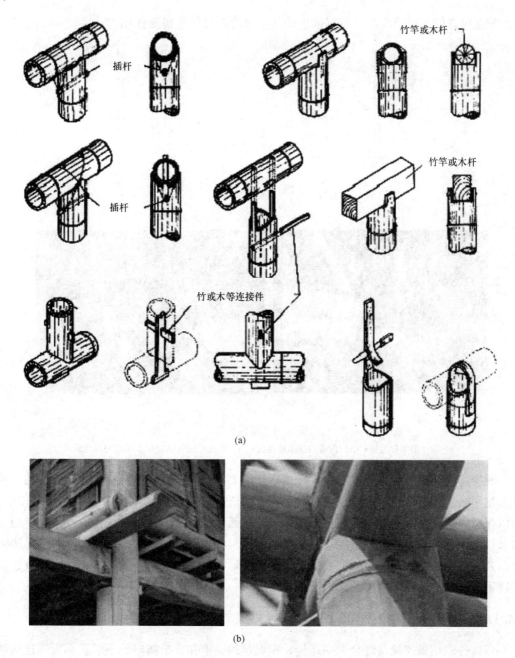

(a)

(b)

图 13-3 穿斗式连接

（a）穿斗式连接示意图；（b）穿斗式连接工程案例

13.1.3 螺栓连接

螺栓连接（图 13-4），具有经济性能好、施工效率高、传力简单可靠等特点，应用较广泛。简单的螺栓连接只需在竹竿上钻出适合螺栓直径大小的孔洞，再配套使用螺栓和螺母便可实现构件的连接，其他螺栓连接形式都是在此基础之上优化改进产生的。一些建筑师在原竹内壁加入了 U 形铁件，铁件上有两个金属弹片，铁件与原竹内壁通过螺栓固定，这种节点包含的金属弹片在一定程度上缓解了螺母对竹竿的挤压作用。

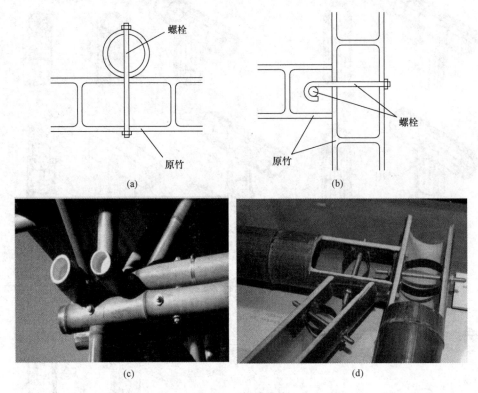

图 13-4　螺栓连接

(a) 简单的螺栓连接；(b) 带弯钩的螺栓连接；(c) 螺栓连接节点；(d) 王澍的节点形式

　　螺栓连接对原竹的顺纹抗剪、抗劈裂性能的要求较高。原竹壁薄中空，在开孔加工和日常使用的过程中易开裂，节点也常会因为竹材开裂或局部变形而失效。在实际操作中，难以保证多根原竹竿的螺栓孔在一条直线上，虽然可以通过增大钻孔直径进行调节，但会引起较大误差，也会降低节点的强度。在使用过程中，由于螺栓和螺母与圆形竹竿无法完全贴合，节点处会逐渐产生间隙而松动。螺栓螺母在自然状态下会锈蚀老化，将导致连接变得不可靠，从而影响结构的稳定性。

13.1.4　钢构件和钢板连接

　　钢构件或钢板连接是综合采用螺栓、钢筋挂钩、卡扣、金属箍、钢管、钢板等连接件中的一种或多种，将原竹构件连接起来的方法，具有连接牢固、装拆方便等特点，常见的连接形式可以分为三类：

　　(1) 金属件嵌入竹筒内的连接 (图 13-5)：这种连接形式通常是将钢构件上的金属件（钢管或钢板等）插入竹筒内部，再通过螺栓或喉箍将原竹与内部的金属件固定在一起。对于钢管来说，由于钢管的形状与原竹内部形状的差异，钢管与原竹内壁不能紧贴在一起，两者的相对位置一直在变化，导致主要负载的螺栓经常转变，当荷载较大时，原竹壁容易被破坏。

　　(2) 原竹嵌入金属件内的连接：将原竹直接插入钢管内，再通过螺栓固定就实现了构

图 13-5　金属件嵌入竹筒内的连接

件之间的连接（图 13-6）。钢套管使构件整体化，增强了节点处的性能，但由于预制的钢套管尺寸固定，原竹的直径又难以统一，在实际施工过程中，需要对竹材进行切削从而匹配钢管内径，不但削弱了原竹的性能，还增加了施工的难度。

（3）搭接连接：搭接连接的联系主要靠金属件，尤其是钢圈，不对竹材造成损伤（图 13-7）。图 13-7 (a) 为简单的搭接连接工程实例。图 13-7(b) 为 Moran 等提出的可传递弯矩的节点连接形式，其主体均由角钢、钢板和五对轻薄钢圈组成，钢圈对原竹构件的约束有效避免了节点处过早开裂。图 13-7 (c) Studio Cardenas 团队在设计的一种用于连接梁

图 13-6　原竹嵌入金属件内的连接

柱的多层金属笼；金属笼由多层金属板和螺栓组成，金属板之间的距离可通过螺母调节以适应不同尺寸的原竹。这种节点构造对材料本身的破坏较少，尽可能地避免了在原竹上打孔。除此之外，金属板上还附有弹性垫层，不仅可以缓解钢构件对原竹的挤压作用，还能够增加摩擦以减少原竹的滑移和转动。图 13-7(d) 为英国伦敦大学学院同南京林业大学相关团队联合开发的新型搭接连接形式，通过金属喉箍、铝环和螺栓的组合，有效避免了对原竹筒的损伤，且连接可靠。

钢构件和钢板的样式还有很多，人们根据不同的使用部位和需求，将原竹与金属件结合创造出了多种多样的连接形式（图 13-8）。预制金属件的精确度高、耐久性好、防虫、可循环利用，但由于原竹规格难统一，将其与精确的金属件连接会造成浪费。此外，节点的设计制作通常是针对某一特定的工程，制作工艺复杂且成本高昂，不能工业化批量生产，应用有局限性。

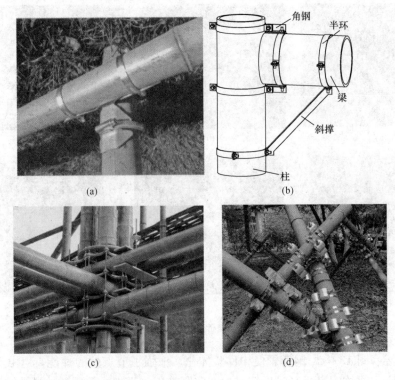

图 13-7 搭接连接

（a）喉箍搭接；（b）Moran 的节点形式；

（c）Studio Cardenas 团队的连接；（d）Rodolfo 团队的连接

图 13-8 其他连接形式

（a）复杂的钢构件连接节点；（b）原竹与混凝土的连接；（c）主体结构与围护结构的连接

13.1.5 填充物强化连接方式

　　现有金属件的连接大多需要对原竹进行处理，如开螺栓孔、对端部进行收束处理等（图 13-9），这些处理方式削弱了原竹构件性能，使节点处的原竹易产生开裂。为确保节点的刚度和稳定性，学者们提出了在原竹空腔内加入填充物来强化节点，再通过螺栓和预制金属件进行连接的连接方法。

　　建筑师 Simon 采用灌注水泥砂浆的方法来增强节点的性能（图 13-10）。该种方法为

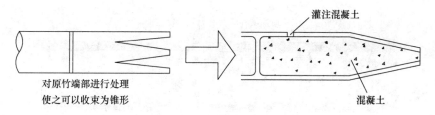

图 13-9 原竹端部的收束处理

了避免过大的钻孔破坏原竹，实际的钻孔直径仅比螺栓的直径稍大，使得水泥砂浆的灌注较为困难。除此之外，由于竹材的不透明性，在注浆的过程中观察不到结果，填充的密实度也无法保证。Morisco 提出先分别在两根原竹空腔内注入水泥砂浆，再通过螺栓和钢板固定以提高节点强度和延性（图 13-11）；但这种连接形式增加了节点重量，且在长期使用情况下，由于泥浆和竹材的收缩-膨胀率不同，会逐渐产生裂隙致使材料相互脱离，无法继续共同工作。

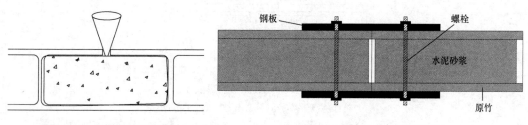

图 13-10 灌注水泥砂浆

图 13-11 Morisco 的节点形式

Fu 等设计了一种先在原竹空腔内部插入预制的钢套筒，再在套筒和竹壁之间注入泥浆，最后用钢环约束原竹构件的节点形式（图 13-12），该节点具有较好的延性和较高的强度，可以有效地传递轴向荷载。

Inoue 等提出了一种使用竹篾填充竹质连接件进行接长的节点形式（图 13-13a）。这种节点构造没有使用任何金属材料，不仅对环境友好而且更加美观，与注浆节点相比，它使用了两种收缩-膨胀率接近的材料，有效地降低了材料间裂隙产生的可能。但这种节点形式也存在着竹篾填充耗时长、填充不便捷等缺点，因此可以考虑选择更好的填充材料和填充

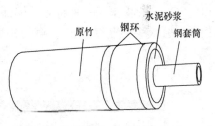

图 13-12 Fu 的节点形式

方法来改善。Inoue 等还提出了一种由钢环和石膏杯组成的节点形式（图 13-13b），由于原竹和钢环之间存在缝隙，摩擦的作用无法充分发挥，节点最终因钢环与原竹表面产生错动而发生破坏。

由此可见，使用合适的材料对原竹的空腔内部进行填充，是一种有效的提高原竹建筑节点性能的方法。填充后的节点在强度、延性、可加工性和可靠性等方面上都有了一定的提升，但从填充物的选择、施工的便捷性和长期使用的效果来看，还是存在着许多不足。

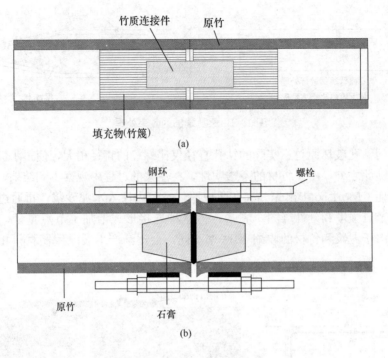

图 13-13 Inoue 的节点形式

（a）竹篾填充的节点；（b）石膏杯填充的节点

13.1.6 其他连接方式

在前述连接方式的基础上，国内外学者还提出了多种多样的连接方式。Bacthiar 提出了一种在原竹两端附着特制钢帽的节点形式，节点由钢帽、木块和钢筋组合而成（图 13-14）。Ohta 等提出了一种将原竹端部整平的节点形式；该节点的制作首先将原竹端部部分切除，其次去除竹黄，然后再使用胶粘剂将原竹与木块粘合，最后热压成规则的整体（图 13-15）。

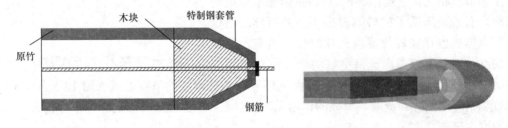

图 13-14 Bacthiar 的节点形式   图 13-15 Ohta 的节点形式

Awaludin 等提出了采用自然纤维布（印尼名称"ijuk"）或 FRP 布同螺栓连接组合的连接形式（图 13-16）。Masdar 等针对原竹的桁架连接，提出了一种包含螺栓、特制的木夹具和木夹板的轻型节点（图 13-17）。相信以后会有更多的节点形式出现。

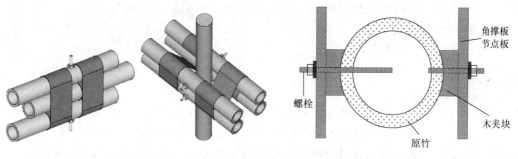

图 13-16　Awaludin 的节点形式　　　　　　图 13-17　Masdar 的节点形式

13.2　工程竹结构的连接

　　由于工程竹材在建筑领域的应用才刚刚起步，且工程竹材构件的截面形式同木结构构件，因此木结构的连接方式也可以应用到工程竹结构体系中。现有工程案例中常见的连接方式有：榫卯连接、螺栓连接及螺栓和金属件组合连接等。如南京林业大学竹别墅（图 13-18a）、井冈山荷花亭（图 13-18b）采用的金属套筒和螺栓连接方式，江西奉新竹

图 13-18　工程竹结构连接实例
（a）南京林业大学竹别墅连接；（b）井冈山荷花亭连接（赣州森泰）；（c）奉新竹重组材别墅连接（江西飞宇）；
（d）北京世园会竹集成材结构连接（赣州森泰）

重组材别墅采用的是榫卯连接（图13-18c），北京世博园竹集成材结构（图13-18d）采用的是钢板螺栓组合连接。

本章小结

　　结构的整体性能如强度、刚度、稳定性、耐久性，在很大程度上取决于结构各部分构件之间的连接。节点是荷载传递与结构体系受力的关键，它的失效和破坏可能会导致建筑结构的整体倒塌，因此节点设计是竹结构设计的核心之一。本章依次介绍了原竹结构的连接形式，如捆绑连接、穿斗式连接、螺栓连接、钢构件或钢板连接、填充物强化连接及其他连接方法等，并列举了一些工程案例。工程竹结构的连接可以采用木结构的连接形式，现有工程案例中常见的连接方式有：榫卯连接、螺栓连接及螺栓和金属件组合连接等。

思考与练习题

　　13-1　简述原竹结构的连接形式及其特点。
　　13-2　简述工程竹结构的连接形式。

第 14 章　竹结构的防火与防护

本章要点及学习目标

本章要点：
(1) 竹结构的防火；(2) 竹结构的防护。
学习目标：
(1) 了解竹材防火处理的方法；(2) 了解竹结构防火处理的措施；(3) 了解竹材防腐处理的技术；(4) 了解竹结构防护处理的方法。

14.1　竹结构的防火

14.1.1　竹材防火处理

竹材易燃，没有经过防火处理的原生竹材，耐火极限较低，可以通过一定的防火措施来提高竹材的耐火性能，使原竹构件达到国家防火标准。化学阻燃防火处理是提高原生竹材防火性能的有效方法。2010 年上海世博会的德中同行馆，采用类似木材一小时防护火灾的计算方法，在竹材表面涂上保护层来达到阻燃防火的目的。对于竹材的阻燃处理，按照其处理工艺可分为两类：表面涂覆（防火涂料）法和阻燃溶剂浸渍法。

1. 表面涂覆（防火涂料）法

表面涂覆（防火涂料）法是在竹材表面上涂覆阻燃剂或阻燃涂料，进而通过这一保护层达到隔热、隔氧的阻燃目的的方法。表面涂覆法能有效地控制火势蔓延，且所用的药剂量较少，对竹材的物理力学性能影响也较小。表面涂覆法应用方便简捷，缺点是现阶段竹材的防火涂料涂层易破损，阻燃性能会随破损而消失。

2. 阻燃溶剂浸渍法

阻燃溶剂浸渍法是将竹材浸渍到溶液里进行防火处理的方法，该方法采用的溶剂可为水或有机溶剂。水溶剂有许多优点，价廉、不污染环境等；但也有一定缺点，水使竹材中可溶性物质（如酚类、黄酮类等化合物）溶于水中、水分子又扩散进入细胞壁内，使材料的二向稳定性下降，从而出现了有机溶剂。推荐的有机溶剂通常为沸点低于 80℃ 低级链烷的氯化物（如氯仿、二氯甲烷）、醛、苯及其混合物等。

14.1.2　竹结构防火

竹结构除了前述从材料角度进行防火处理外，还可以通过其他措施来避免火灾或减少火灾造成的损失，可采取的主要措施如下：

（1）安全规范地进行电气设计，按规程使用和操作电器设备，从而避免火灾的发生。

（2）一旦发生火灾，要有保证措施减小火灾中人员伤亡和财产损失。安装报警装置，使人们及时发现火警合适的消防通道和消防出口，以保证及时疏散和扑救。

（3）不让构件暴露在空气中或设置防火隔断层。可以通过在构件表面铺上一层石膏板或者其他的防火材料来阻止燃烧，还可以在结构体系里设置专门的防火隔断层，控制火势蔓延。以屋面为例，屋面火灾可以分为建筑室内火灾和建筑室外火灾。对于室内火灾，可以通过采用不同厚度的石膏板（或多层石膏板）吊顶以满足耐火极限的要求；而对于室外火灾，可以通过采用不燃或难燃的屋面材料来组织燃烧，如可采用传统的小缅瓦屋面等。

此外，竹筒杆件还需进行防爆裂处理。防爆裂处理是通过用电钻在竹筒的封闭空腔侧壁上开泄压孔来实现的。在竹筒杆件遇火升温后，空腔内加热膨胀的空气能够从泄压孔排出，避免竹筒杆件发生爆裂。

14.2　竹结构的防护

竹材是一种有机材料，除含有大量的水分以外，还含有如淀粉、蛋白质、葡萄糖等化合物，这些物质是一些微生物和虫类赖以生存的物质。在合适的条件下，各种真菌迅速繁殖，竹材容易发霉、变色、虫蛀和腐烂，使构件失去承载能力，从而使竹结构体系遭到破坏，特别是以下5种情况：①未经处理或处理不充分的材料；②经常处于受潮且通风不良的环境的部位；③周期性的冷凝水使竹材时干时湿的部位；④屋面和窗边渗漏潮湿部位；⑤在湿度较大、温度较高的环境中。竹结构构件一旦发生霉腐，可视情况采取物理方法、化学方法直至更换等措施，以保证结构安全和建筑的正常使用。另外，竹材也容易出现开裂。竹材的防护是一个需要解决的重大问题。

14.2.1　竹材防腐处理

自古以来，我国民间就流传有许多较为简易的竹材防腐处理方法，如下：

（1）烟熏法：利用热蒸汽、烟气、温度对竹材进行处理，使竹材在物理、化学和生物学特性上发生变化，导致竹材的成长应力消除（不翘曲、不裂变、增大密度和力学强度）、生化物质演变（不虫蛀生霉、不衰减）而增加竹材的耐候性和工艺性能。经过烟熏的竹材表面黑色至黑褐色，切面呈红褐色至浅白色，气味比干竹高，有竹香味释出。根据实验表明，经烟熏处理的竹材对腐朽菌和霉菌基本不感染，材料形状极为稳定，加工后的竹材对人类及动物均无不良影响。该法是竹材最重要的传统防腐手段，西双版纳的傣家竹楼，在这样一个湿热的环境下，傣家竹楼延续千年，跟傣族的生活习惯有很大的关系，竹楼常年被烟熏，对竹材起到了保护的作用。

（2）暴晒法：通过强烈的阳光照射，杀死已经进入原竹内部的菌虫并达到降低竹材含水率的目的。

（3）浸水法：将竹材及制品放在流水或活水中浸渍一段时间，使表层可溶性糖和内部其他营养物质溶出，从而去除竹竿中的营养物质，杀灭菌虫，达到防霉效果。

除了前述传统简易的方法外，目前竹材防腐技术主要有两类：物理处理技术和化学处理技术。物理处理技术对竹材有一定的防腐效果，主要的优点是简单易行，效率高，无污染。化学处理技术主要问题是毒性和污染，毒性大的处理剂，防腐效果好，但对人体有害。

1. 物理处理技术

物理处理技术包括高温灭菌法、浸渍法、干燥法、辐射法、气调法、蒸煮法等。高温高压炭化法是属于高温灭菌法，该法利用高温高压，对竹纤维进行炭化处理，由于破坏了竹纤维的结构，所以炭化过的竹材具有更久的使用寿命，更好的耐磨性，但是却失去了竹材本身所具有的柔韧性，两者在外观、色泽也存在着差异。高温可以杀死竹子中的细菌和虫卵。用蒸汽加热的炭化方法称为蒸汽炭化。蒸汽炭化的目的是防霉和变色。经过蒸汽炭化处理的竹材的颜色会从新鲜竹材的绿色变成深浅不同的咖啡色，加热的时间越长颜色越深。

2. 化学处理技术

国内传统原竹化学处理方式为蒸煮法：每立方米水加入 2kg 火碱和其他药物，将原竹完全浸泡其中，把水烧开后蒸煮约 30min。传统蒸煮法具有以下缺点：①原竹有竹节，药液很难纵向渗透，竹青纤维管束小而细密并具有硅和蜡质，竹黄纤维管束大而松，药液很难通过竹青渗透到竹黄内。②处理原竹所用药剂易流失起不到长效防护效果。③经蒸煮法处理后的竹材含有对人体有害的化学物质，达不到环保要求。

现今国内外学者对竹材的防腐研究比较多，现在比较流行的做法是用一些药剂和方法对竹材进行防腐处理，这些药剂有：①油类防腐剂，油类防腐剂通常是重油和煤焦油及其分馏出来的一些产品、沥青、克鲁素油、鱼油、树脂等。②油载防腐剂，如环烷酸铜等。③水载防腐剂，水载防腐剂由于其价格比较优越，防腐效果也较好，现在得到了广泛使用。水载防腐剂包括含砷和铬的水载防腐剂。基于其他的金属如铜、铁、铝、铅等的水载防腐剂，如醋酸铝、硫酸铜、氟化钠、氯化锌等。还有有机硼类等水载防腐剂。

采用药剂进行竹材防腐处理的方法有：

（1）涂刷法：即将配置好的防腐药剂直接涂刷于竹材表面，抑制或杀死竹材表面霉菌，防腐剂主要起阻碍细菌基本代谢的作用。使用此法，药剂很难渗透到竹材内部，防霉持续时间短，适合于短期防霉，此法操作简单方便。

（2）浸渍法：将竹材放入防霉药液中，浸渍一段时间，使药液浸入竹材组织内部，达到防霉的目的。根据处理方式不同，此法又分为常温浸渍、加热浸渍、热冷浴交替浸渍。一般地说，热冷浴交替法的防霉效果大于热浸渍法大于常温浸渍。水煮法是加热浸渍的一种。把竹材放入一定比例的化学试剂中进行漂白和防腐处理，然后烘干降低材料的含水率。受场地和技术限制，国内常以竹竿水平置于双氧水中浸泡，但试验证明，竹材垂直放置，试剂由竹竿顶部顺竹纤维自然渗透至底部，这样的处理方式，占地较少，且效果更好，可进行研究和推广。

（3）热冷槽法：将原竹先放入热槽中浸煮数小时，然后再放入冷槽中处理数小时，这样可以增加防腐药剂的吸收量和进入深度。在常压下处理耗费的时间较长，效果不太理想，但是常压处理方法需要的设备简单，成本低。

（4）压力处理方法：把竹材进入负压或真空中浸药处理一段时间，然后再进行常温处理，经过压力处理的效果比常压处理的效果要好，但设备要求高，成本也要高一些。

（5）基部穿孔注药法：先在新伐下的竹材根部数节预先穿孔，在孔内注入水溶性的盐类药剂溶剂，利用水分的渗透原理吸收药剂，从而达到防腐的效果。

（6）竹叶吸引法：在生长中的竹材基部穿孔，并注入水溶性的防腐药剂，借竹叶蒸发作用吸引药剂上升。

（7）静水压入法：首先需要切去原竹的根部，然后在切口上套一个橡皮筒并倒悬起来，筒内盛以防腐药剂，利用液体压力将药剂注入原竹细胞内，达到防腐目的。

（8）气压注入法：将采伐后的竹材切去根部套入橡胶管中，另一端通入盛有药剂的气压泵中，以空气压力将药剂压入竹材内部。

以上各种处理方法都有应用，也各有成效和利弊，其中气压注入法较常用，经过处理的竹材，其寿命可以达到 15～20 年，这种方法应在竹林产地对初伐下的竹材立即进行，可减少处理时间，增强处理效果。

下面着重介绍一下真空压力浸注处理法，该方法为压力处理方法中的一种，又称为满细胞法，是目前效果较好的原竹深层永久性的防腐处理方法，其工艺流程：原竹砍伐-竹壁穿孔-室内自然风干-入罐-前真空-压力浸注-后真空-出罐-检验-室内自然风干。

工艺流程说明：

（1）原竹刚砍伐下来时具有较高的含水率，竹竿内由于胶状物质的沉积，导管和筛管几乎不具有横向渗透性，另外竹竿里的维管束也天然分布不均匀，这就造成防腐剂不能充分均匀地分布在竹材中。为了解决这一难题，通常对新砍伐下来的原竹，采用竹壁穿孔的方法改善防腐剂在其中的横向透入途径并扩大已经存在的流动路径，从而达到使防腐剂在竹材中具有足够的保持量和透入深度的目的。

（2）室内自然阴干就是要在室内通风环境下尽快地把竹材的含水率降低，同时避免原竹在露天情况下发生开裂。

（3）前真空的目的是要尽量多的抽出原竹内的空气，原竹内外的空气压力差越大，防腐剂浸注时的阻力就越小，越容易达到较深的注入深度。

（4）后真空则是为了尽可能多地排除竹节内多余的处理液，使原竹表面干爽洁净，处理液在原竹内部分布更加均匀。

（5）处理后的原竹需放置一天，以达到提高原竹防腐处理的效果和延长竹建筑使用寿命的目的。

14.2.2　竹结构防潮处理

竹材作为有机材料，具有干缩性和各向异性。当竹材受潮时，不仅容易变形、脱胶，而且容易引起真菌繁殖。真菌生存需三个条件，缺一不可：一定的氧气、适宜的温度、一定的含水率。从以上三个因素来看，前两者是不可改变的，后者可加以控制，应采取下列措施：

（1）使木结构、木制品常年处于通风干燥的状态，并对木结构、木制品表面进行油漆涂饰处理。油漆涂层使木材隔绝了空气，又隔绝了水分，彻底破坏了真菌生存的条件。

（2）增加屋面椽口悬挑长度，设置窗台滴水孔，材料搭设处设置挡水板以及采用密封和填缝材料减少雨水对建筑物的侵袭。增加屋面坡度，保证散水坡度，保证建筑物排水畅通，减少水在建筑物上的停留时间。

（3）选用和设置具有合理透水性能的防潮层，保证墙体内的湿气能及时排出。

14.2.3　竹结构防虫处理

竹材很容易发生虫蛀现象，往往由竹材内部发生，破坏竹材组织，与木材的虫蛀现象相似，在竹材的表面会有漏出白色粉末的小孔，然后竹材整个内皮层就会全部被虫蚀。这样竹材的强度会随着虫蛀程度的发展而变得越来越低，从而会引起坍塌，危及人们的生命财产安全。白蚁、甲虫和蚂蚁等昆虫可对房屋造成很大的破坏，它们不仅破坏竹制梁、板、柱，还能蛀穿电缆护套、保温材料和各种装饰材料。竹材经过防腐处理之后已具备防止一般菌类和白蚁的效果。竹材的砍伐季节对竹材的防虫性能有很大的影响，据国内外的调查资料得知，冬季砍伐的竹材的防虫性能较好，不过值得注意的是，不能把冬季砍伐的竹材与其他季节砍伐的竹材混合，而是要分开。

对于竹结构来说，根据实际情况，可采取以下具体措施：

1. 抑制

通过控制建筑物所在区域的整体环境入手采取措施，如同各级政府相关部门协作，控制外来昆虫入侵，放置诱饵，加强监控等。

2. 现场管理

认真检查并清理现场存有的蚁巢，清除树桩、木料、生活垃圾及各种有机材料，地基不能积水，未经处理的木构件应高出地面。所有立柱应安装在金属支架或混凝土柱基上。

3. 土壤屏障

放置残留期较短的化学药品，一般五年后更换。或者在基础周边填筑一定厚度的砂砾层，砂砾重得让白蚁无法搬动，而砂砾间的空隙又小得让白蚁无法穿过。

4. 底板和地基细部

底板和地基细部设计应能抑制白蚁进入建筑物，并设置出入口有助于检查白蚁的隐蔽通道，及时发现并采取相应措施处理，各种裂缝的宽度应控制不超过毫米。使用网格间距为毫米的白蚁网安装在管线和地板的开口处，也能很好地防止白蚁的入侵。

5. 构造措施

通过一定的构造手段来防止墙面系统、楼面系统、屋面系统中的原竹构件直接暴露在外，也可以有效防虫。

14.2.4　竹材开裂处理

竹材还有一个缺点就是会开裂，它会降低整个竹材的强度和整体性，因而影响结构的使用安全。竹材开裂是由沿竹壁厚度收缩不一致产生的内应力所引起的。原生竹材经现代工艺的加工可有效减少开裂。传统民间做法是为了使竹壁的收缩一致，将竹材表面的青皮刮去，但效果不是太好。为控制竹材开裂的发生，研究人员做了大量研究，概括起来主要有以下几种：一是干燥法，即对竹材进行干燥，减少或基本消除竹材中的残余应力。二是涂层法，用防水材料处理竹材的表面，阻滞竹材表面水分的渗透，使其内外部的水分迁移速度趋于一致。三是机械抑制法，通过构件施加外力起到紧固作用。四是筒身开槽法，通过筒身开槽的方法释放应力。

1. 干燥法

高温干燥法可以提高原竹抗裂性能，对原竹高温干燥，当温度从 60℃升至 120℃时，原竹未出现开裂现象，是因为高温干燥过程中降低竹材内部软组织细胞的强度，竹材内部部分物质发生热分解，使竹材产生皱缩变形，应力得到释放，因此表面开裂现象基本不发生。热处理是一种改变生物质材料特性的非常有效的工艺方法，20 世纪中期以后，木竹加工领域学者主要研究热处理与木竹材料性质的关系。结果指出，150℃以上时，竹材发生炭化现象，其组成成分发生变化，增加其刚度和强度，可有效拟制原竹开裂。

2. 涂层法

利用涂料、油漆涂刷竹材表面，减少竹材与湿空气接触，阻碍水分的渗入，从而使纤维表面包裹起来，可以降低竹材对大气湿度变化的敏感性，延缓竹材的吸湿速度，减少开裂。

3. 机械抑制法

利用金属抱扣在竹材的端头、拼接处或者其他易开裂的部位施加外力起到紧固作用。在竹材上套上钢箍是目前比较常见的一种处理方法，效果不错，但太浪费钢材。此法仅用于加固薄弱部位，并不能从根本上防止材料开裂。

4. 筒身开槽法

筒身开槽法采用端头涂覆树脂、油漆、沥青和筒身开槽方法处理原竹。在室外暴露情况下，采用原竹竹筒开槽的方法其开裂现象最少；在干燥处理情况下，采用油漆处理效果最好。

在国外，也有人采用蒸汽处理方法，将竹材放到铁丝网盘上，然后再放到密封箱内通入蒸汽，国内通过这个方法进行处理，效果不理想。

本章小结

竹材易燃，没有经过防火处理的原生竹材，耐火极限较低，需要采取相应的措施来提高竹材或竹结构的耐火性能。竹材是一种有机材料，含有如淀粉、蛋白质、葡萄糖等化合物。在合适的条件下，各种真菌迅速繁殖，竹材容易发霉、变色、虫蛀和腐烂，使构件失去承载能力，从而使竹结构体系遭到破坏。本章从材料到构件层面，讲解了竹结构的防火与防护处理技术及一些具体方法。竹结构防火可以从材料角度防火处理和其他措施来避免火灾或减少火灾造成的损失。竹材防火处理工艺主要有分为表面涂覆（防火涂料）法和阻燃溶剂浸渍法两类。竹材防腐处理主要包括物理处理技术和化学处理技术两类，每一类又包含很多方法。另外，竹结构还要做好防潮、防虫、防开裂处理。

思考与练习题

14-1　简述竹材防火处理的方法。

14-2　简述竹结构防火处理的措施。

14-3　简述竹材防腐处理的技术。

14-4　简述竹结构防潮处理的措施。

14-5　简述竹结构防虫处理的措施。

第 15 章　我国竹结构的应用和发展

本章要点及学习目标

本章要点：
(1) 原竹结构的应用与发展；(2) 工程竹结构的应用与发展。
学习目标：
(1) 了解我国原竹结构和工程竹结构的应用与发展；(2) 了解我国竹结构未来发展前景。

自远古人类从洞穴走出来，标志着穴居时代的结束，人类开始了建筑活动，起初人类运用自己能够得到的建筑材料，如石头、竹材、木材、土壤等原始材料，这些绿色的建筑材料对自然界的破坏比较小。竹材作为集绿色、环保、低碳、节能等诸多优点于一身的建筑材料，千百年来一直吸引着人们在土木工程领域不断地尝试与发展。

15.1　原竹结构的应用与发展

15.1.1　我国古代竹桥的应用与发展

我国很早就开始利用竹子建造桥梁。杜甫在蜀地时写有三首"造竹桥"诗，均载于《全唐诗》卷二二六。从诗题中的"皂江""成都"等字词可知杜甫所描写的"造竹桥"是在今成都或成都附近。这说明在唐朝，竹桥在竹产区已比较常见。

竹、藤可以作为索桥的受拉构件，《水经注》中记有"涪江有笮桥"，即流传着很多传说的安澜索桥。索桥始建于宋代，飞跃岷江，作为四川与阿坝之间的商业通道，将藏、汉、羌族人民联系起来。索桥两旁的栏杆是用毛竹编成的竹索，将竹竿劈成竹条拧成绳索，其抗拉强度很高，结实耐用；高起的竹架代替桥墩，粗壮的竹缆及上铺木板作为桥身。索桥经过多次重建，1958 年时总长度达到 320m，宽 2.75m，分为 8 段，最长的一段长 61m，竹索直径为 115.5cm。安澜索桥是我国古代最伟大的工程之一，也是我国古代五大桥梁之一。

关于索的具体制法，南宋程大昌在《演繁露》中记载："蜀人云，水峻岸石又多廉棱，若用纤遇石辄断。故劈竹为大辨，以麻索连贯以为牵具，是名百丈。""其法中用细竹为心，外裹以篾丝长四十八丈；索用三股为一股：一尺五寸为圆。"由此，竹子劈制以后，纤维特性被强化，竹索编如纤缆，悬吊后形成自然的弧线，竹子纤维受拉的优势在结构中发挥到最大，所有的压力、剪力都转化成拉力。《宋史·谢德权传》中记载道："咸阳浮桥坏，命德权规画，乃筑土实岸，聚石为仓，用河中铁牛之制，缆以竹索，由是无患。"可见宋代时期已有竹材被应用于悬索桥梁的建造记录。

清代保障湖（今瘦西湖）中的竹饰木桥，则以毛竹为之，"水中架木为玉板桥，上构方亭。柱、栏、檐、瓦皆裹以竹，故又名竹桥"。根据《扬州画舫录》的记述，此时竹桥采用了工艺中复杂的"翻黄法"，又称"翻黄""反黄"。工艺做法是以浙江盛产的大毛竹为原料，去掉竹子的青皮，将竹黄一面展开，经过煮、晒、压平后，胶合或镶嵌在木胎、竹片上，然后磨光，雕刻各种图案。

15.1.2　我国古代竹建筑的应用与发展

我国人民利用竹子作为建筑材料的历史悠久。在距今约 7000 年的河姆渡遗址中，我们的祖先就开始利用原竹和其他材料一起建造房屋。竹子与建筑和生活密不可分，繁体字"築"字从表意上讲从木竹，意为中国古代建筑常用竹、木类材料建造。我国许多历史文献也都有记载竹子用作建筑材料的事例。

1. 竹瓦

晋戴凯之《竹谱》的"厥体俱进，南越之居，梁是供"，指的就是岭南越人用竹做梁柱搭建而成的房子；宋代周去非《岭外代答·土门》的："深广之民，结栅以居，上设茅屋，下豢牛豕，栅上编竹为栈。""民编竹苫茅为两重，上以自处，下居鸡豕，谓之麻栏"说明，当时的岭南越人干栏不仅以竹木做梁、柱、桁，同时以竹子或竹篾做墙、地板，这种干栏仅以茅草为屋顶，因此，可称为茅草盖干栏。

后来，竹干栏的屋顶还以竹作瓦，形成竹盖干栏。如宋代周去非《岭外代答·土门》有："以竹仰覆为瓦，或但织竹笆两重，任其滴漏"的记载。明《邕宁县志》载："慈浮竹，将剖开一俯一仰，可代陶瓦"之记载；清沈日霖在其《粤西琐记》中称粤西"不瓦而盖，盖以竹；不砖而墙，墙以竹；不板而门，门以竹。其余若椽、若楞、若窗牖、若承壁，莫非竹者。衙署上房，亦竹屋。"

宋代赵彦卫在《云麓漫钞》中引用了王元之对竹瓦做法的记述，"截大竹长丈余，平坡开，去节编之。又以破开竹覆其缝，脊檐则横竹夹定。下施窗户与瓦屋无异。"20 世纪 50 年代，我国南方地区民间建筑中的竹瓦还很普遍，目前在西南少数民族地区，仍保留着这种传统做法。据调研发现，因长竹作瓦自重轻，竹瓦屋面的坡度大于 1:2，约在 35° 左右，用竹多选择竹龄四年以上、杆身挺直硬朗的毛竹或淡竹。制作时先视屋面斜长锯取竹段，最长不过"丈余"4 米左右，否则屋面过长，竹子直径有限，排泄雨水不畅。将竹段一劈为二，刮去节，去掉膜，即成竹瓦。唯须将竹瓦内边用竹刀削成斜面，使盖底瓦在铺设时更好地吻合。盖瓦直径约 10cm，底瓦直径 5～7cm，由于竹子自根部向上直径渐小，盖瓦和底瓦在布置时要交替竹子的首尾。竹瓦经常直接置于檩条上，省去屋面基层，印度乡村也是这种做法。两坡的竹瓦在脊处钻孔，用竹篾绑扎固定，上面再用直径较大的竹瓦覆盖，作为脊瓦。山面端头也用大竹瓦封护。檐部竹瓦的端头常砍成斜面，便于排水。

王禹偁在《黄冈竹楼记》中称赞竹瓦的优点是建造快、造价低，宋代在湖北黄冈等地"用代陶瓦，比屋皆是，以其价廉而工省也。"但由于耐久性差，必须经常加固修缮，"竹之为瓦仅十稔，若重复之得二十稔"，意思是竹瓦的使用年限是十年。

例如宋朝文人王禹偁的《黄州新建小竹楼记》一文中曾提到："黄冈之地多竹，大者如椽，竹工破之，刳去其节，用代陶瓦。比屋皆然，以其价廉而工省也。"这里就描述了竹子作屋顶表面围护材料的建筑现象。

清代《金石萃编》中记有西汉宫室布"狼干万延"瓦，"狼干"当为"琅玕"之假借字，"琅玕"指翠竹，唐代白居易诗中有"剖劈青琅玕，家家盖墙屋。"陈直先生推测"狼干万延"瓦疑为西汉的祭祀建筑"竹宫"之物，西汉时期竹瓦已经用于宫室建筑。

2. 竹宫和竹殿

"汉时有竹宫，以竹为之"指的是汉代时期能工巧匠们利用竹子建造的甘泉祠宫。晋代有以竹"为柱为栋"的记载。建于五代末期的苏州虎丘塔，至今仍保留有千年不朽的竹钉；宋代的"黄冈竹楼"是历史上有名的建筑。

如汉文献中出现的皇宫竹殿或竹宫，多为佛教、道教的建筑，其中，以竹构造的佛院被称为"竹院"；以竹营造的禅房叫"竹房"，以竹构建的佛殿叫"竹殿"，以竹构造的帝王礼佛之所叫"竹宫"。汉武帝曾在甘泉祠旁营造竹宫（此宫又名甘泉祠官）。《三辅黄图》载："竹宫，甘泉祠宫也。以竹为宫，天子居中。"以竹筑就的道教供奉太上老君及神仙的殿，叫"竹殿"。杜光庭《题福堂观二首》（其一）曰："盘空蹑翠到山巅，竹殿云楼势逼天。"用竹子搭就的作为道教进行宗教活动的法坛叫"竹坛"。唐代诗人钱起《宴郁林观张道士房》诗说："竹坛秋月冷，山殿夜钟清"。可见，竹宫、竹殿、竹庙、竹祠等建筑形式，与佛教在中国的传播有关，与佛教的最初建筑特征有关。

3. 竹亭和竹庐

用竹作凉亭，唐代已有。诗人独孤及曾作有《卢郎中寻阳竹亭记》："伐竹为亭，其高，出于林表。"到后来，桥凉亭亦有以竹为之者。《扬州画舫录》中载："梅岭春深即长春岭，在保障湖中。岭在水中，架木为玉板桥，上筑方亭。柱、栏、檐、瓦皆镶以竹，故又名竹桥。"可见竹凉亭应用之广（图15-1）。

图 15-1　竹制连体凉亭

明代王稚登在《听查八十弹琵琶》诗中就有："边雨夜裂交河冰，朔风秋折穹庐竹。"北宋司马光在《独乐园记》中提出了一种仿生的圆形竹庐："堂北为沼，中央有岛，岛上植竹，圆周三丈，状若玉块，揽结其杪，如渔人之庐，命之'钓鱼庵'……畦北植竹，方径丈，状若棋局，屈其杪，交相掩以为屋。"这种简易的建造是以圆形为平面（"圆周三丈"）、顶部绑扎（"揽结其杪"）的穹形结构（"屈其杪，交相掩以为屋"），与草庵的营造有类似之处。明代画家仇英在《独乐园图》中描绘了这个竹庐的形象，把尚在生长的呈环形分布的竹子，就地结顶绑扎，司马先生"独乐"其中。

除了司马光独乐园中的竹庐意向，元末明初文人宋濂在《江乘小墅记》中记载了一处独立的竹庐建筑："艘之北筑圆基，围以巨竹织苇，而苴以泥，其颠通一窍，以泄天明，结铜丝为幂承之，冒以油缯，东西北三面有窍如，其颠障之以白间辣栀液，而黄其四周，可据炉而饮，饮后可画，曰'橘中天'；以其首末稠而中肥，其形肖萤，又更之为'萤瓮'。"与传统圆庐相比，这座"萤瓮"的营造更为精巧复杂，从结构方式（"围以巨竹织苇，而苴以泥"）来看，与经纬交织的草编圆庐类似。从穹顶的结束方式（"其颠通一窍，以泄天明"）来看，应当有北方游牧民居毡帐"穹庐"的影响。

4. 竹屋

我国不少历史文献对南方地区的竹屋进行了记载。

关于岭南竹屋，东汉杨孚《异物志》目："有竹曰篃，其大数围，节间相去局促，中实满，坚强。以为屋榱（椽），断截便以为栋梁。不复加斤斧也。"晋代《竹谱》曰："篃与由衙，厥体俱洪，围或累尺，笃实衙空。南越之居，梁柱是供。"唐代刘恂《岭表录异》曰："沙摩竹，广桂皆植。大如茶碗，竹厚而空小，一人止擎一茎，堪为茅屋之椽梁也。"

关于浙江竹屋，东晋张隐《文士传》曰："蔡邕经会稽高迁亭，见屋椽竹，从东间数第十六，可以为箫。取用。果有异声。"

关于江西竹屋，唐代房千里《竹室记》曰："环堵所栖，率用竹以结其四角，植者为柱楣，撑者为椽桷。"

关于广西竹屋，清代沈日霖《粤西琐记》便有"不瓦而盖，盖以竹；不墙而墙，墙以竹；不板而门，门以竹；其余若楞、若椽若窗，若承壁，莫非竹者，吾署上房，亦竹屋"的记载。

关于云南傣族竹楼，《新唐书·南平僚传》说："其地多瘴疣，山有毒草及沙虱蝮蛇，人楼居，梯而上，名为干栏"。《西南风土记》说："所居皆竹楼，人处楼上，畜产居下，苫盖皆蒡茨。"傣族竹楼传承至今已有1400多年的历史。

关于海南黎族竹屋，宋代赵汝适的《诸藩志》卷下《海南》条记载："屋宇以竹为棚，下居牲畜，人居其上。"从记载可以看出，黎族早在宋代的时候就已经出现了橄榄石船形屋。

北宋文学家王禹偁的《黄州新建小竹楼记》中记载："子城西北隅，雉堞圮毁，蓁莽荒秽，因作小楼二间，与月波楼通。"讲述了王禹偁在湖北黄冈做官时，自造了两间竹楼，并详细记录了自己建造这个竹楼的趣味。

宋代《营造法式》中有单独的"竹作"一项，分为苫盖芭席、隔截编道、竹笆隔网、竹席铺地和庭院围篱等。《营造法式》中对竹作的建造方式及用料规范均做出了详细地讲解"搭盖凉棚，每方一丈二尺：中箔三岭半，径一寸三分竹，四十八条；（三十二条做檩，四条走水，三条压缝，五条劈篾，青白用）"。清朝的《工程做法则例》中也详细讲述了竹建筑、竹脚手架、竹廊、竹栏杆等做法。刘敦桢所著的《中国古代建筑史》也提及竹在唐朝的大量运用。

原竹材还常被用来同其他材料一起形成组合墙体。1929年发现的四川广汉三星堆二期文化遗址中，出土了木棍和有竹片痕迹的火烧土块，推测是竹编木骨泥墙的建筑遗址。

在成都金沙遗址（商代晚期至西周前期）也发现大量房屋建筑遗址，均为挖基槽的木（竹）骨泥墙式建筑。当时巴蜀居民就地取材，在地面上挖沟槽，槽中立木柱，间以小木棍或竹棍作为墙骨，在里、外两面涂草抹泥成为墙壁，并经火烧烤。顶部以竹、茅覆盖，底架也采用木或竹架构。竹材在巴蜀地区建筑中的大范围使用和当地的气候环境密切相关。南方地区潮湿、闷热，而竹子能有效地调节室内的温度，冬暖夏凉，净化建筑内外空气。抗日战争时期，在四川重庆流行的"孔子壁"采用灰泥和竹材组合而成；相传"孔子壁"在秦代以前就已发明。宋代《营造法式》中的"隔截编道"，便是中国传统民间营建技术中常用的竹编夹泥墙，工匠正是利用竹片的顺纹抗压和抗拉特性编织成网状结构，内外覆黏土和石灰，一是为了外墙的保温隔热；二是为了保护夹在中间的竹结构。我国台湾至今还保留有以竹材和泥土搭建而成的竹厝。

15.1.3　我国传统竹建筑的典型代表

傣族竹楼、黎族船形屋、台湾竹厝、云南吊脚楼等都是我国南方地区传统竹建筑的代表。

1. 傣族竹楼

傣家竹楼是我国云南傣族这个充满民族特色和热带风情的民族的传统建筑，傣家竹楼或依山或傍水，具有浓郁的地方特色和民族风情（图15-2）。傣族居住区气候炎热，建筑主要需要解决夏季的炎热和防潮、防洪。傣族人民对气候和地理特征的长期摸索，创造出了独具特色的干栏式竹楼，这也是最早期的傣族传统民居，竹柱、竹梁、竹檩、竹椽、竹门、竹墙，就是盖在屋面上的草排也是竹篾栓扎。由于当地盛产竹子，建筑材料以竹为主，故有竹楼之称。傣族干栏常临水边"近水楼居"，明《云诵经志书》记载："其地下潦上雾，民多于水边构楼以居，间晨至夕，濒浴于水中。"据史书记载，傣族竹楼传承至今已有1400多年的历史。

图 15-2　傣族竹楼

傣族建筑按功能类别可以分为民用建筑和宗教建筑。民用建筑按社会阶级来分，可以分为官家竹楼和百姓竹楼。每一种分类其有严格的制式区分，但建造方法大同小异。傣族民居大部分为干栏式建筑，呈方形布局，整个竹楼用大约20～24根木柱作为主要支撑结构，百姓竹楼略少一些，分为上下两层，第一层高度约为2米，蓄养牲畜，由竹制楼梯组织上下交通。第二层为起居室，三面环廊，尽端还有休息平台，多临水或临崖而建，俯视江水东流、仰望青山巍巍，心胸极大开阔，是休闲观景、陶冶情操的绝佳所在，当然，当地居民多用平台来洗浴和晾晒衣物等。屋内横梁穿柱，为传统的"T"形结构。竹楼的屋顶是竹楼最有特色的地方，屋顶如一只待飞大鹏，宽大舒展，覆以茅草。屋顶倾斜度较高，在保证采光的同时，又有利于排水。

傣族人民有其朴素的宇宙观，在他们的观念里，东方象征了幸福和生命，象征了新生，面朝东方则可平安健康；西方为日落之处，象征着邪恶和死亡；所以傣族民居均为坐西朝东。在地理上看，傣族主要的聚集地是位于滇川交界的横断山脉南端，横断山脉呈南北延伸，所以傣族竹楼坐西朝东、背山面水的布局也是适应自然条件的必然结果。傣族竹楼凝结着的傣族人民对竹的特殊情感，是傣族人民淳朴生态的农耕文明的精神载体，是当地民俗传统文化的象征。傣族建筑多以捆绑式和铁钉、铆钉固定为主，随着新的结构方式的出现，这种传统节点的劣势渐渐突出，已经不适用现代竹建筑的发展。

2. 海南黎族船形屋

黎族是我国海南岛的土著民族，是古代百越民族中骆越的后裔，大部分主要聚居在海南岛中南部的山区地带。黎族地区属于热带岛屿季风气候，全年阳光充足，四季如春，雨量充沛，年平均气温为24℃左右。黎族传统民居建筑的结构形式采用竹木结构，屋顶则主要采用茅草作为覆顶材料，它有轻便、经济、易更换、吸热少、透气的特点。黎族船形屋，又称"盒子屋"，平面呈矩形直接嵌入山坡，随机吊脚，就势择地，大坡屋顶直至檐口落地，穹形顶或双坡顶以竹材巧妙构筑，形成船篷或是金字，屋顶的山墙面做出足够大的挑檐以获得宽敞的开放空间。黎族早在宋代的时候就已经出现了橄榄石船形屋，黎族船形屋成为黎族传统民居的代表。

3. 竹厝

我国台湾地区至今还保留了数量不多的竹厝，其墙体是利用竹子和泥土组合而成。厝顶可用竹子覆盖，或用茅草、甘蔗叶或铅板。墙壁则用竹竿分格，竹编抹灰土、石灰等。房屋的主梁通常采用多年生的孟宗竹、刺竹、麻竹或桂竹，不用铁钉而只用竹钉作为榫头。通常墙壁用竹片编织成，再敷上泥土，外表抹上石灰，门窗皆用竹片编成。柱脚的空间填土或石头，以保坚固。经济实用、夏天凉爽且不惧地震。

15.1.4　我国现代竹桥的应用与发展

在竹资源丰富的地区或者一些景区，人们仍喜欢采用竹材建造桥梁。1956 年，我国一些工程师在浙江绍（兴）漓（渚）公路上建了 4 座竹桥；主孔的桥型分别为：一座跨径 9 米的豪式桁架，一座跨径为 4 米的钉板梁桥，2 座跨径为 8 米的用铁丝捆绑的多格框桁构梁桥；采用 3 年以上毛竹，并进行防腐油及葱油处理。

1988 年，昆明市建筑工程管理局在德国毕梯海市恩茨河上建造了一座两跨的拱形吊桥（图 15-3a）。单跨拱高 7.2 米，跨度 22 米，桥面宽 1.5~2.0 米，两跨加引桥全长 55 米。竹桥采用了双肢拱组合桥体、悬挂桥面的方式。其中每个拱肢均由 19 根原竹束合而成一个拱形结构单元。竹桥建成后进行了静载实验，其压力承载达到了 330kg/m²，超过了 300kg/m² 的合同规定；主拱最大变形未超出理论计算值，残余变形几乎为零，即使在大幅度超载情况下，拱桥仍处于良好的工作状态。只要有合理的结构设计，全竹结构的建筑可以展现出超乎我们想象的承载力。随后在德国巴登符腾堡州第九届花园展览会上该桥似海鸥展翅欲飞的优美姿态展现，并被惊讶的欧洲人民称为"欧洲第一竹桥"。

图 15-3 竹桥
（a）德国比梯海姆竹桥；（b）中村竹桥；（c）傣家竹桥；（d）悬岸飞桥

2006 年广州南昆山十字水生态度假村建造了一个原竹桥梁。2017 年，中村竹桥在浙江省余姚市鹿亭乡完工，是一座纯用竹子打造的拱桥（图 15-3b）。该桥的围护结构也采用竹材，体现了拱形结构，且形状上下对称。穿过竹桥时，逐渐升高和降低的围护会将人们的视线导向不同的风景。中村竹桥仅用 25 天就完成了建造，造价低廉，施工方便。

2017 年和 2018 年，清华大学团队分别在重庆渝北区兴隆镇建造了两座原竹桥梁，跨度分别为 13.5 米和 21 米。2018 年，华中科技大学团队在湖北刘家湾村，采用毛竹建造了一座 95 米长的竹桥；竹桥结构由 4 个预先制作好的鱼腹式梁结构组合而成，连接采用五金件；在桥梁的承重部位成斜对角形式插入竹条进行再固定，来确保各部件的稳定。2019 年 5 月，在安徽祁门县桃源村，一座跨度为 10 米的竹桥落成，该桥为悬臂结构，采用毛竹为主要材料。项目名称为"悬案飞桥"，采用了人工火烤工艺对竹材进行了弯曲，节点通过在竹筒中灌混凝土并用钢片进行加强，还增加了不锈钢抱箍。

傣族不仅创造了具有民族特色的竹房子，也创造了经济实用的竹桥建造技术，至今仍在使用。傣族人喜欢住在靠水的地方，有水的地方往往需要桥。在云南德宏的大盈江上，傣族人建造了几座竹桥，其中一座跨度达 300 米。桥梁支撑体系采用原竹，桥面由原竹破成竹片编制而成。竹桥往往由村里的几户人家共同完成。

15.1.5 我国现代竹建筑的应用与发展

在中华人民共和国成立之初经济困难的情况下，大学里的一些校舍和辅助建筑都由竹结构搭建。20世纪50年代的同济大学食堂（图15-4），就是这种大型的竹棚屋，它同时还兼有大礼堂集会的功能。竹棚具有材料易得、加工简单、建造迅速的特点。民间的竹结构能将材料的性能发挥到极致，而且通常不假装饰。

(a)   (b)

图 15-4   20世纪50年代同济大学食堂（图片来源：《同济老照片》）

(a) 同济大学食堂外景；(b) 同济大学食堂内景

20世纪50年代，对束合竹拱结构已经有所研究和利用，针对跨度较大、荷载较大的绑扎竹棚建筑，构架必须增加环圆及抛撑构件，以增加其强韧性与牢固性。环圆与抛撑采用粗大的整根毛竹，拼搭捆绑于边柱、中柱、大梁、三夹撑、吊筋上，下段抛出竹棚两侧，斜向埋入土中。环圆与抛撑的组合就是一个束合的拱形结构，在整个构架中承担上部的压力，防止建筑物左右倾斜。图15-4中三种构架都属于当时的大跨度竹棚，其中第一种构架四木柱落地，室内净空面积略小，但上部有气窗，故适用于工厂或餐厅；其他两种净空较大，尤其第三种的跨距最大，适用于礼堂或体育馆，当时的苏州市室内人民体育场就采用了这种结构。至今，这种经济有效的大跨度竹构仍用于当代南方的乡土工业建筑，跨度可达30m，高度7m，可用于养鸭竹棚、晒砖棚、半封闭车间、大型堆场等。

1954年6月，中央建筑工程部技术司发出"充分利用竹材以节约木材及降低建筑成本"的指示。同年，建筑工程部建筑科学研究院召开第一次全国性的竹材技术会议，总结了这个时期关于屋顶竹结构的研究成果和实践经验，编写了《屋顶竹结构》。书中总结的结构类型，是在传统竹结构的基础上，结合近代木结构技术，借鉴苏联的建筑经验编写的，为今日了解传统竹构提供了重要资料。1958年陈肇元《有关竹屋架的几个问题》出版，介绍了竹材在屋架中的应用。至20世纪80年代，竹材不仅用于施工过程（竹脚手架、竹棚等），而且在建筑结构和装修中也有大量使用案例，包括大跨度竹屋架、竹门窗、竹地板、竹吊顶、竹桥、竹筋混凝土等，也因此出现了很多关于竹的专著和论文，包括《竹工技术》《利用竹材纲要》《工地的竹材利用》《竹编技巧》《竹编工艺》等。

1978年，冯纪忠教授在上海方塔园何陋轩（图15-5）的设计中就应用了原竹材料。设计中，涂成白色的竹竿配合黑色构造节点，利用色彩的差距造成视觉上构件线条的断裂，创造漂浮的动态效果。营造出了"静中有动，动中有静"的情境。何陋轩高7米，长115.8米，宽14.55米，总面积510平方米。其建筑造形仿上海市郊农舍四坡顶弯屋脊形式，毛竹梁架，大屋顶，茅草屋，方砖地坪，四面环水，弧形围坪，竹椅藤几，古朴自然，与四周竹景互相交融，融为一体，浑然天成而别有风致。何陋轩以竹材料作为主要特征材料，竹作为受力杆件承载着建筑的所有压力和拉力，也担当了轻质结构构件，用草来覆盖茶室顶部，整个建筑体的造型借鉴了四坡顶弯屋脊，这是松江地区所特有的一种屋脊形式，体现出设计者用竹材料与当地建筑风俗和文化特征相结合的理念。

 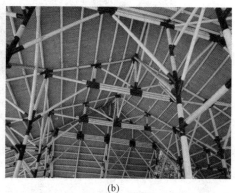

(a)   (b)

图 15-5 何陋轩（https://www.sohu.com/a/295933305_656721）
(a) 外景；(b) 内景

    1984年建造的景洪竹楼宾馆是一座不足500平方米的内部小宾馆，它临湖秋水而建，并在继承傣族"竹楼"的基础上又有所创新。建筑屋顶仿照传统样式而建，底层局部开敞为客厅，其余部分则由柱子支撑与湖面之上，极富傣家干阑"竹楼"风韵。

    1984年，昆明市建筑工程管理局在瑞士苏黎世上建造了一座全原竹结构的38m高的竹楼。这座竹楼在欧洲产生了很大的影响，被认为是竹子高大建筑的伟大创举，极大地开阔了欧洲人的眼界，对欧洲现代竹建筑的设计建造产生了很大的影响。

    1999年，"中国99昆明世界园艺博览会"在昆明举办，由西南林学院竹类研究所和云南省竹腾产业协会负责设计和施工的"竹类专题园"，展示了318种竹类，向世界展示了我国丰富的竹资源。在院内还按照传统傣族民居风格，建造了一座建筑面积达400m² 的"竹子博物馆"。该竹楼为典型的干栏式竹楼，在结构上，除主承重的立柱和大梁采用松木外，其他次要承重结构、墙面板材、室内装饰全部由竹子来完成。

    在2005年的第52届威尼斯双年展上，张永和以竹子作为主要材料，根据场地，构筑出一个竹结构，作品名为"竹跳"。其形式源于中国古代园林的虚空间特色，具有中国传统建筑和风景可观、可居、可游的文化景象。在建造过程中，工人们淋漓尽致地发挥了竹编的技巧，使得作品充满张力和材料的韵律。

    2006年国际竹建筑设计大师Paul Pholero、Simon Velez在广州南昆山十字水生态度假村当中设计建造一些小型竹结构（图15-6），包括一些竹建筑、竹桥梁、竹廊等。广东省惠州南昆山的十字水度假村将传统客家夯土墙与竹建筑工艺相结合，创造了一个生态自然且融入当地文化环境的大型原竹结构建筑群。它是美国国家地理杂志推介的全球五十大生态度假村之一，是中国首个同时获得"绿色环球21可持续设计达标评估"认证和"全球景观设计大奖"的高品质生态旅游发展典范建筑，利用南昆山当地原竹材料将生态、可持续理念发挥到极致。

图 15-6　南昆山十字水生态度假村会所

(http：//k. sina. com. cn/article _ 6731248092 _ 19136b1dc00100u9mb. html)

受到 2008 年汶川地震的触动，很多建筑师投入到如何建造廉价的、易于建造的、环境友好的灾后临时建筑研究当中，我国台湾设计师陈铭堂先生做了竹制折叠房屋的概念设计，其设计灵感来自于手工折纸，这种预制房屋可以快速地搭建和回收。

2009 年修建的西双版纳傣族园是一个集旅游、休闲、居住、办公为一体的民俗风景园，内部设有大量具有竹楼风情的现代建筑，如曼乍办公楼。该建筑屹立在园区中心，色彩艳丽、装饰豪华，不但具有鲜明的民族特色还流露出一丝皇家府邸的风范。此外，除了沿用大坡度屋顶和底层架空的结构形式外，该建筑还注重与其他材料的结合以达到节能的目的，并通过利用诸如太阳能、空调等辅助设计创造舒适、宜人的室内环境，从而成为当代竹材建筑生态化设计的典范。

2010 年上海世博会上，竹子大放异彩，有 9 个场馆融入了竹元素。德中同行之家（图 15-7）是一座覆膜全竹结构，采用竹龄大于 4 年、长 8 米、平均直径 20 厘米的巨龙竹竿做建筑骨架，屋面采用 PVC 膜覆盖，墙体结构则由天然竹材和透明轻盈的新型材料 EFET 膜复合构成。整个建筑易建易拆，所有材料皆可回收或重复使用，体现了建筑的可持续理念。印度馆共用了 500 多根竹子，建成了直径 35 米、高 18 米的竹穹顶结构，竹子用量达 41 吨。

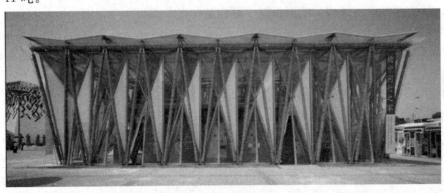

图 15-7　德中同行之家

2010 年 7 月由同济大学设计的太阳能生态竹屋在西班牙马德里举行的"太阳能十项全能竞赛"上获得欧洲可持续能源奖,小屋用直径 12cm 的毛竹为主要建材,与铸铁铰接点共同形成满足现场快速搭建的竹钢装配式体系。

2011 年在西双版纳傣族自治州景洪市南糯山村,由联合国开发计划署支持、云南竹藤产业协会实施的"西双版纳新型竹楼民居研究与示范"项目落成,该项目改进了传统竹楼在防火、隔音、防虫等方面的缺陷,并在节约能源、降低碳排放方面有所突破。

2013 年 11 月广州市陈皮村项目竣工,该项目大量使用了竹材,见图 15-8。竹材的特点成为陈皮村搭建独特情境与文化认同两者间的桥梁,而设计师又进一步利用竹材天然的优势,将之应用在新的建筑形态和风格上,并采用防火、防虫、防腐等技术突破了它自身的不足,使其在应用中蓬荜生辉。图 15-8(b) 为广州市陈皮村大型竹建筑陈皮村运营中心的竹穹隆顶——设计师利用厂房建筑的空间加大了竹建筑的体量,摆脱了传统竹建筑狭窄低矮的空间感受。2013 年开始的"佤山幸福工程"竹楼建设项目,其墙体、楼板、细部使用了龙竹和黄竹。

 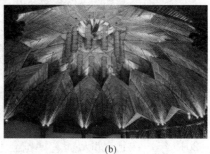

(a)   (b)

图 15-8   陈皮村 (http://gz.jiaju.sina.com.cn/news/20131210/646997.shtml)

2015 年,在香港落成的 ZCB 零碳竹亭高 4 米,采用大跨度曲面网壳结构,占地面积 350 平方米,可容纳 200 人。整个建筑由 475 根原竹建造,在现场将这些原竹弯曲成形,并用金属丝手工绑扎。

2016 年,国内举办了不少于 3 场同竹建筑有关的设计竞赛或年展。"AIM—归墟心乡·竹语山水"乡村创客聚落竹建筑设计竞赛选址于福建长泰马洋溪景区附近村落,此次竞赛鼓励建筑师以竹材为主要建材,关注乡村,使建筑充分与自然环境互动,探索可运营性乡建的可持续发展之路。2016 年 9 月 18 日,首届"楼纳国际高校建造大赛"在贵州黔西南州楼纳国际建筑师公社举办,首届建造大赛共有 20 所国际建筑学院 23 个建造团队参赛,大赛主题为设计建造一个可参观、休憩、体验、接触的露营装置,探讨以"竹"为材料的设计实践,对建筑如何介入乡村复兴进行反思与尝试。大赛中各高校对原竹材料及结构构造进行多种形式的探讨,具有探索性意义。2016 年 9 月,第一届国际竹建筑双年展在浙江省龙泉市宝溪村举办,共展出了 18 座以竹子作为材料的建筑,邀请了 10 余位知名建筑师,包括隈研吾、武重义、西蒙维列等。

2016 年竣工的江苏昆山昆曲学社充分利用了原竹材料,其中的意向舞台和牡丹亭采用竹结构,将竹材的张力和韵律与昆曲表演巧妙结合。2016 年建造的昆明滇海古渡大码头,其环廊长达 500 米而无任何遮挡,环廊立柱居中,采用了原竹大幅面弯曲和无缝拼接技术，呈多重"V"形造型。

　　2017年的安徽尚村竹棚乡堂项目以竹子为主要建筑材料，其结构共有6把竹伞和三组竹棚组成。2017年，浙江上虞紧山古窑遗址展陈竹廊采用原竹作为结构主体材料，建筑结构采用门式刚架，由原竹组合柱和原竹组合桁架构成，屋面采用原竹筒瓦覆盖。2017年5月，沈阳动物园熊猫馆（图15-9）竣工，建筑面积8290平方米；主场馆立面和景观棚采用钢和原竹组合形式，由竹子编成的"竹篷"形成了园区的主要构筑物，营造出树林之感 。2017年和2018年，清华大学团队分别在重庆渝北区兴隆镇小五村和杜家村修建了两座原竹桥梁，跨度分别为13.5米和21米。2018年，在贵州六盘水大洞竹海景区，6个不同结构形式的原竹体系建成。

图15-9　沈阳动物园熊猫馆（图片来源：朱玲，原竹在东北地区
建筑设计中的应用研究）

　　2019年，在北京世界园艺博览会上，国际竹藤组织园的展馆（图15-10）主体结构采用5000多根直径8～10厘米的毛竹建造，单拱跨度达32米，支撑起整个展馆的9榀框架均采用变截面桁架拱结构。联合国教科文组织展园的展廊采用巨龙竹建造而成，巨大的原竹通过钢制的连接件交错联系在一起，上部覆盖白色的膜，远看呈抛物线状。

图15-10　国际竹藤组织园的展馆（图片来源：INBAR）

　　从2016年开始，南京林业大学李海涛团队同英国伦敦大学学院Rodolfo Lorenzo团队围绕新型原竹结构体系开展合作研究，基于多年合作，依托南京林业大学生物质复合建筑材料与结构国际联合实验室，双方师生联手在南京林业大学校园建成了一个"Reciprocity"

竹结构体系。该结构体系采用了新型构件连接形式，融合了 BIM、3D 扫描、机器人等多项技术，攻克了竹结构自支持体系、短竹单元构件形成大跨度、工业化处理竹材、传统和复杂几何形状、最少的双竹筒连接形式、模块化组装系统等多项难点，是原竹结构体系的创新尝试。

15.2 工程竹结构的应用与发展

尽管工程竹材在 20 世纪 50 年代就已经出现，但长期以来一直作为非结构材使用，直到 2000 年后，工程竹材在土木工程领域的应用才逐步展开。

15.2.1 工程竹桥

工程竹材在桥梁结构中的应用案例相对较少，且以人行桥为主。2006 年，湖南大学团队在湖南大学校园内建造了一座现代竹结构人行天桥，桥长 5 米，宽 1.8 米，主要用材为竹编胶合材，构件之间采用角钢和螺栓进行构件连接。2007 年 10 月，该团队又在湖南耒阳市导子乡柳上村洵江上建成了一座竹编胶合材桥梁，可供车辆通行，该竹结构分为三跨，主跨跨径 10 m，桥面宽 3.5 m，设计承载能力为 8 吨；桥梁的主梁为 9 根竹编胶合材主梁，主梁与主梁之间采用竹胶合作为横隔板，用角钢和螺栓来连接主梁和横隔板，从而加强了整体性，每根梁的底部贴一层 FRP 用于提高梁的底部抗拉能力，采用钢筋混凝土桥面板。湖南大学团队还分别在东莞万科及耒阳蔡伦竹海修建了竹编胶合材人行桥。2015 年 6 月，国际竹藤中心、重庆交通大学与茅以升基金会合作，在重庆市石柱县六塘乡建造了一座跨度为 12 米、宽度为 3 米的工程竹材人行桥梁，设计使用寿命为 20 年。

15.2.2 工程竹建筑

2004 年 6 月，由国际竹藤组织、中国林科院和中国建筑科学研究院合作，在云南省屏边县建造了一座小学校舍。该校舍的屋顶结构采用 8 榀跨度大于 6 米的竹集成材屋架组成，屋面板和内外墙板采用竹胶合板，这是国内较早采用工程竹材建造房屋的案例。在此项目的基础上，2007 年，国际竹藤组织、中国林科院和中国建筑科学研究院合作在北京南口，采用竹编胶合材建造了全竹结构示范房。房屋的主体是单层框架结构，柱子截面尺寸为 30 cm × 30 cm，构件之间采用螺栓和金属件连接。

2008 年，南京林业大学张齐生院士和东南大学吕志涛院士牵头在南京林业大学建造了一栋 2 层的现代竹结构抗震安居房，为框架结构体系（图 15-11a），主要的梁柱构件采用竹重组材或竹集成材，墙体或其他板材主要采用竹编胶合材；江西飞宇竹材有限公司也在同一时期建造了一栋 2 层的竹重组材别墅（图 15-11b）。

2008 年汶川地震发生后，湖南大学团队在美国蓝月基金和长沙凯森竹木新技术有限公司的共同资助下，在四川省广元市设计并建造了 40 余套快速装配式竹结构安置房屋作为学生的教室和老师的办公室使用，使受灾学生能够及时返回课堂。2009 年 2 月，该团队在湖南大学校园里建成了一栋 2 层竹编胶合材别墅（图 15-11c），占地面积为 120 平方米，总建筑面积约 250 平方米，属于轻型竹结构框架房屋体系；整个别墅主体只用了 8 个工人，耗费 100 个工时即完成，建造速度快且工人劳动强度低，建成当年引起了媒体的

(a)　(b)

(c)　(d)

图 15-11　工程竹材示范建筑

(a) 南京林业大学工程竹材示范建筑；(b) 奉新竹重组材别墅；
(c) 湖南大学竹编胶合材别墅（照片：肖岩等，竹结构轻型框架
房屋的研究与应用）；(d) 北京紫竹院别墅（照片：INBAR）

广泛关注和报道。2009 年 6 月，在国际竹藤组织（INBAR）资助下，该团队在北京紫竹院公园设计并建造了轻型竹结构示范工程（图 15-11d），7 个工人在 8 天内完成主体结构施工，1 个月内完成全部装修并交付使用。2010 年前后，在湖南蔡伦竹海内建成一栋 2 层的轻型竹编胶合材结构住宅，占地面积 70 平方米，建筑面积约为 130 平方米。2011 年建造的湖南大学机械工程学院的车辆碰撞试验室也采用竹编胶合材。

2009 年，Integer China 设计的多层现代竹集成材结构住宅在昆明世博生态城建成。2010 年 5 月 17 日，由中国儿童少年基金会和成都市妇联合作援建、毕马威中国主要资助的四川省彭州磁峰镇"毕马威安康社区中心"落成（图 15-12），建筑面积达 450 平方米。"毕马威安康社区中心"显著亮点是项目采用竹集成材框架结构，体现以人为本和可持续发展的绿色乡村建设理念。2012 年 9 月建成的咸宁竹子博览馆，2 层，高 13 米，占地近 700 平方米，设计建筑面积 1296 平方米。博物馆结构体系采用竹重组材构件建造，外立面也采用竹重组材装饰。2013 年在北京建成的国际青年营，以竹重组材作为结构材，建筑面积 100 平方米。2014 年建成的四川甘孜牛背山青年旅社，其屋顶采用了竹重组材。

图 15-12 毕马威安康社区中心（图片：郝琳）

2016 年在河北建成的三河大食堂，采用树冠状结构体系，以竹重组材作为结构材；同一年建成的四川乐至报国寺禅修中心，其屋面为采用竹重组材和金属连接件组成的空间网架结构。2016 年，江西贵竹在沙特建造了一栋 2 层竹集成材别墅（图 15-13a），建筑面积 223 平方米，为梁柱式结构体系。2017 年，在四川彭州落成的太古地产四川竹创社区中心，采用了慈竹生产的竹重组材作为结构材。建筑面积为 335 平方米的南京紫东国际创意园卫生间（图 15-13b）于 2017 年建成，采用的是竹集成材。

图 15-13 竹集成材结构（照片：熊振华）

(a) 沙特竹集成材别墅；(b) 紫东厕所；

(c) 井冈山荷花亭；(d) 园博会竹景观

　　2018年，南京林业大学白马校区建成了一栋3层的竹集成材示范房，采用的是梁柱结构体系；同一年，一座采用竹集成材为主要建筑材料的荷花亭在井冈山落成（图15-13c），主要采用了金属套筒连接件。2018年，在湖南平江建成的双溪书院的接待大堂和茶室采用竹重组材为结构材。在河南荥阳落成的世界象棋棋王对弈亭采用竹集成材作为结构材，整个结构共使用70余根立柱、横梁，长度在12～15m之间，截面尺寸15cm×30cm，所有立柱呈60°倾斜面向鸿沟，构件采用螺栓连接。浙江鑫宙在内蒙古呼和浩特铺设了竹缠绕城市综合管廊。同年建成的内蒙古呼和浩特昭君博物馆入口的雨棚，为桁架结构形式，采用竹重组材作为结构材。2018年，杭州润竹在河北尚义建造了一栋3层的竹重组材别墅（图15-14a），为梁柱式结构；2019年又在河南孟州建造了快活林竹屋（图15-14b）。2019年，在北京世界园艺博览会上，上海秦森集团室外竹景观采用竹集成材建造（图15-13d）。2020年，由南京林业大学团队和赣州森泰竹木有限公司联合设计的森泰办公楼建成，建筑面积1000多平方米，是建成当年单体建筑面积最大的竹集成材建筑。

(a)　　　　　　　　　　　　　　(b)

图15-14　竹重组材结构（照片：周春贵）

(a) 尚义竹屋；(b) 孟州快活林竹屋

　　如前所述，现有的工程竹结构基本上采用了木结构体系形式。对于工程竹建筑来讲，其结构形式以梁柱式竹结构和轻型竹结构为主。整体上讲，工程竹结构的发展历史较短，相关标准体系还没有建立起来，随着研究的不断深入，会有更多的结构形式出现，也会有越来越多的工程案例展现在世人面前。

本章小结

　　作为集绿色、环保、低碳、节能等诸多优点于一身的建筑材料，千百年来竹材一直吸引着人们在土木工程领域不断地尝试与发展。本章首先分别介绍了原竹结构在我国古代和现代的应用情况，并列举了一些代表性结构形式或工程案例；接下来又从工程竹桥和工程竹建筑两个方面对工程竹结构的应用与发展进行了介绍，并给出了一些工程案例。

思考与练习题

15-1　简述傣族竹楼的结构特点。

15-2　简述我国台湾竹厝的结构特点。

15-3　讨论我国原竹结构的发展及未来应用前景。

15-4　讨论我国工程竹结构的发展及未来应用前景。

第 16 章 国外竹结构的应用和发展

本章要点:
国外竹结构的应用与发展。
学习目标:
了解国外竹结构的应用与发展情况。

对于工程竹结构,国外工程案例相对较少,且多数由国内企业或设计师完成;但对于原竹结构,国外应用较多,本部分内容以介绍国外原竹结构为主。现代原竹结构以天然生竹材为主要建筑材料,综合采用传统连接方式(如榫卯、捆扎、搭接等)和现代连接方式(金属件、螺栓、套筒、槽口等),加上建筑师们的创意,形成了系列经典作品;与传统竹结构相比,具有造型丰富多变、平面布置灵活、细部构造精致、体系牢固耐用、使用功能丰富等优点。

16.1 亚洲

亚洲为世界主要竹产区。除中国外,印度、泰国、缅甸、越南、柬埔寨、马来西亚、印度尼西亚、菲律宾都盛产竹子,利用竹材建造房屋的历史悠久。同时,东南亚地区降雨量大、湿度大、气温高、辐射强、日温差小的独特气候又催生了注重遮阳、通风和采光的特色竹结构建筑。除了气候的直接影响,东南亚还受到多元文化、竹材属性、功能诉求等方面的影响,共同造就了表达真实、独具风貌的东南亚现代竹结构。印度、不丹和尼泊尔等有一种名为 Ekra 的竹房十分盛行,是一种传统的竹编墙技术(图16-1)。

图 16-1 Ekra 竹房(图片来源:
https://image.baidu.com/)

16.1.1 越南

武重义为越南竹建筑大师，有许多经典的竹结构作品，风和水酒吧（图 16-2）是其代表作之一。该酒吧为穹顶结构，采用竹拱结构体系，高度达 10 米，跨度达 15 米；建筑主体结构由 48 个预制结构单元组成，每个单元分别由数个竹结构构件组成。风和水酒吧位于人工湖上，自然风和凉爽的湖水为建筑提供了良好的通风系统。屋顶中央有一个直径 1.5 米的天窗，同时也是一个通风口，这使酒吧内部的热量可以随着空气流通从天窗排出。风和水酒吧均由当地的工匠建造，建设周期为 3 个月。建成后的建筑成为自然的有机组成部分，和谐地融入自然之中。风和水酒吧的竹结构构造主要采用技术手法有：

（1）传统的浸渍和烟熏。在搭建前，将竹材浸渍在泥浆中数月后进行烟熏，提高竹材的防腐、防虫性能。

（2）传统的竹绳栓和竹楔。用传统的竹绳栓和竹楔替代金属钉，节省造价。

（3）现代的装配式结构体系。将竹材组合成结构单元，消除了竹材尺寸不均匀的缺点，便于材料运输，使得结构建造成本低、建设周期短和精度高等。

(a) (b)

图 16-2 风和水酒吧
(a) 酒吧外观；(b) 内部结构

胡志明市西贡河附近有 8 个大小不一的竹棚屋（图 16-3），是武重义团队的又一杰作。这些竹棚采用的同样是穹顶结构，覆盖着茅草，设计的灵感来源于用于庇护飞鸟的传统竹篮。两个较大穹顶的直径为 24m，高度为 12.5m，均在现场分块编织完成，且采用双分层

 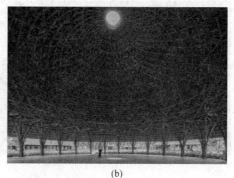

(a) (b)

图 16-3 胡志明市竹棚屋
(a) 8 个竹棚屋；(b) 内部结构

穿顶结构。覆盖着茅草的外层屋面从内部篮子状的结构中延伸出去,形成深厚的挑檐,挑檐的设计保护了内部竹结构免受日晒风吹。无论屋顶是伞状还是拱状,室内都不需要额外的人工采光;屋顶上的天窗和开放的维护结构为室内提供稳定的漫射光源,被周围三个池塘冷却的热空气穿堂入室,通过屋顶的天窗把湿热的空气带到室外。6个稍小的竹棚屋伞形拱顶直径为11米,高为7米,主要结构包括12个预制组装单元。建筑师在穿顶的顶部设计了一个圆形天窗引入自然光,使穿顶内部在白天不需要人工照明。同时,天窗还可以排出热空气,保持穿顶下的空间阴凉。

武重义团队设计的越南兰哈湾竹度假酒店(图16-4),采用直径只有40~50mm的薄竹,由竹钉组装而成,并用绳子固定,竹结构的屋顶上覆盖着茅草。竹子采用一种自然的传统方法处理,把竹子浸泡在泥里,然后再熏制。

竹林馆(图16-5)是武重义在日本的作品,该结构体系包含三种结构元素:网架、拱架和竹箱。两个网架彼此交接形成整个体量,插入11个拱架创建出公共空间,采用31个栽有竹子的竹箱固定整座亭子,采用的连接方式主要是钉子和绳子。竹竿在现场组装之前用传统方法处理过。

图16-4   兰哈湾竹度假酒店   图16-5   日本竹林馆

16.1.2   日本

日本建筑师隈研吾将传统与现代设计相结合创造出了独特的竹结构,长城脚下的竹屋(图16-6)为其代表作。隈研吾采用了CFT(concrete filled tube)技术:选择较为粗壮的

(a)   (b)

图16-6   竹屋的竹空间(来源百度图片)

(a) 竹屋外景;(b) 内部结构

竹子，用钻孔机将竹节去掉，在竹子内部插入角钢，然后注入混凝土。用这种方法制成的立柱，与那些表面只做装饰用的"仿"竹壁龛立柱不同，它看上去很坚实，有强大的支撑力。它和只做外表装饰的纤细竹子不同，有着强健的内部骨骼。CFT 技术不需要做框架辅助，节省了材料和工期。

16.1.3 印度尼西亚

伊劳拉-哈代（Elora Hardy）的团队（Ibuku）设计规划的绿色村庄（图 16-7a）坐落在巴厘岛阿勇河（Ayung）河谷的梯田景观中。绿色村庄由 18 栋竹结构别墅组成。该团队最得意作品是 Sharma Springs（图 16-7b），位于半山腰，共有 6 层，约 750 平方米，能俯瞰整个河谷风景。该建筑主要采用竹材建造，其入口通过一个充满奇幻的隧道式桥梁直接引导人们进入四楼的露天客厅、饭厅及厨房。

(a)　　　　　　　　　　　　　　　　　(b)

图 16-7　绿色村庄（来源百度图片）
（a）绿色村庄（Green village）；（b）Sharma Springs

16.1.4 泰国

清迈尼德（Panyaden）国际学校体育馆（图 16-8，由泰国建筑师事务所 Chiangmai Life Architect 设计完成）为泰国代表性竹结构作品，占地面积 782m²，能容纳 300 名学生。工程挑选的竹材采用硼砂盐处理，处理过程无任何有毒化学物质。体育馆主要受力体

(a)　　　　　　　　　　　　　　　　　(b)

图 16-8　Panyaden 国际学校体育馆
（a）外景；（b）内部结构

系为一系列靠麻绳连接、跨度为 17 米的预应力竹桁架，设计使用年限预计可达 50 年。

2009 年，泰国建筑师 Pasi Aalto 为灾区儿童设计了 Soe Ker 绑扎屋（图 16-9），供孩子们互相交流、玩耍和社交。整个建筑从外表看像蝴蝶，被称为"蝴蝶屋"，主要建筑材料为编织的竹子，其手工技术体现了当地建筑的传统特征。建筑特有的屋顶形状能够自然通风以及搜集雨水。

图 16-9　Soe Ker 绑扎屋（来源《bamboo in architecture and design》）

苏尼瓦奇瑞度假村位于泰国湾的沽岛，这里的生态儿童和教育中心为竹结构（图 16-10），其基础结构及屋顶都均采用竹子，展现了竹子作为结构材的潜力。

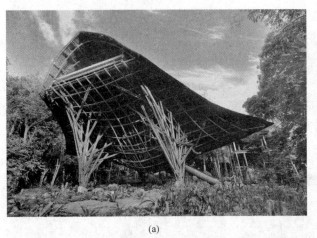

(a)　　　　　　　　　　　　　　　　　(b)

图 16-10　教育中心（来源《bamboo in architecture and design》）

(a) 中心外部空间 ；(b) 细部构造

16.1.5　马来西亚

图 16-11 所示的公共凉亭构架由 Eleena Jamil Architect 设计，位于马来西亚吉隆坡最古老、风景最美丽的公园——Perdana 植物园。该凉亭的设计采用了许多重复的结构单元（图 16-11），这些单元完全用竹子搭建而成。该亭子共包含 31 个高度各异的方形平台，每

(a)　　　　　　　　　　　　　　　　(b)

图 16-11　公共凉亭

（a）远景；（b）细部构造

个平台的中央都有一个树一样的柱子，向上延伸支撑着屋顶，有的顶部有一个竹篮一样的结构，悬挂在柱子周围，像树屋一样。

16.1.6　沙特阿拉伯

沙特阿拉伯也有一些竹结构，不过有些主要是同中国企业合作建造或者由中国企业设计完成。2016 年，由江西省贵竹发展有限公司设计的竹集成材别墅在沙特阿拉伯落成，该房屋为两层竹集成材框架结构体系，总建筑面积 220 平方米。

16.2　南美洲

公元前 300 年，南美洲开始普遍使用一种墙体技术（图 16-12a），该技术用竹或木形成基本框架，由甘蔗杆或竹片制成的薄板形成墙体；墙体外侧涂抹黏土和稻草的混合物。在远古时代，印第安土著人的村落中盛行另一种竹结构房屋建造技术（图 16-12b），现多在哥伦比亚、委内瑞拉等国流行。墙体构造分为实心和空心两种：实心技术用木条或者竹竿做成框架，并用泥土填充；空心技术采用类似框架，将压平的竹板固定在框架两侧并涂上黏土。美洲作为世界主要竹产区，现代竹结构仍然有着较大地发展。

(a)　　　　　　　　　　　　　　　(b)

图 16-12　南美洲传统竹房屋（图片提供：INBAR）

（a）Quincha 竹屋：正在涂抹外墙；（b）Bahareque 竹屋实心墙体填土

16.2.1 哥伦比亚

几百年来，哥伦比亚的传统建筑师都依赖瓜多竹建造房屋。西蒙·维列（Simon Velez）是专注天然建材研究与设计的代表，被称为"勇敢的竹子建造者"；其设计经验丰富，许多国家都有他的作品，包括墨西哥、巴西、牙买加、巴拿马、法国和中国等。

2000 年，西蒙为汉诺威博览会设计的竹亭（图 16-13，"ZERI"竹亭），为原竹结构体系的典范。他提出了一种"螺栓和水泥"的新型构造方式，使竹结构可以达到更大跨度与规模。竹亭占地面积 1650 平方米，总建筑面积达 2000 多平方米，屋顶直径为 40 米，屋脊高 14.5 米；其承重结构由多个构造单元按圆形排列而成，每个单元由一组由 6 根原竹捆绑组成的外柱和一组 4 根原竹组成的内柱及 2 个悬臂梁组成。

(a)　　　　　　　　　　　　　　(b)

图 16-13　汉诺威博览会"ZERI"竹亭（西蒙，2000 年）

(a) 外景；(b) 内部结构

2008 年，由加拿大艺术家格雷戈里·科尔伯特策划，由西蒙设计的大型竹结构博物馆建筑——"游牧博物馆"（图 16-14）在墨西哥落成。该建筑占地 5130 平方米，建成当年为世界上最大的竹结构，外墙用一根根竹子拼出水波纹状的弧线，狭长的空间配合幽暗的灯光，营造出神秘的艺术氛围。

(a)　　　　　　　　　　　　　　(b)

图 16-14　游牧博物馆

(a) 外景；(b) 内部结构

16.2.2 哥斯达黎加

竹结构在哥斯达黎加同样比较流行，无论是普通民居还是豪华别墅，竹材都是当地建筑设计中常用的生态建筑材料。1986 年，哥斯达黎加发起竹结构安居工程行动，这一项目的目的在于寻求一种能够替代木材的环保、抗震、低成本的建筑材料。1995 年哥斯达黎加成立了协助并管理整个项目的基金会，以确保其顺利进行。目前哥斯达黎加已建成700 座以上的低成本竹结构住宅。由卢兹德皮德拉（Luz de Piedra）事务所设计的 Atrevida 度假别墅项目，便是一座绿色、环保、精美、豪华的原竹结构建筑（图 16-15b）。

(a)   (b)

图 16-15 哥斯达黎加竹结构

（a）普通民居（图片来源：bamboo style）；（b）Atrevida 度假别墅项目

（图片来源：http://women. sohu. com/ 20121025/n355613174 _ 22. s html）

2010 年，本杰明·加西亚·萨克斯（Benjamin Garcia Saxe）设计的森林住宅项目（图 16-16），为献给他母亲的礼物。竹屋采用锥形圆顶，打开圆顶，可欣赏森林的自然美景。房屋墙体以竹筒互相连接组合而成，能形成内外空气对流。阳光透过竹筒在室内撒下斑驳的光影，营造了温馨、舒适的老人居住环境。

(a)   (b)

图 16-16 森林住宅

（a）外景 ；（b）墙体结构

16.2.3　巴西

由维莱拉弗洛雷斯（Vilela Florez）设计的巴西竹屋（Casa Bambu，图 16-17）采用混凝土砌块框架结构，竹棍以鱼骨状排列。竹屋后面的附属建筑也为竹结构体系。

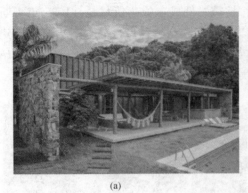

(a)　　　　　　　　　　　　　　　(b)

图 16-17　巴西竹屋（Casa Bambu）

(a) 外景；(b) 内部结构

16.3　北美洲

相对来说，北美洲地区竹子分布较少，但也有一些工程案例。LUUM temple（图 16-18）位于墨西哥图卢姆一个原始丛林保护区的中心地带，它为人们进行反省和反思提供了一个安静的自然环境。该展馆由建筑师 CO-LAB 设计事务所设计，采用五面悬链结构的形式，现场弯曲后的扁平的竹节，通过以螺纹或以捆绑的方式连接在一起，一个个单独的编织状竹元素一起组成了一个整体。

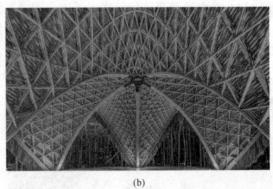

(a)　　　　　　　　　　　　　　　(b)

图 16-18　墨西哥 LUUM temple

(a) 外景；(b) 内部结构

16.4　欧洲

欧洲地区竹子分布较少，但作为一种生态建筑材料，竹材依然引起了很多建筑师的关注。欧盟已经连续资助英国、德国、比利时、荷兰、法国、意大利、西班牙等国家进行"竹子可持续经营和竹材质量改进"及"欧洲竹子行动计划"等重大项目。德国还制定了完善的竹结构标准体系。

德国建筑师马库斯·海因斯多夫（Markus Heinsdorff）多年来一直从事竹结构建筑设计和技术应用的可行性研究。2007 年，"德中同行"系列活动中，马库斯设计的竹结构展厅（图 16-19）外形简洁，细部结构处理精美。马库斯还研发了一套新型的竹材连接体系，他在竹腔中注入水泥，将连接构件固定在水泥中。这种技术的使用让竹结构的建造、维护、拆分和运输工作更加快捷便利，使用后的竹材还能够回收再利用，有效减少了建筑垃圾排放。2010 年上海世博会，马

图 16-19 竹结构展厅

库斯结合原竹与工程竹材，辅以钢、膜等建筑材料设计的"中德同行之家"，体现了现代建筑的简洁与通透。

由 Studio Andrew Todd 设计的法国竹之剧场（图 16-20），建筑的地面部分以木材和竹子构筑而成，作为法国首座依赖于自然通风的文化建筑，建筑优越的节能特性令人瞩目，其每年所需耗费的能源甚至低于法国人均年耗能。Studio Andrew Todd 不仅打造了一个温馨而奇妙的建筑内部空间，同时建筑也与庄园和绿意葱葱的滨海公园十分相衬。数十根 12 米高的细长竹竿环绕圆柱形的木质建筑而立，在阳光下微微闪烁着光芒，也带来了变幻无穷的光与影。在室内设计中我们也延续了这个概念，环绕的天窗带来了柔和的自然光线，而微微凸起的顶部如同一个巨大的烟囱，拉动了室内空气的流动。

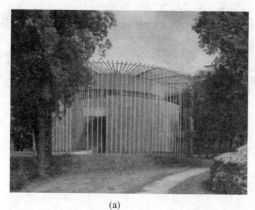

(a)   (b)

图 16-20 法国竹之剧场
(a) 外景；(b) 内部结构

由理查德·罗杰斯设计的西班牙马德里巴拉哈斯机场航站楼（图 16-21）堪称建筑和结构的完美结合，其屋顶造型独特，面积达 23 万余平方米，全部采用经过防火、防霉处

理的竹篾层积材建造。竹片经过弯曲及有秩序的排列组合之后形成的巨大吊顶，以及吊顶上散布的天窗，在阳光下形成一种特殊的情节与韵味。屋盖设计成在航站楼上漂浮的感觉，达到了平滑、无缝的美学标准。漂浮屋顶的设计强调了机场飞升的特点，竹材表达出了时尚、大气及与技术的完美结合。

图 16-21 马德里机场

16.5 非洲

  非洲的大多数传统竹建筑的建造工艺和造型同世界其他地区类似；埃塞俄比亚还有一种名叫 Sidama 竹屋的传统民居（图 16-22），由纵横交错的竹片编织而成，外形酷似一棵大蒜头。

(a)   (b)

图 16-22 埃塞俄比亚传统竹建筑（图片提供：INBAR）

(a) 传统 Sidama 竹屋；(b) 改进后的 Sidama 竹屋

16.6 澳洲

  澳大利亚两位设计师（Esan Rahmani 与 Mukul Damle）合作设计了"竹屋住所"（Bamboo Pavilion），作为印度洋区域残疾人的公共收容所（图 16-23）。竹屋内部为一伞状结构体作为建筑支撑，阳光可投到室内中心。屋顶的竹片以传统的陶瓦布局设置。卧室的布局很灵活，用两个巨大的竹垫分开，搬开后形成更大的空间，卧室有可移动的遮阳

板，既可自然通风，夜晚还能看到
星星。

　　综上所述，在国外，不管是竹产
区还是非竹产区，不管是发达国家还
是发展中国家，竹材均引起了人们极
大的兴趣，在许多国家均得到了应用
和发展。就工程竹结构来说，由于我
国工程竹材的加工制造技术处于世界
领先水平，国外不少工程案例均采用
了国内生产的竹材产品。作为竹资源
丰富的东南亚及美洲一些国家也正在

图 16-23　竹屋住所 (Bamboo Pavilion)

发展工程竹材产业。欧美发达国家虽然竹资源缺乏，但当地的人们也对竹材非常感兴趣。
相信未来除了原竹结构，工程竹材结构在这些国家的应用会越来越多。

本章小结

　　国外工程竹结构案例相对较少，但原竹结构应用较多，特别是竹资源丰富的地区。本
章主要围绕国外原竹结构，选取了一些主要国家的经典竹结构作品，进行了重点介绍。

思考与练习题

　　16-1　简述国外竹结构的应用及发展情况。
　　16-2　讨论国外原竹结构的未来应用前景。
　　16-3　讨论国外工程竹结构的未来应用前景。

附录 A　承重结构用材的强度标准值和弹性模量标准值

附录 A.1　国产树种规格材的强度标准值和弹性模量标准值

已经确定的国产树木目测分级规格材强度标准值和弹性模量标准值按附表 A-1 取值。试验表明，规格材存在着明显的尺寸效应，小尺寸规格材其强度值高。为此规范规定，表 A-1 中的数据尚应乘以本教材第 3 章表 3-2 的尺寸调整系数。

<table>
<tr><td colspan="7" align="right">国产树种目测分级规格材强度标准值和弹性模量标准值　　　　　附表 A-1</td></tr>
<tr>
<td rowspan="3">树种名称</td>
<td rowspan="3">材质
等级</td>
<td rowspan="3">截面最
大尺寸
（mm）</td>
<td colspan="3">强度标准值（N/mm²）</td>
<td rowspan="3">弹性模量标准
值 E_k
（N/mm²）</td>
</tr>
<tr>
<td>抗弯
f_{mk}</td>
<td>顺纹抗压
f_{ck}</td>
<td>顺纹抗拉
f_{tk}</td>
</tr>
<tr></tr>
<tr>
<td rowspan="3">杉木</td>
<td>I $_c$</td>
<td rowspan="3">285</td>
<td>15.2</td><td>15.6</td><td>11.6</td><td>6100</td>
</tr>
<tr>
<td>II $_c$</td>
<td>13.5</td><td>14.9</td><td>10.3</td><td>5700</td>
</tr>
<tr>
<td>III $_c$</td>
<td>13.5</td><td>14.8</td><td>9.4</td><td>5700</td>
</tr>
<tr>
<td rowspan="4">兴安落叶松</td>
<td>I $_c$</td>
<td rowspan="4">285</td>
<td>17.6</td><td>22.5</td><td>10.5</td><td>8600</td>
</tr>
<tr>
<td>II $_c$</td>
<td>11.2</td><td>18.9</td><td>7.6</td><td>7400</td>
</tr>
<tr>
<td>III $_c$</td>
<td>11.2</td><td>16.9</td><td>4.9</td><td>7400</td>
</tr>
<tr>
<td>IV $_c$</td>
<td>9.6</td><td>14.0</td><td>3.5</td><td>7000</td>
</tr>
</table>

附录 A.2　胶合木的强度标准值和弹性模量标准值

对称异等组合胶合木、非对称异等组合胶合木和同等组合胶合木的强度标准值和弹性模量标准值分别列入附表 A-2～附表 A-4。

<table>
<tr><td colspan="5" align="right">对称异等组合胶合木的强度标准值和弹性模量标准值　　　　　附表 A-2</td></tr>
<tr>
<td>强度等级</td>
<td>抗弯 f_{mk}
（N/mm²）</td>
<td>顺纹抗压 f_{ck}
（N/mm²）</td>
<td>顺纹抗拉 f_{tk}
（N/mm²）</td>
<td>弹性模量标准值 E_k
（N/mm²）</td>
</tr>
<tr><td>TC$_{YD}$40</td><td>40</td><td>31</td><td>27</td><td>11700</td></tr>
<tr><td>TC$_{YD}$36</td><td>36</td><td>28</td><td>24</td><td>10400</td></tr>
<tr><td>TC$_{YD}$32</td><td>32</td><td>25</td><td>21</td><td>9200</td></tr>
<tr><td>TC$_{YD}$28</td><td>28</td><td>22</td><td>18</td><td>7900</td></tr>
<tr><td>TC$_{YD}$24</td><td>24</td><td>19</td><td>16</td><td>6700</td></tr>
</table>

非对称异等组合胶合木的强度标准值和弹性模量标准值　　附表 A-3

强度等级	抗弯 f_{mk}（N/mm²）		顺纹抗压 f_{ck}（N/mm²）	顺纹抗拉 f_{tk}（N/mm²）	弹性模量标准值 E_k（N/mm²）
	正弯曲	负弯曲			
TC$_{YF}$38	38	28	30	25	10900
TC$_{YF}$34	34	25	26	22	9600
TC$_{YF}$31	31	23	24	20	8800
TC$_{YF}$27	27	20	21	18	7500
TC$_{YF}$23	23	17	17	15	5400

同等组合胶合木的强度标准值和弹性模量标准值　　附表 A-4

强度等级	抗弯 f_{mk}（N/mm²）	顺纹抗压 f_{ck}（N/mm²）	顺纹抗拉 f_{tk}（N/mm²）	弹性模量标准值 E_k（N/mm²）
TC$_T$40	40	33	29	10400
TC$_T$36	36	30	26	9200
TC$_T$32	32	27	23	7900
TC$_T$28	28	24	20	6700
TC$_T$24	24	21	17	5400

附录 A.3　进口北美地区目测分级方木的强度标准值和弹性模量标准值

见附表 A-5。

进口北美地区目测分级方木强度标准值和弹性模量标准值　　附表 A-5

树种名称	用途	材质等级	强度标准值（N/mm²）			弹性模量标准值 E_k（N/mm²）
			抗弯 f_{mk}	顺纹抗压 f_{ck}	顺纹抗拉 f_{tk}	
花旗松—落叶松类（美国）	梁	I$_e$	23.2	14.4	13.8	6500
		II$_e$	19.6	12.1	9.8	6500
		III$_e$	12.7	7.9	6.2	5300
	柱	I$_f$	21.7	15.1	14.5	6500
		II$_f$	17.4	13.1	12.0	6500
		III$_f$	10.9	9.2	6.9	5300
花旗松—落叶松类（加拿大）	梁	I$_e$	23.2	14.4	13.8	6500
		II$_e$	18.8	12.1	9.8	6500
		III$_e$	12.7	7.9	6.2	5300
	柱	I$_f$	21.7	15.1	14.5	6500
		II$_f$	17.4	13.1	12.0	6500
		III$_f$	10.5	9.2	6.9	5300

续表

树种名称	用途	材质等级	强度标准值（N/mm²）			弹性模量标准值 E_k（N/mm²）
			抗弯 f_{mk}	顺纹抗压 f_{ck}	顺纹抗拉 f_{tk}	
铁—冷杉类（美国）	梁	I$_e$	18.8	12.1	10.9	5300
		II$_e$	15.2	9.8	7.6	5300
		III$_e$	9.8	6.6	5.1	4500
	柱	I$_f$	17.4	12.8	11.6	5300
		II$_f$	14.1	11.1	9.4	5300
		III$_f$	8.3	7.5	5.4	4500
铁—冷杉类（加拿大）		I$_c$	24.5	22.7	12.5	7000
		II$_c$	17.9	20.2	9.0	6800
	285	III$_c$	17.6	19.2	8.6	6500
		IV$_c$、IV$_{c1}$	10.2	11.1	5.0	5800
	90	II$_{c1}$	18.7	23.3	9.1	6100
		III$_{c1}$	10.4	19.8	5.1	5600
南方松		I$_c$	26.8	22.8	20.3	7200
		II$_c$	17.5	19.4	12.2	6500
	285	III$_c$	14.4	17.0	8.5	5700
		IV$_c$、IV$_{c1}$	8.3	9.8	4.9	5100
	90	II$_{c1}$	15.2	21.4	9.0	5400
		III$_{c1}$	8.5	17.5	5.0	4900
云杉—松—冷杉类		I$_c$	22.1	18.8	11.2	6200
		II$_c$	16.1	16.7	8.0	5900
	285	III$_c$	15.9	15.7	7.5	5600
		IV$_c$、IV$_{c1}$	9.2	9.1	4.3	5000
	90	II$_{c1}$	16.8	19.1	7.9	5300
		III$_{c1}$	9.4	16.2	4.4	4800
其他北美针叶材树种		I$_c$	16.5	20.9	7.4	4800
		II$_c$	11.8	17.4	5.3	4500
	285	III$_c$	11.2	14.7	5.0	4200
		IV$_c$、IV$_{c1}$	6.5	8.5	2.9	3800
	90	II$_{c1}$	11.9	18.8	5.3	4000
		III$_{c1}$	6.6	15.1	3.0	3600

附录 A.4　进口北美地区规格材的强度标准值和弹性模量标准值

见附表 A-6。

北美地区进口目测分级规格材强度标准值和弹性模量标准值　　　　附表 A-6

树种名称	材质等级	截面最大尺寸(mm)	强度标准值（N/mm²）			弹性模量标准值 E_k (N/mm²)
			抗弯 f_{mk}	顺纹抗压 f_{ck}	顺纹抗拉 f_{tk}	
花旗松—落叶松类（美国）	I$_c$	285	29.9	23.2	17.3	7600
	II$_c$		20.0	19.9	11.4	7000
	III$_c$		17.2	17.8	9.4	6400
	IV$_c$、IV$_{c1}$		10.0	10.3	5.4	5700
	II$_{c1}$	90	18.3	22.2	9.9	6000
	III$_{c1}$		10.2	18.3	5.6	5500
花旗松—落叶松类（加拿大）	I$_c$	285	24.4	24.6	13.3	7600
	II$_c$		16.6	21.1	8.9	7000
	III$_c$		14.6	18.8	7.7	6500
	IV$_c$、IV$_{c1}$		8.4	10.8	4.5	5800
	II$_{c1}$	90	15.5	23.5	8.2	6100
	III$_{c1}$		8.6	19.3	4.6	5600
铁—冷杉类（美国）	I$_c$	285	26.4	20.7	15.7	6400
	II$_c$		17.8	18.1	10.4	5900
	III$_c$		15.4	16.8	8.9	5500
	IV$_c$、IV$_{c1}$		8.9	9.7	5.1	4900
	II$_{c1}$	90	16.4	20.6	9.4	5100
	III$_{c1}$		9.1	17.3	5.3	4700
铁—冷杉类（加拿大）	I$_c$	285	24.5	22.7	12.5	7000
	II$_c$		17.9	20.2	9.0	6800
	III$_c$		17.6	19.2	8.6	6500
	IV$_c$、IV$_{c1}$		10.2	11.1	5.0	5800
	II$_{c1}$	90	18.7	23.3	9.1	6100
	III$_{c1}$		10.4	19.8	5.1	5600
南方松	I$_c$	285	26.8	22.8	20.3	7200
	II$_c$		17.5	19.4	12.2	6500
	III$_c$		14.4	17.0	8.5	5700
	IV$_c$、IV$_{c1}$		8.3	9.8	4.9	5100
	II$_{c1}$	90	15.2	21.4	9.0	5400
	III$_{c1}$		8.5	17.5	5.0	4900

续表

树种名称	材质等级	截面最大尺寸(mm)	强度标准值(N/mm²)			弹性模量标准值 E_k (N/mm²)
			抗弯 f_{mk}	顺纹抗压 f_{ck}	顺纹抗拉 f_{tk}	
其他北美针叶材树种	I$_c$	285	16.5	20.9	7.4	4800
	II$_c$		11.8	17.4	5.3	4500
	III$_c$		11.2	14.7	5.0	4200
	IV$_c$、IV$_{c1}$		6.5	8.5	2.9	3800
	II$_{c1}$	90	11.9	18.8	5.3	4000
	III$_{c1}$		6.6	15.1	3.0	3600

附录 A.5　进口欧洲和新西兰地区结构材的强度标准值和弹性模量标准值

见附表 A-7、附表 A-8。

进口欧洲地区结构材的强度标准值和弹性模量标准值　　　　附表 A-7

强度等级	强度标准值(N/mm²)			弹性模量标准值 E_k (N/mm²)
	抗弯 f_{mk}	顺纹抗压 f_{ck}	顺纹抗拉 f_{tk}	
C40	38.6	22.4	24.0	9400
C35	33.8	21.5	21.0	8700
C30	28.9	19.8	18.0	8000
C27	26.0	18.9	16.0	7700
C24	23.2	17.2	14.0	7400
C22	21.2	16.3	13.0	6700
C20	19.3	15.5	12.0	6400
C18	17.4	16.4	11.0	6000
C16	15.4	14.6	10.0	5400
C14	13.5	13.8	8.0	4700

进口新西兰结构材强度标准值和弹性模量标准值　　　　附表 A-8

强度等级	强度标准值(N/mm²)			弹性模量标准值 E_k (N/mm²)
	抗弯 f_{mk}	顺纹抗压 f_{ck}	顺纹抗拉 f_{tk}	
SG15	41.0	35.0	23.0	10200
SG12	28.0	25.0	14.0	8000
SG10	20.0	20.0	8.0	6700
SG8	14.0	18.0	6.0	5400
SG6	10.0	15.0	4.0	4000

附录 B 进口的结构用材强度设计值和弹性模量

附录 B.1 进口北美地区目测分级方木的强度设计值及弹性模量

进口北美地区目测分级方木的强度设计值及弹性模量按附表 B-1 的规定取值。

进口北美地区目测分级方木强度设计值和弹性模量 附表 B-1

树种名称	用途	材质等级	强度设计值（N/mm²）					弹性模量 E (N/mm²)
			抗弯 f_m	顺纹抗压 f_c	顺纹抗拉 f_t	顺纹抗剪 f_v	横纹承压 $f_{c,90}$	
花旗松—落叶松类（美国）	梁	Ⅰe	16.2	10.1	7.9	1.7	6.5	11000
		Ⅱe	13.7	8.5	5.6	1.7	6.5	11000
		Ⅲe	8.9	5.5	3.5	1.7	6.5	9000
	柱	Ⅰf	15.2	10.5	8.3	1.7	6.5	11000
		Ⅱf	12.1	9.2	6.8	1.7	6.5	11000
		Ⅲf	7.6	6.4	3.9	1.7	6.5	9000
花旗松—落叶松类（加拿大）	梁	Ⅰe	16.2	10.1	7.9	1.7	6.5	11000
		Ⅱe	13.2	8.5	5.6	1.7	6.5	11000
		Ⅲe	8.9	5.5	3.5	1.7	6.5	9000
	柱	Ⅰf	15.2	10.5	8.3	1.7	6.5	11000
		Ⅱf	12.1	9.2	6.8	1.7	6.5	11000
		Ⅲf	7.3	6.4	3.9	1.7	6.5	9000
铁—冷杉类（美国）	梁	Ⅰe	13.2	8.5	6.2	1.4	4.2	9000
		Ⅱe	10.6	6.9	4.3	1.4	4.2	9000
		Ⅲe	6.8	4.6	2.9	1.4	4.2	7600
	柱	Ⅰf	12.1	8.9	6.6	1.4	4.2	9000
		Ⅱf	9.9	7.8	5.4	1.4	4.2	9000
		Ⅲf	5.8	5.3	3.1	1.4	4.2	7600
铁—冷杉类（加拿大）	梁	Ⅰe	12.7	8.2	6.0	1.4	4.2	9000
		Ⅱe	10.1	6.9	4.1	1.4	4.2	9000
		Ⅲe	5.8	4.3	2.7	1.4	4.2	7600
	柱	Ⅰf	11.6	8.7	6.4	1.4	4.2	9000
		Ⅱf	9.4	7.8	5.2	1.4	4.2	9000
		Ⅲf	5.6	5.3	3.1	1.4	4.2	7600

续表

树种名称	用途	材质等级	强度设计值（N/mm²）					弹性模量 E (N/mm²)
			抗弯 f_m	顺纹抗压 f_c	顺纹抗拉 f_t	顺纹抗剪 f_v	横纹承压 $f_{c,90}$	
南方松	梁	I e	15.2	8.7	8.3	1.3	4.4	10300
		II e	13.7	7.6	7.4	1.3	4.4	10300
		III e	8.6	4.8	4.6	1.3	4.4	8300
	柱	I f	15.2	8.7	8.3	1.3	4.4	10300
		II f	13.7	7.6	7.4	1.3	4.4	10300
		III f	8.6	4.8	4.6	1.3	4.4	8300
云杉—松—冷杉类	梁	I e	11.1	7.1	5.4	1.7	3.9	9000
		II e	9.1	5.7	3.7	1.7	3.9	9000
		III e	6.1	3.9	2.5	1.7	3.9	6900
	柱	I f	10.6	7.3	5.8	1.7	3.9	9000
		II f	8.6	6.4	4.6	1.7	3.9	9000
		III f	5.1	4.6	2.7	1.7	3.9	6900
其他北美针叶材树种	梁	I e	10.6	6.9	5.2	1.3	3.6	7600
		II e	9.1	5.7	3.7	1.3	3.6	7600
		III e	5.8	3.9	2.5	1.3	3.6	6200
	柱	I f	10.6	7.3	5.6	1.3	3.6	7600
		II f	8.1	6.4	4.3	1.3	3.6	7600
		III f	4.8	4.3	2.7	1.3	3.6	6200

进口北美地区目测分级方木用作梁时，其强度设计值及弹性模量的尺寸调整系数 k 应按附表 B-2 的规定采用。

尺寸调整系数 k 　　　　　　　　　　　　附表 B-2

荷载作用方向	调整条件		抗弯强度设计值 f_m	其他强度设计值	弹性模量 E
垂直于宽面	材质等级	I e	0.86	1.00	1.00
		II e	0.74	1.00	0.90
		III e	1.00	1.00	1.00
垂直于窄面	窄面尺寸	≤305	1.00	1.00	1.00
		>305	$k=\left(\dfrac{305}{h}\right)^{\frac{1}{9}}$	1.00	1.00

注：表中 h 为方木宽面尺寸。

附表 B.2　进口北美地区规格材的强度设计值及弹性模量

进口北美地区规格材的强度设计值及弹性模量按附表 B-3 的规定取值，并乘以本教材第 3 章表 3-2 规定的尺寸调整系数。

进口北美地区目测分级规格材强度设计值和弹性模量　　　　　附表 B-3

树种名称	材质等级	截面最大尺寸 (mm)	强度设计值（N/mm²）					弹性模量 E (N/mm²)
			抗弯 f_m	顺纹抗压 f_c	顺纹抗拉 f_t	顺纹抗剪 f_v	横纹承压 $f_{c,90}$	
花旗松—落叶松类（美国）	Ⅰc	285	18.1	16.1	8.7	1.8	7.2	13000
	Ⅱc		12.1	13.8	5.7	1.8	7.2	12000
	Ⅲc		9.4	12.3	4.1	1.8	7.2	11000
	Ⅳc、Ⅳc1		5.4	7.1	2.4	1.8	7.2	9700
	Ⅱc1	90	10.0	15.4	4.3	1.8	7.2	10000
	Ⅲc1		5.6	12.7	2.4	1.8	7.2	9300
花旗松—落叶松类（加拿大）	Ⅰc	285	14.8	17.0	6.7	1.8	7.2	13000
	Ⅱc		10.0	14.6	4.5	1.8	7.2	12000
	Ⅲc		8.0	13.0	3.4	1.8	7.2	11000
	Ⅳc、Ⅳc1		4.6	7.5	1.9	1.8	7.2	10000
	Ⅱc1	90	8.4	16.0	3.6	1.8	7.2	10000
	Ⅲc1		4.7	13.0	2.0	1.8	7.2	9400
铁—冷杉类（美国）	Ⅰc	285	15.9	14.3	7.9	1.5	4.7	11000
	Ⅱc		10.7	12.6	5.2	1.5	4.7	10000
	Ⅲc		8.4	12.0	3.9	1.5	4.7	9300
	Ⅳc、Ⅳc1		4.9	6.7	2.2	1.5	4.7	8300
	Ⅱc1	90	8.9	14.3	4.1	1.5	4.7	9000
	Ⅲc1		5.0	12.0	2.3	1.5	4.7	8000
铁—冷杉类（加拿大）	Ⅰc	285	14.8	15.7	6.3	1.5	4.7	12000
	Ⅱc		10.8	14.0	4.5	1.5	4.7	11000
	Ⅲc		9.6	13.0	3.7	1.5	4.7	11000
	Ⅳc、Ⅳc1		5.6	7.7	2.2	1.5	4.7	10000
	Ⅱc1	90	10.2	16.1	4.0	1.5	4.7	10000
	Ⅲc1		5.7	13.7	2.2	1.5	4.7	9400
南方松	Ⅰc	285	16.2	15.7	10.2	1.8	6.5	12000
	Ⅱc		10.6	13.4	6.2	1.8	6.5	11000
	Ⅲc		7.8	11.8	2.1	1.8	6.5	9700
	Ⅳc、Ⅳc1		4.5	6.8	3.9	1.8	6.5	8700
	Ⅱc1	90	8.3	14.8	3.9	1.8	6.5	9200
	Ⅲc1		4.7	12.1	2.2	1.8	6.5	8300

续表

树种名称	材质等级	截面最大尺寸(mm)	强度设计值（N/mm²）					弹性模量 E (N/mm²)
			抗弯 f_m	顺纹抗压 f_c	顺纹抗拉 f_t	顺纹抗剪 f_v	横承压 $f_{c,90}$	
云杉—松—冷杉类	Ⅰc	285	13.4	13.0	5.7	1.4	4.9	10500
	Ⅱc		9.8	11.5	4.0	1.4	4.9	10000
	Ⅲc		8.7	10.9	3.2	1.4	4.9	9500
	Ⅳc、Ⅳcl		5.0	6.3	1.9	1.4	4.9	8500
	Ⅱcl	90	9.2	13.2	3.4	1.4	4.9	9000
	Ⅲcl		5.1	11.2	1.9	1.4	4.9	8100
其他北美针叶材树种	Ⅰc	285	10.0	14.5	3.7	1.4	3.9	8100
	Ⅱc		7.2	12.1	2.7	1.4	3.9	7600
	Ⅲc		6.1	10.1	2.2	1.4	3.9	7000
	Ⅳc、Ⅳcl		3.5	5.9	1.3	1.4	3.9	6400
	Ⅱcl	90	6.5	13.0	2.3	1.4	3.9	6700
	Ⅲcl		3.6	10.4	1.3	1.4	3.9	6100

进口北美地区机械分级规格材的强度设计值及弹性模量按附表 B-4 的规定取值。

北美地区进口机械分级规格材强度设计值和弹性模量　　　附表 B-4

规格材产地	强度等级	强度设计值（N/mm²）					弹性模量 E (N/mm²)
		抗弯 f_m	顺纹抗压 f_c	顺纹抗拉 f_t	顺纹抗剪 f_v	横纹承压 $f_{c,90}$	
北美地区	2850Fb-2.3E	28.3	19.7	20.0	—	—	15900
	2700Fb-2.2E	26.8	19.2	18.7	—	—	15200
	2550Fb-2.1E	25.3	18.5	17.8	—	—	14500
	2400Fb-2.0E	23.8	18.1	16.7	—	—	13800
	2250Fb-1.9E	22.3	17.6	15.2	—	—	13100
	2100Fb-1.8E	20.8	17.2	13.7	—	—	12400
	1950Fb-1.7E	19.4	16.5	11.9	—	—	11700
	1800Fb-1.6E	17.9	16.0	10.2	—	—	11000
	1650Fb-1.5E	16.4	15.6	8.9	—	—	10300
	1500Fb-1.4E	14.5	15.3	7.4	—	—	9700
	1450Fb-1.3E	14.0	15.0	6.6	—	—	9000
	1350Fb-1.3E	13.0	14.8	6.2	—	—	9000
	1200Fb-1.2E	11.6	12.9	5.0	—	—	8300
	900Fb-1.0E	8.7	9.7	2.9	—	—	6900

注：1　表中机械分级规格材的横纹承压强度设计值 $f_{c,90}$ 和顺纹抗剪强度设计值 f_v，应根据采用的树种或树种组合，按附表 B-3 中相同树种或树种组合的横纹承压和顺纹抗剪强度设计值确定。

　　2　当荷载作用方向垂直于规格材宽面时，表中抗弯强度应乘以平放调整系数。

附录 B.3 进口欧洲和新西兰结构用材的强度设计值及弹性模量

进口欧洲地区结构材的强度设计值及弹性模量按附表 B-5 的规定取值。

进口欧洲地区结构材的强度设计值和弹性模量 　　　　　　　附表 B-5

强度等级	强度设计值（N/mm²）					弹性模量 E (N/mm²)
	抗弯 f_m	顺纹抗压 f_c	顺纹抗拉 f_t	顺纹抗剪 f_v	横纹承压 $f_{c,90}$	
C40	26.5	15.5	12.9	1.9	5.5	14000
C35	23.2	14.9	11.3	1.9	5.3	13000
C30	19.8	13.7	9.7	1.9	5.2	12000
C27	17.9	13.1	8.6	1.9	5.0	11500
C24	15.9	12.5	7.5	1.9	4.8	11000
C22	14.6	11.9	7.0	1.8	4.6	10000
C20	13.2	11.3	6.4	1.7	4.4	9500
C18	11.9	10.7	5.9	1.6	4.2	9000
C16	10.6	10.1	5.4	1.5	4.2	8000
C14	9.3	9.5	4.3	1.4	3.8	7000

当采用进口欧洲地区结构材，且受弯构件的截面高度和受拉构件截面宽边尺寸小于 150mm 时，其抗弯强度和抗拉强度应乘以尺寸调整系数 k_h。尺寸调整系数 k_h 按下列公式确定：

$$k_h = \left(\frac{150}{h}\right)^{0.2} \qquad (附 B-1)$$

且满足 $1 \leqslant k_h \leqslant 1.3$。

进口新西兰结构材的强度设计值及弹性模量按附表 B-6 的规定取值。

进口新西兰结构材强度设计值和弹性模量 　　　　　　　附表 B-6

强度等级	强度设计值（N/mm²）					弹性模量 E (N/mm²)
	抗弯 f_m	顺纹抗压 f_c	顺纹抗拉 f_t	顺纹抗剪 f_v	横纹承压 $f_{c,90}$	
SG15	23.6	23.4	9.3	1.8	6.0	15200
SG12	16.1	16.7	5.6	1.8	6.0	12000
SG10	11.5	13.4	3.2	1.8	6.0	10000
SG8	8.1	12.0	2.4	1.8	6.0	8000
SG6	5.8	10.0	1.6	1.8	6.0	6000

注：当荷载作用方向垂直于规格材宽面时，表中抗弯强度应乘以本标准规定的平放调整系数。

参 考 文 献

[1] 张齐生. 中国竹材工业化利用[M]. 北京：中国林业出版社，1995.

[2] 张齐生，等. 张齐生院士论文集[M]. 北京：科学出版社，2018.

[3] 樊承谋. 现代木结构[M]. 哈尔滨：哈尔滨工业大学出版社，2007.

[4] 刘一星，赵广杰. 木材资源材料学[M]. 北京：中国林业出版社，2004.

[5] 中国国家标准化管理委员会. 结构胶合板 GB/T 35216—2017[S]. 北京：中国标准出版社，2017.

[6] 何敏娟，Frank LAM，杨军，张盛东. 木结构设计[M]. 北京：中国建筑工业出版社，2008.

[7] 何敏娟，倪春. 多层木结构及木混合结构[M]. 北京：中国建筑工业出版社，2019.

[8] 本书编辑委员会. 木结构设计手册（第三版）[M]. 北京：中国建筑工业出版社，2005.

[9] 樊承谋，王永维，潘景龙. 木结构[M]. 北京：高等教育出版社，2009.

[10] 潘景龙，祝恩纯. 木结构设计原理[M]. 北京：中国建筑工业出版社，2009.

[11] 肖岩，单波. 现代竹结构[M]. 北京：中国建筑工业出版社，2013.

[12] 中华人民共和国公安部. 建筑设计防火规范 GB 50016—2014[S]. 北京：中国计划出版社，2018.

[13] 中华人民共和国住房和城乡建设部. 木结构设计标准 GB 50005—2017[S]. 北京：中国建筑工业出版社，2017.

[14] 中华人民共和国住房和城乡建设部. 多高层木结构建筑技术标准 GB/T 51226—2017[S]. 北京：中国建筑工业出版社，2017.

[15] 中华人民共和国住房和城乡建设部. 木结构工程施工规范 GB 50772—2012[S]. 北京：中国建筑工业出版社，2012.

[16] 住房城乡建设部标准定额研究所. 正交胶合木(CLT)结构技术指南[M]. 北京：中国建筑工业出版社，2019.

[17] 杨学兵. 中国《木结构设计标准》发展历程及木结构建筑发展趋势[J]. 建筑结构，2018，48(10)：1-6.

[18] 徐伟涛. 木结构建筑在北美和我国的发展概况[J]. 林产工业，2018，45(10)：7-10＋16.

[19] 韩叙. 装配式木结构建筑国外发展经验借鉴[J]. 住宅产业，2019，6：49-53.

[20] 刘伟庆，杨会峰. 现代木结构研究进展[J/OL]. 建筑结构学报，2019 (02)：16-43.

[21] 刘永健，傅梅珍，刘士林，等. 现代木结构桥梁及其结构形式[J]. 建筑科学与工程学报，2013，30(01)：83-91.

[22] 王澄燕，汪霄. 我国木结构建筑的发展思考[J]. 林产工业，2013，40(05)：14-16＋25.

[23] 赵鸿铁，张风亮，薛建阳，等. 古建筑木结构的结构性能研究综述[J]. 建筑结构学报，2012，33(08)：1-10.

[24] 尹婷婷. CLT板及CLT木结构体系的研究[J]. 建筑施工，2015，37(6)：758-760.

[25] 任海青. 工程木产品在中国发展的意义可行性和市场前景[J]. 住宅产业，2008(Z1)：24-28.

[26] 柳婷. 间苯二酚改性酚醛树脂胶粘剂的制备及性能研究[D]. 长沙：中南林业科技大学，2014：44.

[27] 张晶. 胶合木构件胶接性能及耐久性研究[D]. 南京：南京林业大学，2013：51.

[28] 董惟群，王志强. 正交胶合木及其滚动剪切性能研究现状[J]. 山东林业科技，2016(4)：99-103.

[29] 付红梅，王志强. 正交胶合木应用及发展前景[J]. 林业机械与木工设备，2014(03)：5-8＋11.

[30] 四川省住房和城乡建设厅. 胶合木结构技术规范 GB/T 50708—2012[S]. 北京：中国建筑工业出版社，2012.

[31]　北京林业大学. 结构用集成材 GB/T 26899—2011[S]. 北京：中国标准出版社，2011.

[32]　张济梅，潘景龙，董宏波. 张弦木梁变形特性的试验研究[J]. 低温建筑技术，2006(2)：49-51.

[33]　张晋，王卫昌，仇荣根，等. 体内预应力胶合木梁短期受弯性能试验研究[J]. 土木工程学报，2019，52(5)：23-34.

[34]　左宏亮，孙旭，左煜，郭楠. 预应力配筋胶合木梁受弯性能试验[J]. 东北林业大学学报，2016，44(2)：42-46.

[35]　姜海新. 预应力胶合木张弦梁调控效果研究[D]. 哈尔滨：东北林业大学，2018.

[36]　杨昕卉. 钢板增强胶合木梁受弯性能及设计方法研究[D]. 哈尔滨：东北林业大学，2016.

[37]　杨喜，刘杏娥，杨淑敏，等. 5 种丛生竹材物理力学性质的比较[J]. 东北林业大学学报，2013，41(10)：91-93.

[38]　杨中强，祝频，黄世能，等. 8 种丛生竹竹材物理力学性能研究[J]. 广东建材，2011，6：129-131.

[39]　苏文会，顾小平，马灵飞，等. 大木竹竹材力学性质的研究[J]. 林业科学研究，2006，19(5)：621-624.

[40]　俞友明，方伟，林新春，等. 苦竹竹材物理力学性质的研究[J]. 西南林业大学学报，2005，25(3)：64-67.

[41]　於琼花，俞友明，金永明，马灵飞. 雷竹人工林竹材物理力学性质[J]. 浙江林学院学报，2004，21(2)：130-133.

[42]　彭颖，苏文会，范少辉，等. 车筒竹、箣竹和越南巨竹的力学性质研究[J]. 安徽农业科学，2010(10)：128-130＋190.

[43]　俞友明，杨云芳，方伟，等. 红壳竹人工林竹材物理力学性质的研究[J]. 竹子研究汇刊，2001，20(4)：42-46.

[44]　李光荣，辜忠春，李军章. 毛竹竹材物理力学性能研究[J]. 湖北林业科技，2014，43(5)：44-49.

[45]　吴松霖. 原竹建筑结构性节点研究及其设计表达[D]. 南京：南京大学，2018.

[46]　孙正军. 竹材的分级与应用[D]. 北京：中国林业科学研究院，2005：63＋77.

[47]　江新喜. 熏烟处理对毛竹性能影响的研究[J]. 江西师范大学学报(自然科学版)，2009，33(5)：534.

[48]　邹怡佳，陈玉和，吴再兴，陈章敏. 竹材防开裂研究进展[J]. 浙江林业科技，2012，32(5)：88-91.

[49]　Wu K T. The effect of high-temperature drying on the antisplitting properties of makino bamboo culm (Phyllostachys makinoi Hay.)[J]. Wood science and technology，1992，26(4)：271-277.

[50]　韩望. 竹材原态多方重组单元与冷压热固工艺研究[D]. 北京：中国林业科学研究院，2014.

[51]　邹怡佳. 改性三聚氰胺树脂的制备及其对竹材表面开裂的影响[D]. 北京：中国林业科学研究院，2013.

[52]　钟莎，张双保，罗朝晖. 原竹开裂机理与防裂技术的初步研究[C]// 全国生物质材料科学与技术学术研讨会. 呼和浩特，2008.

[53]　马健. 现代竹结构房屋的火灾安全性能研究[D]. 湖南：湖南大学，2011.

[54]　覃文清，李风. 材料表面涂层防火阻燃技术[M]. 北京：化学工业出版社，2004：135.

[55]　张楠. 原竹建筑新型节点构造技术[D]. 昆明：昆明理工大学，2009.

[56]　李准. 传统竹建筑的现代化演绎[J]. 住宅与房地产，2017(21)：83.

[57]　林佳慧. 当代建筑竹材利用的观念与方式研究[D]. 徐州：中国矿业大学，2015.

[58]　甄健健. 风景园林中竹建筑设计研究[D]. 福建：福建农林大学，2012.

［59］ 肖登峰. 基于 X 型篾笆抗震墙技术的装配式竹建筑设计［D］. 昆明：昆明理工大学，2015.

［60］ 徐贝尔. 曲线元素在现代原竹建筑中的应用研究［D］. 哈尔滨：哈尔滨工业大学，2017.

［61］ 郝琳. 绿色创意下的微型乡建——毕马威安康社区中心设计［J］. 建筑学报，2013，7：8-15.

［62］ 李艳华. 现代竹建筑形态特征研究［D］. 武汉：武汉理工大学. 2012.

［63］ 孔莉莉. 乡村竹建筑发展中的低技术升级研究［D］. 南京：南京艺术学院，2016.

［64］ 叶明. 一种绿色建筑的实践——竹建筑的设计与研究［D］. 青岛：青岛理工大学，2008.

［65］ 王雅晶. 以原竹为主要材料的西双版纳傣族民居轻型屋顶更新研究［D］. 昆明：昆明理工大学，2011.

［66］ 张君羚. 原竹在东北地区建筑设计中的应用研究［D］. 沈阳：沈阳建筑大学. 2017.

［67］ 杨俊. 中国古代建筑植物材料应用研究 ［D］. 南京：东南大学，2016.

［68］ 潘春见，邓璇. 竹楼·竹城·竹宫与瓯骆王宫构想——中国-东南亚壮泰族群干栏建筑研究之一［J］. 广西民族研究，2015，6：102-109.

［69］ 杨宅璋. 竹与竹建筑［M］. 昆明：云南人民出版社，2014.

［70］ 刘可为，许清风，王戈，等. 中国现代竹建筑［M］. 北京：中国建筑工业出版社，2019.

［71］ 邵卓平. 竹材在压缩大变形下的力学行为 I. 应力-应变关系［J］. 木材工业，2003，17(2)：12-14，32.

［72］ 吕韬. 高填方土质边坡中竹筋的研究与实践［D］. 重庆：重庆大学，2007.

［73］ 张世贤，周灵源，黄双华. 加筋土拱坝设计研究［J］. 铁道建筑，2012，(3)：75-78.

［74］ 魏建贵. 加竹筋三七灰土回填边坡稳定性及非饱和渗流分析［D］. 成都：西华大学，2014.

［75］ 金雪莲，樊有维，曹中. 放坡竹筋土钉墙在软土地区的应用［J］. 江苏建筑，2014，(3)：79-82.

［76］ 罗佳. 凡口铅锌矿顶底柱残矿回采充填假顶结构参数研究与应用［D］. 长沙：中南大学，2014.

［77］ 雷挺，文华，张玲玲，姚勇. 改良粉质黏土公路路基的竹筋加固技术研究［J］. 岩石力学与工程学报，2014，33(增 2)：42415-4251.

［78］ 党发宁，刘海伟，王学武. 竹子作为抗拉筋材加固软土路堤的应用研究［J］. 岩土工程学报，2013，35(S2)：44-48.

［79］ 董小卓，赵一晗，张义军，张峰. 三汊湾船闸加固改造设计［J］. 水利水电技术，2014，45(4)：80-82，86.

［80］ 赵晓晓，张宏凯，王军尚. 土地整治工程中排洪沟软弱地基处理方案比选［J］. 土地开发工程研究，2019，4(5)：41-47.

［81］ 中华人民共和国住房和城乡建设部. 建筑施工竹脚手架安全技术规范 JGJ 254—2011［S］. 北京：中国建筑工业出版社，2011.

［82］ Chung K F, Chan S L. Design of bamboo scaffolds［M］. Beijing：International Network for Bamboo and Rattan (INBAR)，2002.

［83］ Oscar Hidalgo. Bamboo-the gift of the gods［M］. D'VINNI LTDA，Colombia，2003.

［84］ 李海涛，苏靖文，李淑恒，等. 一种 FRP、混凝土、空心原竹矩形梁：ZL201220178111.8［P/OL］. 2012-08-15. http：//pss-system. cnipa. gov. cn/sipopublicsearch/patentsearch/showViewList-jumpToView. shtml.

［85］ 李海涛，李淑恒，苏靖文，等. 一种 FRP、混凝土、空心原竹圆柱梁：ZL201220178109.0［P/OL］. 2012-10-03. http：//pss-system. cnipa. gov. cn/sipopublicsearch/patentsearch/showViewList-jumpToView. shtml.

［86］ 许清风，陈建飞，李向民. 粘贴竹片加固木梁的研究［J］. 四川大学学报(工程科学版)，2012，44(1)：315-42.

［87］ 朱雷，许清风，陈建飞. 粘贴竹片加固混凝土梁的试验研究［J］. 结构工程师，2012，28(3)：

141-146.

[88] Isao Yoshikawa, Suzuki Osamu. Bamboo Fences [M]. New York: Priceton Architectural Press, 2009.

[89] Gale Beth Goldberg. Bamboo Style[M]. Layton, UT: Gibbs Smith Publishers, 2002.

[90] Gernot Minke. Building with Bamboo [M]. Basel: Birkhauser, 2012.

[91] 田黎敏, 郝际平, 寇跃峰. 喷涂保温材料-原竹骨架组合墙体抗震性能研究[J]. 建筑结构学报, 2018, 39(6): 102 — 109.

[92] 柏文峰, 王修通, 袁媛. 干栏民居新型原竹承重楼板技术研究与实践[J]. 世界竹藤通讯, 2017, 15(5): 30-33.

[93] 李海涛, 李淑恒. 一种竹片或竹条、秸秆复合板: ZL201220293227.6[P/OL]. 2012-10-03. http: //pss-system. cnipa. gov. cn/sipopublicsearch/patentsearch/showViewList-jumpToView. shtml

[94] Susanne-Lucas. Bamboo[M]. London, UK: Reaktion Books LTD, 2013.

[95] Jules J. A. Janssen. Designing and Building with Bamboo[R]. Netherlands: Technical University of Eindhoven, 2000.

[96] ZHU Z H, JIN W. Sustainable-Bamboo-Development[M]. Boston, MA: CABI, 2018.

[97] Pablo van der Lugt. Booming Bamboo — the (re)discovery of a sustainable material with endless possibilities (INBAR Edition) [M]. Materia Exhibitions B. V. , Netherlands, 2017.

[98] Witte D. Contemporary Bamboo Housing in South America[D]. Washington: University of Washington, 2018.

[99] 郭天舒. 建构视角下复合竹材在现代建筑中的应用研究[D]. 长沙: 湖南大学, 2017.

[100] 于文吉. 我国重组竹产业发展现状与机遇[J]. 世界竹藤通讯, 2019, 17(3): 1-4.

[101] 李延军, 许斌, 张齐生, 蒋身学. 我国竹材加工产业现状与对策分析[J]. 林业工程学报, 2016, 1(1): 2-7.

[102] 李琴, 汪奎宏. 重组竹产业化发展可行性分析[J]. 木材工业, 2007, 21(1): 33-35.

[103] 李海涛, 张齐生, 吴刚, 等. 竹集成材研究进展[J]. 林业工程学报, 2016, 1(6): 110-116.

[104] 肖岩, 陈国, 单波, 等. 竹结构轻型框架房屋的研究与应用[J]. 建筑结构学报, 2010, 31(6): 195-203.

[105] 殷寿柏. 室外结构用竹集成材的胶合研究[D]. 南京: 南京林业大学, 2011.

[106] 闫薇, 傅万四, 张彬, 等. 基于规格竹片的胶合界面研究现状及建议[J]. 林业工程学报, 2016, 1(5): 20-25.

[107] 江泽慧, 常亮, 王正, 等. 结构用竹集成材物理力学性能研究[J]. 木材工业, 2005, 19(4): 22-24.

[108] LI H T, ZHANG Q S, HUANG D S, DEEKS A. J.. Compressive performance of laminated bamboo [J]. Composites Part B: Engineering, 2013, 54(1): 319-328.

[109] 李海涛, 张齐生, 吴刚. 侧压竹集成材受压应力应变模型[J]. 东南大学学报(自然科学版), 2015, 45(6): 1130-1134.

[110] LI H T, WU G, XIONG Z H, CORBI I, CORBI O, XIONG X H, ZHANG H Z, QIU Z Y. Length and orientation direction effect on static bending properties of laminatedMoso bamboo [J]. European Journal of Wood and Wood Products. 2019, 77(4), 547-557.

[111] LI H T, LIU R, LORENZO R, WU G, WANG L B. Eccentric compression properties of laminated bamboo lumber columns with different slenderness ratios [J]. Proceedings of the Institution of Civil Engineers - Structures and Buildings, 2019, 172(5): 315-326.

[112] LI H T, WU G, ZHANG Q S, Deeks A. J. , SU J W. Ultimate bending capacity evaluation of

laminated bamboo lumber beams [J]. Construction and Building Materials, 2018, 160: 365-375.

[113] SHARMA B., GATOO A., BOCK M., RAMAGE M. (2015). Engineered bamboo for structural applications. Construction and Building Materials, 81, 615-73.

[114] LI H T, CHEN G, ZHANG Q S, ASHRAF M, XU B, LI Y. Mechanical properties of laminated bamboo lumber column under radial eccentric compression [J]. Construction and Building Materials, 2016, 121: 644-652.

[115] LI H T, WU G, ZHANG Q S, SU J W. Mechanical evaluation for laminated bamboo lumber along two eccentric compression directions [J]. Journal of wood science, 2016, 62(6): 503-517.

[116] LI H T, SU J W, ZHANG Q S, DEEKS A. J., HUI D. Mechanical performance of laminated bamboo column under axial compression [J]. Composites Part B: Engineering, 2015, 79: 374-382.

[117] LI H T, SU J W, DEEKS A. J., ZHANG Q S, WEI D D, YUAN C G. Eccentric compression performance of parallel bamboo strand lumber column [J]. BioResources, 2015, 10 (4): 7065-7080.

[118] LI Z H, CHEN C J, MI R Y, GAN W T, DAI J Q, JIAO M L XIE H, YAO Y G, XIAO S L AND HU L B. A Strong, Tough, and Scalable Structural Material from Fast-Growing Bamboo [J]. Advanced Materials, 2020, (1): 190-308.

[119] 左迎峰, 吴义强, 肖俊华, 等. 重组竹制备工艺对力学性能的影响[J]. 西南林业大学学报, 2016, 36(2): 132-136.

[120] 王军, 吕艳, 黄冲, 等. 重组竹竹方冷压成型自动生产单元控制系统设计[J]. 林业工程学报, 2017, 2(5): 95-101.

[121] 高黎, 王正, 常亮. 建筑结构用竹质复合材料的性能及应用研究[J]. 世界竹藤通讯, 2008, 6(5): 1-5.

[122] HUANG, D. S., BIAN YL, ZHOU, A. P., AHENG B L. Experimental study on stress-strain relationships and failure mechanics of parallel strand bamboo made from phyllostachys. Construction and Building Materials [J], 2015, 44: 130-138.

[123] ZHOU, A. P., HUANG, Z. R., SHEN, Y. R., HUANG, D. S., XU, J. U.. Experimental Investigation of Mode-I Fracture Properties of Parallel Strand Bamboo Composite [J]. Bioresourses, 2018, 13(2): 3905-3921.

[124] LI X, ASHRAF M, LI H T, ZHENG X Y, AL-DEEN S, WANG H X, PAUL J. H. Experimental study on the deformation and failure mechanism of Parallel Bamboo Strand Lumber under drop-weight penetration impact [J]. Construction and Building Materials, 2020, 242: 118-135.

[125] LI H T, ZHANG H Z, QIU Z Y, SU J W, WEI D D, LORENZO R, YUAN C G, Liu H Z, and Zhou C G. Mechanical properties and stress strain relationship models for bamboo scrimber [J]. Journal of Renewable Materials. 2020, 8(1): 13-27.

[126] LI H T, QIU Z Y, WU G, WEI D D, LONRENZO R, YUAN C G, ZHANG H Z, LIU R. Compression behaviors of parallel bamboo strand lumber under static loading [J]. Journal of Renewable Materials. 2019, 7(7): 583-600.

[127] LI H T, QIU Z Y, WU G, CORBI O, WANG L B, CORBI I, YUAN C G. Slenderness ratio effect on eccentric compression performance of parallel strand bamboo lumber columns [J]. Journal of Structural Engineering ASCE. 2019, 145(8): 0401-9077

[128] 李海涛, 魏冬冬, 苏靖文, 等. 竹重组材偏心受压试验研究[J]. 建筑材料学报, 2016, 19(3): 561-565.

［129］ TAN C，LI H T，WEI D D，LORENZO R，YUAN C. Mechanical Performance of Parallel Bamboo Strand Lumber Columns under Axial Compression：Experimental and Numerical Investigation [J]. Construction and Building Materials，2020，231：117-168

［130］ LI X，ASHRAF M，LI H T，ZHENG X Y，WANG H X，SAFAT A D，PAUL J. H. An experimental investigation on Parallel Bamboo Strand Lumber specimens under quasi static and impact loading [J]. Construction and Building Materials，2019，228：116-724

［131］ YU Y L，ZHU R X，WU B L，HU T A，YU W J. Fabrication，material properties，and application of bamboo scrimber[J]. Wood Science & Technology，2015，49(1)：83-98.

［132］ ZHONG Y，WU G F，REN H Q，JIANG Z H. Bending properties evaluation of newly designed reinforced bamboo scrimber composite beams [J]. Construction & Building Materials，2017，143：61-70.

［133］ JIANG Z H. Technical Manual Prefabricated Modular Bamboo Houses [M]. Beijing：China Forestry Publishing House，2016.

［134］ 单波，周泉，肖岩. 现代竹结构技术在人行天桥中的研究与应用[J]. 湖南大学学报(自然科学版)，2009，36(10)：29-34.

［135］ WU W Q. Experimental Analysis of Bending Resistance of Bamboo Composite I-Shaped Beam[J]. Journal of Bridge Engineering，19(4)：0401-3014.

［136］ Li Y S，SHAN W，SHEN H Y，et al. Bending resistance of I-section bamboo-steel composite beams utilizing adhesive bonding [J]. Thin-Walled Structures，2015，89：17-24.

［137］ 李玉顺，沈煌莹，单炜，等. 钢-竹组合工字梁受剪性能试验研究[J]. 工程力学，2011，32(7)：80-86.

［138］ 费本华，陈美玲，王戈，等. 竹缠绕技术在国民经济发展中的地位与作用[J]. 世界竹藤通讯，2018，16(4)：1-4.

［139］ 王戈，陈复明，费本华，等. 竹缠绕复合管创新技术在"一带一路"沿线推广与应用的可行性[J]. 世界林业研究，2020，33(1)：1-5.

［140］ 李海涛，苏靖文，张齐生，等. 环状复合竹质圆筒生物质构件的制备方法：ZL201410837157. X [P/OL]. 2015-05-20. http：//pss-system. cnipa. gov. cn/sipopublicsearch/patentsearch/showViewList-jumpToView. shtml.

［141］ 李海涛，苏靖文，吴刚，等. 多孔复合竹质或 FRP 生物质圆形构件及制备方法：ZL201410834950. 4 [P/OL]. 2015-05-13. http：//pss-system. cnipa. gov. cn/sipopublicsearch/patentsearch/showViewList-jumpToView. shtml.

［142］ 张齐生，孙丰文. 竹木复合结构是科学合理利用竹材资源的有效途径[J]. 林产工业，1995，22(6)：4-6.

［143］ 李海涛，苏靖文，李淑恒，等. 一种竹材集成材秸秆复合梁或柱构件：ZL201210255357.5[P/OL]. 2012-10-24. http：//pss-system. cnipa. gov. cn/sipopublicsearch/patentsearch/showViewList-jumpToView. shtml.

［144］ 李海涛，苏靖文，张齐生，等. 竹材重组材秸秆砖和竹材集成材秸秆砖及制备方法：ZL201310331187. 9 [P/OL]. 2014-01-29. http：//pss-system. cnipa. gov. cn/sipopublicsearch/patentsearch/showViewList-jumpToView. shtml.

［145］ 李海涛，苏靖文，张齐生，李淑恒. 多孔竹材集成材生物质板：ZL201420851179. 7 [P/OL]. 2015-06-24. http：//pss-system. cnipa. gov. cn/sipopublicsearch/patentsearch/showViewList-jump ToView. shtml.

［146］ 费本华. 践行新理念 提升竹产业[J]. 世界竹藤通讯，2019，17(2)：1-6.

[147] HONG C H, LI H T, LORENZO R, WU G, CORBI I, CORBI O, XIONG Z H, YANG D, and ZHANG H Z. Review on connections for original bamboo structures [J]. Journal of Renewable Materials. 2019, 7(8): 713-730.

[148] HONG C H, LI H T, XIONG Z H, LORENZO R, CORBI I, CORBI O, WEI D D, YUAN C G, YANG D, and ZHANG H Z. Review on connections for Engineered bamboo structures [J]. Journal of Building Engineering. 2020, 30: 101-324.

[149] 李海涛, 宣一伟, 许斌, 李淑恒. 竹材在土木工程领域的应用[J]. 林业工程学报, 2020, 5(5): 109-118.